AF337271

STUD BOOK FRANÇAIS

REGISTRE

DES

CHEVAUX DE DEMI-SANG

NÉS ET IMPORTÉS EN FRANCE

Publié par ordre de M. le Ministre de l'Agriculture

SECTION DU MIDI

TOME I — ÉTALONS

(1840-1899)

Prix : 15 Francs

PARIS

EN VENTE CHEZ J. KUGELMANN

12, rue de la Grange-Batelière, 12

1899

STUD BOOK FRANÇAIS

REGISTRE

DES

CHEVAUX DE DEMI-SANG

NÉS ET IMPORTÉS EN FRANCE

SECTION DU MIDI

TOME I — ÉTALONS

(1840-1899)

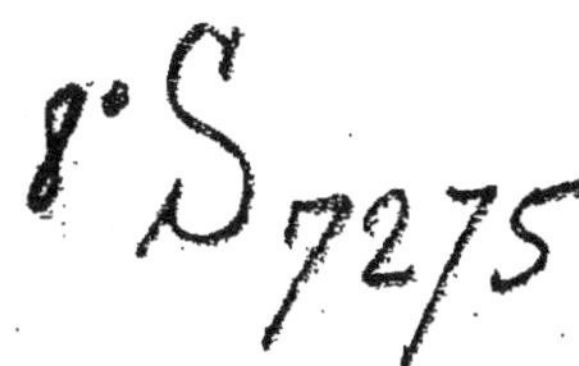

STUD BOOK FRANÇAIS

REGISTRE

DES

CHEVAUX DE DEMI-SANG

NÉS ET IMPORTÉS EN FRANCE

Publié par ordre de M. le Ministre de l'Agriculture

SECTION DU MIDI

TOME I — ÉTALONS

(1840-1899)

Prix : 15 Francs

PARIS

EN VENTE CHEZ J. KUGELMANN

12, rue de la Grange-Batelière, 12

—

1899

Reproduction interdite.

Paris, le 30 avril 1887.

RAPPORT

A MONSIEUR LE MINISTRE DE L'AGRICULTURE

Monsieur le Ministre,

L'Administration des Haras a reconnu de tout temps la nécessité de tenir grand compte, dans les accouplements, de l'origine et de la généalogie des étalons et des juments livrés à la reproduction. Elle a toujours considéré que l'adoption de ce principe était la base la plus sûre pour poursuivre utilement l'amélioration des races chevalines.

Dès 1833, elle provoquait une ordonnance « portant établissement d'un registre matricule pour l'inscription des chevaux de race pure existant en France *(Stud Book français)* et institution d'une Commission spéciale pour la tenue de ce registre ».

Cette publication a été continuée, sans interruption, depuis cette époque, et la Commission instituée par l'ordonnance précitée fonctionne chaque année pour l'examen des titres produits à l'appui des demandes d'inscription. Aucune inscription n'est faite si elle n'a été proposée à M. le Ministre de l'Agriculture par cette Commission.

Parmi les dispositions arrêtées par le Ministre du Commerce (qui avait alors le service des Haras dans ses attributions), sur la proposition de la Commission du registre matricule, pour l'exécution de l'ordonnance du 3 mars 1833, figurait le paragraphe suivant : « Un registre matricule pourra être établi, à l'avenir, pour l'inscription des chevaux provenant du croisement des races pures avec d'autres races, lorsque ce croisement sera parvenu à un degré qui sera ultérieurement déterminé. »

En 1850, la Direction du service fut d'avis que le moment était venu de donner suite à cette disposition spéciale. Des instructions ministérielles en date du 15 juillet de la même année prescrivirent l'ouverture, au dépôt d'étalons de Tarbes, par les soins du personnel de cet établissement, d'un registre matricule pour l'inscription des poulinières d'élite du département des Hautes-Pyrénées et plus particulièrement encore celles de la plaine de Tarbes, siège de la race bigourdane améliorée.

Ce registre, destiné à constater l'importance de la nouvelle famille, devait en former les archives sommaires et authentiques, et offrir plus tard des matériaux pleins d'intérêt à l'histoire physiologique de la production du cheval dans cette partie de la France.

Les éleveurs, informés du désir qu'avait l'Administration de constater, dans un livre officiel, l'existence des juments de choix, reconnurent l'utilité de ce travail et fournirent, avec empressement, des renseignements pour l'inscription d'un grand nombre d'animaux.

Le travail, complètement terminé dans le courant de 1851, fut livré à l'impression par ordre du Ministre de l'Agriculture et du Commerce à la fin de la même année, sous le titre suivant : *État civil de la race bigourdane améliorée.*

Le 15 juillet 1850, le Directeur du haras du Pin recevait, comme son collègue du dépôt de Tarbes, des instructions ministérielles relativement à la rédaction d'un

Stud Book spécial de la race chevaline normande améliorée. En exécution de ces ordres, des recherches furent faites sans interruption, à partir de cette époque, afin de recueillir tous les documents nécessaires pour mener à bonne fin cette délicate et très difficile mission.

Les renseignements fournis par les éleveurs de la circonscription ont été rapprochés des documents consignés dans les archives du dépôt du Pin et contrôlés avec le plus grand soin. Le travail préparatoire a été terminé le 22 mars 1853, et une décision ministérielle du 19 avril suivant a approuvé les bases adoptées pour sa rédaction.

Le *Stud Book normand*, définitivement clos le 25 juin 1853, contenait 1,196 noms, savoir : 260 étalons, 411 poulinières et 525 produits de divers âges. Il fut adressé à M. le Ministre de l'Agriculture et du Commerce, qui voulut bien faire connaître sa satisfaction au sujet de ce travail.

L'impression de ce document important était admise en principe et annoncée aux éleveurs. Divers motifs en retardèrent la publication, qui fut définitivement ajournée : elle n'a pas été faite au grand regret des intéressés, qui ont été unanimes à reconnaître que cette mesure était très préjudiciable au progrès de l'amélioration de la race chevaline anglo-normande.

Une étude spéciale des origines de la famille chevaline vendéenne a été faite en 1868 et 1869, avec l'autorisation du Ministre, par l'inspecteur général qui était chargé à cette époque de l'arrondissement de l'Ouest.

Ce travail devait se diviser en deux parties : la première contenant le recueil généalogique des étalons employés à la reproduction dans les départements de la Vendée et de la Loire-Inférieure depuis 1839; la seconde était destinée aux poulinières de la même région et à leurs produits. Il était terminé en avril 1869 et soumis à l'Administration supérieure, qui voulut bien l'approuver et en décider la publication.

Le premier volume de l'ouvrage, qui reçut le titre de « chevaux vendéens », a été imprimé dans le cours de cette même année : il contenait l'origine de 369 étalons. Ce livre, tiré à plusieurs centaines d'exemplaires, a été distribué à tous les éleveurs de la région.

Les événements de 1870 ont arrêté la publication du recueil généalogique des poulinières, qui renfermait 257 juments et 158 produits.

L'essor de la production et de l'amélioration des diverses familles de demi-sang, amené par le fonctionnement de la loi organique de 1874 sur les Haras, rend nécessaire la reprise et la continuation de ces registres généalogiques.

Leur établissement a fait l'objet d'un vœu du Conseil supérieur des Haras ; les éleveurs attendent avec impatience cette nouvelle consécration de leurs efforts, et l'Administration des remontes militaires attache à cette œuvre la plus haute importance. Elle a la ferme conviction qu'elle y puisera des renseignements précieux, au point de vue de la production du cheval de guerre, sur les ressources hippiques des grands centres d'élevage de la France.

Les nations voisines se sont depuis longtemps préoccupées de cette question : c'est ainsi que la Prusse a établi un *Stud Book* très intéressant de la race Trakehnen ; que l'Autriche a fondé celui des chevaux de Lippiza ; qu'aux États-Unis la liste complète et spéciale des trotteurs joue un rôle des plus importants, et, enfin, qu'en Angleterre et en Belgique, on a jugé indispensable d'ouvrir des registres pour l'inscription des sujets de races de trait.

Pour maintenir la France à la hauteur de sa prospérité chevaline, j'ai l'honneur de vous prier de vouloir bien décider que les travaux antérieurs seront repris et arrêter que des *Stud Book* spéciaux pour les familles de demi-sang de races améliorées seront établis et continués par les soins de l'Administration des Haras, qui demeurera chargée de les publier, pour les diverses régions, dans des conditions analogues au *Stud Book* des races pures.

Afin d'étudier les meilleures mesures à prendre pour la rédaction de ce travail et dans le but de lui donner une base régulière et uniforme, j'ai l'honneur de vous proposer de former une Commission composée de membres dont les connaissances spéciales permettraient de fixer les diverses conditions à adopter comme point de départ.

Si vous voulez bien approuver le présent rapport, je vous serai obligé de le revêtir de votre signature, ainsi que l'arrêté ci-joint portant formation de la Commission.

Veuillez agréer, Monsieur le Ministre, l'hommage de mon respectueux dévouement.

Le Directeur des Haras,

H. DE CORMETTE.

Approuvé :

Le Ministre,

J. DEVELLE.

MINISTÈRE DE L'AGRICULTURE

ARRÊTÉ

Le Ministre de l'Agriculture,

Vu l'ordonnance du 3 mars 1833, portant établissement d'un registre matricule pour l'inscription des chevaux de race pure ;

Vu le dernier paragraphe de l'arrêté pris par le Ministre du Commerce, en exécution de ladite ordonnance ;

Considérant qu'il y a lieu, par suite, d'ouvrir, pour la conservation des races améliorées de demi-sang dans les centres les plus importants d'élevage, un registre généalogique qui établisse leur confirmation.

Arrête :

Article premier.

L'Administration des Haras est chargée d'établir, de continuer et de publier des *Stud Book* spéciaux pour les familles de demi-sang.

Art. 2.

(Suit la désignation des membres composant la Commission.)

Paris, le 30 avril 1887.

J. Develle.

DÉCISIONS DE LA COMMISSION

La Commission du *Stud Book* de demi-sang s'est réunie
les 27 mai 1887, 13 juin 1890 et 21 avril 1891. Elle a émis
les vœux suivants qui ont été adoptés par M. le Ministre,
et à la suite desquels des instructions ont été données à
MM. les Directeurs des dépôts d'étalons pour l'établissement des inscriptions :

« Il ne sera ouvert qu'un seul *Stud Book* des chevaux de
demi-sang. »

« Le *Stud Book* sera divisé en six sections, savoir :
« Section normande.
« Section bretonne.
« Section vendéenne et charentaise.
« Section du Midi.
« Section du Centre.
« Section du Nord et de l'Est. »

« Seront inscrits aux diverses sections du *Stud Book* des
chevaux de demi-sang :
« 1o Les animaux qui, nés avant 1882, auront du côté paternel et du côté maternel un ascendant de pur sang ou de
demi-sang ;
« 2o Les animaux qui, nés depuis 1882, auront du côté paternel et du côté maternel deux ascendants de pur sang ou de
demi-sang. »

« Seront inscrits d'office tous les étalons de demi-sang qui
appartiennent ou qui ont appartenu à l'Etat et les étalons

approuvés de même catégorie, lors même qu'ils ne rempliraient pas les conditions ci-dessus. »

« Les étalons et les juments seront inscrits dans la section du pays où ils produisent.

« Les produits seront inscrits dans la section du pays où ils sont nés. »

« Aucun animal ne pourra être inscrit s'il ne porte un nom. »

« Les étalons de pur sang qui ont concouru à la formation de la famille seront rappelés dans un appendice placé à la fin du volume.

« Seront également inscrits dans un appendice spécial, les étalons de demi-sang qui ont marqué, avant 1840, dans les fastes de la production chevaline. »

COMMISSION

DU

STUD BOOK DES CHEVAUX DE DEMI-SANG

———

Président :

M. LE MINISTRE DE L'AGRICULTURE OU LE DIRECTEUR DES HARAS.

Membres :

MM. AUGÈRE, ancien Député ;

BASLY (de), Propriétaire-Eleveur à Saint-Contest (Calvados);

BASTID, Député du Cantal ;

CUGNAC (de), Directeur de l'École de dressage de Rochefort ;

GANAY (de), Inspecteur général honoraire des Haras ;

GÉVELOT, Député de l'Orne ;

HENRY, ancien Député, Membre du Conseil supérieur des Haras ;

L'INSPECTEUR GÉNÉRAL PERMANENT DES REMONTES MILITAIRES (Général Faverot de Kerbreck);

LANNEY (de), Inspecteur général des Haras ;

LINDET, Propriétaire-Eleveur à Saint-Léger-sur-Sarthe (Orne);

MARCHEGAY, Député de la Vendée;

MM. Morel, sous-Gouverneur de la Banque de France ;

Portalès, Inspecteur général des Haras ;

Rozier (du) (Philippe), Propriétaire-Eleveur au Château du Petit Jars (Orne) ;

Sempé, Propriétaire-Eleveur, à Tarbes, Membre du Conseil supérieur des Haras ;

Simonnin, Inspecteur général, hors cadres, chargé du 2e Bureau de la Direction des Haras.

Secrétaires :

MM. Guillemot, Surveillant des Haras :

Leloup, Rédacteur à la Direction des Haras.

ABRÉVIATIONS

H. N...............	Haras nationaux.
Al.................	Alezan.
Aub................	Aubère.
B.	Bai.
Bb.................	Bai brun.
Bl.................	Blanc.
C. L...............	Café au lait.
F. P..............	Fleur de pêcher.
Gr.	Gris.
Is................	Isabelle.
N.................	Noir.
P.................	Pie.
Ro................	Rouan.
P. S. A...........	Pur-sang anglais.
P. S. Ar..........	— arabe.
P. S. A.-A........	— anglo-arabe.
1/2 s.	Demi-sang.
1/2 s. A..........	— anglais.
1/2 s. Al.........	— allemand.
1/2 s. Am.........	— américain.
1/2 s. Ar.........	— arabe.
1/2 s. A.-A........	— anglo-arabe.
1/2 s. A.-N........	— anglo-normand.
1/2 s. N...........	— normand.
1/2 s. B...........	— breton.
1/2 s. Big.........	— bigourdan.
1/2 s. Char........	— charentais.
1/2 s. V...........	— vendéen.
1/2 s. L...........	— limousin.
1/2 s. Norf........	— norfolk.
1/2 s. Norf.-Ang....	— norfolk-anglais.
1/2 s. Norf.-B......	— norfolk-breton.
1/2 s. R.	— russe.
1/2 s. Orl.........	— orloff.
1/2 s. Meck........	— mecklembourgeois.
1/2 s. Carr........	— carrossier.
S.B.F., t. , p. ..	Stud-Book français, tome , page .
S.B.A., t. , p. ..	Stud-Book anglais, tome , page .
S. R...............	Sans renseignements.

SECTION DU MIDI

Circonscriptions des Dépôts d'Étalons d'Aurillac, de Libourne, de Pau, de Perpignan, de Pompadour, de Rodez, de Tarbes, de Villeneuve-sur-Lot, et de la station permanente d'Ajaccio (Corse).

N. B. — La station permanente d'Ajaccio dépend du dépôt de Perpignan.

DÉPARTEMENTS :

AURILLAC (5e Arrondt d'Inspection générale) : CANTAL, HAUTE-LOIRE, PUY-DE-DÔME.

LIBOURNE (4e Arrondt d'Inspection générale) : DORDOGNE, GIRONDE.

PAU (4e Arrondt d'Inspection générale) : LANDES, BASSES-PYRÉNÉES.

PERPIGNAN (5e Arrondt d'Inspection générale) : ALPES-MARITIMES, AUDE, BOUCHES-DU-RHÔNE, GARD, HÉRAULT, PYRÉNÉES-ORIENTALES, VAR, VAUCLUSE.

AJACCIO (5e Arrondt d'Inspection générale) : CORSE.

POMPADOUR (2e Arrondt d'Inspection générale) : CORRÈZE, CREUSE, HAUTE-VIENNE.

RODEZ (5e Arrondt d'Inspection générale) : ARDÈCHE, AVEYRON, LOZÈRE, TARN.

TARBES (4e Arrondt d'Inspection générale) : ARIÈGE, HAUTE-GARONNE, GERS, HAUTES-PYRÉNÉES.

VILLENEUVE-SUR-LOT (4e Arrondt d'Inspection générale) : LOT, LOT-ET-GARONNE, TARN-ET-GARONNE.

1°

ÉTALONS

NÉS DANS LES CIRCONSCRIPTIONS D'AURILLAC,
DE LIBOURNE, DE PAU, DE PERPIGNAN, DE POMPADOUR,
DE RODEZ, DE TARBES, DE VILLENEUVE-SUR-LOT
ET DE LA STATION PERMANENTE D'AJACCIO.

ÉTALONS

Nés dans les Circonscriptions d'Aurillac, de Libourne, de Pau,

de Perpignan, de Pompadour, de Rodez, de Tarbes,

de Villeneuve-sur-Lot et de la Station permanente d'Ajaccio.

A-B-C, 1/2 s. du Midi.
Approuvé en 1887. — Accepté en 1894.
'M. Soula ; M. Deffès, 1887 ; M. Merle, 1893.
B. 1878. — France.
Par *Ceylon*, P. S. A., et une 1/2 s. du Midi, par Djeffée, P. S. Ar.
Tarbes : 1872-1886.—Villeneuve-sur-Lot : depuis 1887.

ABDALAH, 1/2 s. Barbe. — H. N.
Gr. 1852. — Afrique.
Perpignan · 1864. — Réformé en octobre 1864.

ABDALAH, 1/2 s. du Midi.
Approuvé. — M. le Cte de Virieu.
B. 1871. — Aude.
Par *Fana*, P. S. Ar., et une fille de Moyador.
Perpignan : 1875-1883.

ABD-EL-KADER, 1/2 s. Barbe.
G. 1828. — Afrique.
De race Barbe.
Pau : 1843. — Vendu le 30 juillet 1849.

ABDEL-KADER, 1/2 s. Barbe.
Approuvé. — M. Lafaille.
Gr. 1837. — Algérie.
Père et mère, Barbes.
Tarbes : 1853. — Réformé en 1854.

ABDEL-KADER, 1/2 s. du Midi.
Approuvé. — M. Lanussolle.
Gr. 1876. — Hautes-Pyrénées.
Par *Emir*, P. S. Ar., et une 1/2 s. du Midi, fille de Bon-Vivaut,
P. S. A.
Tarbes : 1880. — Réformé en 1894.

ABDÉRAM. — H. N.
Gr. 1839. — Orient.
Origine inconnue, présumé P. S. Ar.
Pompadour : 1847. — Réformé et vendu en novembre 1860.

ABOU-MALECK, 1/2 s. du Midi. — H. N.
Al. 1832. — Basses-Pyrénées.
Par *Haleby*, P. S. Ar., et une jument navarraise.
Pau : 1836. — Vendu en décembre 1845.

ACAJOU, 1/2 s. du Midi. — H. N.
B. 1848. — Haute-Garonne.
Par *Prospectus*, P. S. A., et une 1/2 s. du Midi, fille d'Emilio,
P. S. A.-A.
Sa grand'mère : jument de 1/2 s. A.-A.
Tarbes : 1852. — Réformé en octobre 1869.

ADOLZA, 1/2 s. du Midi.
Approuvé. — M. Rumaut.
Gr. 1862. — Basses-Pyrénées.
Par *Amen*, P. S. Ar.
Pau : 1866. — Réformé en 1883.

ADONIS, 1/2 s. du Midi. — H. N.
Al. 1877. — Hautes-Pyrénées.
Par *Schamit*, P. S. A., et une fille de Tamerlan, P. S. A.
Tarbes : 1832-1845.

ADOUR, 1/2 s. du Midi. — H. N.
Al. 1845. — Hautes-Pyrénées.
Par *Little-Rover*, P. S. A., et une fille de Camash, P. S. Ar.
Tarbes : 1849. — Réformé en octobre 1851.

AGA, 1/2 s. Ar. — H. N.
Gr. 1838. — Afrique.
Tarbes : 1851. — Réformé en octobre 1853.

AGOUTI, 1/2 s. du Midi. — H. N.
Gr. 1867. — Hautes-Pyrénées.
Par *Emir*, P. S. Ar., et une 1/2 s., par Dankali, P. S. Ar.
Pau : 1876. — Vendu en septembre 1884.

AGRESTE, 1/2 s. L. — H. N.
B. 1864. — Creuse.
Par *Ingénieux*, 1/2 s. N., et une 1/2 s. L., par Jocko, P. S. A.
Pompadour : 1868. — Mort en juillet 1878.

AILLY, 1/2 s. du Midi.
Approuvé. — M. Desbons.
Gr. 1876. — Hautes-Pyrénées.
Par *Dankali*, P. S. A., et une fille de Samson.
Tarbes : 1881. — S. r. en 1882.

AKBAR, 1/2 s. Barbe. — H. N.
Gr. 1841. — Afrique.
Villeneuve-sur-Lot : 1851. — Mort le 12 mai 1851.

AKBAR, 1/2 s. Ar. — H. N.
Gr. 1866.
Villeneuve-sur-Lot : 1876. — Réformé en août 1884

AKBAR, 1/2 s. A.-A. — H. N.
Gr. 1875. — Basses-Pyrénées.
Par *Flibustier*, P. S. A., et Dine.
Perpignan : 1879. — Mort en juin 1879.

AJAIN, 1/2 s. Lim. — H. N.
B. 1868. — Creuse.
Par *Ingénieux*, 1/2 s. N., et une 1/2 s. Lim., par *Jocko*, P. S. A.
Pompadour : 1872. — Réformé en août 1881.

ALBERT, 1/2 s. du Midi.
Approuvé. — M. Ducuing.
Al. 1843. — Hautes-Pyrénées.
Par *Enamel*, P. S. Ar.
Tarbes : 1850-1861.

ALBI, 1/2 s. du Midi. — H. N.
Gr. 1874. — Hautes-Pyrénées.
Par *Emir*, P. S. Ar., et une fille de Karchane, P. S. Ar.
Villeneuve-sur-Lot : depuis 1878.

ALCIBIADE, 1/2 s. A.-A. — H. N.
Gr. 1878. — Hautes-Pyrénées.
Par *Drummond*, P. S. A., et une fille, par Biribi, 1/2 s. Ar.
Aurillac : 1882. — Réformé en août 1898.

AL-DJEZZAÏR, 1/2 s. Barbe. — H. N.
Gr. 1836. — Afrique.
Aurillac : 1851. — Réformé en février 1854.

ALFRED, 1/2 s. du Midi. — H. N.
Gr. 1832.
Par *Cammash*, P. S. Ar., et une fille de Circassien, 1/2 s. Barbe.
Tarbes : 1837. — Mort en mars 1851.

ALI, 1/2 s. du Midi.
Approuvé. — M. le duc de Fitz-James.
Gr. 1864. — Gard.
Sans origine.
Perpignan : 1879. — Mort en juin 1881.

ALI, 1/2 s. Barbe.
Approuvé. — M. Navailles.
Bb. 1868. — Algérie.
Libourne : 1878. — Réformé en 1884.

ALI, 1/2 s. du Midi.
Autorisé. — M. Muiras.
G. 1881. — Gironde.
Par *Ali*, 1/2 s. Barbe.
Pau : 1886. — Réformé en 1895.

ALI, 1/2 s. du Midi. — H. N.
Gr. 1870 — Gironde.
Par *Dankali*, P. s. Ar., et une fille de The Heir-of-Linne, P. S. A.
Sa grand'mère : fille d'Emilio, P. S. A.-A.
Tarbes : 1874. — Réformé en août 1891.

ALI, 1/2 s. du Midi. — H. N.
Gr. 1849. — Hautes-Pyrénées.
Par *Koeil-Hamdani*, P. S. Ar., et une fille de Béni, P. S. Ar.
Sa grand'mère : une jument 1/2 s. Ar.
Tarbes : 1853. — Réformé en octobre 1853.

ALI, 1/2 s. du Midi.
Approuvé. — M. Mathular.
Gr. 1861. — Basses-Pyrénées.
Par *Y. Béchir*, 1/2 s. du Midi, par Béchir.
Pau : 1873-1879.

ALIBABA, 1/2 s. du Midi.
Approuvé. — M. Labroquaire.
B. 1847. — Hautes-Pyrénées.
Par *Alibaba*, 1/2 s. Ar.
Tarbes : 1854. — Réformé en 1860.

ALI-BEY, 1/2 s. du Midi.
Approuvé. — M. Bourdelles, 1882 ; M. Mazères, 1885 ;
M. Montbaylet, 1889.
B. 1878. — Hautes-Pyrénées.
Par *Nahr-el-Kébir*, Ar., et une fille de Roi-de-Chypre, P. S. A.-A.
Sa grand'mère : fille de The Heir-of-Linne, P. S. A.
Tarbes : 1882. — Réformé en 1894.

ALOUF, 1/2 s. du Midi. — H. N.
Gr. 1875. — Gers.

Par *Aviso*, P. S. A.-A., et une fille de Fulgur, P. S. A.
Villeneuve-sur-Lot : 1879. — Castré en septembre 1897.

ALY, 1/2 s. Barbe. — H. N.
Gr. 1828. — Arabie.

De race Barbe.
Pau : 1848. — Rendu à son propriétaire en 1852.

AMARET, 1/2 s. du Midi. — H. N.
B. 1832. — Hautes-Pyrénées.

Par *Warkworth*, P. S. A., et une fille de Triomphant,
1/2 s. du Midi.
Tarbes : 1836. — Réformé en juillet 1851.

AMBASSADEUR, 1/2 s. du Midi.
Approuvé. — M. Bru.
B. 1883. — France.

Par *Diomède* et une fille de Kaula.
Tarbes : 1887. — S. R. en 1898.

AMÉDÉE, 1/2 s. du Midi. — H. N.
B. 1831. - Hautes-Pyrénées.

Par *Lion*, P. S. Ar., et une fille de Néron. (Mecklembourgeois.)
Sa grand'mère : jument bigourdane.
Tarbes : 1836. — Réformé en septembre 1856.

AMEN, 1/2 s. du Midi. — H. N.
B. 1864. — Creuse.

Par *Kanguroo*, 1/2 s. N., par Sylvio, P. S. A., et une 1/2 s. L.,
fille de Zouave, P. S. Ar.
Pompadour : 1868. — Réformé en septembre 1863.

AMIRAL, 1/2 s.
Approuvé. — M. Médale.
B. 1855.
Tarbes : 1860-1864.

AMROU, 1/2 s. Barbe. — H. N.

Al. 1845. — Egypte.

Perpignan · 1853. — Réformé en novembre 1854.

ANDELOT, 1/2 s. du Midi. — H. N.

Al. 1878. — Basses-Pyrénées.

Par *Dahabi*, P. S. Ar., et une fille de Navarin, 1/2 s. du Midi.

Rodez : 1882. — Réformé en août 1893.

ANDRONIKOFF, 1/2 s. du Midi. — H. N.

Gr. 1851. — Gers.

Par *Rajah*, P. S. Ar., et une fille de Camash (né en Orient).
Sa grand'mère : jument de 1/2 s. A.-A.

Tarbes : 1855. — Réformé en septembre 1856.

ANET, ex-**ALY-BEY**, 1/2 s. du Midi. — H. N.

B. 1878. — Hautes-Pyrénées.

Par *Latakić* ou *Abouffarès*, P. S. Ar., et une fille de Ceylon,
1/2 s. du Midi.

Perpignan : 1882-1885. — Ajaccio : 1886.
Réformé en novembre 1887.

ANGELO, 1/2 s. du Midi.

Approuvé. — M. Lavat.
B. 1876.

Par *Auguste*, P. S. A.

Tarbes : 1880. — Réformé en 1887.

ANNIBAL, 1/2 s. du Midi. — H. N.

Al. 1850. — Hautes-Pyrénées.

Par *Treifi*, P. S. Ar., et une fille de Birmini, 1/2 s. Ar.

Aurillac : 1854. — Réformé en août 1854.

ANNIBAL, 1/2 s. du Midi. — H. N.

Al. 1827. — Limousin.

Par *Young-Muley*, 1/2 s. A., et *Akine*, jument limousine.

Tarbes : 1838. — Réformé en septembre 1846.

ANSARIUS, 1/2 s. A.-A. — H. N.
B. 1874. — Hautes-Pyrénées.

Par *Ansarié*, P. S. A., et une fille de Zodion, 1/2 s. Ar.
Aurillac : 1878. — Mort en décembre 1891.

ANTAR, 1/2 s. A.-A. — H. N.
Gr. 1849. — Haras de Saint-Cloud.

Par *Hamdani*, blanc, P. S. A., et *Vénus*, de race limousine.
Aurillac : 1853. — Réformé en juillet 1870.

ANTAR, 1/2 s. du Midi. — H. N.
Gr. 1848. — Haute-Garonne.

Par *Tachiani*, P. S. Ar., et une fille d'Ourfaly, P. S. Ar.
Sa grand'mère : 1/2 s. Ar.
Tarbes : 1852. — Réformé en octobre 1853.

ANTILOPE, 1/2 s. L. — H. N.
B. 1827. — France.

Par *Y. Muley*, 1/2 s. A., et *Glorieuse*, 1/2 s. Lim.
Rodez : 1839-1845. — Villeneuve-sur-Lot : 1846.
Réformé en août 1850.

AOUILLÉ, 1/2 s. A.-A. — H. N.
Al. 1878. — Basses-Pyrénées.

Par *Djérasch*, P. S. Ar., et une fille de Alibaba, 1/2 s. Ar.
Aurillac : 1882. — Réformé en août 1898.

APOLLON, 1/2 s. du Midi. — H. N.
Al. 1893. — Hautes-Pyrénées.

Par *Cammash*, P. S. Ar., et une fille de Shami, P. S. Ar.
Sa grand'mère : jument de Tarbes.
Tarbes : 1836-1847. — Perpignan : 1848. — Réformé en juillet 1852.

APOLLON, 1/2 s. L. — H. N.
1827. — Haute-Vienne.

Par *Young-Muley*, 1/2 s. A., et *Lavalade*, 1/2 s. L.,
par Général, 1/2 s. L.
Pompadour : 1832-1840. — Passé à Langonnet (Morbihan),
en février 1841.

ARANOUA, 1/2 s. du Midi. — H. N.
B. 1889. — Hautes-Pyrénées.
Par *Firmament*, P. S. A., et une fille d'Emir, 1/2 s. du Midi.
Tarbes : 1893. — Réformé en août 1895.

ARARAT, 1/2 s. du Midi. — H. N.
B. 1827. — Haute-Vienne.
Par *Limousin*, 1/2 s. du Midi, et une fille de Dagdad, P. S. A.-A.
Libourne : 1832. — Vendu en novembre 1840 (non castré).

ARCHER, 1/2 s. du Midi.
Approuvé. — M. Mazères.
Gr. 1878. — Hautes-Pyrénées.
Par *Nahr-el-Kébir*, Ar., et une fille de Saïd-Pacha, P. S. A.-A.
Sa grand'mère : par Broussa, ar.
Tarbes : 1882-1884. — Vendu au gouvernement de Guatemala,
en 1885.

ARLEQUIN, 1/2 s. du Midi. — H. N.
B. 1855. — Haute-Garonne.
Par *Richmond*, P. S. A., et *N.*, 1/2 s. du Midi.
Villeneuve-sur-Lot : 1859. — Réformé en février 1861.

ARLEQUIN, 1/2 s. L. — H. N.
B. 1889. — Haute-Vienne.
Par *Tambour-de-Basque*, P. S. A., et *Tirailleuse*, 1/2 s. Lim.,
par Tirailleur, P. S. A.
Sa grand'mère : 1/2 s. Lim., par Éclatant, 1/2 s. N.
Pompadour : depuis 1893.

ARNOLD, ex-**AGA**, 1/2 s. du Midi. — H. N.
Gr. 1878. — Haute-Garonne.
Par *Harem*, P. S. Ar., ou *Y. Karchane*, P. S. A., et une 1/2 s.,
par Ethelwolf, P. S. A.
Sa grand'mère : 1/2 s., par Sheban, P. S. Ar.
Pau : 1882. — Réformé en août 1897.

ARSLAN, 1/2 s. du Midi. — H. N.
Gr. 1830.
Par *Abufar*, P. S. Ar., et une jument navarraise.
Pau : 1835. — Mort le 16 avril 1841.

ARTALD, 1/2 s. du Midi. — H. N.
B. 1826. — Hautes-Pyrénées.
Par *Ourfaly* (né en Orient), et une fille de Schamil, P. S. A.
Tarbes : 1831-1848.

ASPIC, 1/2 s. Lim. — H. N.
B. 1864. — Creuse.
Par *Ingénieux*, 1/2 s. N., et une 1/2 s. L., par Jocko, P. S. A.
Pompadour : 1868. — Réformé en septembre 1884.

ASPIN, 1/2 s. du Midi. — H. N.
Gr. 1893. — Hautes-Pyrénées.
Par *Aspin*, P. S. Ar., et *N.*, 1/2 s. du Midi, par Saïd-Pacha,
P. S. Ar.
Villeneuve-sur-Lot : depuis 1897.

ASTOLF, 1/2 s. du Midi. — H. N.
Gr. 1831. — Basses-Pyrénées.
Par *Barelegs*, P. S. Ar., et une jument navarraise.
Pau : 1836. — Vendu en novembre 1840.

ASTRAKAN, 1/2 s. du Midi. — H. N.
N. 1889. — Limousin.
Par *Pirate*, P. S. A., et *Kalifa*, par Kilif, P. S. Ar.
Perpignan : 1893. — Réformé en août 1893.

ASTRÉE, 1/2 s. du Midi. — H. N.
B. 1894. — Hautes-Pyrénées.
Par *Prix-Fixe*, P. S. A., et *Lofty*, par Ismaël, P. S. A.-A.
Sa grand'mère : par Nassim, P. S. Ar.
Libourne : depuis 1898.

ASTRUBAL, 1/2 s. L. — H. N.
Gr. 1827. — Haute-Vienne.
Par *Haléby*, P. S. Ar., et *Supérieure*, 1/2 s. L., par Supérieur,
1/2 s. Lim.
Pompadour : 1832-1840. — Passé à Saint-Maixent en janvier 1841.

ATHLÈTE, 1/2 s. du Midi. — H. N.
B. 1864. — Creuse.
Par *Ingénieux*, 1/2 s. N., et une fille de Monsieur-d'Ecoville,
P. S. A.
Villeneuve-sur-Lot : 1868. — Réformé en avril 1876.

ATHOS, 1/2 s. Lim. — H. N.
B. 1864. — Creuse.
Par *Ingénieux*, 1/2 s. N., et une 1/2 s. L., par Jocko, P. S. A.
Pompadour : 1868. — Réformé en septembre 1883.

AUDACIEUX, 1/2 s. du Midi. — H. N.
B. 1873. — Hautes-Pyrénées.
Par *Hedjas*, P. S. Ar., et une fille de Ceylon, 1/2 s. du Midi.
Perpignan : 1882-1885. — Ajaccio : 1886.
Réformé en novembre 1888.

AUGUSTE, 1/2 s. du Midi. — H. N.
Gr. 1883. — Hautes-Pyrénées.
Par *Favorite*, 1/2 s., et une fille de Tamerlan, P. S. A.
Sa grand'mère : jument bigourdane.
Tarbes : 1838. — Réformé en juillet 1857.

AUREILHAN, 1/2 s. du Midi. — H. N.
Al. 1851. — Haute-Garonne.
Par *Tiburce*, P. S. A., et une fille de Minster, 1/2 s. Ar.
Sa grand'mère : 1/2 s. A.-A.
Tarbes : 1855-1857. — A Paris en février 1858.

AURIOL, 1/2 s. du Midi. — H. N.
B. 1864. — Hautes-Pyrénées.
Par *Emir*, P. S. Ar., et une fille de Haleb, 1/2 s. du Midi.
Perpignan : 1868. — Réformé en août 1881.

AVENIR, 1/2 s. Lim. — H. N.
B. 1864. — Creuse.
Par *Xénocrate*, P. S. A.-A., et une 1/2 s. L., par Romagnési,
P. S. A.-A.
Sa grand'mère : par Lancastre, P. S. A.
Pompadour : 1868. — Réformé en septembre 1884.

AVIRON, 1/2 s. du Midi. — H. N.

B. 1873. — Creuse.

Par *Aden*, P. S. Ar., et une 1/2 s. L., par Romagnési,
P. S. A.-A.

Villeneuve-sur-Lot : 1877. — Castré en septembre 1882.

AVISO, 1/2 s. du Midi. — H. N.

Al. 1877. — Basses-Pyrénées.

Par *Samari*, P. S. Ar., et une fille de Souvenir, P. S. A.

Pau : 1881. — Vendu en septembre 1885.

AYMAR, 1/2 s. L. — H. N.

Gr. 1873. — Haute-Vienne.

Par *Merkham*, P. S. Ar., et une 1/2 s. L., par Zouave, P. S. A.

Sa grand'mère : 1/2 s., par Commodor-Napier, P. S. A.
Sa bisaïeule : 1/2 s., par Jocko, P. S. A.

Pompadour : 1877. — Mort en février 1880.

AZAT, 1/2 s. L. — H. N.

Al. 1873. — Haute-Vienne.

Par *Alcoran*, P. S. Ar., et une 1/2 s. L., par Felton, 1/2 s. A.

Sa grand'mère : *N.*, 1/2 s., par Mézaroum, P. S. Ar.

Pompadour : 1877. — Réformé en septembre 1884.

AZEÏAD, 1/2 s. A.-A. — H. N.

Al. 1867. — Hautes-Pyrénées.

Par *Bon-Vivant*, P. S. A., et une fille de Kerbela, 1/2 s. A.-A.

Sa grand'mère : Fatma, P. S. A.-A.
Sa bisaïeule : Navarre, P. S. A.-A.
Sa trisaïeule : Kalifa, P. S. Ar.

Rodez : 1874. — Mort en septembre 1883.

AZOR, 1/2 s. du Midi. — H. N.

Al. 1829. — Basses-Pyrénées.

Par *Emir*, 1/2 s. du Midi.

Rodez : 1834. — Vendu en juillet 1852.

BABA, 1/2 s. du Midi.
Approuvé. — M. le Bon Curial ; M. Sautet.
Al. 1872. — Lot.
Par *Y. Baba*, et une jument de 1/2 s.
Libourne : 1876-1886.

BACHI-BOUZUCH, 1/2 s. du Midi. — H. N.
Gr. 1855. — Hautes-Pyrénées.
Par *Shériff*, P. S. Ar., et une fille de Hamdami, P. S. Ar.
Sa grand'mère : 1/2 s. an.-ar.
Tarbes : 1859. — Réformé en septembre 1876.

BACCHUS, 1/2 s. du Midi. — H. N.
B. 1874. — Hautes-Pyrénées.
Par *Aviso*, P. S. A.-A., et une fille de Zodion, 1/2 s. du Midi.
Sa grand'mère : jument bigourdine.
Tarbes : 1878. — Réformé en septembre 1885.

BAGDAD, 1/2 s. du Midi. — H. N.
Gr. 1845. — Hautes-Pyrénées.
Par *Soliman*, 1/2 s. du Midi, et une fille de Little-Rover, P. S. A.
Pau : 1849. — Vendu en septembre 1854.

BAGHCHICH, 1/2 s. an.-ar. — H. N.
Al. 1879. — Basses-Pyrénées.
Par *Sir-Régis*, P. S. A., et *Dahabi*, 1/2 s. A.-A.
Aurillac : 1883. — Réformé en décembre 1883.

BAI-BRUN, 1/2 s. du Midi.
Approuvé. — M. Lavat.
Bb. 1870. — Gers.
Par *King-of-Trumps*, P. S. A., et une jument de 1/2 s.
Tarbes : 1874. — Réformé en 1889.

BAIZUT, ex-**PAILLARD**, 1/2 s. du Midi. — H. N.
B. 1879. — Basses-Pyrénées.
Par *Sharriar*, P. S. Ar., et une fille de Djérid, 1/2 s. du Midi.
Villeneuve-sur-Lot : 1883. — Castré en août 1892.

BALADIN, 1/2 s. du Midi. — H. N.
B. 1874. — Pompadour.
Par *Nubis*, 1/2 s. N., et une fille de Zouave, 1/2 s. A.-A.
Sa grand'mère : Gamba, arabe.
Rodez : 1877. — Réformé en août 1889.

BALDESAN, 1/2 s. du Midi. — H. N.
B. 1879. — Basses-Pyrénées.
Par *Daoud*, arabe, et une fille d'Ambassadeur, P. S. A.
Sa grand'mère : fille d'Éterville, 1/2 s.
Pau : depuis 1883.

BALESTA, ex-**FLORIN**, 1/2 s. du Midi. — H. N.
B. 1879. — Lot-et-Garonne.
Par Y. *Baba*, 1/2 s., et une 1/2 s., par Bon-Vivant, 1/2 s.
Perpignan : 1883. — Réformé en août 1885.

BAMBINO, 1/2 s. du Midi. — H. N.
B. 1878. — Basses Pyrénées.
Par *Mazères*, P. S. A.-A., et une fille de Dahabi, P. S. Ar.
Sa grand'mère : une 1/2 s., par Papillon, P. S. A.
Pau : 1882. — Réformé en août 1897.

BAMBOCHEUR, 1/2 s. du Midi.
Approuvé. — M. Gervail,
B. 1878. — Basses-Pyrénées.
Par *El Kali*, arabe, et une fille de The Bau, P. S. A.
Tarbes : 1882. — Réformé 1894.

BANCO, 1/2 s. du Midi. — H. N.
B. 1850. — Haute-Garonne.
Par *Hussein*, P. S. Ar., et une fille de Little-Rover, P. S. A.
Sa grand'mère : jument 1/2 s. au.-ar.
Tarbes : 1857. — Réformé en décembre 1857.

BANCO, 1/2 s. du Midi.
Approuvé. — M. Auriol.
Bb. 1879.
Par *Quart*.
Tarbes : 1882. — Réformé en 1889.

BANDIT, 1/2 s. L. — H. N.
Al. 1890. — Creuse.
Par *Corrézien*, P. S. Ar., et une jument 1/2 s. L., par Léberou,
P. S. A.
Pompadour : 1894. — Réformé en septembre 1896.

BANIALUCK, 1/2 s. du Midi. — H. N.
Al. 1828. — Limousin.
Par *Young-Muley*, 1/2 s. A., et *Maniourque*, 1/2 s. du Midi,
par Lion.
Sa grand'mère : jument du Limousin.
Tarbes : 1838. — Réformé en septembre 1846.

BARBAZAN, 1/2 s. du Mid.
Approuvé en 1861. — M. Em. Péreire.
Gr. 1855. — Hautes-Pyrénées.
Par *Halep*, P. S. Ar., et une fille de Vautrin, 1/2 s.
Libourne : 1861-1872.

BARÈGES, 1/2 s. du Midi. — H. N.
Al. 1888. — Hautes-Pyrénées.
Par *Israël*, P. S. Ar., et une fille d'Emir, P. S. Ar.
Sa grand'mère : par Saklawi, P. S. Ar.
Libourne : depuis 1892.

BASSAN, ex-**TIBURCE**, 1/2 s. du Midi. — H. N.
B. 1879. — Gers.
Par *Emile*, 1/2 s. du Midi, et une fille de Tiburce, 1/2 s. du Midi.
Perpignan : 1883. — Réformé en août 1886.

BASTION, 1/2 s. du Midi. — H. N.
Al. 1855. — Haute-Garonne.
Par *Napier*, P. S. A., et une fille de Tartare, 1/2 s. A.-A.
Tarbes : 1859. — Réformé en janvier 1861.

BAYARD, 1/2 s. Barbe. — H. N.
Is. 1847. — Afrique.
De race Barbe.
Pau : 1857. — Mort en septembre 1859.

BAYARD, 1/2 s. du Midi. — H. N.
B. 1886. — Hautes-Pyrénées.
Par *Maubourguet*, P. S. A., et une fille de Dankali, P. S. Ar.
Libourne : depuis 1890.

BAYARD II, 1/2 s. du Midi.
Approuvé. — M. G. Fraisse.
Par *Niger* et *Pledge*, par Black-Jack.
Perpignan : 1884. — S. R. en 1893.

BAYONNE, 2 s. du Midi.
Approuvé. — M. Pugen, 1883 ; M. Lavat, 1884 ; M. Milles, 1885.
B. 1879. — France.
Par *Daoud*, P. S. Ar., et une fille d'Ambassadeur, P. S. A.
Tarbes : 1883. — Réformé en 1894.

BEAUCENS, 1/2 s. du Midi.
Approuvé. — M. Combes ; M. Mardrières, 1892.
Gr. 1877.
Par *Hedjas*, 1/2 s. Ar., et une 1/2 s. du Midi, par Emir, P. S. Ar.
Sa grand'mère : par Roi-de-Chypre, P. S. A.-A.
Sa bisaïeule : 1/2 s. A.-A.
Tarbes : 1881-1891. — Villeneuve-sur-Lot : depuis 1892.

BEAUMINET, 1/2 s. du Midi.
Approuvé. — M. Pascalis Baradot.
B. 1879. — Hautes-Pyrénées.
Par *Ceylon*, P. S. A., et une fille d'Emir, P. S. Ar.
Tarbes : 1883. — Réformé en 1886.

BEL-AIR, 1/2 s. du Midi. — H. N.
Al. 1879. — Basses-Pyrénées.
Par *Guido*, 1/2 s. du Midi, et une fille de Richon, 1/2 s.
Sa grand'mère : fille d'Alibaba, P. S. A.
Pau : depuis 1883.

BÉLISAIRE, 1/2 s. du Midi. — H. N.
B. 1828.
Par *Camash*, P. S. Ar., et une jument limousine.
Tarbes : 1833. — Réformé en novembre 1841.

BÉLISAIRE, 1/2 s. Barbe. — H. N.
Gr. 1847. — Afrique.
De race Barbe.
Perpignan : 1862-1865.

BELLE-FACE, 1/2 s. du Midi. — H. N.
Al. 1845.   Hautes Pyrénées.

Par *Abian*, P. S. Ar., et une fille de Frogmore, P. S. A.
Sa grand'mère : jument bigourdane.
Tarbes : 1849. — Réformé en octobre 1851.

BEN-ABIAN, 1/2 s. du Midi. — H. N.
Gr. 1849. — Hautes-Pyrénées.

Par *Abian*, P. S. Ar., et une fille de Circassien, P. S. Ar.
Villeneuve-sur-Lot : 1854. — Réformé en novembre 1856.

BEN-AGA, 1/2 s. du Midi.
Approuvé. — M. Ruinaut ; M. Sourbès, 1891.
B. 1879. — Landes.
Par *Kislar-Aga*, P. S. Ar.
Pau : 1883-1893.

BEN-ALI, 1/2 s. Barbe. — H. N.
Al. 1849. — Afrique.
Pau : 1862. — Perpignan : 1863. — Réformé en août 1867.

BEN-BÉCHIR, 1/2 s. Ar. — H. N.
B. 1853. — Arabie.
Pau : 1862. — Perpignan : 1863. — Réformé en août 1866.

BEN-CHOUEIMAN, 1/2 s. — H. N.
Al. 1839. — Au haras de Rosières.
Par *Choueiman*, P. S. Ar., et *Proematrix*.
Tarbes : 1845. — Mort en juin 1849.

BEN-EMILIO, 1/2 s. du Midi. — H. N.
B. 1849. — Hautes-Pyrénées.
Par *Emilio*, P. S. An.-Ar., et une fille de Saklawi, P. S. Ar.
Sa grand'mère : jument bigourdane.
Tarbes : 1853. — Réformé en octobre 1869.

BEN-FARÈS, 1/2 s. du Midi. — H. N.
B. 1879. — Gers.
Par *Abou-Farès*, P. S. Ar., et une fille de Gouffern, 1/2 s. A.
Libourne : depuis 1883.

BEN-HAMDANI, 1/2 s. du Midi.
Approuvé. — M. Septer.
B. 1848. — Hautes-Pyrénées.
Par *Hamdani*, P. S. Ar.
Tarbes : 1854. — Réformé en 1856.

BEN-HLAVIE, 1/2 s. du Midi. — H. N.
B. 1847. — Hautes-Pyrénées.
Par *Hlavie*, P. S. Ar., et une fille de Gros-Vénor.
Perpignan : 1851. — Réformé en novembre 1856.

BEN-HUSSEIN, 1/2 s. du Midi. — H. N.
Gr. 1856. — Hautes-Pyrénées.
Par *Hussein*, P. S. Ar , et une fille de Rajah, P. S. A. A.
Villeneuve-sur-Lot : 1860.
Passé en décembre 1862 à l'Ecole du Pin.

BEN-KARAM, 1/2 s. du Midi.
Approuvé. — M. Daugé.
Al. 1877. — Landes.
Par *Karam*, P. S. Ar., et une fille de Le Petit (approuvé).
Pau : depuis 1881.

BEN-KARCHANE, 1/2 s. du Midi. — H. N.
Gr. 1860. — Hautes-Pyrénées.
Par *Karchane*, P. S. Ar., et une fille d'Haleb, P. S. Ar.
Sa grand'mère : jument bigourdane.
Tarbes : 1864. — Réformé en septembre 1881.

BEN-MORPHI, 1/2 s. Barbe. — H. N.
B. 1853. — En Afrique.
De race barbe.
Pau : 1861. — Réformé en juillet 1866.

BEN-TIM, 1/2 s. du Midi. — H. N.
Gr. 1839. — Gers.
Par *Tim*, P. S. A., et une fille d'Ourfaly (né en Orient).
Tarbes : 1846. — Mort en octobre 1854.

BEN-VELY, 1/2 s. du Midi. — H. N.
Al. 1856. — Hautes-Pyrénées.
Par *Vely-Pacha*, P. S. Ar., et *Daria*, 1/2 s. A.-A.
Rodez : 1860. — Réformé en juillet 1877.

BEOSTE, 1/2 s. du Midi. — H. N.
Gr. 1879. — Hautes-Pyrénées.
Par *Ismaël*, P. S. Ar., et une fille de Zodion, P. S. A.-A.
Rodez : 1882. — Mort en février 1885.

BÉRANGER, 1/2 s. du Midi.
Approuvé. — M. Dumaine.
Al. 1879. — Vaucluse.
Par *The Gunner* et une jument morvandelle.
Perpignan : 1885-1892.

BÉRET, ex-**SOUVENIR**, 1/2 s. du Midi. — H. N.
B. 1879. — Hautes-Pyrénées.
Par *Bon-Vivant*, P. S. A., et une 1/2 s., fille d'Ethelwolf, P. S. A.
Sa grand'mère : 1/2 s., fille de Garry-Owen, P. S. A.
Pau : 1883. — Vendu en août 1890.

BERTRAND, 1/2 s. L. — H. N.
B. 1865. — Creuse.
Par *Kanguroo*, 1/2 s. N., et une 1/2 s. L., par Zouave,
P. S. Ar.
Pompadour : 1869. — Réformé en août 1882.

BÉTHARRAM, ex-**URBAIN II**, 1/2 s. du Midi. — H. N.
B. 1879. — Haute-Garonne.
Par *Othello*, P. S. Ar., et une 1/2 s., par Fana, P. S. A.-A.
Pau : 1883. — Mort en août 1890.

BIANOR, 1/2 s. L. — H. N.
Al. 1828. — Haute-Vienne.
De race Limousine.
Pau : 1840. — Vendu le 1er juillet 1850.

BIARRITZ, 1/2 s. du Midi. — H. N.
Gr. 1879. — Hautes-Pyrénées.
Par *Nahr-el-Kébir*, P. S. Ar., et une fille de Womersley, P. S. A.
Sa grand'mère : Cénizelli, P. S. A.
Sa bisaïeule : Brocade, P. S. A.
Rodez : 1883. — Réformé en août 1889.

BIBERON, 1/2 s. du Midi.
Approuvé. — M. Gaulin.
Al. 1876. — Landes.
Par *Adham*, P. S. Ar., et une fille de Tippo-Saëb, P. S. Ar.
Pau : 1880. — Vendu en 1886.

BIELLE, ex-**IMPÉRIEUX**, 1/2 s. du Midi. — H. N.
B. 1879. — Hautes-Pyrénées.
Par *Ismaël*, P. S. An.-Ar., et une 1/2 s., par The Heir-of-Linne,
P. S. A.
Pau : depuis 1883.

BIENVENU, 1/2 s. du Midi. — H. N.
Gr. 1846. — Gers.
Par *Koheil-Hamdani*, P. S. Ar., et une fille de Camash, P. S. Ar.
Libourne : 1850. — Castré en août 1858.

BIGORRE, 1/2 s. du Midi. — H. N.
Al. 1875. — Hautes-Pyrénées.
Par *Nassim*, P. S. Ar., et une fille de Bayard, 1/2 s. du Midi.
Perpignan : 1879. — Mort en mai 1895.

BIGOURDAN, 1/2 s. du Midi. — H. N.
Gr. 1876. — Hautes-Pyrénées.
Par *Damas*, P. S. Ar., et une fille de The Heir-of-Linne, P. S. Ar.
Tarbes : 1880. — A Blois en 1881.

— 41 —

BIJOU, 1/2 s. Auv. — H. N.
B. 1878. — Auvergne.

Par *Bijou*, P. S. A., et une 1/2 s. Auv., par Caligula, P. S. Ar.
Pau : 1841. — Vendu en juillet 1849.

BIMINI, 1/2 s. du Midi. — H. N.
Al. 1828. — Pompadour.

Par *Camash*, P. S. Ar., et *Alborach*, par Kurde, P. S. Ar.
Tarbes : 1840. — Réformé en octobre 1853.

BIMINI, 1/2 s. du Midi.
Approuvé. — M. Brun.
B. 1877. — Hautes-Pyrénées.

Par *Ceylon*, P. S. A., et une fille de Rajah, P. S. Ar.
Sa grand'mère : fille de Camash (né en Orient).
Sa bisaïeule : jument bigourdane.
Tarbes : 1881. — Réformé en 1891.

BIRIBI, 1/2 s. du Midi.
Approuvé. — M. Lacay.
B. 1865.

Par *Dagobert*, P. S. An.-Ar., et une fille de Tartare.
Tarbes : 1869. — Réformé en 1887.

BIRMINI, 1/2 s. du Midi. — H. N.
Al. 1828. — Haute-Vienne.

Par *Camash* (né en Orient), et *Alborach*, par Kurde, arabe.
Sa grand'mère : jument limousine.
Tarbes : 1840-1853.

BISCUIT, 1/2 s. du Midi. — H. N.
B. 1879. — Hautes-Pyrénées.

Par *Mohican*, P. S. A., et une fille de Ceylon, P. S. A.
Aurillac : 1883. — Réformé en août 1885.

BISTOURI, 1/2 s. du Midi. — H. N.
B. 1877. — Gers.

Par *Brulôt*, 1/2 s., et *Lancette*, 1/2 s.
Pau : 1877. — Vendu en août 1890.

BIZANOS, ex-**TAMBOUR**, 1/2 s. du Midi. — H. N.
Al. 1879. — Hautes-Pyrénées.

Par *Drummond*, P. S. A., et une 1/2 s., par Émir, P. S. Ar.
Sa grand'mère : par Cham, 1/2 s.
Pau : 1883. — Vendu en août 1897.

BLACK-TACHE, 1/2 s. du Midi. — H. N.
B. 1845. — Gers.

Par *Skirmisher*, P. S. A., et *Corinne*, 1/2 s. A.
Tarbes : 1852. — Réformé en octobre 1852.

BLAISE, 1/2 s. L. — H. N.
B. 1865. — Creuse.

Par *Ingénieux*, 1/2 s. N., et une 1/2 s. L., fille d'Harlequin,
P. S. A.
Pompadour : 1869. — Réformé en août 1878.

BLANC-BEC, 1/2 s. du Midi. — H. N.
B. 1876. — Basses-Pyrénées.

Par *Ephraïm*, P. S. Ar., et une 1/2 s., par Abdel, P. S. A.
Sa grand'mère : par Ethelwolf, P. S. A.
Pau : 1880. — Mort en novembre 1892.

BLANC-BEC, 1/2 s. du Midi. — H. N.
Gr. 1886. — Cantal.

Par *Equinoxe*, P. S. A., et *Molly*, 1/2 s. du Midi, par Annibal.
Villeneuve-sur-Lot : 1890. — Mort en août 1894.

BLONDEL, 1/2 s. du Midi.
Approuvé. — MM. Doussiet et Mirande.
Al. 1885. — Basses-Pyrénées.

Par *Khéchan*, P. S. Ar., et une fille de Guido.
Tarbes : depuis 1889.

BLONDIN, 1/2 s. du Midi.
Approuvé. — M. Lamarque ; M. Dupouy, 1890.
B. 1876. — Landes.

Par *Adham*, P. S. Ar.
Pau : 1880. — Réformé en 1893.

BLUET, 1/2 s. du Midi. — H. N.
Al. 1874. — Haute-Garonne.
Par *Rameau*. P. S. A., et une 1/2 s., par Ben-Karchane, P. S. Ar.
Rodez : 1878. — Réformé en août 1892.

BOBEREAU, 1/2 s. L. — H. N.
Al. 1874 — Haute-Vienne.
Par *Alcoran*. P. S. Ar., et N., 1/2 s. L., par Saint-Simon,
P. S. A.
Pompadour : 1878. — Abattu en juillet 1896.

BOLÉRO, 1/2 s. du Midi. — H. N.
Gr. 1875. — Hautes-Pyrénées.
Par *Abou-Farès*, P. S. Ar., et une 1/2 s. Ar., par Dankali, arabe.
Villeneuve-sur-Lot : 1879. — Réformé en septembre 1880.

BON-DIABLE, 1/2 s. du Midi.
Approuvé. — M. Verdié.
B. 1878. — France.
Par *Ismaël*, P. S. A.-A., et une fille de Womersley, P. S. A.
Tarbes : 1883. — Villeneuve-sur-Lot : 1884. — Réformé en 1891.

BONHOMME, 1/2 s. du Midi.
Approuvé. — M. Espigat.
B. 1885. — France.
Par *Prospéro*, P. S. A., et une 1/2 s. du Midi.
Rodez : 1861. — Vendu en 1862.

BOQUILLON, 1/2 s. Ar. — H. N.
B. 1872. — France.
Par *Souedj*, P. S. Ar., et une fille d'Emir, P. S. Ar.
Tarbes : 1876. — Réformé en septembre 1885.

BORGID, 1/2 s. du Midi.
Approuvé. — M. Chevallier.
B. 1879. — Haute-Loire.
Par *Mazeppa*, 1/2 s., et *Ottomane*, 1/2 s.
Aurillac : 1883. — Vendu à Paris en 1883.

BOUGIVAL, 1/2 s. du Midi.

Approuvé. — M. Cadéac.

B. 1879. — France.

Par *Tchibouch*, arabe, et une fille de Fulgur, P. S. A.

Tarbes : 1883. — Réformé en 1886.

BOULD-FREID, 1/2 s. Barbe.

Approuvé. — M. Barroux.

Al. 1874. — Oran.

De race Barbe.

Rodez : 1879. — Castré en 1881.

BOULOT, 1/2 s. du Midi.

Approuvé. — M. Bordes ; M. Dupont, 1872.

B. 1864. — Landes.

Par *Météore*, P. S. A.

Pau : 1867. — Réformé en 1877.

BOUSSAC, 1/2 s. L. — H. N.

Gr. 1890. — Creuse.

Par *Ecot*, 1/2 s. L., et *Marguerite*, 1/2 s. L., par Corrézien,
P. S. Ar.

Sa grand'mère : 1/2 s. L., par Léberou, P. S. A.

Pompadour : 1894. — Réformé en septembre 1898.

BOUSSENS, ex-**ESPOIR**. 1/2 s. du Midi. — H. N.

Al. 1878. — Hautes-Pyrénées.

Par *Lattakié* ou *Mohican*, P. S. Ar., et une 1/2 s., par Aviso.
P. S. A.-A.

Pau : 1883. — Abattu en août 1894.

BOUTDA, 1/2 s. du Midi. — H. N.

Al. 1849. — Haute-Garonne.

Par *Eprouvé*, P. S A.-A., et une fille de Calife, P. S. Ar.

Sa grand'mère : jument de 1/2 s. Ar.

Tarbes : 1853. — Réformé en juillet 1866.

BRAMINE, 1/2 s. du Midi. — H. N.
G. 1828. — Limousin.
Par *Emmon*, P. S. Ar., et *Halébie*, par Haleby. P. S. Ar.
Tarbes : 1839. — Mort en juin 1849.

BRAMINE, 1/2 s.
Approuvé. — M. Foret.
B. 1845.
Tarbes : 1850-1855. — Passé dans l'Aude en 1855.

BRAVO, 1/2 s. du Midi. — H. N.
Al. 1890. — Creuse.
Par *Bambou*, P. S. Ar., et une fille de Gygès, P. S. Ar.
Pau : depuis 1894.

BRAVO, 1/2 s. du Midi.
Approuvé. — M. Régère.
Gr. 1887. — Gironde.
Par *Brave*, 1/2 s. N., et *Fidélia*, 1/2 s. du Midi.
Libourne : depuis 1898.

BRELOQUE, 1/2 s. du Midi. — H. N.
B. 1879. — Hautes-Pyrénées.
Par *Mandrake*, P. S. A., et une fille de Fana, P. S. Ar.
Perpignan : 1883. — Réformé en août 1887.

BRIDIER, 1/2 s. L. — H. N.
B. 1874. — Creuse.
Par *Aden*, P. S. A.-A., et une fille de Royères, 1/2 s.
Pompadour : 1878. — Réformé en septembre 1892.

BRIGAND, 1/2 s. du Midi. — H. N.
Al. 1883. — Hautes-Pyrénées.
Par *Saint-Léger*, P. S. A., et une 1/2 s., par Emir, P. S. Ar.
Sa grand'mère : une 1/2 s., par The Heir-of-Linne, P. S. A.
Pau : 1887. — Mort en septembre 1888.

BRILLANT, 1/2 s. du Midi.
Approuvé. — M. Duprat de l'Estang.
Gr. 1822. — Ariège.
Tarbes : 1832-1843.

BRILLANT, 1/2 s. du Midi.
Approuvé. — M. Mazères, 1885 ; M. Monbaylet, 1887.
N. 1880. — Haute-Garonne.
Par *Tricolore*, 1/2 s.
Tarbes : 1885. — Réformé en 1889.

BRILLANT, 1/2 s. du Midi.
Approuvé. — M. Sainte-Colombe.
B. 1843. — Basses-Pyrénées.
Tarbes : 1853. — Réformé en 1859.

BRILLANT, 1/2 s. du Midi.
Approuvé. — M. Dartigues.
B. 1853. — Tarn-et-Garonne.
Tarbes : 1856. — Réformé en 1872.

BROCANTEUR, 1/2 s. du Midi.
Approuvé. — M. Féral; M. Verdier, 1895.
Gr. 1879. — Hautes-Pyrénées.
Par *Mohican*, P. S. A., et une fille de Soucdj, P. S. Ar.
Sa grand'mère : fille de Schamyl, P. S. A.
Tarbes : 1883-1894. — Villeneuve-sur-Lot : depuis 1895.

BRUANT, 1/2 s. du Midi. — H. N.
B. 1868. — Gers.
Par *Sylvain*, P. S. A., et *Brunette* (1/2 s. importée d'Irlande).
Tarbes : 1872. — Mort en février 1891.

BRULOT, 1/2 s. du Midi. — H. N.
Bb. 1865 — Tarn.
Par *Angus*, P. S. A., et *Brunette*, jument de 1/2 s.
Tarbes : 1872. — Réformé en août 1884.

CADET, 1/2 s. du Midi.
Approuvé. — M. Ducos.
B. 1835. — Limousin.
Tarbes : 1846. — Réformé en 1851.

CADET, 1/2 s. du Midi.
Autorisé, 1887. — Approuvé. 1889. — M. Daudon ;
M. Sourbié, 1892.
Al. 1883. — Landes.
Par *Rayon-d'Or*, 1/2 s. du Midi.
Pau : depuis 1887.

CADET, ex-**ESCOT**, 1/2 s. du Midi. — H. N.
B. 1882. — Creuse.
Par *Bobereau*, 1/2 s. du Midi, et une fille d'Aden, 1/2 s. du Midi.
Sa grand'mère : Darling, P. S. A.
Sa bisaïeule : Petworth, P. S. A.
Rodez : 1890. — Réformé en août 1892.

CADI, 1/2 s. du Midi. — H. N.
Al. 1859. — Haute-Garonne.
Par *Couëron*, P. S. A., et une fille de Patrocle, 1/2 s.
Tarbes : 1863. — Passé à Perpignan en 1868.
Réformé en août 1875.

CAFRE, 1/2 s. du Midi. — H. N.
Bb. 1829. — Haute-Vienne.
Par *Y. Wandyke*, P. S. A., et une fille de Furet, 1/2 s. L.
Libourne : 1840. — Castré en juillet 1849.

CAILLAC, 1/2 s. du Midi.
Approuvé. — M. Marty.
B. 1876. — Cantal.
Par *Jarville*, 1/2 s. N., et *Gypsie*, 1/2 s. Ar.
Aurillac : 1882. — Castré en 1886.

CAÏPHE, 1/2 s. du Midi. — H. N.
Al. 1880. — Hautes-Pyrénées.
Par *Mouzaffar*, P. S. Ar., et une fille de Roi-de-Chypre, P. S. A.- A
Aurillac : 1884. — Réformé en août 1886.

CALFUQUIER, 1/2 s. du Midi
Approuvé. — M. J. Barès.
Bb. 1884. — France.
Par *Marignan*, P. S. A., et une fille de Noël.
Tarbes : 1887. — Réformé en 1887.

CALINO, 1/2 s. du Midi. — H. N.
Gr. 1873. — Hautes-Pyrénées.
Par *Dankali*, P. S. Ar., et une 1/2 s., par Emir, P. S. Ar.
Perpignan : 1877. — Réformé en août 1893.

CAMALÉON, 1/2 s. du Midi. — H. N.
B. 1823.
Rodez : 1844. — Réformé en octobre 1844.

CAMBO, 1/2 s. du Midi.
Approuvé. — M. Nouaillac.
B. 1880. — Basses-Pyrénées.
Par *El Khalil*, P. S. Ar., et une fille d'Ambassadeur, P. S. A.
Villeneuve-sur-Lot : 1885. — Réformé en 1892.

CAMPAN, 1/2 s. du Midi.
Approuvé. — M. Cougot.
B. 1878. — France.
Par *Franc-Tireur*, P. S. A., et une fille de Zodion, P. S. A.-A.
Tarbes : 1889. — Réformé en 1896.

CAMPAN, 1/2 s. du Midi.
M. A. Causson.
B. 1878. — Hautes-Pyrénées.
Par *Mohican*, P. S. A., et une fille d'Emir, P. S. Ar.
Sa grand'mère : fille de Jabel, P. S. Ar.
Tarbes : 1881. — Réformé en 1889.

CANALS, 1/2 s. du Midi. — H. N.
B. 1878. — Basses-Pyrénées.
Par *Daoud*, P. S. Ar., et une 1/2 s., fille d'Ambassadeur, P. S. A.
Sa grand'mère : 1/2 s., fille de Sampson, P. S. A.
Sa bisaïeule : 1/2 s., fille de Kosas, P. S. A.
Pau : 1882. — Mort le 3 mai 1897.

CANOVA, ex-**BOUTON**, 1/2 s. du Midi. — H. N.
Al. 1880. — Basses-Pyrénées.
Par *Sir-Régis*, P. S. A., et une 1/2 s., fille de Dahabi, P. S. Ar.
Pau : depuis 1884.

CANTAL, 1/2 s. du Midi. — H. N.
Gr. 1859. — Cantal.
Par *Nuncio*, P. S. Ar., et *Lise*, 1/2 s. du Midi.
Aurillac : 1867. — Réformé en juillet 1870.

CAOUTCHOUC, 1/2 s. du Midi. — H. N.
Gr. Ro. 1853. — Hautes-Pyrénées.
Par *Garry-Owen*, P. S. A., et une fille de Saklawi, P. S. Ar.
Aurillac : 1857. — Réformé en janvier 1861.

CAPITAN, 1/2 s. du Midi. — H. N.
Gr. 1870. — Hautes-Pyrénées.
Par *Roi-de-Chypre*, P. S. A.-A., et une fille de Karchane, P. S. Ar.
Libourne : 1878. — Abattu en août 1890.

CAPORAL, 1/2 s. L. — H. N.
B. 1866. — Creuse.
Par *Espagnac*, P. S. A.-A., et 1/2 s. L., par Garry-Owen, P. S. A.
Pompadour : 1870. — Réformé en septembre 1871.

CAPORAL, 1/2 s. du Midi.
Approuvé. — M. Cadéac (Haute-Garonne).
B. 1883. — France.
Par *Le Petit-Caporal*, P. S. A., et une fille de Merlerault.
Tarbes : depuis 1887.

CAPOT, 1/2 s. du Midi. — H. N.
B. 1872. — Hautes-Pyrénées.
Par *Cariolan*, 1/2 s. du Midi, et une fille d'Edwin, P. S. A.
Libourne : 1876. — Castré en septembre 1879.

4

CAPRICE, 1/2 s. L. — H. N.

B. 1866. — Haute-Vienne.

Par *Eclatant*, 1/2 s. N., et une 1/2 s. L., par Ingénieux, 1/2 s. N

Sa grand'mère : N., 1/2 s., par Jocko, P. S. A.
Sa bisaïeule : N., 1/2 s., par Okab, P. S. Ar.

Pompadour : 1870. — Réformé en octobre 1884.

CAPVERN, 1/2 s. du Midi.

Approuvé. — M. Combes : M. Causson, 1892.

B. 1880. — Hautes-Pyrénées.

Par *Nassim*, P. S. Ar., et *Esope*, 1/2 s.

Sa grand'mère : fille de Farfadet, P. S. A.

Tarbes : 1884. — Réformé en 1896.

CARABIN, 1/2 s. L. — H. N.

B. 1891. — Haute-Vienne.

Par *Ignotus*, 1/2 s. N., et une jument 1/2 s. Char., par Issy,
1/2 s. N.

Pompadour : depuis 1895.

CARAZON, 1/2 s.

Approuvé. — M. Grateloup.

Né en 1856.

Sans renseignements.

Tarbes : 1861. — Réformé en 1867.

A fait la monte dans le Gers.

CARDINAL, 1/2 s. du Midi. — — H. N.

B. 1829. — Haute-Vienne.

Par *Y. Muley*, P. S. A., et une fille de Friedland, 1/2 s. L.

Aurillac : 1840. — Réformé en novembre 1841.

CARMIN, 1/2 s. L. — H. N.

Gr. 1875. — Creuse.

Par *Objectif*, 1/2 s. N., et *N.*, 1/2 s. L., par Sapajou, 1/2 s. N.

Sa grand'mère : N., 1/2 s., par Jocko, P. S. A.

Pompadour : 1879. — Réformé en août 1881.

CARNÉ, 1/2 s. du Midi.
Approuvé. — Mme la Ctesse de Luékens.
B. 1875. — Gironde.
Par *Comus*, P. S. A., et une jument sans origine.
Libourne : 1879. — Mort en 1881.

CAROLI, 1/2 s. du Midi.
Autorisé en 1891. — Approuvé en 1892. — Accepté en 1898.
M. Courrèges.
Al. 1881. — Landes.
Par *Gengis-Khan* et *Belle-d'Iris*.
Libourne : depuis 1891.

CARTEL, 1/2 s. L. — H. N.
B. 1866. — Creuse.
Par *Osman*, 1/2 s. N., et *N.*, 1/2 s. L., par Ingénieux, 1/2 s. N.
Sa grand'mère : N., 1/2 s., par Oakab, P. S. Ar.
Pompadour : 1870. — Réformé en septembre 1883.

CASSANDRE, 1/2 s. du Midi. — H. N.
B. 1858. — Gers.
Par *Multum-in-Parvo*, 1/2 s. A., et une fille de The Scavenger,
P. S. A.
Perpignan : 1862. — Réformé en décembre 1874.

CASSIODORE, 1/2 s. du Midi. — H. N.
Gr. 1880. — Hautes-Pyrénées.
Par *Tarbouch*, P. S. Ar., et une fille de Schamyl ou Grey-Tommy,
P. S. A.
Aurillac : 1884. — Réformé en août 1895.

CASSIUS, ex-**PLONGEUR**, 1/2 s. du Midi. — H. N.
B. 1880. — Hautes-Pyrénées.
Par *Ismaël*, P. S. A.-A., et une fille de Zodion, 1/2 s. A.-A.
Rodez : 1884. — Réformé en août 1896.

CATINAT, 1/2 s. du Midi. — H. N.
Gr. 1880. — Hautes-Pyrénées.
Par *Hadji-Baba*, P. S. Ar., et une 1/2 s., par Emir, P. S. Ar.
Pau : 1884 — Vendu en août 1892.

CATON, 1/2 s. L. — H. N.
Gr. 1875. — Haute-Vienne.
Par *Aden*, P. S. A.-A., et *N*., 1/2 s. L., par Espagnac, P. S. A.-A.
Sa grand'mère : N., 1/2 s., par Mokana. P. S. A.
Pompadour : 1879. — Réformé en septembre 1883.

CATON, 1/2 s. du Midi. — H. N.
Al. 1846. — Houtes-Pyrénées.
Par *Minster*, P. S. A., et une fille de Spy, P. S. A.
Tarbes : 1851. — Mort en 1852.

CAUTÈRE, 1/2 s. du Midi.
Approuvé. — M. Duffour.
Bb. 1873. — Gers.
Par *Watherden*, P. S. A., et *Lancette*. par Tibi.
Tarbes : 1881. — Reformé en 1881.

CAZAUBON, ex-**SALADIN**, 1/2 s. du Midi. — H. N.
Al. 1880. — Gers,
Par *Y. Baba*, 1/2 s. A.-A., et une fille de Kali, 1/2 s. N.
Villeneuve-sur-Lot : depuis 1884.

CERCANCEAU, 1/2 s. du Midi. — H. N.
B. 1880. — Haute-Garonne.
Par *Noël*, P. S. A., et une fille de Fana, P. S. Ar.
Sa grand'mère : fille de Velly, P. S. Ar.
Villeneuve-sur-Lot : 1884. — Mort en octobre 1890.

CÉSAR, 1/2 s. du Midi. — H. N.
Al. 1876. — Hautes-Pyrénées.
Par *Nahr-el-Kébir*, P. S. Ar., et une fille de Zodion,
1/2 s. du Midi.
Sa grand'mère : fille d'Emilio, P. S. A.-A.
Tarbes : 1880. — Réformé en août 1884.

CHABAN, 1/2 s. du Midi.
Approuvé. — M. Mac.
B. 1844. — Hautes-Pyrénées.
Sans renseignements.
A fait la monte dans les Hautes-Pyrénées.
Tarbes : 1850. — Mort en 1855.

CHALOSSAIS, 1/2 s. du Midi.
Approuvé. — M. Thomazeau ; M. Dupont, 1876.
Gr. 1865. — Landes.
Par *Ikingi*, P. S. Ar., et une fille de Kader, P. S. Ar.
Pau : 1872. — Réformé en 1878.

CHAM, 1/2 s. du Midi. — H. N.
B. 1862. — Basses-Pyrénées.
Par *Ethelwolf*, P. S. A., et une 1/2 s., par Sheban, P. S. Ar.
Pau : 1867. — Vendu en septembre 1883.

CHAMPION, 1/2 s. du Midi.
Approuvé. — M. Saint-Martin, 1890 ; M. Mirmand, 1890,
Gr. 1880. — Hautes-Pyrénées.
Par *Nicot*, 1/2 s., et une fille de Koran, P. S. Ar.
Sa grand'mère : fille de Broussa, P. S. Ar.
A fait la monte dans la Haute-Garonne.
Tarbes : 1884. — Réformé en 1894.

CHAPERON, 1/2 s. du Midi. — H. N.
Al. 1829. — Haute-Vienne.
Par *Y. Muley*, P. S. A., et *Nadolie*, par Bagdad, P. S. Ar.
Tarbes : 1834. — Mort en novembre 1846.

CHAPLIN-ARABIAN, 1/2 s. A.-A. — H. N.
Gr. 1877. — Haras de Lipizza (Autriche).
Tarbes : 1887. — Réformé en août 1893.

CHARLEY, 1/2 s. du Midi. — H. N.
Al. 1880. — Gers.
Par *Charley-Merry-Legs*, 1/2 s. A., et une 1/2 s., fille de Bind,
P. S. A.
Pau : 1884. — Vendu en septembre 1885.

CHÉRIF, 1/2 s. du Midi. — H. N.
Gr. 1824. — Haute-Vienne.
Par *Haleby*, P. S. Ar., et une fille de Cantador, 1/2 s. L.
Rodez : 1832. — Mort en août 1846.

CHESTER, ex-**GAULOIS**, 1/2 s. du Midi. — H. N.
Al. 1877. — Haute-Garonne.
Par *Noël*, P. S. A., et *N.*, 1/2 s., par Esope, 1/2 s. du Midi.
Pompadour : 1881. — Réformé en septembre 1894.

CHÉTIF, 1/2 s. Barbe. — H. N.
Ro. 1844. — Afrique.
D'origine Barbe.
Tarbes : 1851. — Mort en mai 1853.

CHEVALIER, 1/2 s. du Midi. — H. N.
B. 1829. — Haute-Vienne.
Par *Y. Muley*, P. S. A., et une jument limousine.
Libourne : 1840. — Castré en septembre 1846.

CHIBIN-LE-NOIR, 1/2 s. du Midi.
Approuvé. — M. Brouhauban.
Gr. 1862. — Hautes-Pyrénées.
Par *Chibin*, P. S. Ar., et une fille d'Ethelwolf, P. S. A.
A fait la monte dans la plaine de Tarbes.
Tarbes : 1866. — Vendu en 1881.

CHICARD, 1/2 s. du Midi. — H. N.
Gr. 1873. — Hautes-Pyrénées.
Par *Womersley*, P. S. A., et une fille de Chibin, 1/2 s. du Midi.
Rodez : 1877. — Réformé en septembre 1882.

CHIPPER ou **CHOPPER**, 1/2 s. du Midi.
Approuvé. — M. J. Auriol.
Par *Nadjar*, P. S. Ar., et une fille d'un P. S. Ar. (Hlawie).
A fait la monte dans la Haute-Garonne.
Tarbes : 1859. — Réformé en 1861.

CHIRON, 1/2 s. du Midi. — H. N.
Gr. 1870. — Hautes-Pyrénées.
Perpignan : 1875. — Réformé en février 1883.

CHOA, 1/2 s. Ar. — H. N.

B. 1840. — Orient.

De provenance orientale.

Pau : 1848. — A Paris en août 1848.

CIMIER, 1/2 s. du Midi. — H. N.

Al. 1890. — Cantal.

Par *Couvre-Chef*, P. S. A., et *Céline*, par Annibal.

Tarbes : depuis 1894.

CINÉAS, ex-**ALI**, 1/2 s. L. — H. N.

Gr. 1877. — Haute-Vienne.

Par *Marengo*, P. S. A., et *N.*, 1/2 s. L., par Rabdan, P. S. Ar.

Pompadour : 1881. — Réformé en août 1882.

CIRCASSIEN, 1/2 s. du Midi.

Approuvé. — M. Barbe.

Né dans les Hautes-Pyrénées.

Par *Circassien*, Barbe, et une fille de Mahomet, arabe.

A fait la monte dans les Hautes-Pyrénées.

Tarbes : 1837. — Mort en 1845.

CLOTAIRE, 1/2 s. du Midi.

Approuvé. — M. Dupouy.

Al. 1877. — Landes.

Par *Kislar-Aga*, P. S. Ar.

Pau : 1887. — Réformé en 1897.

CLOWN, 1/2 s. du Midi. — H. N.

Al. 1881. — Basses-Pyrénées.

Par *Mazères*, P. S. A.-A., et une fille de Bethléem, 1/2 s.

Aurillac : 1885. — Réformé en août 1897.

COCARDASSE, 1/2 s. du Midi. — H. N.

Gr. 1880. — Hautes-Pyrénées.

Par *Mouzaffar*, P. S. Ar., et une 1/2 s., par d'Ethelwolf, P. S. A.

Perpignan : depuis 1884.

COLIBRI, 1/2 s. du Midi.
Autorisé 1887. — Approuvé 1888. — M. Dupouy.
Gr. 1881. — Landes.
Par *Agouti*, 1/2 s. du Midi.
Pau : 1887. — Réformé en 1894.

COLIBRI, 1/2 s. du Midi. — H. N.
Gr. 1866. — Hautes-Pyrénées.
Par *Cobnut*, P. S. A., et une 1/2 s., par Dankali, P. S. Ar.
Pau : 1872. — Mort en juillet 1874.

COLIBRI, 1/2 s. du Midi. — H. N.
Gr. 1850. — Hautes-Pyrénées.
Par *Tunis*, et une fille de Tim, P. S. A.
Sa grand'mère : jument arabe de 1/2 s.
Tarbes : 1854. — Mort en novembre 1868.

COLIN, 1/2 s. du Midi. — H. N.
B. 1829.
Par *Ourfaly* (né en Orient), et une fille de Numide, Barbe.
Tarbes : 1834. — Réformé en août 1843.

COLONEL, 1/2 s. Barbe.
Approuvé. — M. Souville.
B. 1863. — Algérie.
Ses père et mère : Barbes.
A fait la monte dans le Gers.
Tarbes : 1877. — Mort en 1884.

COMMODORE, 1/2 s. du Midi. — H. N.
B. 1850. — Haute-Garonne.
Par *Ali-Baba*, 1/2 s., et *Peterliberty*, P. S. A.
Tarbes : 1854. — Réformé en octobre 1869.

COMPÈRE, 1/2 s. du Midi.
Al. 1826. — Limousin.
Tarbes : 1837. — Réformé en octobre 1844.

CONSTANTIN, 1/2 s. du Midi. — H. N.
Gr. 1851. — Hautes-Pyrénées.

Par *Uzerche*, P. S. Ar., et une fille de Vendredi, P. S. A.
Libourne : 1885. — Mort en avril 1856.

COQUET, 1/2 s. du Midi, — H. N.
Bb. 1828. — Hautes-Pyrénées.

Par *Bai-Brun*, P. S. A., et une fille de Néron (Mecklembourgeois).
Tarbes : 1833-1849.

CORAIL, 1/2 s. du Midi. — H. N.
Al. 1880. — Basses-Pyrénées.

Par *Sir-Regis*, P. S. A., et *Babine*, 1/2 s., par Dahabi, arabe.
Sa grand'mère : fille de Papillon.
Sa bisaïeule : fille de Vendéen.
Pau : depuis 1884.

CORAIL, 1/2 s. L. — H. N.
Al. 1891. — Haute-Vienne.

Par *Tambour-de-Basque*, P. S. A., et *Diane*, 1/2 s. du Midi,
par Indigo, P. S. A.-Ar.
Sa grand'mère : 1/2 s. L., par Éclatant, 1/2 s. N.
Pompadour : depuis 1895.

COREB, 1/2 s. du Midi. — H. N.
B. 1831. — Basses-Pyrénées.

Par *Ras-el-Fedawe*, P. S. Ar., et une jument navarraise.
Pau. 1835. — Vendu en septembre 1841.

CORIOLAN, 1/2 s. du Midi. — H. N.
B. 1853. — Haute-Garonne.

Par *Y. Emilius*, P. S. A., et une fille de Little-Rover, P. S. A.
Tarbes : 1857. — Réformé en juillet 1874.

CORSAIRE, 1/2 s. du Midi. — H. N.
Al. 1873. — Hautes-Pyrénées.

Par *Emir*, P. S. Ar., et une fille de Zodion, 1 /2 s. Ar.
Villeneuve-sur-Lot : 1877. — Castré en septembre 1881.

COSMOPOLITE, 1/2 s. du Midi. — H. N.
B. 1858. — Hautes-Pyrénées.
Par *Romani*, P. S. Ar., et une fille d'Hamdani-Arbi, 1/2 s. Big.
Rodez : 1864. — Mort en novembre 1873.

COSRÉIR, 1/2 s. — H. N.
Gr. 1829. — France.
Par *Bédouin*, P. S. Ar., et *Georgina* (race des Deux-Ponts).
Pau : 1845. — Vendu en juillet 1845.

COUREUR, 1/2 s. du Midi. — H. N.
Gr. 1823. — Haute-Vienne.
Par *Sauterau*, 1/2 s., et une jument L.
Rodez : 1833-1840.

COURTOIS, 1/2 s. du Midi. — H. N.
B. 1829. — Limousin.
Par *Captain-Candid*, P. S. A., et une fille de l'Attitat jeune.
Tarbes : 1839. — Réformé en septembre 1846.

COUSTAYRAC, 1/2 s. du Midi.
Approuvé. — M. Espitalier.
Al. 1876. — Haute-Garonne.
Par *Forfait*, 1/2 s. (approuvé).
A fait la monte dans la Haute-Garonne.
Tarbes : 1880. — Réformé en 1889.

CROMWEL, 1/2 s. du Midi. — H. N.
Al. 1833. — Basses-Pyrénées.
Par *Smith*, P. S. A., et une jument navarraise.
Pau : 1837. — Vendu en juillet 1849.

CURÉ, 1/2 s. du Midi. — H. N.
Bb. 1847. — Haute-Vienne.
Par *Lancastre*, P. S. A., et *Limousine*, 1/2 s. L.
Aurillac : 1853. — Réformé en juillet 1859.

CYRUS, 1/2 s. du Midi. — H. N.
Al. 1886. — Landes.
Par *Dahabi*, Ar., et une fille de Sidi.
Ajaccio : 1890. — Mort en octobre 1894.

CYRUS, 1/2 s. du Midi. — H. N.
Gr. 1849. — Hautes-Pyrénées.
Par *Koheyl-Hamdani*, P. S. Ar., et une fille de Rowlston, P. S. A.
Villeneuve-sur-Lot : 1854. — Réformé en décembre 1855.

DAGUET, 1/2 s. du Midi. — H. N.
Al. 1820. — Haute-Vienne.
Par *Radbâon*, P. S. Ar., et *Errentai*, jument limousine.
Libourne : 1836. — Vendu en novembre 1840 (non castré).

DAHER, 1/2 s. du Midi. — H. N.
B. 1829. — Basses-Pyrénées.
Par *Mousty*, 1/2 s. du Midi et une jument navarraise.
Rodez : 1833. — Vendu en décembre 1840.

DANIDAN, 1/2 s. du Midi. — H. N.
B. 1877. — Basses-Pyrénées.
Par *Dahabi*, P. S. Ar., et une fille d'Ambassadeur, P. S. A.
Sa grand'mère : 1/2 s., par Farka, P. S. Ar.
Sa bisaïeule : 1/2 s., par Memory, P. S. A.
Pau : 1881. — Abattu en août 1895.

DANIEL, 1/2 s. Auvergnat. — H. N.
B. 1876. — Cantal.
Par *Meschoud*, P. S. Ar., et 1/2 s. Auv., par Marignan, P. S. A.
Sa grand'mère : Lise, jument anglaise.
Pompadour : 1880. — Abattu en juillet 1897.

DAOUD, 1/2 s. Ar. — H. N.
Gr.   . — Afrique.
Père et mère : arabes.
Tarbes : 1861. — Mort en mai 1869.

DARAN, 1/2 s. L. — H. N.

Gr. 1867. — Corrèze.

Par *Zouave*, P. S. Ar., et une jument limousine, par Abdérame
(né en Orient).

Pompadour : 1871. — Mort en mai 1883.

DARBI, 1/2 s. du Midi.

Accepté. — M. Bernède.

Al. 1893. — Landes.

Par *Caroli*, 1/2 s. du Midi.

Libourne : depuis 1897.

DARFOUR, 1/2 s. A.-A. — H. N.

Gr. 1846. — Dans les écuries de l'Empereur.

Par *Hamdani-Blanc*, P. S. Ar., et *Nina*, 1/2 s. A.

Tarbes : 1849. — Aurillac en 1850.

DARTAGNAN, 1/2 s. L. — H. N.

B. 1867. — Creuse.

Par *Faverolles*, P. S. A. et une 1/2 s. L., par Quaker, P. S. A.-A.

Pompadour : 1871. — Mort en avril 1878.

DAUVERGNE, 1/2 s. du Midi. — H. N.

Gr. 1876. — Cantal.

Par *Banabak*, P. S. Ar., et une fille d'Antar, 1/2 s. Ar.

Aurillac : 1880. — Abattu en novembre 1895.

DAX, 1/2 s. du Midi. — H. N.

Gr. 1881. — Landes.

Par *Cheitan*, P. S. Ar., et une 1/2 s., par Lambro, 1/2 s. du Midi.

Sa grand'mère : fille de Lionne.
Sa bisaïeule : fille d'Ali-Baba, P. S. A.

Rodez : depuis 1885.

DÉCIUS, 1/2 s. L. — H. N.

Al. 1830. — Haute-Vienne.

Par *Captain-Candid*, P. S. A., et une fille de Darius, P. S. Ar.

Pompadour : 1835-1840. — Libourne : 1841.

Vendu en novembre 1842 (non castré).

DEER-OURFALY, 1/2 s. du Midi. — H. N.
B. 1851. — Hautes-Pyrénées.
Par *Ben-Ourfaly*, 1/2 s., et une jument de 1/2 s. N.
Perpignan : 1862. — Réformé en août 1864.

DÉJA, 1/2 s. du Midi. — H. N.
B. 1881. — Basses-Pyrénées.
Par *Mazères*, P. S. A.-A., et une fille de Dahabi, 1/2 s.
Perpignan : 1885. — Mort en septembre 1897.]

DÉFICIT, 1/2 s. du Midi. — H. N.
Al. 1894. — Hautes-Pyrénées.
Par *Prix-Fixe*, P. S. A., et *X.*, par Tarbouch, P. S. Ar.
Perpignan : depuis 1898.

DÉMON II, 1/2 s. du Midi. — H. N.
B. 1883. — Hautes-Pyrénées.
Par *Zoulou*, P. S. A., et une fille de Saïd-Pacha, P. S. A.-A.
Sa grand'mère : par Emir, P. S. Ar.
Libourne : 1887. — Castré en août 1892.

DÉMOUÏ, 1/2 s. barbe. — H. N.
Gr. 1863. — Afrique.
Tarbes : en 1875.

DERBY, 1/2 s. L. — H. N.
Al. 1892. — Haute-Vienne.
Par *Tambour-de-Basque*, P. S. A., et *La Grêle*, 1/2 s. L.,
par Nubis, 1/2 s. N.
Sa grand'mère : 1/2 s. L., par Bagdali, P. S. Ar.
Pompadour : depuis 1896.

DERVICHE, 1/2 s. A.-A. — H. N.
Gr. 1868. — Gers.
Par *Dankali*, P. S. Ar., et une 1/2 s., par Tiburce, P. S. A.
Sa grand'mère : 1/2 s., par Renonce, P. S. A.
Tarbes : 1872. — Mort en août 1890.

DERVICHE, 1/2 s. du Midi. — H. N.
Gr. 1849. — Hautes-Pyrénées.
Par *Hamdani*, P. S. Ar., et 1/2 s., par Rowlston, P. S A.
Pau : 1853. — Vendu en mars 1861.

DERVICHE III, 1/2 s. L. — H. N.
Al. 1826. — Pompadour.
Par *Lion*, Ar., et une fille de Général, 1/2 s. L.
Aurillac : 1835. — Réformé en août 1841.

DÉSIR, 1/2 s. L. — H. N.
B. 1867. — Creuse.
Par *Xénocrate*, P. S. A.-A., et une 1/2 s. L., par Mokanna,
P. S. A.
Pompadour : 1871, — Réformé en août 1878.

DESTIN, 1/2 s. L. — H. N.
B. 1867. — Creuse.
Par *Ingénieux*, 1/2 s. N., et une 1/2 s. L., par Forban, P. S. A.
Pompapour : 1871. — Réformé en août 1878.

DEY, 1/2 s. du Midi. — H. N.
Al. 1830. — Haute-Vienne.
Par *Emmon*, P. S. Ar., et une 1/2 s., par Pompadour, 1/2 s. du Midi.
Tarbes : 1840-1847. — Perpignan : 1848.
Réformé en octobre 1854.

DIAVOLO, 1/2 s. du Midi.
Approuvé. — M. Bru (Lot-et-Garonne).
N. 1893. — Lot-et-Garonne.
Par *Allic*, 1/2 s. du Midi, et *N.*, 1/2 s. du Midi, par *El Nacéri*,
P. S. Ar.
Villeneuve-sur-Lot : depuis 1898.

DIAVOLO, 1/2 s. du Midi.
Approuvé. — M. Dario.
N. 1874. — Hautes-Pyrénées.
Par *Emir*, P. S. Ar., et une 1/2 s., fille de Roi-de-Chypre,
P. S. A.-A.
Sa grand'mère : 1/2 s., fille d'Allington, P. S. A.
Tarbes : 1878. — Réformé en 1893.

DICK, 1/2 s. du Midi. — H. N.
Gr. 1877. — Hautes-Pyrénées.
Par *Damas*, P. S. Ar., et une 1/2 s., par Emir, P. S. Ar.
Pompadour : 1881-1890. — Passé au Pin en janvier 1891.

DIOMÈDE, 1/2 s. du Midi. — H. N.
Or. 1873. — Basses-Pyrénées.
Par *Infant*, P. S. A.-A., et une 1/2 s. du Midi, fille de Kerbela,
P. S. Ar.
Pau : 1877. — Abattu le 1er janvier 1893.

DIOMÈDE, 1/2 s. L. — H. N.
Al. 1830. — Haute-Vienne.
Par *Yung-Muley*, 1/2 s. A., et *Hirondelle*, 1/2 s. L.,
par Haléby, P. S. Ar.
Pompadour : 1835-1841. — Passé à Langonnet en janvier 1842.

DIRK, 1/2 s. du Midi.
Approuvé. — M. Montané ; M. Cornus.
Al. 1878. — Hautes-Pyrénées.
Par *Mohican*, et une fille d'Emir, P. S. Ar.
Tarbes : 1882. — Perpignan 1884. — S. R. en 1897.

DISCOBOLE, 1/2 s. du Midi. — H. N.
Al. 1878. — Basses-Pyrénées.
Par *Djerasch*, P. S. Ar., et une 1/2 s., par Shérif, P. S. Ar.
Pau : 1882. — Vendu le 22 août 1896.

DISCRET, 1/2 s. du Midi.
Approuvé. — M. Mazères : M. Montbaylet en 1887.
B. 1881. — Hautes-Pyrénées.
Par *Bruant*, 1/2 s., et une 1/2 s. du Midi, fille de Djeffée, P. S. Ar.
A fait la monte dans la Haute-Garonne.
Tarbes : 1885. — Réformé en 1892.

DJALMA, 1/2 s. du Midi. — H. N.
Gr. 1848. — Haute-Garonne.
Par *Koheyl-Hamdani*, P. S. Ar., et une 1/2 s., par Skirmisher,
P. S. A.
Tarbes : 1852. — Mort en 1860.

DJENDEL, 1/2 s. Barbe. — H. N.
Gr. 1844. — Afrique.
Rodez : 1851. — Réformé en septembre 1858.

DJERBY, 1/2 s. du Midi. — H. N.
Gr. 1848. — Hautes-Pyrénées.
Par *Mansourah*, P. S. Ar., et une 1/2 s., fille d'Emir, P. S. Ar.
Tarbes : 1852. — Mort en novembre 1854.

DJERID, 1/2 s. du Midi. — H. N.
Gr. 1848. — Hautes-Pyrénées.
Par *Koheyl-Hamdani*, P. S. Ar., et une 1/2 s.,
fille de Saklawie-Amdan, P. S. Ar.
Tarbes : 1852. — Mort en juillet 1871.

DJÉRID III, 1/2 s. Oriental. — H. N.
B. 1847. — Orient.
Provenance orientale.
Pau : 1856. — Abattu en novembre 1874.

DJÉZIR, 1/2 s. Barbe. — H. N.
Gr. 1841. — Arles.
Par *Benny*, Ar., et *Gazelle*, Barbe.
Perpignan : 1845. — Réformé en août 1848.

DJIBELLI, 1/2 s. Barbe. — H. N.
G. 1839. — Afrique.
De race Barbe.
Pau : 1851. — Vendu en septembre 1856.

DJINN, 1/2 s. du Midi. — H. N.
Al. 1881. — France.
Par *Fingal*, P. S. A.-A., et une fille d'Abou-Farès ou d'Elmas,
P. S. Ar.
Rodez : 1884. — Réformé en 1888.

DOCILE, 1/2 s. du Midi. — H. N.
Al. 1830. — Haras de Pompadour.
Par *Young-Muley*, P. S. A., et une 1/2 s., par Pandore, 1/2 s. L.
Rodez : 1837. — Mort en juillet 1850.

DOCTOR, 1/2 s. du Midi. — H. N.
B. 1850. — Hautes-Pyrénées.
Par *Edwin*, P. S. A., et une 1/2 s., fille de Spy, 1/2 s. A.
Villeneuve-sur-Lot : 1854. — Réformé en septembre 1854.

DOGE, 1/2 s. A.-A. — H. N.
Bb. 1881. — Basses-Pyrénées.
Par *Patricien*, P. S. A., et Coquette, 1/2 s.
Sa grand'mère : une 1/2 s., fille de Souvenir, P. S. A.
Tarbes : 1885. — Réformé en août 1897.

DOLMAN, 1/2 s. du Midi. — H. N.
Gr. 1876. — Corrèze.
Par *Kianil*, P. S. Ar., et une fille de Régent, P. S. A.-A.
Libourne : 1880. — Castré en juillet 1886.

DONIZETTI, ex-**DRUIDE**, 1/2 s. du Midi. — H. N.
Al. 1881. — Hautes-Pyrénées.
Par *Sensation*, P. S. A., et une 1/2 s., fille de Roi-de-Chypre,
P. S. A.-A.
Perpignan : 1885. — Réformé en août 1896.

DORAT, 1/2 s. L. — H. N.
B. 1892. — Haute-Vienne.
Par *Tambour-de-Basque*, P. S. A., et *Diane*, 1/2 s. L.,
par Indigo, P. S. A.-A.
Sa grand'mère : une 1/2 s. L., par Eclatant, 1/2 s. N.
Pompadour : depuis 1896.

DORU-PACHA, 1/2 s. du Midi.
Approuvé. — M. Javal.
B. 1862. — Landes.
Par *Doru-Pacha*, P. S. Ar., et une jument landaise.
Libourne : 1867-1870.

DOUGLAS, 1/2 s. du Midi. — H. N.
B. 1828. — Hautes-Pyrénées.
Par *Spy*, P. S. A., et une fille de Néron (Mecklembourgeois).
Tarbes : 1833. — Réformé en juillet 1851.

DOUSCHINKA, 1/2 s. du Midi. — H. N.
Al. 1881. — Hautes-Pyrénées.
Par *Sensation*, P. S. A., et une 1/2 s., fills d'Emir, P. S. Ar.
Perpignan : 1885. — Réformé en janvier 1896.

DROGMAN, 1/2 s. du Midi. — H. N.
B. 1881. — Basses-Pyrénées.
Par *Le Mormon*, P. S. A., et une 1/2 s., fille d'Abdel.
Perpignan : depuis 1885.

DUC, 1/2 s. du Midi. — H. N.
Al. 1881. — Hautes-Pyrénées.
Par *Nicot*, 1/2 s. du Midi, et une 1/2 s., par The Heir-of-Linne.
P. S. A.
Sa grand'mère : 1/2 s., par Garry-Owen, P. S. A.
Pau : 1885 — Réformé le 17 août 1898.

DUCATON, 1/2 s. du Midi. — H. N.
B. 1881. — Hautes-Pyrénées.
Par *Drummond*, P. S. Ar., et une fille de Ceylon, P. S. A.,
ou Karchane, P. S. Ar.
Rodez : 1884. — Réformé en septembre 1885.

DUN, 1/2 s. L. — H. N.
B. 1876. — Creuse.
Par *Caïque*, P. S. A., et *N.*, 1/2 s. L., par Néophyte,
1/2 s. du Midi.
Pompadour : 1880. — Abattu en juillet 1897.

DUNOIS, 1/2 s. L. — H. N.
B. 1892. — Haute-Vienne.
Par *Ignotus*, 1/2 s. N., et *La Belle-Ferronnière*, 1/2 s. L,
par Kélif, P. S. Ar.
Sa grand'mère : 1/2 s. L., par Zouave, P. S. A.
Pompadour : depuis 1896.

DUR-A-CUIRE, 1/2 s. du Midi.

Approuvé. — M. Mathié.

B. 1874. — Hautes-Pyrénées.

Par *El Chara*, P. S. Ar., et une 1/2 s., fille d'Ethelwolff, P. S. A.

Sa grand'mère : 1/2 s., fille de Hamdani, P. S. Ar.

Tarbes : 1878. — Réformé en 1890

DWERNYCKI, 1/2 s. du Midi. — H. N.

B. 1830. — Haute-Vienne.

Par *Captain-Candid*, P. S. A., et *Gabrielle*, 1/2 s., par Kurde, P. S. Ar.

Rodez : 1837. — Réformé en octobre 1847.

ÉCLAIR, 1/2 s. du Midi. — H. N.

Gr. 1879. — Hautes-Pyrénées.

Par *Kir-Hadji*, P. S. Ar., et une fille de Bayard, 1/2 s. A.-A.

Rodez : 1882. — Réformé en août 1889.

ÉCLAIREUR, 1/2 s. du Midi.

Approuvé. — Mme Ve Dario.

B. 1886. — France.

Par *Fil-en-Quatre*, P. S. A., et une fille de King-of-Trumps, P. S. A.

Tarbes : depuis 1890.

ÉCLIPSE, 1/2 s. — H. N.

B. 1819.

Par *Kurde*, persan, et *Ignorée*, jument limousine.

Tarbes : 1837. — Réformé en octobre 1844.

ÉCOT, 1/2 s. L. — H. N.

Gr. 1877. — Haute-Vienne.

Par *Alcoran*, P. S. Ar., et une 1/2 s. L., fille d'Agreste, 1/2 s. L.

Pompadour : 1881. — Abattu en août 1898.

ÉCRIVAIN, 1/2 s. du Midi.
Approuvé. — MM. Castaing ; Mirmande (Haute-Garonne).
Bb. 1882. — France.
Par *Ugigi*, et une fille de Tamerlan.
Tarbes : depuis 1887.

EFFRONTÉ, 1/2 s. du Midi. — H. N.
Al. 1875. — Hautes-Pyrénées.
Par *Latakié*, P. S. Ar., et une fille de Utétur, 1/2 s.
Aurillac : 1879. — Réformé en août 1888.

EGESTE, 1/2 s. du Midi. — H. N.
Al. 1831. — Corrèze.
Par *Doge-de-Venice*, P. S. A., et *Agathe*, fille d'Éclipse,
1/2 s. du Midi.
Tarbes : 1840. — Réformé en juillet 1851.

ÉGLANTIER, 1/2 s. du Midi. — H. N.
B. 1868. — Creuse.
Par *Sapajou*, 1/2 s. N., et une 1/2 s., fille de Régent, P. S. A.
Rodez : 1871. — Réformé en septembre 1885.

EL BÉDAVI, 1/2 s. du Midi.
Approuvé. — M. Lafitte.
B. 1846. — Hautes-Pyrénées.
Par *El Bedavi*, P. S. Ar
Tarbes : 1853. — Réformé en 1858.

EL DAR, 1/2 s. du Midi. — H. N.
B. 1831. — Haute-Vienne.
Par *Emmon*, P. S. Ar., et *Carrée*, 1/2 s. A.
Rodez : 1837. — Mort en juillet 1840.

ÉLÉGANT, 1/2 s. du Midi. — H. N.
Gr. 1850. — Basses-Pyrénées.
Par *Ali-Baba*, P. S. A., et une fille d'Antar, P. S. Ar.
Libourne : 1854-1863.

ÉLÉGANT, 1/2 s. du Midi. — H. N.
Gr. 1824. — Limousin.
Par *Donkey*, P. S. Ar.
Aurillac : 1832. — Passé à Arles en février 1841.

EL ETNIN, 1/2 s. du Midi. — H. N.
Al. 1864. — Hautes-Pyrénées.
Par *Emir*, P. S. Ar., et une 1/2 s., par Roi-de-Chypre, P. S. A.-A.
Pau : 1868. — Vendu le 20 juillet 1874.

EL KÉBIR, 1/2 s. Barbe.
Approuvé. — Colonel d'Estienne ; M. Péreire ; M. Lavaure.
Gr. 1850. — Afrique.
Libourne : 1865-1871.

EL KÉBIR, 1/2 s. du Midi. — H. N.
Al. 1875. — Hautes-Pyrénées.
Par *Ali*, 1/2 s. du Midi, et une 1/2 s. A.-A., par Gouffern, 1/2 s. A.
Villeneuve : 1879. — Réformé en août 1884.

EL MAS, 1/2 s. du Midi. — H. N.
B. 1852. — En Orient.
De provenance orientale
Pau : 1859. — Réformé le 4 mars 1861.

ÉMILE, 1/2 s. du Midi. — H. N.
Bb. 1863. — Hautes-Pyrénées.
Par *Emir*, P. S. Ar., et une 1/2 s., par Ethelwolf, P. S. A.
Sa grand'mère : 1/2 s., par Homère, P. S. Ar.
Tarbes : 1872. — Mort en mai 1880.

EMILIO, 1/2 s. du Midi.
Approuvé. — M. Gratteloup.
B. 1851. — Hautes-Pyrénées.
Par *Emilio*, P. S. Ar., et une 1/2 s., par Youssouf, P. S. Ar.
Tarbes : 1855. — Réformé en 1856.

ÉMIR, 1/2 s. du Midi.
Gr. 1822. — Hautes-Pyrénées.
Par *Circassien*: P. S. Ar., et une fille de Néron, 1/2 s. Meck.
Tarbes : 1827. — Réformé en septembre 1847.

ÉMIR, 1/2 s. du Midi.
Approuvé. — M. de Ruble : M. Avy, 1862.
Gr. 1858. — France.
Par *Karchane*, P. S. Ar.
Villeneuve-sur-Lot : 1862. — Réformé en 1869.

ÉMIR-EL-KÉBIR, 1/2 s. du Midi.
Approuvé. — M. Courtade.
Gr. 1876. — Hautes-Pyrénées.
Par *Nahr-el-Kébir*, P. S. Ar., et une 1/2 s., par Emir, P. S. Ar.
Sa grand'mère : par Garry-Owen, P. S. A.
Tarbes : 1881. — Réformé en 1886.

EMIRIUS, 1/2 s. du Midi. — H. N.
Gr. 1880. — Hautes-Pyrénées.
Par *Mouzaffar*, P. S. Ar., et une 1/2 s., fille d'Emir, P. S. Ar.
Rodez : depuis 1884.

ÉMULE, 1/2 s. du Midi. — H. N.
B. 1868. — Creuse.
Par *Ingénieux*, 1/2 s. N., et une fille de Romagnési, P. S. A.-A.
Libourne : 1872. — Mort en juillet 1879.

ENAMEL, 1/2 s. du Midi.
M. Ducning.
Al. 1850. — Hautes-Pyrénées.
Tarbes : 1856. — Réformé en 1857.

ENDYMION, 1/2 s. du Midi. — H. N.
B. 1831. — Haute-Vienne.
Par *Frogmore*, P. S. A., et *Chéron*, 1/2 s. L.
Rodez : 1839. — Mort en juillet 1846.

ÉNÉE, 1/2 s. du Midi. — H. N.
B. 1890. — Hautes-Pyrénées.
Par *Étéocle*, P. S. A., et une fille de Tourlourou, 1/2 s. du Midi.
Tarbes : depuis 1894.

ÉNÉE, 1/2 s. L. — H. N.
B. 1831. — Haute-Vienne.
Par *Mustachio*, P. S. A., et une 1/2 s. L., fille de Kurde, P. S. Ar.
Pompadour : 1836. — Réformé en décembre 1840.

ENJOLEUR, 1/2 s. du Midi. — H. N.
Al. 1877. — Hautes-Pyrénées.
Par *Hedjas*, P. S. Ar., et une fille de Gouffern, 1/2 s. A.
Tarbes : 1881. — Réformé en août 1896.

ENTR'ACTE, 1/2 s. du Midi. — H. N.
Bb. 1868. — Creuse.
Par *Kangurqo*, 1/2 s. N., et une 1/2 s., par Régent, P. S. Ar.
Aurillac : 1872. — Mort en juillet 1879.

ÉOLE, 1/2 s. du Midi. — H. N.
Gr. 1849. — Hautes-Pyrénées.
Par *Hamdani-Blanc*, P. S. Ar., et *Cybèle*, 1/2 s. N.
Pau : 1854. — Vendu en août 1865.

ÉPERON, 1/2 s. du Midi. — H. N.
B. 1868. — Corrèze.
Par *Histrion*, 1/2 s. N., et une 1/2 s., par Commodore-Napier,
P. S. A.
Aurillac : 1872. — Réformé en juillet 1881.

ERGO, 1/2 s. du Midi. — H. N.
B. 1882. — Hautes-Pyrénées.
Par *Djébail*, P. S. Ar., et une fille de Fulgur, P. S. A.
Tarbes : 1886. — Réformé en août 1890.

ERONI, ex-SULTAN, 1/2 s. du Midi. — H. N.
Al. 1882. — Hautes-Pyrénées.
Par *Zoulou*, P. S. Ar., et une fille de Y. Béchir.
Perpignan : 1886. — Ajaccio : 1887. — Réformé en juillet 1887.

ÉRUDIT, 1/2 s. du Midi.
Approuvé. — Cte de Virieu. — H. N., en 1880.
Gr. 1875. — Hautes-Pyrénées.
Par *Zodion*, P. S. A.-A., et une fille de Fana, P. S. Ar.
Perpignan : 1879-1882. — Aurillac : 1883. — Réformé en août 1869.

ERZO, 1/2 s. du Midi. — H. N.
B. 1882. — Hautes-Pyrénées.
Par *Pomponnet* et *Coquette*, 1/2 s. du Midi.
Perpignan : 1886. — Ajaccio : 1887. — Réformé en septembre 1891

ESCOBAR, 1/2 s. L. — H. N.
B. 1877. — Creuse.
Par *Caprice*, 1/2 s., et une 1/2 s. L., fille de Wagram, 1/2 s. N.
Pompadour : 1881. — Reformé en septembre 1894.

ESCOBAR, 1/2 s. du Midi. — H. N.
B. 1831.
Par *Frogmore*, P. S. A., et *Roulette*, 1/2 s. du Midi.
Rodez : 1837. — Mort en juin 1847.

ESCURIAL, 1/2 s. du Midi. — H. N.
Al. 1882. — Basses-Pyrénées.
Par *Guido*, 1/2 s. A.-A., et *Olga*, 1/2 s. du Midi, par Lambro,
P. S. Ar.
Villeneuve-sur-Lot : depuis 1886.

ESPARROS, ex-LOYAL, 1/2 s. du Midi. — H. N.
Gr. 1882. — Hautes-Pyrénées.
Par *Hedjas*, P. S. Ar., et une 1/2 s., fille de Dankali, 1/2 s. Ar.
Sa grand'mère : par Remus, P. S. A.
Tarbes : depuis 1886.

ESPÉRANCE, 1/2 s. du Midi. — H. N.
B. 1848. — Hautes-Pyrénées.
Par *Prospectus*, P. S. A., et *Bigourdane*, par Camash, P. S. Ar.
Libourne : 1852. — Castré en août 1859.

ESPOIR, 1/2 s. du Midi. — H. N.
B. 1875. — Hautes-Pyrénées.
Par *Abou-Farès*, P. S. Ar., et une fille de The Heir-of-Linne,
P. S. A.
Rodez : 1879. — Réformé en août 1882.

ESPOIR, 1/2 s. (approuvé).
Al. 1878. — France.
Par *Mohican* et une fille d'Aviso.
Tarbes : en 1882.

ESPOIR, 1/2 s. du Midi. — H. N.
B. 1868. — Creuse.
Par *Xénocrate*, P. S. A.-A., et une fille de Romagnési, P. S. A.-A.
Villeneuve-sur-Lot : 1872. — Réformé en janvier 1873.

ESTAFIER, 1/2 s. du Midi. — H. N.
B. 1882. — Basses-Pyrénées.
Par *Lord-Sting*, 1/2 s. A., et une fille de Cheïtan, P. S. Ar.
Tarbes : 1886. — Réformé en octobre 1892.

ESTOS, 1/2 s. du Midi.
Approuvé. — M. Calmel.
B. 1877. — Basses-Pyrénées.
Par *Abjar*, P. S. Ar., et une fille de Make-Haste, P. S. A.
Tarbes (dans la Haute-Garonne) : 1881. — Réformé en 1889.

ÉTOILÉ, 1/2 s. du Midi.
Approuvé. — M. Clarac.
Al. 1882. — France.
Par *Adham*, P. S. Ar., et une fille d'Ambassadeur, P. S. A.
Tarbes : 1886. — Réformé en 1888.

ÉTONNÉ, 1/2 s. du Midi. — H. N.
Al. 1833. — Haute-Vienne.
Par *Frogmore*, P. S. A., et une jument anglaise.
Libourne : 1836. — Mort en juin 1840.

ÉVEILLÉ, 1/2 s. du Midi. — H. N.
Al. 1882. — Hautes-Pyrénées.
Par *Bruant*, 1/2 s. du Midi, et une fille de Savoyard, 1/2 s.
Pau : depuis 1886.

ÉVEILLÉ. 1/2 s. du Midi. — H. N.
Gr. 1826. — Haute-Vienne.
Par *Camarade*, 1/2 s. L., et une fille de Moura-Bey, 1/2 s. L.
Rodez : 1833. — Septembre 1846.

ÉVEILLÉ, 1/2 s. du Midi. — H. N.
Gr. 1846. — Hautes-Pyrénées.
Par *Koheil-Hamdani*, P. S. Ar., et une fille de Rowlston, P. S. A.
Libourne : 1850. — Castré en août 1861.

EYMOUTIERS, 1/2 s. L. — H. N.
B. 1893. — Haute-Vienne.
Par *Tambour-de-Basque*, P. S. A., et une 1/2 s. L.,
par Alcoran, P. S. Ar.
Pompadour : depuis 1897.

FAKIR, 1/2 s. du Midi. — H. N.
Al. 1883. — Hautes-Pyrénées.
Par *Pomponnet* ou *Bruant*, 1/2 s. du Midi, et N., 1/2 s. du Midi,
par Eyran, P. S. Ar.
Villeneuve-sur-Lot : depuis 1889.

PALLAX, 1/2 s. du Midi. — H. N.
B. 1850. — Hautes-Pyrénées.
Par *Jonas*, P. S. A., et une fille de Y. Massoud, P. S. A.-A.
Sa grand'mère : jument de 1/2 s. Ar.
Tarbes : 1854. — Réformé en septembre 1854.

FALLER, 1/2 s. du Midi. — H. N.
Gr. 1842. — Haute-Garonne.
Par *Chaban*, P. S. Ar., et *Colombine*. 1/2 s. A.
Tarbes : 1847. — Réformé en octobre 1853.

FAMILIER, 1/2 s. du Midi — H. N.
Al. 1820. — Lot-et-Garonne.
Par *Tornthorn*, 1/2 s., et une fille de Matador, 1/2 s.
Sa grand'mère : Lady-Bird, P. S. A.
Rodez : 1833. — Réformé en novembre 1845.

FANFAN, 1/2 s. du Midi. — H. N.
Al. 1883. — Pyrénées.
Par *Pomponnet*, P. S. A., et une 1/2 s., fille d'Ethelwolf, P. S. A.
Sa grand'mère : fille de Saklawi, P. S. Ar.
Sa bisaïeule : arabe.
Rodez : depuis 1887.

FARCEUR, 1/2 s. du Midi. — H. N.
Al. 1824. — Haute-Vienne.
Par *Furet*, P. S. Ar., et une jument 1/2 s. L.
Rodez : 1829-1840.

FARCEUR, 1/2 s. du Midi.
Approuvé 1865-1866. — Autorisé 1867.
MM. Courtade-Soulé et Barthe.
Gr. 1861. — Hautes-Pyrénées.
Par *Karchane*, P. S. Ar., et une 1/2 s., fille de Renonce, P. S. A.
Tarbes : 1865-1867.

FAREWELL, 1/2 s. du Midi. — H. N.
B. 1856. — Hautes-Pyrénées.
Par *Roi-de-Chypre*, P. S. A.-A., et une 1/2 s., par Hlavie, P. S. Ar.
Pau : 1860. — Vendu en août 1876.

FARNER, 1/2 s. du Midi. — H. N.
B. 1832. — Limousin.
Par *Emmon*, P. S. Ar., et une fille de Y. Muley, P, S. A.
Tarbes : 1838. — Mort en mars 1852.

FASHIONABLE, 1/2 s. du Midi. — H. N.
G. 1832. — Haute-Vienne.
Par *Mustachio*, P. S. Ar., et une jument limousine.
Pau : 1838. — Mort en 1852.

FAT, 1/2 s. du Midi. — H. N.
Al. 1878. — Creuse.
Par *Princeps*, P. S. A., et une 1/2 s. du Midi,
par Véronèze, 1/2 s.
Pompadour : 1882. — Abattu en août 1898.

FATAL, 1/2 s. du Midi. — H. N.
Gr. 1878. — Haras de Pompadour.
Par *Orobe*, 1/2 s. N., et une fille d'Espagnac, 1/2 s. L.
Rodez : depuis 1882.

FAUST, 1/2 s. du Midi. — H. N.
A. 1850. — Basses-Pyrénées.
Par *Ali-Baba*, P. S. A., et *Mérina*, 1/2 s. du Midi.
Libourne : 1854. — Castré en juillet 1859.

FAVORI, 1/2 s. du Midi.
Approuvé. — M. de Sainte-Colombe.
B. 1836. — Hautes-Pyrénées.
A fait la monte dans le Gers.
Tarbes : 1842-1843. — Vendu à la remonte.

FAVORI, 1/2 s. du Midi.
Approuvé. — M. Saint-Colomb.
B. 1845.
A fait la monte dans le Gers.
Tarbes : 1850. — Réformé en 1853.

FAVORI, 1/2 s. du Midi. — H. N.
B. 1862. — Basses-Pyrénéos.
Par *Commodore-Napier*, P. S. A.
Villeneuve-sur-Lot : 1866. — Réformé en septembre 1869.

FAVORI, 1/2 s. du Midi.
Approuvé. — M. Soulignac (Hautes-Pyrénées).
B. 1886. — France.
Par *Fil-en-Quatre*, P. S. A., et une fille de Trouvère.
Tarbes : depuis 1890.

FAVORI, 1/2 s. du Midi. — H. N.
Al. 1841. — Hautes-Pyrénées.
Par *Mendicant*, P. S. A., et une fille de Camash (barbe).
Tarbes : 1846. — Réformé en octobre 1859.

FAVORI, 1/2 s. du Midi. — H. N.
B. 1845. — Gers.
Par *Paillasse*, P. S. A., et une fille d'Allington, P. S. A.
Libourne : 1850. — Passé en novembre 1852 à l'Ecole de Saumur.

FERMIER, 1/2 s. L. — H. N.
B. 1824. — Haute-Vienne.
Par *Le Camarade*, 1/2 s. L., et une jument née en Espagne.
Pompadour : 1829-1842. — Aurillac : 1843. — Mort en 1846.

FERRAGUS, 1/2 s. du Midi. — H. N.
Al. 1832. — Basses-Pyrénées.
Par *Haleby*, P. S. Ar., et une jument navarraise.
Pau : 1835. — Vendu en novembre 1840.

FIASCO, 1/2 s. du Midi.
B. 1878. — Limousin.
Par *Aspic*, 1/2 s. L., et une 1/2 s. L., fille de Faverolles, P. S. A.
Perpignan : 1882-1885. — Ajaccio : 1886.
Réformé en octobre 1887.

FIDO, 1/2 s. du Midi.
Approuvé. — M. Narp (Landes).
Bb. 1879. — Basses-Pyrénées.
Par *Dahabi*, P. S. Ar., et une fille de Farkan, P. S. Ar.
Pau : depuis 1883.

FIGARO, 1/2 s. du Midi.
Approuvé. — M. Mareillac.
B. 1878. — Gers.
Par *Indiscret*, 1/2 s., et une 1/2 s., par *Memphis*, P, S. A.
Libourne : 1885. — Mort en avril 1892.

FIGARO, 1/2 s. du Midi. — H. N.
Bb. 1884. — Haute-Garonne.
Par *Triboulet*, P. S. A., et une fille d'Othello, P. S. Ar.
Sa grand'mère : par Dartagnan, P. S. A.
Libourne : 1888. — Castré en août 1893.

FIL-D'OR, 1/2 s. du Midi. — H. N.
Al. 1883. — Basses-Pyrénées.
Par *Oronte*, P. S. A.-A., et une fille d'Ambassadeur, P. S. A.
Tarbes : depuis 1887.

FILHÈRES, 1/2 s. du Midi. — H. N.
Al. 1878. — Hautes-Pyrénées.
Par *Dahabi*, P. S. Ar., et une fille d'Ambassadeur, P. S. A.
Tarbes: depuis 1882.

FILIGRANE, 1/2 s. du Midi. — H. N.
Al. 1883. — Haute-Garonne.
Par *Bracelet*, P. S. A.-A., et une fille de Noël, P. S. A.
Tarbes : 1887. — Réformé en août 1891.

FILLEUL, 1/2 s. du Mi. — H. N.
Gr. 1883. — Basses-Pyrénées.
Par *Arnold*, 1/2 s. du Midi, et *Durzine*, 1/2 s. du Midi,
par El Durzy, P. S. Ar.
Sa grand'mère : fille de Bethléem, P. S. A.
Pau : 1887. — Abattu en août 1898.

FINANCIER, 1/2 s. du Midi. — H. N.
Al. 1893. — Tarn-et-Garonne.
Par *Escurial*, 1/2 s. du Midi, et *Follette*, par Dauphin,
1/? s. du Midi.
Villeneuve-sur-Lot : depuis 1897.

FINITO, 1/2 s. du Midi. — H. N.
Approuvé. — M. de Lapeyrouse.
Bb. 1866. — Haute-Garonne.
Par *Duvet*, P. S. A., et *Fiamina*, 1/2 s. du Midi.
Tarbes : 1878. — S. R. en 1890.

FINITO, 1/2 s. du Midi. — H. N.
B. 1883. — Haute-Garonne.
Par *Finito*, 1/2 s. du Midi, et une fille de Président, 1/2 s.
Sa grand'mère : jument de 1/2 s. A.
Tarbes : 1887. — Réformé la même année.

FINOT, 1/2 s. du Midi.
Approuvé. — M. Bazignan.
Al. 1880. — France.
Par *Sir-Régis*, P. S., et une fille de Dahabi, P. S. Ar.
Tarbes : 1884. — S. R. en 1885.

FIRMAN, 1/2 s. du Midi. — H. N.
Al. 1832. — Limousin.
Par *Emmon*, P. S. Ar., et une 1/2 s., fille de Y. Muley, P. S. A.
Tarbes : 1838. — Réformé en septembre 1854.

FITZ-DAHABI, 1/2 s. du Midi. — H. N.
Al. 1878. — Basses-Byrénées.
Par *Dahabi*, P. S. Ar., et une fille d'Eterville, 1/2 s.
Aurillac : 1882. — Réformé en août 1893.

FITZ-DAOUD, 1/2 s. du Midi.
Approuvé. — M. Lauret ; M. Bareyre, 1888 (Landes).
Al. 1878. — Basses-Pyrénées.
Par *Daoud*. P. S. Ar.
Pau : depuis 1882.

FITZ-EMILIO, 1/2 s. du Midi.
Approuvé. — M. Claverie.
B. 1852. — Hautes-Pyrénées.
Par *Emilio*, P. S. A.-A., et une fille de Camaseh (barbe).
A fait la monte dans les Hautes-Pyrénées.
Tarbes : 1856. — S. R. en 1871.

FITZ-GARRY-OWEN, 1/2 s. du Midi.
Approuvé. — M. Dumestre ; M. Latapie, 1869.
Gr. 1858. — Hautes-Pyrénées.
Par *Garry-Owen*, P. S. A., et une fille de Hamdani, P. S. Ar.
Tarbes : 1862-1868. — Pau : 1869. — Réformé en 1871.

FITZ-NASSIM, 1/2 s. du Midi. — H. N.
Al. 1877. — Hautes-Pyrénées.
Par *Nassim*, P. S. Ar., et une 1/2 s., fille de Chibin.
Perpignan : 1882. — Réformé en août 1885.

FLAMBARD, 1/2 s. du Midi.
Approuvé. — M. Castaing, 1887 ; M. Cadeac, 1894 (Haute-Garonne).
Al. 1883. — France.
Par *Bon-Espoir* et une fille de Mohican.
Tarbes : depuis 1887.

FLANEUR, 1/2 s. du Midi. — H. N.
Gr. 1876. — Hautes-Pyrénées.
Par *Nassim*, P. S. Ar., et une fille de Chibin-le-Noir, 1/2 s.
Rodez : 1880. — Réformé en décembre 1883.

FLAVIAN, 1/2 s. du Midi. — H. N.
B. 1878. — Lot-et-Garonne.
Par *Derviche*, P. S. Ar., et *Musette*, par Mogador, 1/2 s. N.
Sa grand'mère : par Alkazar.
Libourne : 1882. — Castré en novembre 1882.

FLAVIO, 1/2 s. du Midi. — H. N.
B. 1892. — Hautes-Pyrénées.
Par *Fil-en-Quatre*, P. S. A., et *Mignonne*, par Opposant, 1/2 s.
(Approuvé).
Perpignan : depuis 1896.

FLÉAU, 1/2 s. du Midi. — H. N.
Gr. 1883. — Hautes-Pyrénées.
Par *Ispahan*, P. S. Ar., et une fille de Ceylon, P. S. A.
Libourne : 1887. — Abattu en juillet 1897.

FLORIDOR, 1/2 s. du Midi. — H. N.
Al. 1856. — Hautes-Pyrénées.
Par *Roi-de-Chypre*, P. S. A.-A., et une fille de Minster, P. S. A.
Villeneuve-sur-Lot : 1860. — Réformé en octobre 1861.

FLORIN, 1/2 s. du Midi. — H. N.
B. 1878. — Basses-Pyrénées.
Par *Daoud*, P. S. Ar., et une fille d'Ambassadeur, 1/2 s. N.
Aurillac : 1882. — Réformé en août 1894.

FLORIMEL, 1/2 s. du Midi.
1841. — Ariège.
Par *Florimel*, 1/2 s.
Tarbes : 1846. — Réformé en 1862.

FLORINEL, 1/2 s. du Midi. — H. N.
Al. 1832. — Limousin.
Par *Young-Muley*, P. S. A., et *Pandore*, 1/2 s. L.
Tarbes : 1838. — Réformé en juillet 1845.

FOL-ESPOIR, 1/2 s. du Midi. — H. N.
B. 1883. — Hautes-Pyrénées.
Par *Bon-Espoir*, 1/2 s. N., et 1/2 s. du Midi, par Y. Béchir,
P. S. A.-A.
Villeneuve-sur-Lot : 1887. — Castré en août 1889.

FOLIO, 1/2 s. du Midi. — H. N.
B. 1883. — Haute-Garonne.

Par *Finito*, P. S. A.-A., et 1/2 s. du Midi, par Président,
1/2 s. du Midi.

Tarbes : depuis 1887.

FONTENAY, 1/2 s. du Midi.
M. Gervaille.
Bb. 1860.
Tarbes : 1865. — Réformé en 1871.

FORBAN, 1/2 s. du Midi. — H. N.
Gr. 1876. — Hautes-Pyrénées.

Par *Arif*, P. S. Ar., et une fille de Bayard, 1/2 s. Ar.
Aurillac : 1880. — Abattu en juillet 1894.

FORBIN, 1/2 s. du Midi.
Approuvé.. — M. de Segonzac.
B. 1865. — Dordogne.
Par *Vauban*, P. S. Ar.
Libourne : 1870-1878.

FORTUNÉ, 1/2 s. du Midi. — H. N.
Gr. 1826. — Haute-Vienne.

Par *Emmon*, P. S. Ar., et une 1/2 s. L., fille de Kurde, Ar.
Rodez : 1832. — Réformé en novembre 1841.

FRANC-FILEUR, 1/2 s. du Midi.
Approuvé. — M. Desbons, 1881 ; M. Doris, 1882.
B. 1877. — Hautes-Pyrénées.
Par *Franc-Tireur*, P. S. A., et une fille de Zodion, P. S. A.-A.
Pau : 1881. — Réformé en 1886.

FRANC-GASCON, 1/2 s. du Midi. — H. N.
Al. 1860. — Gers.

Par *Univoque*, 1/2 s. N., et une fille de Hamidani, P. S. Ar.
Tarbes : 1865. — Réformé en septembre 1883.

FRANCK, 1/2 s. du Midi.
Approuvé. — M. Sarrans.
B. 1833.
Tarbes : 1837. — Mort en 1845.
A fait la monte dans la Haute-Garonne, à Muret.

FRANCKLIN, 1/2 s. du Midi.
Approuvé. — M. Delieux.
Al. 1844. — Gers.
Tarbes : 1848. — Réformé en 1857.
A fait la monte à l'Isle-Jourdain (Gers).

FRANC-MAÇON, 1/2 s. du Midi. — H. N.
B. 1877. — Hautes-Pyrénées.
Par *Franc-Tireur*, P. S. A., et une fille de Garry-Owen, P. S. A.
Villeneuve-sur-Lot : 1881. — Réformé en novembre 1882.

FRANC-TIREUR, 1/2 s. du Midi. — H. N.
Al. 1892. — Hautes-Pyrénées.
Par *Ben-Amrar*, P. S. A.-A., et *Vallanche*, 1/2 s. du Midi,
par Vignemale, P. S. A.
Sa grand'mère : 1/2 s. du Midi, par El-Guetran, P. S. Ar.
Pompadour : 1897. — Réformé en août 1897.

FRANCUS, 1/2 s. du Midi. — H. N.
B. 1832. — Haute-Vienne.
Par *Mustachio*, P. S. A., et une fille de Captain-Candid, P. S. A.
Aurillac : 1840. — Réformé en novembre 1841.

FRASCUELO, 1/2 s. du Midi. — H. N.
Gr. 1877. — Basses-Pyrénées.
Par *Tourbillon*, 1/2 s. du Midi, et une fille de Cham, 1/2 s. du Midi.
Tarbes : 1881. — Mort en août 1892.

FRIEDLAND, 1/2 s. du Midi. — H. N.
Al. 1832. — Corrèze.
Par *Y. Muley*, P. S. A.
Tarbes : 1838. — Réformé en novembre 1842.

FRIVOLET, 1/2 s. du Midi. — H. N.
Al. 1847. — Basses-Pyrénées.
Par *Frivole*, P. S. A.-A., et une jument navarraise.
Pau : 1851. — Vendu le 12 juillet 1852.

FRONTIN, 1/2 s. du Midi.
Accepté. — M. Rouhet.
N. 1892. — Landes.
Par *Malo*.
Libourne : 1896-1898.

FULMEN, 1/2 s. du Midi. — H. N.
Gr. 1859. — Hautes-Pyrénées.
Par *Fulgur*, P. S. A., et une 1/2 s., fille d'Haleb, 1/2 s. A.-A.
Pau : 1863. — Mort en 1877.

FURIBOND, 1/2 s. du Midi.
Approuvé. — M. le Cte de Virieu.
Al. 1876. — Aude.
Par *Latakié*, P. S. A.-A., et une fille de Roi-de-Chypre, P. S. A.-A.
Perpignan : 1880. — Réformé en janvier 1884.

GABARRET, 1/2 s. du Midi. — H. N.
Bb. 1833. — Hautes-Pyrénées.
Par *Little-Rower*, P. S. A., et une fille de Pollux.
Libourne : 1844-1845. — Villeneuve-sur-Lot : 1846.
Réformé en août 1857.

GAGE-D'AMOUR, 1/2 s. du Midi. — H. N.
|MM. Mazères et Monbaylet en 1887.
B. 1876. — Hautes-Pyrénées.
Par *Y Baba*, P. S. Ar., et une fille de Good-Deer, P. S. A.
Tarbes : 1880. — Réformé en 1894.

GALLUS, 1/2 s. L. — H. N.
Al. 1824. — Limousin.
Tarbes : 1839. — Réformé en juillet 1851.

GAMASH, 1/2 s. Barbe.
Approuvé. — M. Dubarry.
Gr. 1844.
D'origine barbe.
Tarbes (a fait la monte à Oléac, Hautes-Pyrénées) : 1850.
Réformé en 1858.

GANE, 1/2 s. du Midi. — H. N.
B. 1856. — Hautes-Pyrénées.
Par *Hlavi*, P. S. Ar., et une 1/2 s., par Treifi, P. S. Ar.
Pau : 1864. — Réformé en août 1865.

GAP, 1/2 s. du Midi.
Approuvé. — M. J. Carrère (Landes).
Al. 1880. — Landes.
Par *Hussard*, et une fille de Y. Baba.
Pau : depuis 1884.

GASCON, 1/2 s. du Midi.
Approuvé. — M. Besseguiet.
B. 1876. — Haute-Garonne.
Par *Forfait*, 1/2 s. du Midi.
Tarbes : 1880. — Réformé en 1895.

GASCON, 1/2 s. du Midi. — H. N.
B. 1884. — Hautes-Pyrénées.
Par *Pomponnet*, 1/2 s., et une fille d'Ismaël, P. S. Ar.
Aurillac : 1888. — Passé à l'école du Pin en 1888.

GASSION, 1/2 s. du Midi.
Approuvé. — M. Muthular.
B. 1876. — Basses-Pyrénées.
Par *Ephraïm*, Ar., et une fille de Womersley, P. S. A.
Pau : 1881. — Mort en 1890.

GASTON, 1/2 s. du Midi. — H. N.
B. 1833. — Limousin.
Par *Harlequin*, P. S.A., et une fille de Bijou, 1/2 s. Anglo-L.
Aurillac : 1837. — Réformé en novembre 1841.

GASTON, 1/2 s. du Midi.
Approuvé. — MM. Morcade et Duprat.
Al. 1879. — Hautes-Pyrénées.
Par *Mandrake*, P. S. A., et une fille de Bastion, 1/2 s.
Tarbes (a fait la monte dans le Gers) : 1883.
Réformé en 1890.

GAULOIS, 1/2 s. L. — H. N.
B. 1870. — Creuse.
Par *Caïque*, P. S. A., et une 1/2 s. L., par Ingénieux, 1/2 s. N.
Sa grand'mère : N., 1/2 s., par Romani, P. S. Ar.
Pompadour : 1874-1876. — La Roche-sur-Yon : 1877.
Abattu en octobre 1894.

GAVE, 1/2 s. du Midi. — H. N.
B. 1856. — Hautes-Pyrénées.
Par *Hlavie*, P. S. Ar., et une 1/2 s., par Treifi, P. S. Ar.
Pau : 1864. — Vendu en août 1865.

GAZOST, ex-**NOVICE**, 1/2 s. du Midi. — H. N.
Gr. 1884. — Haute-Pyrénées.
Par *Ismaël*, P. S. A.-Ar., et une 1/2 s. Midi, fille d'Eyran, P. S. Ar.
Pompadour : 1888. — Réformé en septembre 1894.

GÉLOS, 1/2 s. du Midi.
Approuvé. — M. Féral; M. Lavat.
Al. 1884. — France.
Par *Tarbouch*, P. S. Ar., et *Magenta*.
Rodez : 1888. — Villeneuve-sur-Lot : 1889. — Tarbes : 1890,
Réformé en 1890.

GENEVRIER, 1/2 s. du Midi. — H. N.
Al. 1884. — Basses-Pyrénées.
Par *Gingembre*, P. S. A.-A., et *Cythère*, par Aouladgi, 1/2 s. Ar.
Rodez : 1888. — Réformé en août 1897.

GENTIL, 1/2 s.
Gr. 1820. — Haras du Pin.
Par *Bacha*, turc, et une jument normande.
Aurillac : 1833. — Réformé en novembre 1842.

GER, ex-**GIGÈS**, 1/2 s. du Midi. — H. N.
Gr. 1884. — Haute-Pyrénées.
Par *Magister*, P. S. A., et une fille de Coran, P. S. Ar.
Sa grand'mère : par Karchane, P. S. Ar.
Libourne : depuis 1888.

GÉRARD, 1/2 s. du Midi. — H. N.
B. 1833. — Haute-Vienne.
Par *Frogmore*, P. S. A., et une jument auvergnate.
Pau : 1837. — Mort en juillet 1851.

GIBOYER, 1/2 s. du Midi. — H. N.
Al. 1884. — Haute-Garonne.
Par *Sirius*, P. S. A., et une fille de Nassim, P. S. Ar.
Sa grand'mère : fille de Y. Karchane, P. S. Ar.
Tarbes : 1888. — Réformé en août 1890.

GIMAT, 1/2 s. du Midi. — H. N.
Gr. 1873. — Hautes-Pyrénées.
Par *Othello*, P. S. Ar., et une fille de Womersley, P. S. A.
Villeneuve-sur-Lot : 1877. — Mort en 1891.

GLORIEUX, 1/2 s. du Midi.
Approuvé. — M. Duhart.
Al. 1879. — Basses-Pyrénées.
Par *Corsaire*, 1/2 s. A.-A., et une fille de Bind, 1/2 s. A.-A.
Villeneuve-sur-Lot : 1883-1887.

GOMER, 1/2 s. du Midi. — H. N.
Bb. 1827. — Hautes-Pyrénées.
Par *Ourfaly*, P. S. Ar., et une fille de Mahomet, P. S. Ar.
Tarbes : 1832. — Réformé en juillet 1849.

GOOD-GRAIN, 1/2 s. du Midi.
Approuvé. — M. Suis.
B. 1884. — Hautes-Pyrénées.
Par *Ismaël*, P. S. A.-A., et N. 1/2 s. du Midi, par Nassim, P. S. Ar.
Villeneuve-sur-Lot : 1889. — S. R. en 1890.

GOVERNOR, 1/2 s. du Midi.

M. de Cantalause ; M. Saint-Martin.

B. 1860. — Basses-Pyrénées.

Par *Ethelwolf*, P. S. A., et une fille d'Ali-Baba, P. S. A.

Tarbes : 1864. — Réformé en 1879.

GRACIEUX, 1/2 s. du Midi. — H. N.

N. 1826. — Haute-Vienne.

Par *Le Vandor*, 1/2 s. du Midi, et *Hiémène*, 1/2 s. du Midi.

Libourne : 1831. — Vendu (non castré) en novembre 1840.

GRADASSE, 1/2 s. du Midi. — H. N.

Gr. 1833. — Basses-Pyrénées.

Par *Abou-Arkoub*, P. S. Ar., et une jument navarraise.

Pau : 1837. — Réformé en novembre 1840.

GRÉGOIRE, 1/2 s. du Midi.

Approuvé. — M. L. Feral.

Al. 1858. — Gers.

Par *Prospectus*, P. S. A., et une fille de Foscarini. P. S. A.

Tarbes : 1862. — Réformé en 1869.

GRENADIER, 1/2 s. du Midi. — H. N.

B. 1833. — Corrèze.

Par *Horlequin*, P. S. A., et une jument limousine.

Tarbes : 1838. — Réformé en octobre 1853.

GREY-TOM, 1/2 s. du Midi. — H. N.

Gr. 1859. — Hautes-Pyrénées.

Par *Grey-Tommy*, P. S. A., et une fille de Darfour.

Perpignan : 1863-1865.

GRIFFON, 1/2 s. du Midi. — H. N.

Gr. 1848. — Basses-Pyrénées.

Par *Frivole*, P. S. A.-A., et une 1/2 s. fille de Massoud, P. S. Ar.

Pau : 1853. — Réformé en janvier 1861,

GROS-VENOR, 1/2 s.
Approuvé. — M. Laporte.
Bb. 1832.
Tarbes : 1839. — Réformé en 1850.

GUÉTHARY, 1/2 s. du Midi. — H. N.
Gr. 1884. — Landes
Par *Dahabi*, P. S. Ar., et une fille de Lambo, P. S. Ar.
Pau : depuis 1888.

GUICHE, ex-**GYGÈS**, 1/2 s. du Midi. — H. N.
Al. 1884. — Basses-Pyrénées.
Par *Ephraïm*, P. S. Ar., et une 1/2 s. fille d'Ambassadeur,
P. S. A.
Sa grand'mère : fille de Gélos, 1/2 s.
Sa bisaïeule : fille d'Eole, 1/2 s.
Pau : depuis 1888.

GUIDO, 1/2 s. du Midi. — H. N.
Al. 1874. — Basses-Pyrénées.
Par *Dahabi*, P. S. Ar., ou *El Etnim*, 1/2 s. Ar.,
et une fille de Bethléem, P. S. A.-A.
Pau : 1878. — Abattu en août 1896.

GULISTAN, 1/2 s. du Midi. — H. N.
B. 1849. — Limousin.
Par *Mansourah*, P. S. Ar., et une fille de Saklawi, P. S. Ar.
Aurillac : 1854-1856. — Tarbes : 1857. — Mort en juillet 1871.

GUZMAN, 1/2 s. du Midi. — H. N.
Gr. 1846. — Hautes-Pyrénées.
Par *Beggarman*, P. S. A., et une fille d'Allington, P. S. A.
Tarbes : 1850. — Réformé en juillet 1864.

GYGÈS, 1/2 s. du Midi. — H. N.
B. 1884. — Haute-Garonne.
Par *Syrius*, P. S. A., et une fille de Bruant, 1/2 s. Ar.
Aurillac 1888. — Réformé en septembre 1898.

HABIB, 1/2 s. du Midi. — H. N.

Al. 1885. — Hautes-Pyrénées.

Par *Nassim* ou *Tarbouch*, P. S. Ar., et une fille de Ceylon,
P. S. A.

Sa grand'mère : par Emir, P. S. Ar.

Libourne : 1889. — Abattu en août 1895.

HABLEUR, 1/2 s. du Midi. — H. N.

Gr. 1878. — Hautes-Pyrénées.

Par *Dankali*, P. S. Ar., ou *Abou-Farès*, P. S. Ar.,
et une fille de Zodion, 1/2 s. L.

Pompadour : depuis 1882.

HADDARA, ex-**HALLER**, 1/2 s. du Midi. — H. N.

Al. 1885. — Hautes-Pyrénées.

Par *Tarbouch*, P. S. Ar., et une fille de Mouzaffar, P. S. Ar.

Sa grand'mère : fille de Womersley, P. S. A.

Pau : 1889. — Envoyé à Alfort en août 1897.

HADJI, 1/2 s. du Midi.

Approuvé. — M. Cadéac.

B. 1877. — Hautes-Pyrénées.

Par *Abou-Farès*, P. S. Ar., et une fille de Roi-de-Chypre,
P. S. A.-A.

Sa grand'mère : fille d'Ethelwolf, P. S. A.

Tarbes : 1881. — Réformé en 1894.

HAÏDOUK, 1/2 s. du Midi. — H. N.

Al. 1885. — Basses-Pyrénées.

Par *Gengis-Khan*, P. S. Ar., et *Surprise*, 1/2 s., par Cham,
P. S. Ar.

Sa grand'mère : fille de Kérim, P. S Ar.

Pau : depuis 1889.

HAMDANI, 1/2 s. du Midi. — H. N.

Gr. 1855. — Hautes-Pyrénées.

Par *Habeb*, P. S. Ar., et *Skirmisher*, 1/2 s. A.-Ar.

Aurillac : 1860. — Réformé en janvier 1861.

HAMDANI-BAI, 1/2 s. Barbe.

H. N.

Bb. — Egypte.

Villeneuve-sur-Lot : 1848. — Passé à Paris le 24 avril 1848.

HAMILTON, 1/2 s. du Midi. — H. N.

B. 1834. — Haute-Vienne.

Par *Mustachio*, P. S. A., et *N.*, 1/2 s. L., par Captain-Candid, P. S. A.

Pompadour : 1838-1841. — Passé à Rodez en 1842.

Réformé en juillet 1852.

HAMLET, 1/2 s. du Midi. — H. N.

Al. 1834. — Haute-Vienne.

Par *Harlequin*, P. S. A., et une 1/2 s. L., par Haléby, P. S. Ar.

Pompadour : 1838-41. — Rodez : 1842-45.

Villeneuve-sur-Lot : 1846. — Réformé en octobre 1851.

HARARAT, 1/2 s. du Midi. — H. N.

Al. 1844. — Gers.

Par *Koheyl-Hamdani*, P. S. Ar., et une fille de Saklawi-Hamdani,
P. S. Ar.

Tarbes : 1848. — Réformé en 1853.

HARASAT, 1/2 s. du Midi. — H. N.

Al. 1844. — Hautes-Pyrénées.

Par *Kohcil-Amdani-Arbi*, P. S. Ar., et une fille de Shaklawi-
Amdani, P. S. Ar.

Tarbes : 1848. — Réformé en octobre 1853.

HÉDAS, ex-**OUDOGAN**, 1/2 s. du Midi. — H. N.

B. 1885. — Hautes-Pyrénées.

Par *Pelgrim*, P. S. A., et *Liza*, 1/2 s. A., par Ceylon, P. S. A.-A.

Sa grand'mère : fille d'Utetur, P. S. A.

Pau : 1889. — Réformé en décembre 1895.

HELETTE, 1/2 s. du Midi. — H. N.
B. 1885. — Hautes-Pyrénées.
Par *Nassim*, P. S. Ar., et *N.*, 1/2 s. du Midi, par Ceylon, P. S. A.
Villeneuve-sur-Lot : depuis 1889.

HÉLICON, 1/2 s. du Midi. — H. N.
B. 1834. — Hautes-Pyrénées.
Par *Saklaici-Amdan*, P. S. Ar., et une jument bigourdane.
Pau : 1838. — Mort le 20 mai 1840.

HENRY IV, 1/2 s. du Midi. — H. N.
Gr. 1848. — Gers.
Par *Tachiani*, P. S. Ar., et une 1/2 s., par Spy, 1/2 s. A.
Tarbes : 1852. — Réformé en juillet 1866.

HÉRAC, 1/2 s. du Midi. — H. N.
B. 1850. — Hautes-Pyrénées.
Par *Emilius*, P. S. A., et une fille de Warkworth, 1/2 s. du Midi.
Tarbes : 1854. — Réformé en 1854.

HÉRACLITE, 1/2 s. L. — H. N.
B. 1834. — Limousin.
Par *Bijou*, P. S. A., et une jument limousine.
Pau : 1838. — Vendu en novembre 1840.

HERCULE, 1/2 s. du Midi. — H. N.
B. 1838. — Lot-et-Garonne.
Par *Tétotum*, P. S. A., et *Fanny*, par *Tigris*, P. S. A.
Libourne : 1844. — Castré en octobre 1844.

HERCULE, 1/2 s. du Midi. — H. N.
Bb. 1853. — Basses-Pyrénées.
Par *Ascot*, P. S. A., et *Navarraise*, jument de 1/2 s. du Midi.
Pau : 1857. — Mort en juin 1867.

HERCULE, 1/2 s. L. — H. N.
B. 1834. — Haute-Vienne.
Par *Harlequin*, P. S. A., et une 1/2 s. L., par Y. Vandyke, P. S. A.
Pompadour : 1838-1840. — Saint-Maixent : en janvier 1841.
Langonnet : en 1842. — Lamballe : 1843-1857.

HERDA, 1/2 s. du Midi. — H. N.
Gr. 1822. — Pyrénées-Orientales.
Par *Daher*, arabe, et une jument navarrine.
Rodez : 1833. — Vendu en novembre 1842.

HÉRANNA, 1/2 s. du Midi. — H. N.
Al. 1885. - Hautes-Pyrénées.
Par *Tarbouck*, P. S. Ar., et une fille de *Parry*, 1/2 s. du Midi.
Pompadour: 1889. — Abattu en juillet 1894.

HERNANI, 1/2 s. du Midi. — H. N.
B. 1876. — Basses-Pyrénées.
Par *Dahabi*, P. S. Ar., et une fille d'Ambassadeur, P. S. A.
Libourne : 1880. — Abattu en août 1895.

HÉRON, 1/2 s. du Midi. — H. N.
Gr, 1878. — Hautes-Pyrénées.
Par *Abou-Farès*, *Nahr-el-Kébir*, P. S. Ar., ou *Ceylon*, P. S. A..
et une fille de Fana, P. S. Ar.
Libourne : 1882. — Abattu en janvier 1894.

HIBARETTE, ex-**HÉRON**, 1/2 s. du Midi. — H. N.
Al. 1885. — Hautes-Pyrénées.
Par *Pomponnet*, 1/2 s. du Midi, et une fille d'Amrar, P. S. Ar.
Sa grand'mère : fille de Zodion, P. S. A.-A.
Tarbes : 1889. — Réformé en février 1895.

HIIS, 1/2 s. du Midi.
Approuvé. — M. Souville.
B. 1874. — Hautes-Pyrénées.
Par *Weatherden*, P. S. A., et une fille de Roi-de-Chypre,
P. S. A.-A.
Tarbes : 1879. — Réformé en 1894.

HIPPOCAMPE, 1/2 s. du Midi. — H. N.
Al. 1885. — Hautes-Pyrénées.
Par *Zoulou*, P. S. A., et une fille de Saïd-Pacha, 1/2 s. du Midi
Aurillac : 1883. — Réformé en août 1898.

HISTORIEN, 1/2 s. du Midi. — H. N.
Gr. 1834. — Hautes-Pyrénées.
Par *Peter-Liberty*, P. S. A., et une fille de Diezzard, P. S. Ar.
Pompadour : 1838-1842. — Rodez : 1843. — Mort en août 1845.

HISTRION, 1/2 s. du Midi. — H. N.
Al. 1878. — Hautes-Pyrénées.
Par *Tarbouck*, P. S. Ar., et une fille de Bonbon, P. S. A.
Libourne : 1882. — Abattu en juillet 1894.

HONAM, 1/2 s. du Midi. — H. N.
Gr. 1844. — Gers.
Par *Béni*, P. S. A., et une fille de Camash, 1/2 s. Barbe.
Tarbes : 1848. — Mort en novembre 1853.

HOROSCOPE, 1/2 s. du Midi. — H. N.
Al. 1878. — Hautes-Pyrénées.
Par *Bon-Vivant*, P. S. A., et une fille de Souedj, P. S. Ar.
Tarbes : 1882. — Réformé en août 1884.

HOSPITALET, ex-**PASSE-PARTOUT**, 1/2 s. du Midi.
H. N.
Al. 1884. — Haute-Garonne.
Par *Triboulet*, P. S. A., et *N.*, 1/2 s. du Midi, par El Yahoudi,
P. S. Ar.
Villeneuve-sur-Lot : 1889. — Castré en août 1892.

HOUGA, ex-**NOBERT**, 1/2 s. du Midi. — H. N.
Al. 1885. — Hautes-Pyrénées.
Par *Pomponnet*, 1/2 s. du Midi, et une fille de Coriolan,
1/2 s. du Midi.
Tarbes : 1889. — Réformé en février 1889.

HOURAT, ex-**ORTOLAN**, 1/2 s. du Midi. — H. N.
N. 1885. — Hautes-Pyrénées.
Par *Djébail*, P. S. Ar., et *Hébé*, 1/2 s. N., par Parry, 1/2 s. N.
Sa grand'mère : fille de Sylvain, P. S. A.
Pau : 1889. — Réformé le 27 août 1891.

HUSSARD. 1/2 s. du Midi. — H. N.
Al. 1892. — Hautes-Pyrénées.
Par *Hibarette*. 1/2 s. du Midi, et *Confiance II*, P. S. A.-A.
Tarbes : depuis 1896.

HUSSARD, 1/2 s. Ar. — H. N.
Gr. 1861. — Orient.
Villeneuve-sur-Lot : 1875. — Abattu en août 1886.

HUTIN, 1/2 s. du Midi. — H. N.
Al. 1834. — Haute-Vienne.
Par *Harlequin*, P. S. A., et *Folie*, 1/2 s. L., par Y. Muley,
1/2 s. A.
Pompadour : 1838-1840. — Passé à Angers en janvier 1841.

HUTIN, 1/2 s. — H. N.
Gr. 1878. — Hautes-Pyrénées.
Par *Hedjas*, P. S. Ar., et une fille de Ceylon, P. S. A.
Sa grand'mère : fille d'Emir, P. S. Ar.
Sa bisaïeule : fille d'Ethelwolf, P. S. A.
Tarbes : 1882. — Mort en Mars 1887.

HYACINTHE, 1/2 s. L. — H. N.
B. 1834. — Limousin.
Par *Harlequin*, P. S. A., et une jument limousine.
Pau : 1838. — Vendu en septembre 1843.

HYLAS, 1/2 s. L. — H. N.
Al. 1834. — Haute-Vienne.
Par *Harlequin*, P. S. A., et *Ariane*, 1/2 s. du Midi.
par Y. Vandyke, P. S. A.
Pompadour : 1838-1842. — Perpignan : 1843.
Réformé en décembre 1845.

HYMEN, 1/2 s. L. — H. N.
B. 1834. — Haute-Vienne.
Par *Harlequin*, P. S. A., et *Vesta*, 1/2 s. L., par Bijou, P. S. A.
Sa grand'mère : N., 1/2 s. L., par Middlethorp, P. S. A.
Sa bisaïeule : N., 1/2 s. L., par Bertrand, P. S. Ar.
Pompadour : 1838-1840. — Libourne : 1841.
Castré en juillet 1849.

IBRAHIM, 1/2 s. du Midi. — H. N.
Gr. 1837. — Haute-Garonne.
Par *Raad*, P. S. Ar., et une jument 1/2 s. Ar.
Tarbes : 1844. — Réformé en juillet 1850.

ICARE, 1/2 s. du Midi. — H. N.
Al. 1854. — Hautes-Pyrénées.
Par *Garry-Owen*, P. S. **A**., et une fille d'Ourphaly, P. S. Ar.
Libourne : 1864. — Mort en juin 1867.

ILLICO, 1/2 s. L. — H. N.
Al. 1881. — Creuse.
Par *Abdallah*, P. S. Ar., et *Tropique*, 1/2 s. L., par Caprice,
1/2 s. L.
Pompadour : 1885. — Abattu en août 1889.

ILOTE, 1/2 s. L.
B. 1881. — Haute-Vienne.
Par *Archimandrite*, P. S. A., et *Candide*, 1/2 s. L.,
par Rabdan, né en Orient.
Pompadour : 1885-1888. — Passé au Pin en août 1888.

IMAN, 1/2 s. du Midi.
Approuvé. — M. Lacay (Gers).
Al. 1884. — Midi.
Par *Sirius*, et une fille de Roi-de-Chypre, P. S. A.-A.
Tarbes : depuis 1883.

INDISCRET, 1/2 s. du Midi.
Approuvé. — M. de Monda.
Gr. 1874. — Hautes-Pyrénées.
Par *Ceylon*, P. S. A., et une fille de Dankali, P. S. Ar.
Tarbes : 1881. — Réformé en 1891.

INDOU, 1/2 s. L. — H. N.
Al. 1835. — Haute-Vienne.
Par *El Bédari*, P. S. Ar., et une 1/2 s. L., fille de Prémium,
P. S. A.
Pompadour : 1839. — Castré en novembre 1841.

INDRA, 1/2 s. du Midi. — H. N.
Al. 1886. — Hautes-Pyrénées.
Par *Amrar*, P. S. Ar., et une fille de Womersley, P. S. A.
Tarbes : depuis 1890.

INFANT, 1/2 s. L. — H. N.
B. 1835. — Haute-Vienne.
Par *Bijou*, P. S. A., et une 1/2 s. L., fille de Captain-Candid,
P. S. A.
Pompadour : 1839-1841. — Aurillac : 1842.
Réformé en janvier 1845.

INFANT, 1/2 s. L. — H. N.
B. 1881. — Haute-Vienne.
Par *Suffolk*, P. S. A., et *Augusta*, 1/2 s. L., par Alcoran,
P. S. Ar.
Pompadour : 1885. — Abattu en septembre 1893.

INFERNAL, 1/2 s. du Midi.
Approuvé. — M. Lacay. — Gers.
Bb. 1886. — France.
Par *Marignan*, et une fille d'Othello, P. S. A.-A.
Tarbes : depuis 1890.

IN-FOLIO, 1/2 s. du Midi. — H. N.
B. 1892. — Hautes-Pyrénées.
Par *Folio* et *Nini*, par Fingal.
Perpignan : depuis 1897.

INGRAT, 1/2 s. du Midi.
Approuvé. — Cte de Virieu.
Al. 1879. — Aude.
Par *Mohican*, et une fille de Robert-Owen, P. S. A.
Pompadour : 1882. — Castré en 1889.

7

INKERMAN, 1/2 s. Barbe.
Approuvé. — M. Al. Morel.
Gr. 1848. — Afrique.
D'origine barbe.
Tarbes : 1859. — Réformé en 1864.

INSOUCIEUX, 1/2 s. du Midi.
Approuvé. — M. Lavat.
Gr. 1886. — France.
Par *Ben-Hadji*, P. S. Ar., et une fille de Triboulet.
Tarbes : 1890. — Réformé en 1891.

IOLE, 1/2 s. du Midi.
Approuvé. — M. Carbonnel ; M. Laplace, 1892.
B. 1887. — Landes.
Par *Dahabi*, P. S. Ar., et une fille de Cheik-Mohamed, P. S. Ar.
Pau : 1891. — Mort en 1896.

IROQUOIS, 1/2 s. du Midi.
Approuvé. — M. Soulignac. — Gers.
Al. 1886. — France.
Par *Fataliste*, P. S. A., et une 1/2 s.
Tarbes : depuis 1890.

IRUS, 1/2 s. du Midi. — H. N.
Bb. 1835. — Haras de Pompadour.
Par *Napoléon*, P. S. A., et *Tornthonia*, 1/2 s. A.
Pompadour : 1829-1842. — Libourne : 1843.
Castré en juillet 1853.

ISLON, 1/2 s. du Midi. — H. N.
Al. 1889. — Hautes-Pyrénées.
Par *Ismaël*, arabe, et une fille de Saïd-Pacha, 1/2 s. du Midi.
Tarbes : 1893. — Réformé en août 1897.

ITER, 1/2 s. du Midi. — H. N.
Gr. 1869. — Hautes-Pyrénées.
Par *Roi-de-Chypre*, P. S. A.-A., et une fille de Karchane, P. S. Ar.
Sa grand'mère : fille d'Emilio, P. S. A.-A.
Tarbes : 1873. — Réformé en août 1889.

ITHAMOR, 1/2 s. L. — H. N.
B. 1835. — Corrèze.
Par *Cadland*, P. S. A., et une 1/2 s. L., fille d'Eclipse, **1/2 s. L.**
Pompadour : 1839-1840. — Passé au Pin en février 1841.
Perpignan : en 1844.

IUFFON, 1/2 s. du Midi.
Approuvé. — M. Carbonnel.
Al. 1887. — Basses-Pyrénées.
Par *Musulman*, P. S. A.-A., et une fille de Sir-Régis, **P. S. A.**
Pau : 1891 et castré la même année.

IVANHOË, 1/2 s. du Midi. — **H. N.**
B. 1835. — Haute-Vienne.
Par *Mustachio*, P. S. A., et une fille de Sautereau, **1/2 s. Ar.**
Libourne : 1840. — Castré en juillet 1849.

IVOR, 1/2 s. L. — H. N.
Al. 1835. — Haute-Vienne.
Par *Harlequin*, P. S. A., et *Vesta*, 1/2 s. L., par Bijou, **P. S. A.**
Sa grand'mère : N., 1/2 s., par Middlethorpe, P. S. A.
Sa bisaïeule : N., 1/2 s., par Bertrand, P. S. Ar.
Pompadour : 1840-1841. — Passé à Langonnet en janvier 1842.

IZARD, 1/2 s.
Approuvé. — M. le Mis de Lagarde.
B. 1876. — Dordogne.
Par *Fédéral*, 1/2 s., et *Industrie*, par Abrantès, **1/2 s. N.**
Sa grand'mère : une jument normande.
Sa bisaïeule : par Noteur, 1/2 s. N.
Libourne : 1880. — Castré en 1881.

JACK, 1/2 s. du Midi.
Approuvé. — M. Macabiau, 1882 ; M. Madrières, **1883.**
Al. 1878. — Tarn-et-Garonne.
Par *Marksman*, P. S. A., et N., 1/2 s. du Midi. par **Rienzi,**
1/2 s. N.
Villeneuve-sur-Lot : 1882. — Vendu en 1881.

JACK, 1/2 s. L. — H. N.
B. 1835. — Haute-Vienne.
Par *Y. Vandike*, P. S. A., et *N.*, 1/2 s. L., par Abron, P. S. A.
Pompadour : 1839-1843. — Aurillac : 1843. — Réformé en 1845.

JADIS, 1/2 s. du Midi. — H. N.
B. 1882. — Creuse.
Par *Abdallah*, arabe, et une fille de Princeps.
Perpignan : 1886. — Ajaccio : depuis 1887.

JAFFA, 1/2 s. du Midi.
Approuvé. — M. d'Hauterive.
B. 1850. — Hautes-Pyrénées.
Rodez : 1854. — Vendu en 1859.

JALABERT, 1/2 s. du Midi. — H. N.
Gr. 1887. — Basses-Pyrénées.
Par *Saklawi-Djedran*, P. S. Ar., et une 1/2 s. du Midi,
par Mazères, P. S. A.-A.
Pau : depuis 1891.

JALADY, ex-**TOQUET**, 1/2 s. du Midi. — H. N.
Gr. 1887. — Cantal.
Par *Couvre-Chef*, P. S. A., et *Malvina*, par Annibal, P. S. A.-A.
Sa grand'mère : par Antar, P. S. Ar.
Libourne : depuis 1891.

JAPHET, 1/2 s. du Midi.
Approuvé. — M. Bordes.
Conçu en Orient ; sa mère : Saba, arabe.
Pau : 1880. —Réformé en 1892.

JANISSAIRE, 1/2 s. L. — H. N.
B. 1882. — Corrèze.
Par *Daoud*, P. S. Ar., et une 1/2 s. L., fille de Nahr-el-Kébir,
P. S. Ar.
Sa grand'mère : par Zouave, P. S. Ar.
Pompadour : 1886. — Mort en juin 1891.

JARNAC, 1/2 s. du Midi. — H. N.
B. 1892. — Hautes-Pyrénées.
Par *Fil-en-Quatre*, P. S. A., et une fille d'Ismaël, P. S. A.-A.
Tarbes : depuis 1896.

JÉ, 1/2 s. du Midi. — H. N.
Al. 1887. — Basses-Pyrénées.
Par *Gengiskhan*, P. S. Ar., et *Bellone*, par Béthléem, P. S. Ar.
Perpignan : depuis 1891.

JEAN-BART, 1/2 s. du Midi — H. N.
Gr. 1859.
Par *Zambo*, P. S. Ar., et *Elodie*, 1/2 s. A.-A.
Aurillac : 1864. — Réformé en août 1867.

JEAN-BART, 1/2 s. du Midi.
Approuvé. — Mme Ve Atoch (Haute-Garonne).
Al. 1892. — Midi.
Par *Amrar*, P. S. Ar., et une fille de Ceylon, P. S. A.
Tarbes : depuis 1896.

JEGUN, 1/2 s. du Midi.. — H. N.
Al. 1887. — Hautes-Pyrénées.
Par *Fil-en-Quatre*, P. S. A., et une fille de Nassim, P. S. Ar.
Aurillac : depuis 1891.

JERGOUS, 1/2 s.
B. 1884. — Algérie
Approuvé. — M. Bonnefois.
Tarbes : 1889. — Réformé en 1894.

JÉRICHO, 1 2 s. du Midi. — H. N.
Al. 1853. — Aveyron.
Par *The Prime-Varden*, P. S. A., et une fille d'Emir, P. S. Ar.
Rodez : 1857. — Réformé en décembre 1876.

JETTATORE, 1/2 s. du Midi. — H. N.
Al. 1882. — Creuse.
Par *Elmers* ou *Princeps*, P. S. A., et une fille d'Amrani, P. S. Ar.
Sa grand'mère : par Xénocrate, P. S. A.-A.
Sa bisaïeule : Reine-de-Chypre, P. S. A.-A.
Rodez : 1886. — Réformé en août 1889.

JOB, 1/2 s. L. — H. N.
B. 1835. — Haute-Vienne.
Par *Y. Vandyke*, P. S. A., et une 1/2 s. L., fille d'Akim, P. S. Ar.
Pompadour : 1839-1840. — Passé à Rodez en février 1841.
Réformé en novembre 1856.

JOBARD, 1/2 s. du Midi.
Approuvé. — M. Loustounau.
B. 1851. — Basses-Pyrénées.
Par *Kouleli*, P. S. Ar.
Pau : 1856. — Mort en 1858.

JOCKO, 1/2 s. du Midi. — H. N.
Al. 1887. — Hautes-Pyrénées.
Par *Fil-en-Quatre*, P. S. A., et une fille d'Eylau, P. S. A.-A.
Sa grand'mère : par Colibri.
Libourne : depuis 1891.

JONGLEUR. 1/2 s. du Midi. — H. N.
Gr. 1824. — Aveyron.
Par *Raz-el-Fedawe*, P. S. Ar., et une 1/2 s. du Midi.
Rodez : 1829-1845. — Villeneuve-sur-Lot : 1846.
Réformé en octobre 1847.

JONGLEUR, 1/2 s. du Midi. — H. N.
Al. 1892. — Basses-Pyrénées.
Par *Sire-de-Granoux*, P. S. A.-A., et *Keg*, par Rayon-d'Or,
1/2 s. du Midi.
Tarbes : depuis 1896.

JOSSELYN, 1/2 s. du Midi. — H. N.
Gr. 1892. — Basses-Pyrénées.
Par *Courtois*, P. S. A., et une fille de Djerasch, P. S. Ar.
Pau : depuis 1896.

JOUET, 1/2 s. du Midi. — H. N.
B. 1887. — Corrèze.
Par *Ivan*, arabe, et *Coquette*, 1/2 s. du Midi.
Tarbes : depuis 1891.

JOUR-DE-NOCES, 1/2 s. du Midi. — H. N.
B. 1835. — Haute-Vienne.
Par *Y. Vandyke*, P. S. A., et une fille de Louis, arabe.
Pompadour : 1839. — Réformé en 1840.

JOVIAL, 1/2 s. du Midi.
Accepté. — M. Boscq.
B. 1888. — Gironde.
Par *Bayard IV*, 1/2 s. N., et une fille de Le Pérac, P. S A.
Libourne : depuis 1893.

JOVIAL, 1/2 s. du Midi. — H. N.
B. 1850.
Par *Moroch*, P. S. A., et une fille d'Abian.
Sa grand'mère : Gilfé, arabe.
Rodez : depuis 1854-1855.

JOYEUX, 1/2 s. du Midi.
Approuvé. — M. Bordes.
Gr. 1887. — Basses-Pyrénées.
Par *Mazères*, P. S. A.-A.
Pau : 1891. — Réformé la même année.

JOYEUX, 1/2 s. du Midi. — H. N.
B. 1887. — Hautes-Pyrénées.
Par *Toulourou*, P. S. A., et une fille de Saïd-Pacha, P. S. Ar.
Aurillac : 1892. — Réformé en août 1892.

JUILLAN, 1/2 s. du Midi. — H. N.
Gr. 1887. — Hautes-Pyrénées.
Par *Zoulou*, P. S. A., et une 1/2 s. du Midi, par Ceylon, P. S. A.
Pau : depuis 1891.

JUNOT, 1/2 s. du Midi. — H. N.
Al. 1881. — Basses-Pyrénées.
Par *Mazères*, P. S. A.-A., et une fille de Béthléem, 1/2 s. du Midi
Rodez : depuis 1885.

JUPITER, 1/2 s. du Midi. — H. N.

B. 1859. — Hautes-Pyrénées.

Par *Roi-de-Chypre*, P. S. A.-A., et une fille de Y. Emilius,
P. S. A.

Libourne 1864. — Castré en août 1875.

JUPITER, 1/2 s. du Midi. — H. N.

Bb. 1874. — Hautes-Pyrénées.

Par *Sylvain*, P. S. A., et une fille de Robert-Owen, P. S. **A.**

Aurillac : 1878. — Passé à l'Ecole du Pin en 1879.

Libourne : 1882. — Castré en novembre 1882.

JURANÇON, 1/2 s. du Midi. — H. N.

B. 1892. — Basses-Pyrénées.

Par *Courtois*, P. S. A., et *Almée*, par Ephraïm, arabe.

Tarbes : depuis 1896.

JURANÇON, 1/2 s. du Midi. — H. N.

Al. 1887. — Basses-Pyrénées.

Par *Scutari*, P. S. Ar., et une fille de Cham, 1/2 s. du **Midi.**

Pau : depuis 1891.

KABIR, 1/2 s.

Approuvé. — M. Sainte-Colombe.

Gr. 1845.

Tarbes : 1850. — Réformé en 1854. — A fait la monte dans le Gers.

KABIS, 1/2 s. du Midi. — H. N.

B. 1836. — Hautes-Pyrénées.

Par *Ourfaly*, P. S. Ar., et *N.*, 1/2 s. du Midi, par Spy, P. S. **A.**

Pompadour : 1841-1842. — Rodez : 1843-1845.

Villeneuve-sur-Lot : 1846. — Réformé en mars 1847.

KABYL, 1/2 s. Barbe. — H. N.

B. 1855. — Afrique.

Perpignan : 1863. — Réformé en août 1866.

KABYLE, 1/2 s. du Midi. — H. N.
B. 1888. — Basses-Pyrénées.
Par *Grog*, P. S. A.-A., et *Soumise*, 1/2 s. du Midi, par Mazères,
P. S. A.-A.
Rodez : depuis 1892.

KABYLE, 1/2 s. L. — H. N.
B. 1836. — Haute-Vienne.
Par *Y. Vandike*, P. S. A., et une 1/2 s. L., fille de Bijou, P. S. A.
Pompadour : 1841-1842. — Pau 1843. — Vendu en août 1858.

KADOUR, 1/2 s. Barbe.
Approuvé. — M. Barroux.
Al. 1871. — Orient.
Rodez : 1879. — Vendu en 1881.

KAFTAL, 1/2 s. du Midi. — H. N.
B. 1836. — Hautes-Pyrénées.
Par *Saklawie-Amdan*, P. S. Ar., et une 1/2 s. du Midi.
Pompadour : 1841. — Au Pin en novembre 1841.

KAHILAN-SHANANI, 1/2 s. Ar. — H. N.
B. 1833.
Libourne : 1850. — Abattu en juillet 1856.

KAIREDDIN, 1/2 s. du Midi. — H. N.
B. 1888. — Basses-Pyrénées.
Par *Akhar*, P. S. Ar., et *Aimable*, par Adham, arabe.
Perpignan : depuis 1892.

KAKATOËS, 1/2 s. — H. N.
Al. 1883. — Haute-Vienne.
Par *Bambou*, P. S. Ar., et une fille de Saint-Simon, 1/2 s.
Perpignan : depuis 1887.

KALIFA, 1/2 s. Barbe.
Approuvé. — M. Moyez.
Gr. 1842. — Algérie.
D'origine Barbe.
Tarbes : 1853-1858.

KALIFAT, 1/2 s. du Midi. — H..N.
B. 1881. — Hautes-Pyrénées.
Par *Sensation*, P. S. A.. et une fille de Ceylon, P. S. A.
Sa grand'mère : fille d'Utetur, P. S. A.-A.
Tarbes : depuis 1885.

KALIS, 1/2 s. du Midi. — H. N.
Gr. 1836. — Hautes-Pyrénées.
Par *Rowlston*, P. S. A., et une 1/2 s. du Midi, fille de Spy, P. S. A.
Pompadour : 1841. — Passé au Pin en novembre 1841.

KAMPAN, 1/2 s. du Midi. — H. N.
B. 1888. — Basses-Pyrénées.
Par *Courtois*, P. S. A., et une 1/2 s. du Midi, par Djerasch,
P. S. Ar.
Pau : depuis 1892.

KANGURO, 1/2 s. du Midi.
Approuvé. — Cte de Virieu (Aude).
B. 1881. — Hautes-Pyrénées.
Par *Amrar*, arabe, et une fille de Miralaï.
Perpignan : depuis 1885.

KARAMAN, 1/2 s. du Midi. — H. N.
B. 1826. — Lot-et-Garonne.
Par *Colosse*, arabe, et une jument navarrine.
Rodez : 1833. — Réformé en octobre 1843.

KARAMEL, 1/2 s. du Midi.
Approuvé. — M. Bordes ; M. Chabagno, 1890.
Al. 1879. — Landes.
Par *Karam*, P. S. Ar., et une fille de Vulcain, P. S. Ar.
Pau : 1883-1895.

KARIKAL, 1/2 s. du Midi. — H. N.
Al. 1883. — Creuse.
Par *Abdallah*, P. S. Ar., et une fille d'Ordbe, 1/2 s. Orient.
Ajaccio : 1887. — Réformé en janvier 1897.

KARMINAC, 1/2 s. du Midi. — H. N.
B. 1836. — Hautes-Pyrénées.
Par *Saklawie-Amdan*, P. S. Ar.. et une 1/2 s. du Midi,
fille de Circassien, 1/2 s. Barbe.
Pompadour : 1841-1842. — Aurillac : 1843. — Réformé en 1850.

KAROUM, 1/2 s. du Midi.   H. N.
Al. 1888. — Hautes-Pyrénées.
Par *Fil-en-Quatre*, P. S. A., et une 1/2 s. du Midi, par Ceylon,
P. S. A.
Pau : depuis 1892.

KÉDIVE, 1/2 **s**. du Midi. — H. N.
B. 1888. — Gironde.
Par *Jaguar*, P. S. A.-A., et une fille de Romuald, 1/2 s. V.
Rodez : 1892. — Castré en août 1895.

KEL, 1/2 s. du Midi. — H. N.
B. 1881. — Aude.
Par *Abdallah*, P. S. Ar., et *Dulcinée*, 1/2 s. du Midi, par Ceylon,
P. S. A.
Sa grand'mère : fille d'Emir, P. S. Ar.
Tarbes : depuis 1885.

KELLER, 1/2 s. du Midi. — H. N.
B. 1888. — Basses-Pyrénées.
Par *Lord-Sting*, 1/2 s. du Midi, et *Biline*, par Dioméde.
Libourne : 1892. — Castré en août 1893.

KENT, 1/2 s. — H. N.
Bb. 1836. — Haras de Pompadour.
Par *Bijou*, P. S. A., et *Orcilly*, 1/2 s. Irlandais, par Merry-Andrew,
P. S. A.
Sa grand'mère : par Spartacus, 1/2 s. Irlandais.
Pompadour : 1841. — Libourne : 1842. — Castré en septembre, 1843.

KENT, 1/2 s. du Midi — H. N.
B. 1888. — Hautes-Pyrénées.
Par *Chant-du-Cygne*, P. S. A., et Karchañine, 1/2 s. du Midi,
par Nahr-el-Kébir, P. S. Ar.
Tarbes : 1892. — Réformé en août 1895.

KÉRANDY, 1/2 s. du Midi, — H. N.
Al. 1836. — Basses-Pyrénées.
Par *Tartare*, P. S. A., et une jument 1/2 s. navarrine.
Pompadour 1841-1842. — Passé à Moutier-en-Der en février 1843.

KERHUON, 1/2 s. du Midi. — H. N.
B. 1888. — Basses-Pyrénées.
Par *Le Mormon* et *Aglaée*, 1/2 s. du Midi, par Daoud, P. S. Ar.
Tarbes : depuis 1892.

KÉRIM, 1/2 s. du Midi. — H. N.
Ro. 1831. — Basses-Pyrénées.
Par *Shaklawy*, P. S. Ar.
Pau : 1835. — Castré le 2 juillet 1851.

KERJOU, 1/2 s. du Midi. — H. N.
Al. 1836. — Dans le Midi.
Par *Tigris*, P. S. A., et *Flora*, 1/2 s. du Midi.
Pau : 1843. — Vendu le 11 juillet 1858.

KERPIN, 1/2 s. du Midi. — H. N.
Gr. 1836. — Hautes-Pyrénées.
Par *Rowlston*, P. S. A., et une 1/2 s. du Midi, fille de Cammash,
P. S. Ar.
Pompadour : 1841. — Pau : 1842. — Vendu en septembre 1854.

KEVEL, 1/2 s. L. — H. N.
Al. 1836. — Haute-Vienne.
Par *Napoléon*, P. S. A., et une 1/2 s. L., fille de Mustachio,
P. S. A.
Pompadour : 1841-1842. — Aurillac : 1843. — Réformé en 1847.

KILO, 1/2 s. du Midi. — H. N.
Gr. 1888. — Basses-Pyrénées.
Par *Arnold*, 1/2 s., et *Corneuse*, par Ambassadeur, P. S. A.
Perpignan : 1892. — Mort en septembre 1897.

KILO, 1/2 s. du Midi. — H. N.
B. 1836. — Hautes-Pyrénées.
Par *Ourfaly*, P. S. Ar., et une 1/2 s. du Midi, fille de Spy,
P. S. A.
Pompadour : 1841. — Passé à Blois en juillet 1841.
Villeneuve-sur-Lot : 1852. — Mort en 1857.

KIMOS, 1/2 s. du Midi. — H. N.
Al. 1836. — Hautes-Pyrénées.
Par *Allington*, P. S. A., et une 1/2 s. bigourdane, par Bai-Brun,
1/2 s. du Midi.
Pompadour : 1839-1846. — Rodez : en février 1847.
Mort en septembre 1848.

KIOS, 1/2 s. du Midi. — H. N.
Gr. 1836. — Hautes-Pyrénées.
Par *Ourfaly*, P. S. Ar., et une jument bigourdane.
Pau : 1842. — Mort le 24 juin 1854.

KIOSQUE, 1/2 s. Auv. — H. N.
B. 1836. — Cantal.
Par *Fang*, P. S. A., et *Minerve*, jument auvergnate.
Pompadour : 1841. — Passé à Blois en juillet 1841.

KIRSCH, ex-**BIARRITZ**, 1/2 s. du Midi. — H. N.
Al. 1888. — Landes.
Par *Dahabi*, P. S. Ar.. et une fille de Lambro, 1/2 s. du Midi.
Tarbes : depuis 1892.

KISBER, 1/2 s. du Midi. — H. N.
B. 1893. — Hautes-Pyrénées.
Par *Sycomore*, P. S. A., et *Karchamime*, par Nahr-el-Kébir,
P. S. Ar.
Tarbes : depuis 1897.

KLÉBER, 1/2 s. du Midi. — H. N.
B. 1894. — Gers.
Par *Fingal*, P. S. A.-A., et *N.*, par Vivat.
Perpignan : depuis 1898.

KOHEIL, 1/2 s. du Midi. — H. N.
Gr. 1846. — Haute-Garonne.
Par *Koheil-Hamdani*, P. S. Ar , et une fille de Rowlston, **P. S. A.**
Libourne : 1850. — Castré en octobre 1851.

KOPECK, 1/2 s. L.. — H. N.
Al. 1883. — Creuse.
Par *Corrézien*, P. S. Ar., et une 1/2 s L., par Lébérou, **P. S. A.**
Sa grand'mère : par Bertrand, 1/2 s. L.
Pompadour : depuis 1887.

KOSACK. 1/2 s. du Midi. — H. N.
Gr. 1877. — Haute-Garonne.
Par *Y. Karchane*, P. S. Ar., et une fille de Nedje, 1/2 s.
Perpignan : 1883. — Mort en avril 1885.

KOSMAN, 1/2 s. du Midi. — H. N.
Gr. 1836. — Hautes-Pyrénées.
Par *Spy*, P. S. A., et une 1/2 s. du Midi, fille de Bai-Brun, **P. S. A.**
Pompadour : 1841. — Passé à Blois en juillet 1841.

KOULELI-ARABE, 1/2 s. du Midi.
Approuvé. —.M. L. Faval.
Gr. 1860. — Landes.
Par *Kouleli*, P. S. Ar.
Libourne : 1865. — Castré en mars 1868.

KOULIKAN, 1/2 s. L. — H. N.
B. 1836. — Haute-Vienne.
Par *Bijou*, P. S. A., et une 1/2 s. L., par Y. Vandyke, P. **S. A.**
Sa grand'mère : Buzzard mare.
Pompadour : 1840-1841. — Rodez : 1842.
Réformé en juillet 1848.

KOULIKHAN, 1/2 s. du Midi. — H. N.
Gr. 1883. — Creuse.
Par *Amrani*, P. S. Ar., et une fille de Blaise, 1/2 s.
Perpignan : 1886. — Réformé en août 1889.

KRAFFT, 1/2 s. L. — H. N.
B. 1836. — Haute-Vienne.

Par *Bijou*, P. S. A., et une 1/2 s. L., par Y. Vandyke, P. S. A.
Pompadour : 1841-1842. — Pau : 1843. — Mort en mai 1848.

KRAKEN, 1/2 s. — H. N.
B. 1830. — Haras de Pompadour.

Par *Napoléon*, P. S. A.. et *Hall*, 1/2 s., née en Irlande,
par Warrior, P. S. A.
Sa grand'mère : par Oakjack, 1/2 s. A.
Pompadour : 1839-1842. — Rodez : 1843.
Réformé en décembre 1854.

KRAMER, 1/2 s. du Midi. — H. N.
Gr. 1836. — Hautes-Pyrénées.

Par *Messoud*, arabe, et une fille d'Actif, arabe.
Perpignan : 1849. — Réformé en juillet 1859.

KREMLIN, ex-**CHANSONNIER**, 1/2 s. du Midi. — **H. N.**
B. 1888. — Creuse.

Par *Ivan*, P. S. A.-A., et une fille d'Aden, P. S. Ar.
Tarbes : depuis 1892.

KROUMYR, 1/2 s. du Midi. — H. N.
B. 1888. — Basses-Pyrénées.

Par *Beret*, 1/2 s. du Midi, et *Bichette*, par Karagheus, P. S. Ar.
Libourne : depuis 1892.

KURDE, 1/2 s. du Midi. — H. N.
Gr. 1881. Hautes-Pyrénées.

Par *Parry*, P. S. A., et une fille de Fana ou Kalif, 1/2 s. Ar.
Rodez : 1884. — Réformé en octobre 1886.

KURDE, 1/2 s. du Midi. — H. N.
B. 1888. — Basses-Pyrénées.

Par *Scutari*, P. S. Ar., et une 1/2 s. du Midi, par Cham,
1/2 s. du Midi.
Pau : depuis 1892.

LAAR, 1/2 s. du Midi. — H. N.

B. 1837. — Haras de Pompadour.

Par *Saklawi-Djedran*, P. S. Ar., et une fille de Circassien,
P. S. Ar.

Aurillac : 1842. — Réformé en octobre 1843.

LABATUT, 1/2 s. du Midi. — H. N.

Al. 1889. — Aude.

Par *Le Mormon*, P. S. A., et une 1/2 s. du Midi, par Dahabi,
P. S. Ar.

Pau : 1893. — Réformé en août 1898.

LABRADOR, 1/2 s. du Midi. — H. N.

Al. 1884. — Creuse.

Par *Amrani*, P. S. A.-A., et une fille de Bobereau, 1/2 s. du Midi.

Perpignan : 1888. — Réformé en août 1896.

LAËRTE, 1/2 s. du Midi. — H. N.

B. 1837. — Haras de Pompadour.

Par *Massoud*, P. S. Ar., et *Cocotte*, 1/2 s. L.

Perpignan : 1849. — Mort en janvier 1850.

LAIRLY, 1/2 s. du Midi. — H. N.

Al. 1876. — Hautes-Pyrénées.

Par *Nassim*, P. S. Ar., et une 1/2 s. du Midi, fille de Chibin,
1/2 s. du Midi.

Pompadour : 1880. — Réformé en septembre 1886.

LAÏUS, 1/2 s. du Midi. — H. N.

Al. 1837. — Haute-Vienne.

Par *Harlequin*, P. S. A., et *Jouquille*, 1/2 s. A.-A.

Rodez : 1842. — Réformé en novembre 1855.

LAMARTINE, 1/2 s. du Midi.

Approuvé. — M. Dulor.

B. 1863. — France.

Par *Lamartine*, P. S. A.

Villeneuve-sur-Lot : 1867. — Réformé en 1869.

LAMBIN, 1/2 s. du Midi. — H. N.
B. 1889. — Basses-Pyrénées.
Par *Bouquet*, P. S. A., et une fille de El Durzi, P. S. Ar.
Aurillac : depuis 1893.

LANGUEDOC, 1/2 s. du Midi. — H. N.
B. 1889. — Aude.
Par *Kendj*, P. S. Ar., une 1/2 s. du Midi, par Ceylon, P. S. A.
Pau : 1893. — Réformé en septembre 1895.

LAMBORN, 1/2 s. Big. — H. N.
B. 1837. — Hautes-Pyrénées.
Par *Foscarini*, P. S. A., et *Attitate*, 1/2 s. Big., par L'Attitat,
1/2 s. Big.
Pompadour : 1842-1849. — Saintes : mars 1850-1860.

LAPON, 1/2 s. du Midi. — H. N.
B. 1837. — Cantal.
Par *Fang*, P. S. A., et une jument auvergnate.
Pompadour : 1842. — Ecole du Pin : janvier 1843.

LARA, 1/2 s. du Midi. — H. N.
B. 1891. — Cantal.
Par *Darien*, P. S. A., et une fille de Mézarbournou, P. S. Ar.
Pau : 1895. — Réformé le 22 septembre 1896.

LA RIVIÈRE, 1/2 s. du Midi.
Approuvé. — M. de Gélas.
B. 1880. — France.
Par *Nabab*, P. S. A., et une fille de Bruant, 1/2 s. du Midi.
Tarbes : 1884. — Réformé la même année.

LASCIF, 1/2 s. L. — H. N.
B. 1837. — Haute-Vienne.
Par *Edmund*, P. S. A., et *Fanchette*, 1/2 s. L., par Y. Vandyke,
P. S. A.
Pompadour : 1842. — Passé à Cluny en février 1843.

8

LAUDECK, 1/2 s. du Midi. — H. N.
Gr. 1837. — Hautes-Pyrénées.
Par *Rowlston*, P. S. A., et une fille de Camache, 1/2 s. du Midi.
Villeneuve-sur-Lot : 1846. — Réformé en juillet 1851.

LAUDER, 1/2 s. du Midi. — H. N.
Gr. 1837. — Hautes-Pyrénées.
Par *Saklawi-Amdan*, P. S. Ar., et *Charlise*, par Néron, Meck.
Pompadour : 1842. — Rodez : 1843. — Réformé en décembre 1854.

LAUDUN, 1/2 s. du Midi. — H. N.
B. 1837. — Hautes-Pyrénées.
Par *Rowlston*, P. S. A., et *Spine*, 1/2 s., fille de Spy, P. S. A.
Pompadour : 1842. — Réformé en décembre 1842.

LAVINGTON, 1/2 s. du Midi. — H. N.
B. 1837. — Hautes-Pyrénées.
Par *Allington*, P. S. A., et *Favorite*, 1/2 s. du Midi.
Pompadour : 1842. — Rodez : 1843. — Réformé en juillet 1853.

LE BOY, 1/2 s. du Midi. — H. N.
Gr. 1880. — Gers.
Par *Taillebourg*, 1/2 s. du Midi, et une fille de Coran,
1/2 s. du Midi.
Aurillac : 1884. — Réformé en août 1884.

LEFORT, 1/2 s. du Midi.
Approuvé. — M. Ducos.
B. 1848. — Basses-Pyrénées.
Par *Emilio*, P. S. A.-Ar., et une jument bretonne.
Tarbes : 1853. — Réformé en 1859.

LÉGENDAIRE, 1/2 s. du Midi. — H. N.
Bb. 1877. — Gers.
Par *Ipsilanty*, 1/2 s. N., et une fille de Damier.
Tarbes : 1881. — Réformé en août 1892.

LEINSTER, 1/2 s. du Midi. — H. N.
B. 1837. — Hautes-Pyrénées.
Par *El Bédavi*, P. S. Ar., et une 1/2 s. Big., fille de Bai-Brun.
P. S. A.
Pompadour : 1842. — Réformé en février 1843.

LE JOYEUX, 1/2 s. du Midi. — H. N.
Al. 1886. — Hautes-Pyrénées.
Par *Nicot*, 1/2 s. du Midi, et *N.*, 1/2 s. du Midi, par Ceylon, P. S. A.
Villeneuve-sur-Lot : depuis 1890.

LE LAC, 1/2 s. du Midi. — H. N.
Al. 1884. — Haute-Vienne.
Par *Bambou*, P. S. Ar., et une fille de Bagdadli, 1/2 s. du Midi.
Perpignan : depuis 1888.

LEMNOS, 1/2 s. du Midi. — H. N.
Al. 1837. — Hautes-Pyrénées.
Par *Cammach*, P. S. Ar., et *Lionne*, 1/2 s. du Midi, fille de Lion,
P. S. Ar.
Pompadour : 1842. — Pau : 1843. — Vendu en septembre 1855.

LE NIL, 1/2 s. du Midi. — H. N.
B. 1886. — Creuse.
Par *Sadrazam*, P. S. Ar., et une fille de Zaïm, 1/2 s. du Midi.
Sa grand'mère : par Zouave, P. S. Ar.
Rodez : depuis 1890.

LÉOPARD, 1/2 s. du Midi. — H. N.
Al. 1889. — Hautes-Pyrénées.
Par *Ahmar*, P. S. Ar., et *Diane*, 1/2 s. du Midi, par Parry.
Tarbes : depuis 1893.

LÉOPARD, 1/2 s. du Midi.
Approuvé. — M. Darbé (Landes).
Al. 1889. — Hautes-Pyrénées.
Par *Amrar*, P. S. Ar.
Pau : depuis 1894.

LÉONCE, ex-**LIONEL**, 1/2 s. du Midi. — H. N.
B. 1889. — Basses-Pyrénées.
Par *Bélair*, 1/2 s. du Midi, et *Favorite*, par Le Mormon, P. S. A.
Sa grand'mère : par Samari, P. S. Ar.
Libourne : depuis 1893.

LÉPIDE, 1/2 s. du Midi. — H. N.
Al. 1850. — Basses-Pyrénées.
Par *Ali-Baba*, P. S. A., et une fille de Tartare, P. S. A.
Pau : 1854. — Réformé en septembre 1854.

LERDAM, 1/2 s. du Midi. — H. N.
Gr. 1837. — Haras de Pompadour.
Par *Saklawi-Djedran*, P. S. Ar., et *Pompadoure*, 1/2 s. L.
Aurillac : 1842. — Réformé en juillet 1851.

LESPÉROU, 1/2 s. du Midi. — H. N.
Al. 1889. — Basses-Pyrénées.
Par *Gyp*, P. S. A.-A., et *Mazarine*, par Mazères, P. S. A.-A.
Tarbes : depuis 1893.

L'ESQUIRO, 1/2 s. du Midi. — H. N.
Al. 1874. — Tarn-et-Garonne.
Par *Bind*, P. S. A.-A., et une fille de Memphis, A.-A.
Villeneuve-sur-Lot : 1878. — Réformé en août 1895.

LEVRIER, 1/2 s. du Midi. — H. N.
Al. 1837. — Hautes-Pyrénées.
Par *Saklawie-Amdan*, P. S. Ar., et une 1/2 s. Big.,
fille de Baï-Brun, P. S. A.
Pompadour : 1842. — Au Pin en mars 1843.

LEYBITZ, 1/2 s. du Midi. — H. N.
Al. 1837. — Hautes-Pyrénées.
Par *El Bédavi*, P. S. Ar., et *Pauline*, 1/2 s. du Midi,
par Paulus, P. S. A.
Pompadour : 1842-1846. — Rodez : 1847. — Mort en juin 1864.

LÉZARD, 1/2 s. du Midi. — H. N.
Al. 1837. — Hautes-Pyrénées.
Par *Ourfaly*, P. S. Ar., et une 1/2 s. Big., fille de Néron, Meck.
Pompadour : 1842-1845. — Rodez : 1846.
Réformé en novembre 1855.

LIEUTENANT, 1/2 s. du Midi. — H. N.
B. 1837. — Corrèze.
Par *Edmund*, P. S. A., et une fille de Y. Muley, P. S. A.
Sa grand'mère : Emmeline, P. S. A.
Rodez : 1844. — Réformé en novembre 1858.

LILLIPUT, 1/2 s. du Midi. — H. N.
B. 1877. — Hautes-Pyrénées.
Par *Franc-Tireur*, P. S. A., et une fille de Dankali, P. S. Ar.
Sa grand'mère : fille de Roi-de-Chypre, P. S. A.-A.
Tarbes : 1881. — Réformé en septembre 1885.

LIMIER, 1/2 s. L. — H. N.
B. 1837. — France.
Par *Tigris*, P. S. A., et une jument limousine.
Pau : 1844. — Vendu en août 1862.

LION, 1/2 s. du Midi.
Approuvé. — M. Souville.
B. 1878. — Hautes-Pyrénées.
Par *Franc-Tireur*, P. S. A., et une fille de Dankali, P. S. Ar.
Sa grand'mère : fille de Grey-Tommy, P. S. A.
Tarbes : 1882. — Non approuvé en 1893.

LIONCEAU, 1/2 s. du Midi. — H. N.
N. 1889. — Hautes-Pyrénées.
Par *Artois*, P. S. A., et une fille de Mouzaffar, 1/2 s. du Midi.
Tarbes : 1893. — Réformé en novembre 1895.

LIONCEAU, 1/2 s. du Midi. — H. N.
B. 1837. — Cantal.
Par *Fang*, P. S. A., et une jument auvergnate.
Pompadour : 1842. — Passé à l'Ecole du Pin en janvier 1843.

LIONCEAU, 1/2 s. du Midi. — H. N.
Al. 1829. — Hautes-Pyrénées.
Par *Le Lion*, P. S. Ar.
Tarbes : 1834. — Réformé en septembre 1846.

LIONEL, 1/2 s. du Midi. — H. N.
Al. 1855. — Basses-Pyrénées.
Par *Napier*, P. S. A., et une fille de Tartare, P. S. A.
Pau : 1859. — Réformé en janvier 1873.

LITTLE-JOHN, 1/2 s. du Midi.
Approuvé. — M. Sarrans.
Bb. 1839. — Hautes-Pyrénées.
Par *Little-Rover*, P. S. A.
Tarbes : 1843. — Réformé en 1856.

LIVERPOOL, 1/2 s. du Midi.
Approuvé. — M. A. Prévost ; M. Gardy.
Al. 1854. — Hautes-Pyrénées.
Par *Garry-Owen*, P. S. A., et une fille de Camash, P. S. Ar.
Tarbes : 1859. — Réformé en 1871.

LIVRON, 1/2 s. du Midi. — H. N.
B. 1889. — Basses-Pyrénées.
Par *Scutari*, arabe, et *Lisette*, par Le Mormon, P. S. A.
Tarbes : depuis 1893.

LORD, 1/2 s. L. — H. N.
B. 1837. — Corrèze.
Par *Terror*, P. S. A., et une 1/2 s. L., fille de Général, 1/2 s. L.
Pompadour : 1842. — Réformé en août 1851.

LORD-CEYLON, 1/2 s. du Midi. — H. N.
B. 1877. — Hautes-Pyrénées.
Par *Ceylon*, P. S. A., et une fille de Roy-de-Chypre, P. S. Ar.
Libourne : 1881. — Castré en août 1887.

LORD-FROGMORE, 1/2 s. du Midi. — H. N.
B. 1848. — Hautes-Pyrénées.
Par *Emilio*, P. S. A.-A., et une fille de Frogmore, P. S. A.
Tarbes : 1852. — Réformé en novembre 1854.

LORD-STING, 1/2 s. du Midi, — H. N.
B. 1871. — Hautes-Pyrénées.
Par *Bayard*, P. S. A., et *Lady-Sting*, 1/2 s., par Sting, P. S. A.
Sa grand'mère : Daria, par Quine, 1/2 s. du Midi.
Pau : 1879. — Réformé en août 1888.

LOTH, 1/2 s. L. — H. N.
Al. 1837. — Haute-Vienne.
Par *Harlequin*, P. S. A., et une 1/2 s. L., par Y. Muley, 1/2 s. A.
Pompadour : 1842. — Passé à Braisne en février 1843.

LOUCRUP, 1/2 s. du Midi. — H. N.
Gr. 1889. — Hautes-Pyrénées.
Par *Fil-en-Quatre*, P. S. A., et une 1/2 s. du Midi, par Ceylon,
P. S. A.
Pau : 1893. — Mort en août 1897.

LOUEY, 1/2 s. du Midi. — H. N.
Al. 1889. — Hautes-Pyrénées.
Par *Fusain*, P. S. Ar., et *Pomponnette*, par Pomponnet.
Perpignan : 1893. — Réformé en août 1895.

LOULOU, 1/2 s. du Midi. — H. N.
Gr. 1884. — Cantal.
Par *Mezarbounou*, P. S. Ar., et une fille de Pillard, 1/2 s. N.
Aurillac : depuis 1888.

LOVE, 1/2 s. du Midi.
Approuvé. — M. Avy, 1866 ; M. Sébélès.
B. 1858. — Hautes-Pyrénées.
Par *Fthelwoolf*, P. S. A.
Villeneuve-sur-Lot : 1862. — Réformé en 1869.

LOYAL, 1/2 s. du Midi.
Approuvé. — M. Lacay (Hautes-Pyrénées).
Bb. 1886. — France.
Par *Maubourguet* et une fille de Bruant.

Tarbes : depuis 1890.

LUSIGNAN, 1/2 s. du Midi. — H. N.
N. 1889. — Basses-Pyrénées.
Par *Narghilé*, P. S. Ar., et une 1/2 s. du Midi, par Mazères,
P. S. A.-A.
Pau : depuis 1893.

LUSTUCRU, 1/2 s. du Midi. — H. N.
Al. 1889. — Basses-Pyrénées.
Par *Le Mormon*, P. S. A., et *Aglaé*, 1/2 s. du Midi, par Daoud,
P. S. Ar.
Tarbes : 1893. — Mort en février 1897.

LUTIN, 1/2 s. du Midi. — H. N.
Gr. 1846. — Hautes-Pyrénées.
Par *Koheyl-Hamdani*, P. S. Ar., et une fille de Camash, 1/2 s. Ar.
Tarbes : 1852. — Réformé en juillet 1861.

LUTIN, 1/2 s. du Midi. — H. N.
Gr. 1824. — Hautes-Pyrénées.
Par *Ourphaly*, P. S. Ar., et une petite-fille de Mahomet, P. S. Ar.
Tarbes : 1829. — Mort en 1849.

LYCAS, 1/2 s. du Midi. — H. N.
B. 1837. — Corrèze.
Par *Massoud*, P. S. Ar., et une fille d'Eclipse.
Perpignan : 1849. — Réformé en juillet 1852.

LYCURGUE, 1/2 s. L. — H. N.
B. 1837. — Haute-Vienne.
Par *Harlequin*, P. S. A., et *Gabrielle*, jument limousine.
Pompadour : 1842-1849. — Saintes : 1850-1853.

MACASSAR, 1/2 s. du Midi. — H. N.

C. 1838. — Hautes-Pyrénées.

Par *Little-Rover*, P. S. A., et une jument bigourdine,
fille de Shamy (race bigourdane).

Pompadour : 1843. — Castré en septembre 1853.

MAGARZAN, 1/2 s. du Midi. — H. N.

Gr. 1838. — Hautes-Pyrénées.

Par *Little-Rover*, P. S. A., et *Lionne*, 1/2 s. Big., par Lion,
P. S. Ar.

Pompadour : 1843-1846. — Aurillac : 1847.

Réformé en 1853.

MAGISTRAL. 1/2 s. du Midi. — H. N.

Gr. 1862. — France.

Par *Chibin*, P. S. Ar., et une fille de Garry-Owen, P. S. A.

Tarbes : 1866. — Réformé en 1878.

MAGISTRAT, 1/2 s. de Midi. — H. N.

B. 1838. — Corrèze.

Par *Amadis*, P. S. A., et une fille de Y. Muley, P. S. A.

Perpignan : 1844. — Réformé en juillet 1857.

MAGOT, 1/2 s. du Midi. — H. N.

Gr. 1828. — Hautes-Pyrénées.

Par *Ipsilanty*, P. S. A., et une fille de Tamerlan, P. S. A.

Tarbes : 1833. — Réformé en août 1851.

MAHMOUD, 1/2 s. Ar. — H. N.

B. 1870. — Orient.

Tarbes : 1875. — Réformé en septembre 1886.

MAHOMET, 1/2 s. L. — H. N.

Gr. 1877. — Creuse.

Par *Aden*, P. S. A.-A., et *Rita*, 1/2 s. L., par Royère, 1/2 s. L.

Sa grand'mère : N., par Bagdad, P. S. Ar.

Pompadour : 1881. — Réformé en septembre 1883.

MAHOMET, 1/2 s. du Midi. — H. N.
Al. 1891. — Hautes-Pyrénées.
Par *Mansour*, P. S. Ar., et une fille de Mohican, 1/2 s. du Midi.
Tarbes : depuis 1895.

MALEMORT, 1/2 s. L. — H. N.
Gr. 1885. — Corrèze.
Par *Gaëtan*, P. S. A.-A., et une 1/2 s. L., fille de Kiamil, P. S. Ar.
Pompadour : depuis 1889.

MAMELUKE, 1/2 s. du Midi. — H. N.
Gr. 1891. — Cantal,
Par *Monein*, P. S. A.-A., et *Malvina*, par Annibal, P. S. A.-A.
Sa grand'mère : par Antan, P. S. Ar.
Libourne : depuis 1895.

MAMON, 1/2 s. du Midi. — H. N.
Gr. 1890, — Basses-Pyrénées.
Par *Kars*, P. S. Ar., et une fille de Narghilé, P. S. Ar.
Pau : depuis 1894.

MANDY, 1/2 s. du Midi. — H. N.
N. 1838. — Hautes-Pyrénées.
Par *Camash*, P. S. Ar., et une jument bigourdine.
Pau : 1844. — Perpignan : 1845. — Réformé en juillet 1850.

MANSOUK, 1/2 s. du Midi — H. N.
Al. 1891. — Hautes-Pyrénées.
Par *Guido*, 1/2 s. du Midi, et une fille de Diomède, 1/2 s. du Midi.
Tarbes : depuis 1895.

MANSOURAH-FILS, 1/2 s. du Midi. — H. N.
B. 1842. — Hautes-Pyrénées.
Par *Mansourah*, P. S. Ar., et *Vesta*, 1/2 s., fille de Camash, barbe.
Sa grand'mère : jument bigourdane.
Tarbes : 1848. — Mort en novembre 1854.

MANSOURIEN, 1/2 s. du Midi. — H. N.
B. 1849. — Hautes-Pyrénées.
Par *Mansourah II*, 1/2 s. Ar., et une fille d'El Bedawy, P. S. Ar.
Villeneuve-sur-Lot : 1854. — Réformé en septembre 1854.

MARABOUT, 1/2 s. du Midi.
Approuvé. — M. Marty.
Gr. 1885. — Cantal.
Par *Mezarbournou*, P. S. Ar., et une fille de Moor, P. S. Ar.
Aurillac : 1889. — Mort la même année.

MARC-AURÈLE, 1/2 s. du Midi. — H. N.
B. 1830. — Hautes-Pyrénées.
Par *Bai-Brun*, P. S. A., et une fille d'Attila-Vieux, 1/2 s. N.
Tarbes : 1835. — Réformé en juillet 1853.

MARCEL, 1/2 s. du Midi. — H. N.
Gr. 1838. — Hautes-Pyrénées.
Par *Cammach*, P. S. Ar., et *Ourfaline*, 1/2 s. Big., par Ourfaly,
P. S. Ar.
Pompadour : 1843-1849. — Lamballe : 1850-1852.

MARCOMIR, 1/2 s. du Midi. — H. N.
Al. 1889. — Hautes-Pyrénées.
Par *Fil-en-Quatre*, P. S. A., et une fille de Nassim, P. S. Ar.
Pau : depuis 1894.

MARDI-GRAS, 1/2 s. du Midi. — H. N.
Gr. 1872. — Gers.
Par *Dankali*, P. S. Ar., et une jument née en Irlande.
Perpignan : 1876. — Réformé en août 1892.

MARIUS, 1/2 s. Auv. — H. N.
B. 1834. — Cantal
Par *Tigris*, P. S. A., et une jument auvergnate.
Aurillac : 1841. — Mort en juin 1841.

MAROCAIN, 1/2 s. Barbe. — H. N.
N. — Né en Arabie.
Pau : 1846. — Passé à Paris en août 1847.

MAROTTO, 1/2 s. Barbe.
Approuvé. — M. Marty.
Gr. 1852. — Algérie.
D'origine Barbe.
A fait la monte à Saverdun (Ariège).
Tarbes : 1858-1860.

MARQUIS, 1/2 s.
Accepté. — Crédit Foncier.
B. 1894. — Gironde.
Par *Babolin*, 1/2 s. N., et *Furieuse*.
Libourne : depuis 1898.

MARS, 1/2 s. du Midi.
Approuvé. — M. Muthular (Basses-Pyrénées).
Al. 1890. — Midi.
Par *Couvre-Chef*, P. S. A., et une fille de Moor, P. S. Ar.
Pau : depuis 1894.

MARS, 1/2 s. du Midi. — H. N.
Al. 1894. — Basses-Byrénées.
Par *El-Dib*, P. S. Ar., et *Etoile*, 1/2 s. du Midi.
Pau : depuis 1898.

MARS, 1/2 s. du Midi. — H. N.
Al. 1881. — Limousin.
Par *Vulcan*, P. S. A., et une fille de Derviche, P. S. Ar.
Tarbes : depuis 1886.

MARSAC, 1/2 s. du Midi. — H. N.
Al. 1873. — Hautes-Pyrénées.
Par *Ceylon*, P. S. A., et une fille de Garry-Owen, P. S. A.
Rodez : 1879. — Mort en septembre 1886.

MARTIAL, 1/2 s. du Midi. — H. N.
Al. 1825. — Hautes-Pyrénées.
Par *Lattitat-Jeune*, 1/2 s. N., et une fille d'Aboukir, P. S. Ar.
Tarbes : 1830. — Réformé en 1845.

MARTINGALE, 1/2 s. du Midi. — H. N.
B. 1850. — Charente.
Par *Commodore-Napier*, P. S. A., et *Aricie*, 1/2 s. L.
Aurillac : 1855. — Réformé la même année.

MASCARA, 1/2 s. du Midi.
Approuvé. — M. Dugour.
B. 1860. — Aveyron.
Par *Leybits*, 1/2 s. du Midi, et une fille de Djendel, arabe.
Rodez : 1864. — Vendu en 1865.

MASCATE, 1/2 s. du Midi.
Approuvé. — M. Fould ; H. N. en 1853.
Al. 1836. — Hautes-Pyrénées.
Tarbes : en 1851.

MASLACQ, 1/2 s. du Midi. — H. N.
B. 1890. — Basses-Pyrénées.
Par *Courtois*, P. S. A., et une fille de Dahabi, P. S. Ar.
Pau : depuis 1894.

MASSOUDY, 1/2 s. Big.
M. Combes.
Bb. 1849.
Tarbes : 1862-1866.

MAUBOURGUET, 1/2 s. du Midi. — H. N.
B. 1862. — Hautes-Pyrénées.
Par *Chibin*, P. S. Ar., et *Chilotiah*, 1/2 s.
Perpignan : 1866. — Réformé en juillet 1877.

MEBROUK, 1/2 s. du Midi.
M. Boiteau.
Gr. 1878. — Gard.
Par *Nahr-el-Kébir*, P. S. Ar., et une fille de Womersley, P. S. A.
Perpignan : 1882-1886.

MÉDOCAIN, 1/2 s. du Midi.
Approuvé. — M. Bédel ; en 1862 à M. Caulet (Haute-Garonne).
B. 1855. — Gironde.
Par *Oratorio*, 1/2 s., et *Médocaine*.
Libourne : 1859-1861. — Tarbes : 1862. — Réformé en 1877.

MEILLON, 1/2 s. du Midi. — H. N.
B. 1877. — Basses-Pyrénées.
Par *Djerasch*, P. S. Ar., et une fille de Womersley, P. S. A.
Sa grand'mère : *Ciniselle*, P. S. A.
Rodez : 1880. — Réformé en octobre 1881.

MELLÈME, 1/2 s. du Midi.
Approuvé. — M. Bordes ; M. Deyts, 1876.
Al. 1860. — Landes.
Par *Keubeli*, P. S. Ar.
Pau : 1867. — Réformé en 1877.

MÉPHISTO, 1/2 s. du Midi.
Approuvé. — M. Lanusolle (Hautes-Pyrénées).
B. 1868. — Hautes-Pyrénées.
Par *Fana*, P. S. Ar., et une fille de Gouffern, 1/2 s. A.
Sa grand'mère : fille de Morock, P. S. Ar.
Tarbes : 1872. — Réformé en 1878.

MERCURE, 1/2 s. L. — H. N.
Al. 1838. — Haute-Vienne.
Par *Premium*, P. S. A., et *Flora*, 1/2 s. A., par Lagocy, P. S. A.
Pompadour : 1843-48. — Passé à l'École du Pin, septembre 1848.

MÉRITEIN, 1/2 s. du Midi. — H. N.
Gr. 1876. — Basses-Pyrénées.
Par *Cham*, 1/2 s. Ar., et une fille d'Abdel, 1/2 s. Ar.
Aurillac : 1880. — Mort le 18 avril 1898.

MESSAOUD, 1/2 s. Ar. — H. N.
Gr. 1852. — Afrique.
Villeneuve-sur-Lot : 1862. — Réformé en juillet 1866.

MICROBE, 1/2 s. du Midi. — H. N.
Al. 1890. — Landes.
Par *Saklawi-Djédran*, P. S. Ar., et *Alberte*, 1/2 s. du Midi.
par Mazères, P. S. A.-A.
Sa grand'mère : une 1/2 s. du Midi, par Dahabi, P. S. Ar.
Pompadour : depuis 1894.

MIDAS, 1/2 s. L. — H. N.
Al. 1838. — Haute-Vienne.
Par *Harlequin*, P. S. A., et *N.*. 1/2 s. L., par Y. Muley, 1/2 s. A.
Pompadour : 1843. — Castré en novembre 1860.

MIDJWELL, 1/2 s. du Midi. — H. N.
Al. 1890. — Landes.
Par *Saklawi-Djedran*, arabe, et une fille de Salo-Colibri.
Ajaccio : 1894. — Mort en juillet 1896.

MILAN, 1/2 s. L. — H. N.
Al. 1838. — Haute-Vienne.
Par *Harlequin*, P. S. A., et une 1/2 s. L., fille de Pandor, 1/2 s. L.
Pompadour : 1843-1847. — Passé au Pin en août 1847.

MILON, 1/2 s. du Midi.
Approuvé. — M. Fitan (Hautes-Pyrénées.)
B. 1851. — Hautes-Pyrénées.
Par *Napier*, P. S. A., et une fille de Massoud, P. S. Ar.
Sa grand'mère : jument bigourdane.
Tarbes : 1856. — Réformé en 1858.

MILORD, 1/2 s. du Midi. — H. N.
Bb. 1829.
Par *Frogmore*, P. S. A., et une fille de Tamerlan, P. S. Ar.
Tarbes : 1834. — Réformé en novembre 1841.

MIRAIL, 1/2 s. du Midi. — H. N.
Al. 1890. — Hautes-Pyrénées.
Par *El Yaoudi*, P. S. Ar., et une fille de Tourlourou, P. S. A.
Pau : depuis 1894.

MISTRAL, 1/2 s. du Midi.
Approuvé. — M. Gaillard (Tarn).
Al. 1890. — Hautes-Pyrénées.
Par *Vernet*, P. S. A., et une fille de Roi-de-Chypre, P. S. A.-A.
Rodez : depuis 1894.

MOCKRANI, 1/2 s. du Midi. — H. N.
Al. 1870. — Ariège.
Par *Souedj*, P. S. Ar., et une fille d'Hussein, P. S. Ar.
Sa grand'mère : fille de Paillasse, P. S. A.
Tarbes : 1874. — Mort en avril 1887.

MOCTAR, 1/2 s. Barbe.
Approuvé. — M. Barroux.
Gr. 1874. — Oran.
De race Barbe.
Rodez : 1879. — Castré en 1881.

MODÈLE, 1/2 s. L. — H. N.
B. 1838. — Haute-Vienne.
Par *Harlequin*, P. S. A., et *Furette*, 1/2 s. L.
Pompadour : 1843. — Mort en avril 1845.

MODESTE, 1/2 s. L. — H. N.
Al. 1838. — Haute-Vienne.
Par *Massoud*, P. S. Ar., et *N.*, 1/2 s. L., par Captain-Candid,
P. S. A.
Pompadour 1843-1846. — Rodez : 1847. — Mort en septembre 1864.

MOGADOR, 1/2 s. du Midi. — H. N.
B. 1847. — Hautes-Pyrénées.
Par *Hlavie*, P. S. Ar., et une fille de Spy, P. S. A.
Tarbes : 1851. — Réformé en octobre 1869.

MOHAMED, 1/2 s. Barbe. — H. N.
Gr. 1852. — Afrique.
Perpignan : 1862. — Réformé en août 1866.

MOIS-DE-MAI, 1/2 s. du Midi.
M. Michel Clément.
B. 1868. — Vaucluse.
Par *Mackouk-Pacha*, P. S. Ar., et une jument de la Camargue.
Perpignan : 1875-1886.

MOÏSE, ex-**MOHICAN**, 1/2 s. du Midi.
Approuvé. — Mᵐᵉ Vᵉ Atoch (Haute-Garonne).
Al. 1878. — Hautes-Pyrénées.
Par *Mohican*, P. S. A., et une fille de Nassim, P. S. Ar.
Sa grand'mère : une fille de Souedj, P. S. Ar.
Tarbes : depuis 1882.

MONARQUE, 1/2 s. du Midi. — H. N.
Ro. 1824. — Hautes-Pyrénées.
Par *Actif*, P. S. Ar., et une fille d'Algérien, 1/2 s. du Midi.
Tarbes : 1829. — Réformé en octobre 1844.

MONOCLE, 1/2 s. du Midi.
Approuvé. — M. Courtet.
Bb. 1867. — Vaucluse.
Par *Mastrillo*, P. S. A., et une fille de Sting, P. S. A.
Perpignan : 1875. — Réformé en 1887.

MONS 1/2 s. du Midi. — H. N.
Al. 1890. — Tarn.
Par *Aradus*, P. S. Ar., et une fille de Franc-Tireur, P. S. A.
Pau : depuis 1894.

MONTAGNARD, 1/2 s. Barbe.
M. Sicre.
N. 1877. — Algérie.
A fait la monte dans l'Ariège.
Tarbes : 1882. — Vendu au Gouvernement espagnol en 1886.

MONTAGNARD, 1/2 s. du Midi. — H. N.
Al. 1873. — Hautes-Pyrénées.
Par *Aviso*, P. S. A.-A., et une fille de Coran, P. S. Ar.
Pau : 1877. — Réformé en septembre 1879.

MONTAIGU, 1/2 s. du Midi. — H. N.
B. 1885. — Haute-Vienne.
Par *Hamac*, P. S. Ar., et une fille de Suffolk, P. S. A.
Pau : 1889. — Mort le 23 avril 1897.

MONTMIRAIL, 1/2 s. du Midi. — H. N.
Gr. 1846. — Hautes-Pyrénées.
Par *Chaban*, P. S. Ar., et une fille de Camash, P. S. Ar.
Libourne : 1851. — Castré en janvier 1861.

MOORE, 1/2 s. du Midi. — H. N.
B. 1830. — Hautes-Pyrénées.
Par *Peterliberty*, P. S. A., et une fille de Tamerlan, P. S. A.
Tarbes : 1835. — Mort en août 1844.

MORA, 1/2 s. du Midi.
Approuvé. — M. de Lapeyrouse.
N. 1855.. — Haute-Garonne.
Par *O. Meara* et une fille de Tim.
Tarbes : 1859

MOREAU, 1/2 s. du Midi.
Approuvé : M. Clergue (Haute-Garonne).
N. 1880. — Hautes-Pyrénées.
Par *Guhran*, P. S. Ar., et une fille de Fulgur, P. S. A.
Sa grand'mère : jument de 1/2 s. A.
Tarbes : depuis 1884.

MORÉNO, 1/2 s. du Midi. — H. N.
Gr. 1849. — Hautes-Pyrénées.
Par *Hamdani-Blanc*, P. S. Ar., et N., 1/2 s. du Midi.
Tarbes : 1854. — Mort en octobre 1854.

MORION, 1/2 s. du Midi.
Approuvé. — M. Monbaylet (Haute-Garonne).
Al. 1893. — France.
Par *Couvrechef*, P. S. A., et une fille d'Annibal.
Tarbes : depuis 1897.

MOROCK, 1/2 s. du Midi.
Approuvé. — M. Abadie.
B. 1860. — Haute-Garonne.
Par *Morock*, P. S. Ar., et une fille de Garry-Owen, P. S. A.
Sa grand'mère : jument de 1/2 s. A.-A.
Tarbes : 1864. — Réformé en 1881.

MOSCOVITE, 1/2 s. du Midi.
Accepté. — M. Laubaney.
N. 1891. — France.
Par *Bédouin*, 1/2 s. R. et *Kroumire*, P. S. A.-A.
Villeneuve-sur-Lot : 1896. — S. r. en 1897.

MOSUL, 1/2 s. Ar. — H. N.
B. 1872. — Orient.
Tarbes : 1884. — Réformé en août 1890.

MOUCRE, 1/2 s. A.-A. — H. N.
Al. 1856. — Haute-Garonne.
Par *Scheik-Zaadi*, P. S. Ar., et une fille de *Camash*, P. S. Ar.
Tarbes : 1860. -- Réformé en septembre 1874.

MOUSQUETON, 1/2 s. du Midi. — H. N.
B. 1883. — Basses-Pyrénées.
Par *Ephraïm*, P. S. Ar., et une fille d'Ambassadeur, P. S. A.
Aurillac : 1887. — Réformé en août 1892.

MOUSQUETON, 1/2 s. du Midi. — H. N.
Al. 1854. — Hautes-Pyrénées.
Par *Napier*, P. S. A., et une fille de Tartare, 1/2 s. du Midi.
Tarbes : 1882. — Réformé en août 1868.

MOUSSE, 1/2 s. Barbe. — H. N.
Al. 1852. — Afrique.
De race Barbe.
Pau : 1860. — Vendu en août 1863.

MOUSSE 1/2 s. du Midi. — H. N.
B. 1875. — Hautes-Pyrénées.
Par *Choubra*, P. S. Ar., et une fille de Zodion, P. S. A.-A.
Villeneuve-sur-Lot : 1880. — Castré en août 1892.

MOUSTIQUAIRE, 1/2 s. du Midi. — H. N.
Bb. 1885. — Creuse.
Par *Moubarek*, P. S. Ar., et une fille de Mabi, 1/2 s. du Midi.
Rodez : depuis 1889.

MOZARABE, 1/2 s. L. — H. N.
Al. 1885. — Haute-Vienne.
Par *Hidalgo*, P. S. A.-A., et une fille d'Alcoran.
Perpignan : 1889. — Réformé en juillet 1898.
Cet étalon n'a pas fait la monte de 1898.

MUSCAT, 1/2 s. du Midi.
Approuvé. — M. Daugé.
Al. 1874. — Landes.
Par *Musque*, P. S. A.
Pau : 1878-1896.

MUSLIN, 1/2 s. Barbe. — H. N.
B. 1858. — Afrique.
Villeneuve-sur-Lot : 1865. — Réformé en 1875.

MUSTAPHA, 1/2 s. Barbe. — H. N.
Gr. 1863. — Afrique.
Libourne : 1876. — Castré en août 1882.

NABAB, 1/2 s. Barbe. — H. N.
Gr. 1867. — Orient.
Tarbes : 1875. — Réformé en septembre 1885.

NABAB, 1/2 s. du Midi. — H. N.
Al. 1839. — Cantal.
Par *Mamelucke*, P. S. A., et une jument auvergnate.
Pompadour : 1844. — Passé au Pin en octobre 1884.

NACHIMOFF, 1/2 s. du Midi. — H. N.
Gr. 1851. — Gers.
Par *Renonce*, P. S. A., et une fille de Chaban, P. S. Ar.
Villeneuve-sur-Lot : 1855. — Réformé en octobre 1856.

NADIR, 1/2 s. A.-A. — H. N.
B. 1877. — Hautes-Pyrénées.
Par *Nahr-el-Kébir*, P. S. Ar., et une fille de Roi-de-Chypre,
P. S. A.-A.
Sa grand'mère : par The Heir-of-Linne, P. S. A.
Sa bisaïeule : par Renonce, P. S. A.
Tarbes : 1881. — Réformé en août 1892.

NADJI, 1/2 s. du Midi.
Approuvé. — M. Suis ; H. N. en 1882.
Al. 1877. — France.
Par *Nicot*, 1/2 s. du Midi, et *N.*, 1/2 s. du Midi, par Roi-de-Chypre.
P. S. A.-A.
Villeneuve-sur-Lot : 1881. — Aurillac : 1882.
Réformé en août 1895.

NAIN, 1/2 s. du Midi. — H. N.
Gr. 1839. — Hautes-Pyrénées.
Par *Rowlston*, P. S. A., et une 1/2 s. du Midi, fille de Shami,
P. S. Ar.
Pompadour : 1843. — Perpignan : 1844. — Mort en mars 1851.

NANKIN, 1/2 s. du Midi. — H. N.
B. 1886. — Creuse.
Par *Iram*, P. S. Ar., et une fille d'Emir, P. S. Ar.
Perpignan : 1890. — Ajaccio : depuis 1891.

NANTUA, 1/2 s. du Midi. — H. N.
Gr. 1869. — Hautes-Pyrénées.
Par *Emir*, P. S. Ar., et une fille de Grey-Toummy, P. S. A.
Pau : 1873. — Abattu le 29 juillet 1892.

NARCISSE, 1/2 s. L. — H. N.
B. 1839. — Haras de Pompadour.
Par *Terror*, P. S. A., et *Georgina*, 1/2 s.
(née au Haras de Rosières), par Spy, P. S. A.
Pompadour : 1843. — Mort en juin 1859.

NARFIS, 1/2 s. du Midi. — H. N.
Gr. 1876. — Hautes-Pyrénées.
Par *Nahr-el-Kébir*, P. S. Ar., et une fille de Karchane, P. S. Ar.
Libourne : 1880. — Castré en août 1897.

NARQUOIS, ex-**NASARET**, 1/2 s. du Midi. — H. N.
Al. 1891. — Basses-Pyrénées.
Par *Pyroscope*, 1/2 s. M., et *Surprise*, 1/2 s. M., fille de Takrib, 1/2 s. M.
Aurillac : depuis 1895.

NARQUOIS, 1/2 s. du Midi. — H. N.
B. 1891. — Basses-Pyrénées.
Par *Sire-de-Granoux*, P. S. A.-A., et *N.*, 1/2 s. du Midi,
par Bachelier, P. S. A.
Villeneuve-sur-Lot : 1895-1897.
Passé à l'Ecole vétérinaire d'Alfort en août 1897.

NARVAL, 1/2 s. du Midi. — H. N.
B. 1839. — Hautes-Pyrénées.
Par *Youssouf*, P. S. Ar., et une fille de Shami, P. S. Ar.
Pompadour : 1843-1847. — Passé au Pin en août 1847.

NASSARI, 1/2 s. du Midi. — H. N.
Gr. 1891. — Landes.
Par *Narghilé*, P. S. Ar., et une 1/2 s. A.-A., fille d'Ambassadeur,
P. S. A.
Rodez : depuis 1895.

NATIONAL, 1/2 s. du Midi. — H. N.
B. 1837. — Cantal.
Par *Mameluke*, P. S. A., et une jument auvergnate.
Pompadour 1843. — Castré en octobre 1846.

NAVARRENX, 1/2 s. du Midi. — H. N.
B. 1891. — Basses-Pyrénées.
Par *Sire-de-Granoux*, P. S. A.-A., et *Fraise*, par Mazères,
P. S. A.-A.
Perpignan : depuis 1895.

NAVARRIN, 1/2 s. du Midi. — H. N.
Al. 1839. — Hautes-Pyrénées.
Par *Saklawie-Amdan*, P. S. Ar., et une 1/2 s. du Midi,
fille de Bai-Brun, 1/2 s. du Midi.
Pompadour : 1843. — Vendu en octobre 1846.

NAVARRIN, 1/2 s. du Midi. — H. N.
Al. 1850. — Hautes-Pyrénées.
Par *Skirmisher*, P. S. A., et une fille de Vadné, P. S. Ar.
Pau : 1854. — Mort en décembre 1863.

NAZABRAB, 1/2 s. A.-A. — H. N
Gr. 1877. — Hautes-Pyrénées.
Par *Nahr-el-Kébir*, P. S. Ar., et une fille de Saïd-Pacha,
P. S. A.-A.
Sa grand'mère : par Emir, P. S. Ar.
Sa bisaïeule : fille de Saklawi, P. S. Ar.
Tarbes . 1881. — Réformé en aout 1891.

NAZI, 1/2 s. du Midi. — H. N.
B. 1839. — Hautes-Pyrénées.
Par *El Bédavy*, P. S. Ar., et une 1/2 s. du Midi, fille d'Allington,
P. S. A.
Pompadour : 1843-1845. — Rodez : 1846. — Réformé en août 1861.

NÉCROMAN, 1/2 s. du Midi. — H. N.
B. 1869. — Haute-Garonne.
Par *Emir*, P. S. Ar., et une fille de Gouffern, 1/2 s. A.
Villeneuve-sur-Lot : 1873. — Castré en novembre 1882.

NÈGRE, 1/2 s. du Midi. — H. N.
Gr. 1839. — Hautes-Pyrénées.
Par *Little-Rover*, P. S. A., et une 1/2 s. du Midi,
fille d'Ourfaly, 1/2 s. Ar.
Pompadour : 1843. — A Pau en février 1844.

NÈGRE, 1/2 s. du Midi. — H. N.
N. 1824. — Haute-Vienne.
Par *Lyon*, arabe, et *Gabrielle*, 1/2 s. L.
Rodez : 1832. — Vendu en décembre 1840.

NÉGRILLON, 1/2 s. du Midi. — H. N.
N. 1868. — Hautes-Pyrénées.
Par *Fulgur*, P. S. A., et une fille de Zodion, 1/2 s. du Midi.
Libourne : 1873. — Castré en juillet 1886.

NÉGRITO, 1/2 s. Barbe. — H. N.
N. 1857. — Afrique.
Villeneuve-sur-Lot : 1866. — Réformé en juillet 1870.

NÉGRO, 1/2 s. Barbe. — H. N.
N. 1855. — Afrique.
Villeneuve-sur-Lot : 1866. — Réformé en août 1868.

NÉGRO, 1/2 s. du Midi.
Approuvé, 1890. — Autorisé, 1894. — M. Darbo ;
M. Bordenave, 1895 (Landes).
Bb. 1886. — Hautes-Pyrénées.
Par *Souakim*, P. S. Ar., et une fille de Franc-Tireur, P. S. A.
Pau : depuis 1890.

NÉOPHITE, 1/2 s. du Midi. — H. N.
Gr. 1839. — Hautes-Pyrénées.
Par *Cammach*, P. S. Ar., et une fille de Worth-Worth,
1/2 s. du Midi.
Pompadour : 1843. — Mort en novembre 1858.

NEPTUNE, 1/2 s. du Midi. — H. N.
Bb. 1884. — Hautes-Pyrénées.
Par *Djebail*, arabe, et une fille d'Amarar, P. S. Ar.
Rodez : 1888. — Réformé en octobre 1893.

NÉRÉE, 1/2 s. du Midi. — H. N.
B. 1839. — Hautes-Pyrénées.
Par *Cammach*, P. S. Ar., et une fille de Worth-Worth,
1/2 s. du Midi.
Pompadour : 1843-1846. — Rodez : 1847. — Réformé en juillet 1852

NERESTAN, 1/2 s. du Midi. — H. N.
Gr. 1839. — Hautes-Pyrénées.
Par *Cammach*, P. S. Ar., et une 1/2 s. du Midi,
fille de Spy, P. S. A.
Pompadour : 1843-1846. — A l'Ecole du Pin en janvier 1847.

NÉRON, 1/2 s. du Midi. — H. N.
Gr. 1839. — Hautes-Pyrénées.
Par *Rowlston*, P. S. A., et une 1/2 s. du Midi, fille d'Ourfaly,
P. S. Ar.
Pompadour : 1843. — A l'Ecole du Pin en octobre 1843.

NERVA, 1/2 s. du Midi. — H. N.
Al. 1839. — Hautes-Pyrénées.
Par *Sahlawy-Amdan*, P. S. Ar., et une 1/2 s. du Midi,
fille de Coquet, 1/2 s. du Midi.
Pompadour : 1843. — Castré en décembre 1844.

NERVAL, 1/2 s. du Midi. — H. N.
Approuvé. — Cte de Virieu.
Al. 1884. — Haute-Garonne.
Par *Tourlourou*, P. S. A., et une fille de Zodion, P. S. A.-A.
Perpignan : 1888. — Vendu la même année.

NEWTON, 1/2 s. du Midi. — H. N.
Gr. 1839. — Hautes-Pyrénées.
Par *Rowiston*, P. S. A., et une fille de Cammach, P. S. Ar.
Pompadour : 1841-1852. — Tarbes : 1886. — Réformé en août 1861.

NICK, 1/2 s. du Midi. — H. N.
Al. 1869. — Hautes-Pyrénées.
Par *Bind*, P. S. A.-A., et une fille de Kerbela, 1/2 s. Ar.
Aurillac : 1873. — Réformé en août 1887.

NICKEL, 1/2 s. du Midi. — H. N.
Al. 1891. — Hautes-Pyrénées.
Par *Mansour*, P. S. Ar., et une fille de Fulgur, P. S. A.
Pau : depuis 1895.

NICODÈME, 1/2 s. du Midi. — H. N.
Al. 1891. — Basses-Pyrénées.
Par *Belair*, 1/2 s. du Midi, et une fille d'Oronte, 1/2 s. du Midi.
Tarbes : 1895. — Réformé en août 1897.

NICOT, 1/2 s. A.-A. — H. N.
Al. 1869. — Ariège.
Par *Franc-Gascon*, 1/2 s., et une fille de Gouffern, 1/2 s. A.
Sa grand'mère : par Calife, P. S. Ar.
Tarbes : 1873. — Réformé en août 1891.

NIGER, 1/2 s. du Midi. — H. N.
N. 1850. — Hautes-Pyrénées.
Par *Edwin*, P. S. A., et une fille de Camasch, 1/2 s. Barbe.
Pau : 1854. — Mort en mars 1859.

NIL, 1/2 L. — H. N.
B. 1839. — Haute-Vienne.
Par *Harlequin*, P. S. A., et une jument limousine, par Mustachio,
P. S. A.
Pompadour : 1843-1845. — Rodez : 1846.
Réformé en septembre 1846.

NÎMES, 1/2 s. du Midi. — H. N.
Al. 1891. — Basses-Pyrénées.
Par *Narghilé*, P. S. Ar., et *Lolotte*, par Mazères, P. S. A.-A.
Perpignan : depuis 1895.

NIVÔSE, 1/2 s. du Midi. — H. N.
Gr. 1875. — Hautes-Pyrénées.
Par *El Bédavy*, P. S. Ar., et une 1/2 s. du Midi, fille de Tamerlan,
P. S. Ar.
Pompadour : 1843. — Castré en octobre 1843.

NOCTURNE, 1/2 s. L. — H. N.
Bb. 1839. — Haute-Vienne.
Par *Edmund*, P. S. A., et *N.*, 1/2 s. L., par Curde, P. S. Ar.
Pompadour : 1843. — Passé à Aurillac en janvier 1844.

NOEL, 1/2 s. du Midi. — H. N.
Gr. 1839. — Hautes-Pyrénées.
Par *Cammach*, P. S. Ar., et une 1/2 s. du Midi, fille de Spy,
P. S. A.
Pompadour : 1843-1846. — Rodez : 1847.
Réformé en septembre 1855.

NOINTEL, 1/2 s. du Midi.
Approuvé. — M. Monbaylet (Haute-Garonne).
Al. 1891. — France.
Par *Sahlawi-Djedran*, P. S. Ar., et une fille de Musulman.
Tarbes : depuis 1895.

NOMADE, 1/2 s. L. — H. N.
B. 1839. — Haute-Vienne.
Par *Edmund*, P. S. A:, et une 1/2 s. L., fille de Captain-Candid,
P. S. A.
Pompadour : 1843. — A l'École du Pin en octobre 1843.

NOPAL, 1/2 s. L. — H. N.
Gr. 1868. — Creuse.
Par *Corrézien*, P. S. Ar., et *Tulipe*, 1/2 s. L., par Lébérou, P. S. A.
Pompadour : 1890. — Cheval de service en août 1895.
Réformé en septembre 1898.

NORBERT, 1/2 s. L. — H. N.
B. 1886. — Creuse.
Par *Zaïm*, 1/2 s. L., et *N.*, 1/2 s. L., par Léberou. P. S. A.
Sa grand'mère : N., par Caïque, P. S. A.
Pompadour : 1890-1893. — Pau : depuis 1894.

NOTAIRE, 1/2 s. du Midi. — H. N.
Gr. 1839. — Hautes-Pyrénées.
Par *Rowlston*, P. S. A., et une 1/2 s. du Midi, fille de Tamerlan,
P. S. Ar.
Pompadour : 1843. — Castré en mars 1861.

NOTUS, 1/2 s. du Midi. — H. N.
B. 1891. — Basses-Pyrénées.
Par *Bélair*, 1/2 s. du Midi, et une fille de Le Mormon, P. S. A.
Rodez : depuis 1895.

NOTUS, 1/2 s. L. — H. N.
Al. 1839. — Haute-Vienne.
Par *Terror*, P. S. A., et une 1/2 s. L.
Pompadour : 1843-1849. — Saintes : 1850-1854.

NUAGE, 1/2 s. du Midi. — H. N.
B. 1891. — Basses-Pyrénées.
Par *Le Mormon*, P. S. A., et *N.*, 1/2 s. du Midi, par Dahabi.
Villeneuve-sur-Lot : depuis 1895.

NUMIDE, 1/2 s. Barbe. — H. N.
Gr. 1830. — Tunis.
De race Barbe.
Pau : 1845. — Vendu le 29 novembre 1853.

OBA, 1/2 s. du Midi. — H. N.
Al. 1892. — Basses-Pyrénées.
Par *Guido*, 1/2 s. du Midi, et une fille de Diomède.
Pau : depuis 1896.

OCTAVIUS, 1/2 s. du Midi. — H. N.
Al. 1845. — Basses-Pyrénées.
Par *Ali-Baba*, P. S. A., et *Octavie*, 1/2 s., par Tartare, P. S. A.
Libourne : 1849. — Castré en juillet 1849.

ODELUC, 1/2 s. du Midi. — H. N.
Al. 1892. — Landes.
Par *Villageois*, P. S. A., et une fille de Syndic, 1/2 s. A.-A.
Rodez : depuis 1896.

ODER, 1/2 s. du Midi.
Approuvé. — M. Monbaylet (Haute-Garonne).
Al. 1892. — Midi.
Par *Méké*, P. S. Ar., et une fille de Saïd-Pacha, P. S. Ar.
Tarbes : depuis 1896.

ODET, 1/2 s. du Midi. — H. N.
B. 1887. — Creuse.
Par *Iram*, P. S. Ar., et une fille d'Actéon, P. S. Ar.
Perpignan : depuis 1890.

ODEUR, 1/2 s. du Midi. — H. N.
Al. 1892. — Basses-Pyrénées.
Par *Khéchane*, P. S. Ar., et une fille de Raglan, 1/2 s. du Midi.
Aurillac : 1896. — Réformé en août 1897.

OLIM, 1/2 s. du Midi. — H. N.
Al. 1892. — Landes.
Par *Dahabi*, P. S. Ar., et une fille d'Eveillé, 1/2 s. A.-A.
Rodez : 1896-1897. — Ajaccio : depuis 1898.

OLIVIER, 1/2 s. L. — H. N.
Al. 1887. — Haute-Vienne.
Par *Camembert*, P. S. A., et une 1/2 s. L., par Alcoran, P. S. Ar.
Pompadour : 1891-1892.
Cheval de service en janvier 1893, passé à l'Ecole des Haras
en janvier 1896.

OLIVIER, 1/2 s. du Midi. — H. N.
Gr. 1877. — Hautes-Pyrénées.
Par *Damas*, P. S. Ar., et une fille de Coran, 1/2 s. du Midi.
Perpignan : 1886. — Réformé en août 1887.

OLYMPIO, 1/2 s. du Midi. — H. N.
B. 1887. — Haras de Pompadour.
Par *Gaëtan*, P. S. A.-A., et une fille d'Edhen, P. S. Ar.
Aurillac : 1891. — Réformé en août 1891.

OMER-PACHA, 1/2 s. Ar. — H. N.
Donné par l'ambassadeur de la Porte ottomane.
B. — Orient.
Tarbes : 1855. — Réformé en septembre 1856.

OPTIMIST, 1/2 s. carrossier. — H. N.
Approuvé. M. A. Fould.
Bb. 1853.
Tarbes : 1863. — Réformé en 1872.

ORAN, 1/2 s. Barbe. — H. N.
Gr. 1836. — Algérie.
Origine inconnue.
Libourne : 1851. — Castré en octobre 1851.

ORLANDO, 1/2 s. du Midi. — H. N.
Al. 1864. — Hautes-Pyrénées.
Par *Schamyl*, P. S. A., et une fille de Grey-Tommy, P. S. A.
Perpignan : 1868. — Réformé en août 1874.

ORIGINAL, 1/2 s. du Midi.
Approuvé. — Cte de Virieu (Aude).
B. 1885. — Aude.
Par *Maubourguet*, P. S. A., et une fille d'Emir, P. S. Ar.
Perpignan : depuis 1889.

ORNANOR, 1/2 s. du Midi. — H. N.

Al. 1892. — Basses-Pyrénées.

Par *Infolio*, P. S. Ar., et *N.*, 1/2 s. du Midi, par Dahabi, P. S. Ar.

Sa grand'mère : par Sampson, P. S. A.

Villeneuve-sur-Lot : depuis 1896.

ORPHÉE, 1/2 s. Barbe.

Approuvé. — M. Leblanc ; M. Ganos, en 1878.

Al. 1865. — Afrique.

De race Barbe.

Libourne : 1876. — Réformé en 1884.

ORPHÉE, 1/2 s. du Midi.

Approuvé. — M͟me V͟e Darrio.

B. 1877. — Hautes-Pyrénées.

Par *Angus*, P. S. A.

Tarbes : 1881. — Réformé en 1888.

ORTHEZ, 1/2 s. du Midi. — H. N.

B. 1892. — Landes.

Par *Bel-Air*, 1/2 s. du Midi, et *N.*, 1/2 s. du Midi, par Solo,
P. S. A.

Sa grand'mère : par Colibri, 1/2 s. du Midi.

Villeneuve-sur-Lot : depuis 1896.

ORTOLAN, 1/2 s. du Midi.

Approuvé. — M. Narps.

Gr. 1866. — Landes.

Par *Adim*, 1/2 s. du Midi.

Pau : 1872. — Réformé en 1891.

ORTOLAN, 1/2 s. du Midi.

Approuvé. — M. Baudon de Mony (Ariège).

Al. 1892. — Midi.

Par *Peper*, 1/2 s. du Midi, et une fille d'Hedjaz, P. S. Ar.

Tarbes : depuis 1896.

ORVET, 1/2 s. du Midi. — H. N.

B. 1892. — Basses-Pyrénées.

Par *Saklawi-Djedran*, P. S. Ar., et *Eloïne*, 1/2 s. du Midi,
par Sir-Régis, P. S. A.

Libourne : depuis 1896.

ORY, 1/2 s. du Midi. — H. N.
N. 1828. — Hautes-Pyrénées.
Par *Bai-Brun*, P. S. A.
Tarbes : 1833. — Réformé en août 1846.

OSCAR, 1/2 s. du Midi. — H. N.
Al. 1892. — Basses-Pyrénées.
Par *Nantua*, 1/2 s. du Midi, et une fille de Gengiskhan, 1/2 s. A.-A.
Rodez : depuis 1896.

OSMIR, 1/2 s. du Midi. — H. N.
Ro. 1828. — Hautes-Pyrénées.
Par *Peterliberty*, P. S. A., et une fille de Circassien, Barbe.
Tarbes : 1833. — Réformé en août 1852.

OTTO, 1/2 s. du Midi. — H. N.
Al. 1892. — Hautes-Pyrénées.
Par *Amrar*, P. S. Ar., et une fille de Chant-du-Cygne.
Pau : depuis 1896.

OTTO, 1/2 s. du Midi. — H. N.
B. 1892. — Basses-Pyrénées.
Par *Fanfaron*. P. S. A.-A., et *La Mode*, par Le Mormon, P. S. A.
Tarbes : depuis 1896.

OTTOMANO, 1/2 s. du Midi. — H. N.
B. 1892. — Basses-Pyrénées.
Par *Fanfaron*, P. S. A.-A., et une fille de Mazères, 1/2 s. du Midi.
Aurillac : depuis 1896.

OUARANI, 1/2 s. Barbe. — H. N.
Gr. 1855. — Afrique.
Perpignan : 1863. — Réformé en août 1868.

OULED, 1/2 s. — H. N.
B. 1849. — Afrique.
Perpignan : 1863. — Réformé en août 1869.

OURFALY, 1/2 s. du Midi.
Approuvé. — M. Junca-Hauré.
B. 1835. — Hautes-Pyrénées.
Par Ourfaly, P. S. Ar.
Tarbes : 1842. — Réformé en 1866.

OURFALI, 1/2 s. du Midi.
Approuvé. — M. Junca.
B. 1850. — Hautes-Pyrénées.
Tarbes : 1854. — Réformé en 1858.

OURPHALY, dit **ZÉPHIR**, 1/2 s. du Midi.
Approuvé. — M. Despourrins.
Gr. 1828. — Hautes-Pyrénées.
Par *Ourphaly*, P. S. Ar., et une jument bigourdane.
Tarbes : 1834-1841.

OVIÉTO, 1/2 s. L. — H. N.
Al. 1892. — Landes.
Par *Sahlawi-Djedran*, P. S. Ar., et *Alberte*, par Mazères, P. S. A.-A.
Perpignan : depuis 1896.

OZIM, 1/2 s. du Midi.
Gr. 1846. — Hautes-Pyrénées.
Par *Béni*, P. S. Ar., et une fille de Cammach, 1/2 s. Big.
Rodez : 1851. — Réformé en avril 1852.

OZON, 1/2 s. du Midi. — H. N.
Gr. 1883. — Tarbes.
Par *Nassim*, P. S. Ar., et *Ceylon*, 1/2 s. du Midi.
Aurillac : 1887. — Réformé en août 1897.

PACHA, 1/2 s. Barbe. — H. N.
B. 1847. — Orient.
Libourne : 1857. — Castré en juillet 1861.

PACHA, 1/2 s. du Midi. — H. N.
B. 1859. — Hautes-Pyrénées.
Par *Ethelwolf*, P. S. A., et une fille de Renonce, P. S. A.
Perpignan : 1863. — Réformé en août 1868.

PACHA, 1/2 s. du Midi. — H. N.
Gr. 1848. — Hautes-Pyrénées.
Par *Soliman*, 1/2 s. du Midi, et une fille de Vadué, 1/2 s. du Midi.
Libourne : 1852. — Passé la même année à l'Ecole de Saumur.

PAGNY, 1/2 s. du Midi.
Approuvé. — M. Pesquidous ; M. Durroux, 1882.
Gr. 1877. — Landes.
Par *Karam*, P. S. Ar.
Pau : 1881. — Réformé en 1884.

PALADIN, 1/2 s. du Midi. — H. N.
Al. 1893. — Hautes-Pyrénées.
Par *Fil-en-Quatre*, P. S.A., et *Estelle*, par Catalan.
Ajaccio : depuis 1897.

PAMPHILE, 1/2 s. du Midi. — H. N.
B. 1871. — Hautes-Pyrénées.
Par *Fana*, P. S. Ar., et une fille de Morok, 1/2 s. A.-A.
Rodez : 1875. — Abattu en juillet 1894.

PANDOUR, 1/2 s. du Midi. — H. N.
B. 1871. — Hautes-Pyrénées.
Par *Womersley*, P. S. A., et une fille *Richmond*, P. S. A.
Rodez : 1875. — Castré en août 1880.

PANTIN, 1/2 s. A.-A. — H. N.
Gr. 1870. — Hautes-Pyrénées.
Par *Tampico*, P. S. Ar., et une 1/2 s. du Midi, par Garry-Owen,
P. S. A.
Tarbes : 1875. — Réformé en novembre 1880.

PAON, 1/2 s. du Midi. — H. N.
Al. 1893. — Basses-Pyrénées.
Par *Courtois*, P. S. A., et *Karical*, par Cheïtan, P. S. Ar.
Tarbes : depuis 1897.

10

PARIS, 1/2 s. du Midi. — H. N.
Gr. 1893. — Hautes-Pyrénées.
Par *Maksoude*, P. S. Ar., et une fille de Vernet, P. S. A.
Pau : depuis 1897.

PARTISAN, 1/2 s. du Midi. — H. N.
Al. 1886. — Hautes-Pyrénées.
Par *Sensation* et une fille de Ceylon, P. S. A.
Perpignan : depuis 1890.

PATER, 1/2 s. du Midi. — H. N.
Gr. 1848. — Hautes-Pyrénées.
Par *Patrocle*, P. S. Ar., et une fille de Camash, 1/2 s. Ar.
Tarbes : 1852. — Réformé en décembre 1852.

PATRICIEN, 1/2 s. du Midi.
Accepté : 1893. — M. Chanteaud.
Al. 1887. — France.
Par *Acacia*, 1/2 s. du Midi, et *N.*, 1/2 s. du Midi,
par King-of-Trumps.
Villeneuve-sur-Lot : depuis 1893.

PAUL-ÉMILE, 1/2 s. du Midi. — H. N.
B. 1846. — Hautes-Pyrénées.
Par *Emilio*, P. S. A., et une fille d'Ourfaly, P. S. Ar.
Pau : 1850. — Vendu en octobre 1851.

PELLICO, 1/2 s. du Midi.
Approuvé. — M. Lacay.
Gr. 1876. — France.
Par *Damas*, P. S. Ar., et une fille de Roi-de-Chypre, P. S. A.-A.
Tarbes : 1880. — Réformé en 1888.

PEPER, 1/2 s. du Midi. — H. N.
B. 1886. — Hautes-Pyrénées.
Par *Valentino*, P. S. A., et une fille de Souedj, P. S. Ar.
Tarbes : depuis 1890.

PÉPIN, 1/2 s. du Midi.
Approuvé. — M. Lacay.
B. 1886. — Hautes-Pyrénées.
Par *Brulot*, 1/2 s. du Midi, et une fille de Roi-de-Chypre,
P. S. A.-A.
Tarbes : 1878. — Réformé en 1889.

PEPITO, 1/2 s. du Midi.
Approuvé. — M. Bonnefoi : 1882-1884 ; M. Gaillarde, 1884-1888.
B. 1878. — France.
Par *Mohican*, P. S. A., et une fille d'Emir, P. S. Ar.
Tarbes : 1882. — Réformé en 1888.

PERCHOIR, 1/2 s. du Midi. — H. N.
Al. 1893. — Basses-Pyrénées.
Par *Bel-Air*, 1/2 s. du Midi, et une fille de Sir-Régis, P. S. A.
Pau : depuis 1897.

PÉTILLANT, 1/2 s. du Midi. — H. N.
Al. 1893. — Basses-Pyrénées.
Par *In-Folio*, P. S. A., et une fille de Bel-Air, 1/2 s. du Midi.
Aurillac : depuis 1897.

PETITOT, 1/2 s. du Midi. — H. N.
Al. 1893. — Basses-Pyrénées.
Par *Bel-Air*, 1/2 s. du Midi, et *Hirondelle*, par Le Mormon, P. S. A.
Tarbes : depuis 1897.

PHILIDOR, 1/2 s. du Midi. — H. N.
Al. 1855. — Hautes-Pyrénées.
Par *Polidas*, P. S. Ar., et une fille d'Emilio, P. S. A.-A.
Tarbes : 1859. — Réformé en octobre 1863.

PHŒBUS, 1/2 s. du Midi. — H. N.
Al. 1849. — Hautes-Pyrénées.
Par *Prospectus*, P. S. A., et une fille de Camash, 1/2 s. du Midi.
Tarbes : 1853. — Réformé en octobre 1869.

PHOSPHORE, 1/2 s. du Midi. — H. N.
B. 1849. — Hautes-Pyrénées.
Par *Emilio*, P. S. A., et une fille de Shaklawi, P. S. Ar.
Pau : 1853. — Vendu le 23 février 1857.

PIANO, 1/2 s. du Midi. — H. N.
Gr. 1849. — Hautes-Pyrénées.
Par *Soliman*, 1/2 s. du Midi, et *N.*, 1/2 s. du Midi,
par Little-Rover, P. S. A.
Villeneuve-sur-Lot : 1854. — Réformé en septembre 1854.

PICADOR, 1/2 s. du Midi. — H. N.
B. 1893. — Haute-Pyrénées.
Par *Afrin*, P. S. Ar., et *Gazelle*, 1/2 s. du Midi,
par Chant-du-Cygne, P. S. A.
Villeneuve-sur-Lot : depuis 1897.

PILOTE, 1/2 s. L. — H. N.
Al. 1888. — Haute-Vienne.
Par *Camembert*, P. S. A., et une 1/2 s. L., par Bambou, P. S. Ar.
Pompadour : depuis 1892.

PILOTE, 1/2 s. du Midi. — H. N.
B. 1860. — Hautes-Pyrénées.
Par *Ethelwolf*, P. S. A., et une fille de Y. Emilius, P. S. A.
Tarbes : 1864. — Réformé en juillet 1864.

PIRATE, 1/2 s. du Midi. — H. N.
B. 1824. — Pompadour.
Par *Camarade*, 1/2 s. du Midi, et *Ignorée*, 1/2 s. du Midi.
Tarbes : 1839. — Réformé en juillet 1848.

PISTON, 1/2 s. du Midi. — H. N.
Al. 1893. — Basses-Pyrénées.
Par *Méké*, P. S. Ar., et *Jacobée*, par Courtois, P. S. A.
Tarbes : depuis 1897.

PLAISIR, 1/2 s. du Midi.
Approuvé. — M. Chabagno.
Al. 1880. — Basses-Pyrénées.
Par *Nickel*, 1/2 s. M., et une fille de Y. Baba, 1/2 s. du Midi.
Pau : 1884-1889.

POIRIER, 1/2 s. du Midi.   H. N.
B. 1893. — Hautes-Pyrénées.
Par *Afrin*, P. S. Ar., et *Coquette*, 1/2 s. du Midi,
par Chant-du-Cygne, P. S. A.
Pompadour : depuis 1897.

POLKENNIKOFF, 1/2 s.
Autorisé. — M. Souet.
Gr. 1884.
Par *Polkantchick*, 1/2 s. R., et *Molva*.
Libourne : 1893. — S. r. en 1895.

POLLUX, 1/2 s. du Midi. — H. N.
B. 1883. — Hautes-Pyrénées.
Par *Nassim*, P. S. Ar., et une fille d'Emir, P. S. Ar.
Tarbes : depuis 1887.

POMPIER II, 1/2 s. du Midi.
Autorisé. — M. Arlhac.
B. 1879. — Bouches-du-Rhône.
Par *Pompier*, P. S. A., et une fille de Pilgrim, P. S. A.
Perpignan : 1883. — Réformé en 1887.

POMPON, 1/2 s. du Midi. — H. N.
Al. 1882. — Hautes-Pyrénées.
Par *Pomponnet*, 1/2 s. du Midi, et une fille d'Ethelwolf, P. S. A.
Tarbes : 1886. — Réformé en août 1888.

POMPONNET, 1/2 s. du Midi. — H. N.
Al. 1893. — Basses-Pyrénées.
Par *Bel-Air*, 1/2 s. du Midi, et *Coqueluche*, 1/2 s. du Midi,
par Mazères P. S. A.-A.
Sa grand'mère : 1/2 s. du Midi, par Bey, P. S. Ar.
Sa bisaïeule : 1/2 s. du Midi, par Delta, P. S. A.-A.
Pompadour : depuis 1897.

POMPONNET, 1/2 s. du Midi. — H. N.
B. 1875. — Hautes-Pyrénées.
Par *Ceylon*, P. S. A., et une fille d'Emir, P. S. Ar.
Tarbes : 1880. — Réformé en août 1888.

PONTACQ, 1/2 s. du Midi.
Approuvé. — M. Bruzeau, 1887 ; M. Fontan, 1892.
(Hautes-Pyrénées).
Al. 1883. — Basses-Pyrénées.
Par *Dibadj*, arabe, et une fille de Vulcain.
Tarbes : depuis 1887.

PONTAÏ, 1/2 s. du Midi.
Autorisé. — M. Dumaine.
B. 1877. — Midi.
Par *Patricien*, et une jument de Tarbes.
Perpignan : 1883.

PONTIF, 1/2 s. du Midi. — H. N.
B. 1886. — Hautes-Pyrénées.
Par *Ahmar*, P. S. Ar., et une fille de Parry, P. S. A.
Tarbes : depuis 1890.

PORSENNA, 1/2 s. du Midi. — H. N.
B. 1851. — Haute-Garonne.
Par *Hiolavie*, P. S. Ar., et une fille d'Emilio, 1/2 s. Ar.
Tarbes : 1855. — Réformé en août 1873.

POTENTAT, 1/2 s. du Midi. — H. N.
Al. 1893. — Basses-Pyrénées.
Par *Sire-de-Grancux*, P. S. A.-A., et une fille de Duc, P. S. A.
Pau : depuis 1897.

PREMIER-AVRIL, 1/2 s. du Midi. — H. N.
Al. 1847. — Hautes-Pyrénées.
Par *Renonce*, P. S. A., et une jument bigourdane.
Rodez 1852. — Castré en novembre 1855.

PRÉSIDENT, 1/2 s. du Midi. — H. N.
Al. 1871. — Hautes-Pyrénées.
Par *Caoutchouc*, 1/2 s. N., et une fille de Coran, 1/2 s. Ar.
Tarbes : 1875. — Réformé en août 1891.

PRIAM, 1/2 s du Midi. — H. N.
Al. 1893. — Basses-Pyrénées.
Par *Guido*, 1/2 s. du Midi, et une fille de Diomède.
Pau : depuis 1897.

PRIM, 1/2 s. du Midi. — H. N.
B. 1893. — Hautes-Pyrénées.
Par *Sire-de-Granoux*, P. S. A.-A., et une fille de Joyeux-Drille.
Ajaccio : depuis 1897.

PRINCE-ALBERT, 1/2 s. du Midi.
Approuvé. — M. Bertrand.
B. 1859. — Basses-Pyrénées.
Par *Ethelwolf*, P. S. A.
Villeneuve-sur-Lot : 1863. — Réformé en 1871.

PRINCE-ROYAL, 1/2 s. du Midi. — H. N.
Al. 1893. — Hautes-Pyrénées.
Par *Dauphin*, P. S. A., et *N.*, 1/2 s. du Midi, par Tourlourou,
P. S. A.
Villeneuve-sur-Lot : depuis 1897.

PROPHÈTE, 1/2 s. du Midi. — H. N.
B. 1891. — Hautes-Pyrénées.
Par *Etéocle*, P. S. A., et *Cora*, 1/2 s. M., fille de Tourlourou,
P. S. A.
Tarbes : depuis 1895.

PUYMÉLIAN, 1/2 s. du Midi. — H. N.
B. 1839. — Lot-et-Garonne.
Par *Crispin*, P. S. A., et une jument normande.
Libourne : 1845. — Castré en juillet 1848.

PYRÉNÉEN, 1/2 s. du Midi. — H. N.
Gr. 1871. — Hautes-Pyrénées.
Par *Emir*, P. S. Ar., et une fille de Grey-Tommy, P. S. A.
Tarbes : 1881. — Réformé en septembre 1885.

PYROGÈNE, 1/2 s. du Midi. — H. N.
B. 1893. — Dordogne.
Par *Garbon*, 1/2 s. N., et *Freluquette*, 1/2 s. V.
Sa grand'mère : 1/2 s., par Eyram, P. S. Ar.
Pompadour : depuis 1897.

PYROSCOPE, 1/2 s. du Midi. — H. N.
Al. 1886. — Basses-Pyrénées.
Par *Saklawi-Djedran*, P. S. Ar., et *Régina*, 1/2 s. du Midi.
Pau : 1890. — Mort le 11 juillet 1898.

PYRRHUS, 1/2 s. du Midi. — H. N.
Gr. 1893. — Hautes-Pyrénées.
Par *Afrin*, P. S. Ar., et une 1/2 s. A.-A., par Castillon, P. S. A.
Rodez : depuis 1897.

QUADRA, 1/2 s.
Approuvé. — M. de Laage.
B. 1872.
Sans origine.
Libourne : 1877. — Castré en 1879.

QUARTUS, 1/2 s. du Midi. — H. N.
Al. 1894. — Basses-Pyrénées.
Par *Narghilé*, arabe, et *Lolotte*, par Mazères, P. S. A.-A.
Perpignan : depuis 1898.

QUÉBEC, 1/2 s. du Midi. — H. N.
Al. 1894. — Hautes-Pyrénées.
Par *Fil-en-Quatre*, P. S. A., et *Mademoiselle-de-Soucs*,
par Nassim, arabe.
Perpignan : depuis 1898.

QUERTRUC, 1/2 s. du Midi.
Approuvé. — M. le Cte de Virieu (Aude).
B. 1894. — Basses-Pyrénées.
Par *Iman*, et une fille d'Ali-Baba, P. S. A.
Perpignan : depuis 1898.

QUESTEUR, 1/2 s. du Midi. — H. N.
Ro. 1894. — Hautes-Pyrénées.
Par *Vernet*, P. S. A., et *Liza*. 1/2 s. du Midi, par Ceylon, P. S. A.
Sa grand'mère : 1/2 s. du Midi, par Utetur, P. S. A.-A.
Pompadour : depuis 1898.

QUIBERON, 1/2 s. du Midi. · H. N.
Al. 1894. — Basses-Pyrénées.
Par *Narghilé*, P. S. Ar., et une 1/2 S. A.-A., fille de Le Mormon,
P. S. A.
Rodez : depuis 1898.

QUIDAM, 1/2 s. Midi. — H. N.
Al. 1894. — Hautes-Pyrénées.
Par *Clément*, P. S. A., et une fille de Mosul.
Perpignan : depuis 1898.

QUIES, ex-**QUÉBEC**, 1/2 s. du Midi. — H. N.
B. 1872. — Lot-et-Garonne.
Par *Kali*, 1/2 s. N., et *N.*, 1/2 s. du Midi, par Prince-du-Prado,
P. S. A.
Villeneuve-sur-Lot : 1877. — Réformé en septembre 1880.

QUINA, 1/2 s. Ar. — H. N.
B. 1842. — Haras de Pompadour.
Par *Mesrur*, P. S. Ar., et une jument du Haras des Deux-Ponts.
Pompadour : 1845. — Tarbes : 1846. — Mort en décembre 1852.

QUINA, 1/2 s. du Midi. — H. N.
Gr. 1872. — Hautes-Pyrénées.
Par *Souedj*, P. S. Ar., et une fille de Grey-Tommy, 1/2 s. A.-A.
Rodez : 1878. — Réformé en août 1889.

QUINAUD, 1/2 s. du Midi. — H. N.
B. 1894. — Basses-Pyrénées.
Par *Courtois*, P. S. A., et *Sarah*, par Djerash, P. S. Ar..
Tarbes : depuis 1898.

RABAT-JOIE, 1/2 s. A.-A. — H. N.
Gr. 1862. — France.
Par *Dankali*, P. S. Ar., et une fille de Gouffern, 1/2 s. A.
Tarbes : 1866. — Réformé en septembre 1887.

RABELAIS, 1/2 s. du Midi. — H. N.
Gr. 1873. — Haute-Pyrénées.
Par *Dankali*, P. S. Ar., et une fille de Y. Béchir, 1/2 s.
Pau : 1877. — Vendu en septembre 1886.

RAGLAN, 1/2 s. du Midi. — H. N.
Al. 1873. — France.
Par *Ceylon*, P. S. A., et une fille de The Heir-of-Linne, P. S. A..
Pau : 1877. — Vendu en septembre 1881.

RAMA, 1/2 s. du Midi. — H. N.
Al. 1830. — Basses-Pyrénées.
Par *Abufar*, P. S. Ar., et une jument navarraise.
Pau : 1895. — Abattu en 1855.

RAMADAN, 1/2 s. du Midi
Approuvé. — M. Favre.
B. 1858. — Basses-Pyrénées.
Par *Ethelwof*, P. S. A., et *N.*, 1/2 s. du Midi, par Ali-Baba,.
P. S. A.
Villeneuve-sur-Lot : 1863. — Réformé en 1868.

RAMEAU, 1/2 s. du Midi.
Approuvé. — M. Debat (Gers).
Par *Calino* et une fille de Malek-Adel.
Tarbes : depuis 1891.

RAMEAU, 1/2 s. du Midi.
Accepté. — M. B. Matieu.
Al. 1878. — Dordogne.
Par *Destin*, P. S. Ar.
Libourne : 1893. — S. r. 1895.

RAMONEUR, 1/2 s. du Midi. — H. N.
N. 1846. — Gironde.
Par *Royal-George*, P. S. A., et *Janette*, 1/2 s.
Libourne : 1850. — Castré en janvier 1861.

RAYON-D'OR, 1/2 s. du Midi. — H. N.
Al. 1876. — Haute-Garonne.
Par *Rabat-Joie*, 1/2 s. du Midi, et une fille de Porsenna, 1/2 s.
Pau : 1880. — Réformé en novembre 1893.

REFRAIN, 1/2 s. L. — H. N.
Al. 1888. — Creuse.
Par *Bobereau*, 1/2 s. L., et *Bouhante*, 1/2 s.
Pompadour : depuis 1892.

RESCHID, 1/2 s. Ar. — H. N.
Gr. 1843. — Haras de Pompadour.
Par *Massoud*, P. S. Ar., et *Georgina*, 1/2 s. du Haras
des Deux-Ponts.
Pompadour : 1847-1849. — Passé à Langonnet en novembre 1849.

RÉSOLU, 1/2 s. du Midi. — H. N.
Al. 1866. — Hautes-Pyrénées.
Par *Roi-de-Chypre*, P. S. A.-A., et une fille de Vély-Pacha,
Perpignan : 1870. — Réformé en août 1885.

RIBIÈRES, ex-**RUBIS**, 1/2 s. du Midi. — H. N.
Al. 1878. — Hautes-Pyrénées.
Par *Ceylon*, P. S. Ar., et une fille de Zodion, 1/2 s. du Midi.
Tarbes : 1882. — Réformé en août 1882.

RICHARD, 1/2 s. du Midi.
Approuvé. — M. Çaubet.
B. 1848. — Hautes-Pyrénées.
Par *Emilio*, P. S. A.-A., et une fille de Little-Rover, P. S. A..
Tarbes : 1854. — Réformé en 1863.

RIGODON, 1/2 s. du Midi.
M. Sarrans.
1866. — France.
Par *Roi-de-Chypre*, P. S. A.-A., et une fille de The Heir-of-Linne,
P. S. A.
Tarbes : 1870. — Réformé en 1888.

RIVAROL, 1/2 s. du Midi. — H. N.
Gr. 1883. — Hautes-Pyrénées.
Par *Djeffée*, arabe, ou *Zodion*, 1/2 s. du Midi, et une fille de Fana,
P. S. Ar.
Tarbes : 1877. — Réformé en septembre 1885.

RIVOLI, 1/2 s. du Midi. — H. N.
Gr. 1873. — Hautes-Pyrénées.
Par *Womersley*, P. S. A., et une fille de Karchane, 1/2 s. A.-A.
Rodez : 1877. — Mort en mars 1878.

ROB, 1/2 s. du Midi.
Autorisé. — M. Bordes, 1888 ; M. Candau, 1890.
Bb. 1880. — Landes.
Par *Gengiskhan*, P. S. Ar., et une fille de Djeddée, P. S. Ar.
Pau : 1888 —Réformé en 1891.

ROBERT-OWEN, 1/2 s. du Midi. — H. N.
Al. 1852. — Hautes-Pyrénées.
Par *Garry-Owen*, P. S. A., et une fille de Camash, P. S. Ar.
Tarbes : 1856. — Réformé en juillet 1874.

ROB-ROY, 1/2 s. du Midi. — H. N.
B. 1847. — Hautes-Pyrénées.
Par *Emilio*, P. S. A.-A., et une fille de Spy, P. S. A.
Tarbes : 1851. — Mort en mai 1852.

ROBUR, 1/2 s. du Midi. — H. N.
Al. 1859. — Gers.
Par *Hunter*, 1/2 s. A., et *Briséis*, P. S. A.-A., par Rajah.
Pau 1863-66. — Villeneuve-sur-Lot : 1867.
Réformé en novembre 1873.

ROCHER, 1/2 s. du Midi. — H. N.
Gr. 1841. — Gers.
Par *Saklawie-Amdani*, P. S. Ar., et une fille de Massoud, P. S. A.
Tarbes : 1845. — Réformé en juillet 1865.

ROGER-BONTEMPS, 1/2 s. du Midi. — H. N.
Approuvé. — M. Boireau.
Al. 1865. — Hautes-Pyrénées.
Par *Bon-Vivant* et *Rigolette*, 1/2 s. du Midi.
Libourne : 1875. — Vendu en 1876.

ROITELET, 1/2 s. du Midi. — H. N.
B. 1881. — Basses-Pyrénées.
Par *Dahabi*, P. S. Ar., et *Frisea*, 1/2 s. du Midi,
par Abdel, P. S. Ar.
Villeneuve-sur-Lot : 1885. — Castré en août 1891.

ROLAND, 1/2 s.
Approuvé. — Mme Ve de Lassalle.
B. 1857.
Sans origine.
Libourne : 1862. — S. R. en 1864.

ROSIER, 1/2 s. du Midi. — H. N.
Al. 1873. — Gers.
Par *Emir*, P. S. Ar., et une fille de Mogador.
Perpignan : 1877. — Réformé en août 1887.

ROVER, 1/2 s. du Midi. — H. N.
B. 1844. — Hautes-Pyrénées.
Par *Little-Rover*, P. S. A., et *N.*, 1/2 s. du Midi,
par Circasien, P. S. Ar.
Tarbes : 1849. — Réformé en juillet 1865.

ROYÈRE, 1/2 s. L., — H. N.
Al. 1843. — Haute-Vienne.
Par *Harlequin*, P. S. A., et une jument 1/2 s. L.,
par Bagdad, P. S. Ar.
Pompadour : 1847. — Réformé en juillet 1868.

RUBIS, 1/2 s. du Midi. — H. N.
Gr. 1850.
Par *Koheil–Hamdani*, P. S. Ar.. et une fille de Chiban, arabe.
Perpignan : 1854. — Réformé en août 1869.

RUSTIQUE, 1/2 s. du Midi. — H. N.
Approuvé. — M. Féral ; M. Muthular, 1891.
Gr. 1873. — Hautes-Pyrénées.
Par *Zodion*, 1/2 s. du Midi, et une fille d'Othello, P. S. A.
Rodez : 1877-1888. — Pau : 1891. — Réformé en 1894.

SACRIPAN, 1/2 s. du Midi. — H. N.
B. 1844. — Haras de Pompadour.
Par *Mezaroum*, P. S. Ar., et *Absence*, 1/2 s. A.
Libourne : 1848. — Castré en juillet 1848.

SACRIPIAN, 1/2 s. du Midi. — H. N.
Ro. 1832. — Basses-Pyrénées.
Par *Antar*, P. S. Ar., et une fille de Colosse, P. S. Ar.
Pau : 1836. — Vendu en juillet 1857.

SADI, 1/2 s. Barbe. — H. N.
N. 1842. — Maroc.
Perpignan : 1847. — Réformé en août 1848.

SAÏM, 1/2 s. du Midi. — H. N.
Al. 1881. — Hautes-Pyrénées.
Par *Ahmar*, P. S, Ar., et une fille de Souedj, P. S. Ar.
Tarbes : depuis 1885.

SAINT-LOUP, 1/2 s. L. — H. N.
B. 1843. — Haute-Vienne.
Par *Eylau*, P. S. A.-A., et *Folly*, 1/2 s. L.
Pompadour : 1847. — Réformé en novembre 1854.

SAKAL, 1/2 s. du Mid. — H. N.
Gr. 1829. — Basses-Pyrénées.
Par *Haleby*, P. S. Ar., et une fille de Daher, P. S. Ar.
Pau : 1834. — Vendu en septembre 1854.

SALADIN, 1/2 s. du Midi. — H. N.
B. 1845. — Hautes-Pyrénées.
Par *Hector*, P. S. Ar., et *Pelote* (race des Deux-Ponts).
Tarbes : 1850-1859. — Villeneuve-sur-Lot : 1860.
Réformé en février 1861.

SALEM-SAKLAWY, 1/2 s. Ar. — H. N.
B. 1864. — Orient.
De race de 1/2 s. Ar.
Aurillac : 1874. — Réformé en août 1879.

SALVAZAR, 1/2 s. du Midi. — H. N.
Al. 1850. — Haute-Garonne.
Par *Mézaroum*, arrabe, et *Limousine*, 1/2 s. du Midi.
Tarbes : 1854. — Réformé en septembre 1854.

SALZBOURG, 1/2 s. du Midi. — H. N.
Aub. 1877. — Tarn-et-Garonne.
Par *Hussard*, et une fille de Bind, P. S. A.
Perpignan : 1881. — Réformé en août 1892.

SAMSON, 1/2 s. du Midi.
Approuvé. — M. Narps.
Al. 1876. — Basses-Pyrénées.
Par *Dahabi* ou *Ei Khalil*, arabes, et une fille de Paros, P. S. A.
Pau : 1880. — Réformé en 1885.

SAMURAÏ, 1/2 s. Barbe.
Approuvé. — M. Magne.
B. 1887. — Algérie.
Libourne : 1893. — Réformé en 1896.

SANS-GÊNE, 1/2 s. du Midi. — H. N.
Al. 1874. — Hautes-Pyrénées.
Par *Nicot*, 1/2 s. du Midi, et une fille d'Emir, P. S. A.
Perpignan : 1878. — Réformé en août 1892.

SANS-PAREIL, 1/2 s. du Midi.
Approuvé. — M. le Cte de Virieu.
B. 1867. — Hautes-Pyrénées.
Par *Roi-de-Chypre*, A.-A., et une fille de Mansourah, arabe.
Perpignan : 1875. — S. R. en 1876.

SANS-SOUCI, 1/2 s. du Midi. — H. N.
B. 1855. — Hautes-Pyrénées.
Par *Richmond*, P. S. A., et une fille de Mansourah, P. S. Ar.
Libourne : 1859. — Castré en janvier 1861.

SAOUD, 1/2 s. Ar. — H. N.
Villeneuve-sur-Lot : 1858. — Réformé en novembre 1858.

SAPHIR, 1/2 s. du Midi. — H. N.
Gr. 1846. — Hautes-Pyrénées.
Par *Treifi*, P. S. Ar., et une fille de Campdan-Pachau.
Perpignan : 1850. — Réformé en octobre 1853.

SCHAMYL, 1/2 s. du Midi.
Approuvé. — M. le Bon Curial.
Al. 1868. — France.
Libourne : 1872. — S. r. en 1875.

SCYLLA, 1/2 s. du Midi. — H. N.
B. 1874. — Hautes-Pyrénées.
Par *Sylvain*, P. S. A., et une fille d'Accajou.
Libourne : 1878. — Castré en septembre 1881.

SÉDUCTEUR, 1/2 s.
Accepté. — M. Delhomme.
Bb. 1894. — Gironde.
Par *Lamento*, 1/2 s. N., et *Junon*.
Libourne : depuis 1898.

SÉDUISANT, 1/2 s. du Midi. — H. N.
Gr. 1844. — Hautes-Pyrénées.
Par *Karchane*, P. S. Ar., et *N.*, par Peter-Liberty, P. S. A.
Tarbes : 1849. — Réformé en octobre 1851.

SÉLIM, 1/2 s. du Midi. — H. N.
B. 1837.
Par *Arrogant*, P. S. A., et une 1/2 s. du Midi.
Rodez : 1842. — Castré en septembre 1846.

SÉLIM, 1/2 s. du Midi.
Approuvé. — M. Esquerré ; M. Verdier, en 1892.
B. 1886. — France.
Par *El Yahoudi*, P. S. Ar., et *N.*, 1/2 s. du Midi,
par Dankali, P. S. Ar.
Tarbes : 1890-1891.
Villeneuve-sur-Lot : 1892. — S. R. en 1893.

SÉLIMAN, 1/2 s. Barbe. — H. N.
N. 1846. — Arles.
Par *Benny*, P. S. Ar., et *Gazelle*, 1/2 s. Barbe.
Perpignan : 1850. — Réformé en juillet 1851.

SÉMÉAC, 1/2 s. du Midi. — H. N.
Gr. 1877. — Hautes-Pyrénées.
Par *Nahr-el-Kébir*, P. S Ar., et une fille de Robert-Owen, P. S. A.
Perpignan : 1881. — Réformé la même année.

SÉRAPHIN, 1/2 s. du Midi. — H. N.
B. 1850. — Basses-Pyrénées.
Par *Skirmisher*, P. S. A., et une 1/2 s. du Midi.
Pau : 1854. — Vendu en juillet 1860.

SÉSAME, 1/2 s. du Midi. — H. N.
Al. 1846. — Basses-Pyrénées.
Par *Ali-Baba*, P. S. A., et une jument navarraise.
Pau : 1850. — Vendu en mai 1853.

SHAKO, 1/2 s. du Midi. — H. N.
Gr. 1888. — Cantal.
Par *Couvrechef*, P. S. Ar., et une fille de Mézarbournou, P. S. Ar.
Aurillac : depuis 1892.

SIDI-LARIBI, 1/2 s. Ar. — H. N.
Gr. 1848. — Afrique.
Tarbes : 1853. — Réformé en septembre 1856.

SIMONET, 1/2 s. du Midi. — H. N.
Al. 1876. — Basses-Pyrénées.
Par *Samari*, P. S. Ar., et une fille d'Opéra.
Libourne : 1880. — Abattu en août 1895.

SIRE-DE-POUYAGUT, 1/2 s. du Midi. — H. N.
B. 1874. — Gers.
Par *Fulgar*, P. S. A., et *Lancette*, 1/2 s. du Midi.
Tarbes : 1880. — Réformé en août 1892.

SIRIUS II, 1/2 s. du Midi.
Approuvé. — M. Mirmande (Haute-Garonne).
Al. 1887. — France.
Par *Sirius*, et une fille de Nassim, arabe.
Tarbes : depuis 1891.

SIROCO, 1/2 s. Barbe. — H. N.
B. 1851. — Afrique.
Villeneuve-sur-Lot : 1861. — Réformé en septembre 1861.

SMOLENSKO, 1/2 s. du Midi. — H. N.
G. 1830.
Par *Barelegs*, P. S. Ar., et une jument navarraise.
Pau : 1835. — Vendu en juillet 1850.

SOLIMAN, 1/2 s. du Midi. — H. N.
Gr. 1838. — Haute-Garonne.
Par *Calif*, P. S. Ar., et X., 1/2 s. Ar.
Tarbes : 1844. — Mort en mai 1853.

SOLITAIRE, 1/2 s. du Midi.
Approuvé. — M. Gaulin, 1889 ; M. Dupont, 1891.
B. 1888. — Hautes-Pyrénées.
Par *Djebail*, P. S. Ar., et une fille de Fulgur, P. S. A.
Pau : 1889. — Réformé en 1891.

SOLO, 1/2 s. du Midi.
Autorisé en 1887. — Approuvé en 1888.
M. Darbo ; M. Bancon, 1890 (Landes).
Al. 1881. — Landes.
Par *Gengiskhan*, P. S. Ar., et une fille de Djeddi, P. S. Ar.,
Pau : depuis 1887.

SOLSTICE, 1/2 s. du Midi.
Approuvé. — M. Bergeroo (Basses-Pyrénées).
Al. 1890. — Hautes-Pyrénées.
Par *Equinoxe*, P. S. A., et une fille de Mezarbournou, P. S. Ar.
Pau : depuis 1894.

SOUES, 1/2 s. du Midi. — H. N.
Gr. 1872. — Hautes-Pyrénées.
Par *Souedj*, P. S. Ar., et une fille de Richmond, P. S. A.
Tarbes : 1877-1879. — Libourne : 1880-1882. — Tarbes : 1883.
Réformé en août 1889.

STANISLAS, 1/2 s. du Midi. — H. N.
Al. 1894. — Haute-Garonne.
Par *Héros*, P. S. A., et une fille de Nassim, arabe.
Aurillac : depuis 1898.

STIFFIN, 1/2 s. A.-A. — H. N.
B. 1864. — Hautes-Pyrénées.
Par *Sting*, P. S. Ar., et une 1/2 s. du Midi, par Hussein, P. S. Ar.
Pau : 1868. — Vendu en juillet 1869.

STYX, ex-**FLORIN**, 1/2 s. du Midi. — H. N.
B. 1874. — Basses-Pyrénées.
Par *Cham*, 1/2 s. du Midi, et une fille de Richam,
Pau : 1878. — Vendu en septembre 1884.

SULTAN, 1/2 s. du Midi.
Approuvé. — M. Mazères, 1880 ; M. Monbaylet, 1890.
Al. 1876. — France.
Par *Eyran*, arabe, et une fille de Chibin, arabe.
Tarbes : 1880. — S. R. en 1897.

SUPERBE, 1/2 s. du Midi.
Approuvé. — M. Calmel.
B. 1882. — France.
Par *Franc-Tireur*, P. S. A.
Tarbes : 1886. — Mort en 1886.

SYLVIO, 1/2 s. du Midi. — H. N.
Al. 1872. — Hautes-Pyrénées.
Par *Sylvain*, P. S. A., et *Lady-Sting*, 1/2 s.
Pau : 1878. — Abattu en septembre 1879.

SYRIUS, 1/2 s. du Midi. — H. N.
Aub. 1877. — Tarn-et-Garonne.
Par *Hussard*, 1/2 s. du Midi, et *N.*, 1/2 s. du Midi, par Bind,
P. S. A.
Perpignan : 1881. — S. R. en 1882.

TACHERON, 1/2 s. du Midi. — H. N.
Al. 1875. — Hautes-Pyrénées.
Par *Abou-Farès*, arabe, et une fille de Bayard, 1/2 s.
Perpignan : 1879-1884. — Ajaccio : 1885. — Réformé en août 1893.

TAILLEBOURG, 1/2 s. du Midi. — H. N.
Al. 1875. — Gers.
Par *Bind*, P. S. A-A., et une fille de Taillebourg, 1/2 s. N.
Tarbes : 1879. — Réformé en août 1890.

TAQUIN, 1/2 s. du Midi. — H. N.
Al. 1875. — Ariège.
Par *Mokrani*, 1/2 s. du Midi, et une fille de Gas-Light, 1/2 s. A.
Tarbes : depuis 1879.

TAQUIN, 1/2 s. du Midi. — H. N.
B. 1865 — France.
Par *Schamyl*, P. S. A., et une 1/2 s. du Midi.
Rodez : 1869. — Castré en juin 1870.

TARDIEU, 1/2 s. du Midi, — H. N.
Gr. 1875. — Hautes-Pyrénées.
Par *Zodion*, 1/2 s. du Midi, et une fille de Roi-de-Chypre,
P. S. A.-A.
Rodez : 1879. — Réformé en juillet 1896.

TARDIF, 1/2 s. du Midi. — H. N.
A. 1833. — Hautes-Pyrénées.
Par *Camash*, P. S. Ar., et une fille d'Ourfaly, P. S. Ar.
Tarbes : 1838. — Réformé en septembre 1856.

TARDIF, 1/2 s. L. — H. N.
B. 1822. — Corrèze.
Par *Impérial* (race limousine).
Pau : 1839. — Vendu en septembre 1846.

TARGON, 1/2 s. du Midi. — H. N.
Gr. 1875. — Hautes-Pyrénées.
Par *Emir*, P. S. Ar., et une fille de Karchane, P. S. Ar.
Perpignan : 1879. — Réformé en août 1895.

TARQUIN, 1/2 s. du Midi.

Approuvé. — M. le Bon Curial ; M. Gauthier.

Al. 1873. — Haute-Vienne.

Par *Narvaëz*, 1/2 s. N., et *Candide*, P. S. Ar., par Rabdan.

Libourne : 1877. — Castré en 1892.

TARTAS, 1/2 s. du Midi.

Approuvé. — M. Lagofun ; M. Runiout, 1875.

Al. 1864. — Landes.

Par *Bibelot*, P. S. Ar.

Pau : 1872. — Réformé en 1884.

TÉLÉMAQUE, 1/2 s. du Midi. — H. N.

Al. 1871. — Hautes-Pyrénées.

Par *Calipsau*, P. S. A.-A., et une fille de Y. Emilius, 1/2 s. A.-A.

Rodez : 1876. — Castré en août 1880.

THE FIRTZ, 1/2 s. du Midi. — H. N.

Al. 1863. — Hautes-Pyrénées.

Par *The Heir-of-Linne*, P. S. A., et une fille de Shaklawi, P. S. Ar.

Pompadour : 1867. — Réformé en août 1869.

THOMAS-MORUS, 1/2 s. Ar. — H. N.

Gr. 1845. — Haras de Pompadour.

Par *Koheil-Obayan-Sédéréi*, P. S. Ar., et *Dolly*, 1/2 s. du Haras
des Deux-Ponts.

Pompadour : 1849. — Lamballe : 1850-1864.

TIBUCET, 1/2 s. du Midi.

Autorisé. — M. Arlhac.

B. 1878. — Bouches-du-Rhône

Par *Galaor*, et une fille de Pilgrim, P. S. A.

Perpignan : 1882. — Castré en 1889.

TIFLIS, 1/2 s. Barbe. — H. N.
B. 1856. — Algérie.
De race barbe.
Pau : 1864. — Vendu le 19 juillet 1868.

TIHAMAH, 1/2 s. Ar. — H. N.
Gr. 1853. — Orient.
De provenance orientale.
Pau : 1860. — Réformé en janvier 1861.

TIMOR, 1/2 s. du Midi. — H. N.
Al. 1823. — Haute-Vienne.
Par *Supérieur*, 1/2 s. L., et une jument limousine.
Libourne 1840. — Vendu en novembre 1840 (non castré).

TINTIN, 1/2 s. du Midi. — H. N.
Al. 1889. — Hautes-Pyrénées.
Par *Fil-en-Quatre*, P. S. A., et une 1/2 s. du Midi, par Ceylon,
P. S. A.
Pau : 1893. — Réformé en septembre 1896.

TIPOLY, 1/2 s. du Midi.
Approuvé. — M. Mustory.
Al. 1876. — Basses-Pyrénées.
Par *Dahabi*, arabe, et une fille d'Ambassadeur, P. S. A.
Pau : 1880. — Réformé en 1881.

TITERY, 1/2 s. du Midi. — H. N.
Gr. 1830. — Hautes-Pyrénées.
Par *Lion*, P. S. Ar., et une fille d'Aboukir, P. S. Ar.
Tarbes : 1835. — Réformé en octobre 1851.

TLEMSEN, 1/2 s. Barbe. — H. N.
Gr. 1848 ou 1849.
De race Barbe.
Pau : 1859. — Abattu en février 1861.

TOKHAR, 1/2 s. du Midi. — H. N.
B. 1883. — Haute-Garonne.
Par *El Yahoudi*, P. S. Ar., et *N.*, 1/2 s. du Midi, par Miralaï,
P. S. Ar.
Villeneuve-sur-Lot : depuis 1887.

TOM, 1/2 s. du Midi.
Approuvé. — M. Lozet.
Gr. 1858. — Hautes-Pyrénées.
Par *Grey-Tommy*, P. S. A., et une fille de Rajah, P. S. Ar.
Tarbes : 1860. — S. r. en 1861.

TOM-POUCE, 1/2 s. du Midi. — H. N.
Al. 1883. — Creuse.
Par *Amrami*, P. S. Ar., et une 1/2 s., par Aventurier, P. S. A.
Pau : depuis 1887.

TORÉADOR, 1/2 s. de Midi. — H. N.
B. 1847. — Hautes-Pyrénées.
Par *Assassin*, P. S. A., et une fille de Massoud, P. S. Ar.
Tarbes : 1852. — Réformé en septembre 1854.

TOURBILLON, 1/2 s. du Midi. — H. N.
Gr. 1862. — Hautes-Pyrénées.
Par *Dankali*, P. S. Ar., et une 1/2 s., par Haleb, P. S. Ar.
Pau : 1866. — Abattu en 1882.

TOURISTE, 1/2 s. du Midi. — H. N.
Al. 1875. — Hautes-Pyrénées.
Par *Nassim*, P. S. Ar., et une fille de The Heir-of-Linne,
P. S. A.
Perpignan : 1880. — Réformé en juillet 1897.

TRAFALGAR, 1/2 s. du Midi.
Approuvé. — M. le Cte de Virieu.
Al. 1868. — Hautes-Pyrénées.
Par *Franc-Gascon*, P. S. A., et une fille d'Utetur, P. S. A.
Perpignan : 1875. — S. R. en 1876.

TRANQUILLE, 1/2 s. du Midi. — H. N.

B. 1829. — Basses-Pyrénées.

Par *Colosse*, P. S. Ar., et une jument navarraise.

Pau : 1834. — Vendu en novembre 1841.

TRIBOULET, 1/2 s. du Midi.

Approuvé. — M. Doussiet, 1884 ; M. Mazère, 1885 ;

M. Doussiet, 1887.

Al. 1880. — France.

Par *Tarbouch*, P. S. Ar., et une fille de Nassim, P. S. Ar.

Tarbes : 1884. — Mort en 1887.

TRIPOLI, 1/2 s. du Midi. — H. N.

Al. 1868. — Hautes-Pyrénées.

Par *Roi-de-Chypre*, P. S. A.-A., et une fille de Memphis,
P. S. A.-A.

Tarbes : 1872. — Réformé la même année.

TRISTAN-SANDY, 1/2 s. du Midi. — H. N.

Al. 1831. — Basses-Pyrénées.

Par *Barelegs*, P. S. Ar., et une jument navarraise.

Pau : 1835. — Vendu en septembre 1843.

TROCADÉRO, 1/2 s. du Midi. — H. N.

B. 1868. — Hautes-Pyrénées.

Par *Emir*, P. S. Ar., et une fille de Roi-de-Chypre, P. S. A.-A.

Tarbes : 1872. — Réformé en août 1889.

TROUBADOUR, 1/2 s. A.-A. — H. N.

B. 1852. — Hautes-Pyrénées.

Par *Fitz-Emilius*, P. S. A., et une fille de Saklawy, P. S. Ar.

Aurillac : 1855. — Réformé en novembre 1856.

TROUPIAC, ex-**ÉGLIPSE**, 1/2 s. du Midi. — H. N.
Al. 1893. — Cantal.
Par *Zampa*, P. S. A.-A., et *Etincelle*, par Nivel, 1/2 s. N.
Sa grand'mère : par Emmeline, P. S. A.-A.
Libourne : depuis 1897.

TROVATOR, 1/2 s. du Midi. — H. N.
Gr. 1870. — France.
Par *The Troubadour*, 1/2 s. Norf., et *N*, 1/2 s. du Midi,
par Karchane, P. S. Ar.
Villeneuve-sur-Lot : 1874. — Castré en août 1885.

TUGGURT, 1/2 s. Barbe. — H. N.
Gr. 1873. — Orient.
Rodez : 1878. — Mort en juin 1885...

TULOU, 1/2 s. L. — H. N.
B. 1844. — Haute-Vienne.
Par *Terror*, P. S. A., et *Folly*, 1/2 s. L.
Pompadour : 1848. — Castré en juillet 1850.

TUNIS, 1/2 s. Ar. — H. N.
Gr. 1845. — Haras de Pompadour.
Par *Koheil-Obayan-Sederei*, arabe, et *Alerts*, race des Deux-Ponts.
Tarbes : 1849. — Réformé en juillet 1866.

TURBAN, 1/2 s. A.-A. — H. N.
B. 1832.
Par *Félix*, P. S. A., et une jument arabe.
Pau : 1837. — Vendu en novembre 1852.

TURBIGO, 1/2 s. Barbe.
Approuvé. — M. Péreire.
Gr. 1853. — Algérie.
Libourne : 1865. — S. R. en 1869.

TURLUPIN, 1/2 s. du Midi. — H. N.

Al. 1875. — Hautes-Pyrénées.

Par *Dahabi*, P. S. Ar., et une fille de Bethléem, 1/2 s. du Midi.

Aurillac : 1880. — Réformé en septembre 1886.

URELÉ, ex **PAPILLON**, 1/2 s. du Midi. — H. N.

Gr. 1876. — France.

Par *Cheitam*, P. S. Ar., et *Kérime*, 1/2 s. du Midi.

Villeneuve-sur-Lot : 1880. — Castré en août 1885.

UDON, 1/2 s du Midi. — H. N.

B. 1854.

Par *Y. Superior*, 1/2 s. A., et une fille de Shamil ou Doyen.

Libourne : 1876. — Castré en août 1876.

UKASE, 1/2 s. du Midi. — H. N.

Gr. 1825. — Hautes-Pyrénées.

Par *Nahr-el-Kébir*, P. S. Ar., et une fille de Karchane, 1/2 s. Ar.

Aurillac : 1881. — Réformé en août 1883.

ULMANI, 1/2 s. du Midi. — H. N.

Al. 1876. — Basses-Pyrénées.

Par *El Kahlil* ou *Dahabi*, P. S. Ar., et une fille de de Fulmen,
1/2 s.

Pau : 1880. — Vendu en août 1893.

UNDO, ex-**URGHEL**, 1/2 s. du Midi. — H. N.

Gr. 1876. — Hautes-Pyrénées.

Par *Nahr-el-Kébir*, P. S. Ar., et *N.*, 1/2 s. du Midi, par Emir,
P. S. Ar.

Villeneuve-sur-Lot : 1880. — Castré en juillet 1893.

URBACK, 1/2 s. du Midi. — H. N.

Al. 1876. — Hautes-Pyrénées.

Par *Nassim*, P. S. Ar., et une fille de Grey-Tommy, P. S. A.

Pau : 1880. — Abattu en août 1889.

UROU, 1/2 s. du Midi. — H. N.
B. 1876. — Hautes-Pyrénées.
Par *Ceylon*, P. S. A., et une fille d'Emir, P. S. Ar.
Tarbes : depuis 1880.

URVANOFF, 1/2 s. du Midi. — H. N.
Gr. 1876. — Hautes-Pyrénées.
Par *Nahr-el-Kébir*, P. S. Ar., et une fille de Robert-Owen,
P. S. A.
Pau : 1880. — Réformé en août 1891.

USBECK, 1/2 s. du Midi. — H. N.
B. 1876. — Manche.
Par *El Ghor*, P. S. Ar., et une fille d'Eylau, P. S. A.-A.
Pau : 1880. — Abattu en août 1393.

USUFRUITIER, 1/2 s. du Midi. — H. N.
B. 1876. — Hautes-Pyrénées.
Par *Nicot*, 1/2 s. N., et une fille de Grey-Tommy, P. S. A.
Perpignan : 1880. — Réformé en août 1896.

UZÈS, 1/2 s. Ar. — H. N.
B. 1846. — Haras de Pompadour.
Par *Saoud*, P. S. Ar., et *Catherine* (race des Deux-Ponts,
par Windcliffe (Deux-Ponts), et Rosabelle
(race Ducale ou des Deux-Ponts).
Pompadour : 1850-1851. — Aurillac : 1852.
Réformé en août 1861.

VAILLANT, 1/2 s.
Accepté. — M. Arnaud.
Al. 1894. — Gironde.
Par *Jalady*, 1/2 s. du Midi, et *Brune*.
Libourne : depuis 1898.

VALENTIN, 1/2 s. du Midi.
M. Lapeyrouse.
Gr. 1856. — Basses-Pyrénées.
Par *Xerxès* et une fille d'Albatros.
Tarbes : 1860. — Réformé en 1861.

VALENTIN, 1/2 s. du Midi.
Approuvé. — M. Souville.
Gr. 1876. — France.
Par *Damas* et une fille de Robert-Owen, P. S. A.
Tarbes : 1880. — Réformé en 1896.

VAMPIRE, 1/2 s. du Midi. — H. N.
Al. 1823.
Par *Impérial*, 1/2 s. du Midi, et *Persane*, 1/2 s. du Midi.
Tarbes : 1833. — Réformé en novembre 1848.

VANDY, 1/2 s. du Midi. — H. N.
Gr. 1860. — Hautes-Pyrénées.
Par *Fulgur*, P. S. A., et une fille d'Assassin, 1/2 s. du Midi.
Tarbes : 1864. — Réformé en juillet 1864.

VANLOO, 1/2 s. du Midi. — H. N.
B. 1877. — Haute-Garonne.
Par *Noël*, P. S. A., et une fille de Fana, P. S. Ar.
Tarbes : 1881. — Réformé en août 1897.

VATAN, 1/2 s. du Midi. — H. N.
Al. 1847. — Haras de Pompadour.
Par *Hussein*, P. S. Ar., et *Alerte*, 1/2 s. du Midi.
Tarbes : 1851. — Passé aux remontes en décembre 1852.

VERDICT, 1/2 s. du Midi. — H. N.
Gr. 1880. — Hautes-Pyrénées.
Par *Vendéen*, P. S. A., et une fille de Karchane, P. S. Ar.
Libourne : 1884. — Abattu en juillet 1898.

VÉRONÈSE, 1/2 s. du Midi. — H. N.
B. 1858. — Hautes-Pyrénées.
Par *Moustique*, P. S. A., et *N.*, 1/2 s. du Midi, par Bimini,
1/2 s. du Midi.
Pompadour : 1864. — Villeneuve-sur-Lot : 1865.
Passé en février 1867 aux écuries impériales.

VITRIER, 1/2 s. du Midi. — H. N.
Al. 1877. — Gers.
Par *Enrôleur*, 1/2 s. N., et *Sansonnette*, P. S. A.
Tarbes : 1881. — Réformé en septembre 1887.

VIZIR, ex-**CADOUR**, 1/2 s. Barbe.
Al. 1867. — Afrique.
Libourne : 1880. — Castré en août 1884.

WALTERS, 1/2 s. du Midi. — H. N.
Gr. 1829.
Par *Frogmore*, P. S. A., et une fille de Tamerlan, P. S. Ar.
Tarbes : 1834. — Mort en septembre 1843.

WASA, 1/2 s. du Midi. — H. N.
Al. 1878. — Vienne.
Par *Pausanias*, 1/2 s. N., et une fille de Saint-Simon, P. S. A.
Aurillac : 1889. — Réformé en novembre 1896.

WASHINGTON, 1/2 s. du Midi. — H. N.
B. 1833. — Basses-Pyrénées.
Par *Barelegs*, P. S. Ar., et une jument navarraise.
Pau : 1837. — Vendu en septembre 1845.

WAWERLER, 1/2 s. du Midi. — H. N.
Al. 1878.
Par *Mohican*, 1/2 s. du Midi, et une fille de Nassim, P. S. Ar.
Perpignan : 1882-1886. — Ajaccio : 1887. — Réformé en août 1892.

WAVERLEY, 1/2 s. du Midi. — H. N.
B. 1852. — Hautes-Pyrénées.
Par *Y. Æmilius*, P. S. A., et *N.*, 1/2 s. du Midi,
par Rowlston, P. S. A.
Villeneuve-sur-Lot : 1856. — Réformé en août 1857.

WEIMAR, 1/2 s. du Midi.
Approuvé. — M. A. Causson.
Al. 1878. — France.
Par *Lattakié* ou *Mohican*, Ar., et une fille de Souedj, Ar.
Tarbes : 1882. — Vendu à l'Espagne en 1885.

WINDSOR, 1/2 s. du Midi.
Approuvé. — M. Gervail.
Bb. 1878. — France.
Par *Ceylon*, P. S. A., et une fille de Gas-Light, 1/2 s. A.
Tarbes : 1882. — Réformé en 1884.

XARIPHUS, 1/2 s. du Midi. — H. N.
Ro. 1848. — Haras de Pompadour.
Par *Koheil-Obayan-Sédéréi*, P. S. Ar., et *Catherine*
(de race des Deux-Ponts).
Libourne : 1852. — Castré en août 1858.

XUCAR, 1/2 s. du Midi.
Approuvé. — M. Pucheu-Comte (Hautes-Pyrénées).
B. 1879. — France.
Par *Bruant*, 1/2 s. Midi, et une fille de Premier-Août.
Tarbes : depuis 1883.

YACOUB, 1/2 s. Barbe. — H. N
B. 1859. — Algérie.
Villeneuve-sur-Lot : 1866. — Réformé en septembre 1869.

YACOUB, 1/2 s. du Midi. — H. N.
B. 1876. — Haute-Garonne.
Par *El Yahoudi*, P. S. Ar., et une fille de Fana, P. S. Ar.
Tarbes : 1880. — Réformé en septembre 1883.

YAMADAR-MARADJA, 1/2 s. Ar. — H. N.
B. 1849. — Haras de Pompadour.
Par *Hussein*, P. S. Ar., et *Alerte*, 1/2 s. du Haras de Rosières.
Pompadour : 1852. — Réformé en novembre 1854.

YÉZIBE, 1/2 s. du Midi. — H. N.
B. 1850. — Haute-Garonne.
Par *Mansourah*, P. S. Ar., et une jument de 1/2 s. du Midi.
Tarbes : 1854. — Vendu en novembre 1858.

YORK, 1/2 s. du Midi. — H. N.
Al. 1830. — Hautes-Pyrénées.
Par *Barelegs*, P. S. Ar., et une jument navarraise.
Pau : 1835. — Mort en janvier 1846.

Y. BABA, 1/2 s. du Midi. — H. N.
B. 1857. — Basses-Pyrénées.
Par *Ali-Baba*, P. S. A., et *N.*, 1/2 s. du Midi, par Allington,
P. S. A.
Villeneuve-sur-Lot : 1862. — Abattu en août 1883.

Y. BÉCHIR, 1/2 s. du Midi.
Approuvé. — M. Muthular.
Gr. 1848. — Basses-Pyrénées.
Par *Béchir*, P. S. Ar.
Pau : 1859. — Réformé en 1863.

Y. CANTAL, 1/2 s. Auv. — H. N.
Al. 1830. — Auvergne.
Par *Dijo*, P. S. A., et une jument auvergnate.
Aurillac : 1836. — Réformé en juillet 1840.

Y. CEYLON, 1/2 s. du Midi.
Approuvé. — M. Dabes, 1882-1884 ; M. Mazères, 1885 ;
M. Monbaylet, 1885-1894.
B. 1878. — France.
Par *Ceylon*, P. S. A., et une fille de Fana.
Tarbes : 1882. — Réformé en 1894.

Y. ÉMILIO, 1/2 s. du Midi. — H. N.
B. 1844. — Hautes-Pyrénées.
Par *Emilio*, P. S. A.-A., et une fille de Shaklawie-Amdan, P. S. Ar.
Pau : 1848. — Mort en 1863.

Y. FIGHT-AWAY, 1/2 s. du Midi.
Approuvé. — M. Redon.
B. 1859. — Hautes-Pyrénées.
Par *Fight-Away*, P. S. A.
Villeneuve-sur-Lot : 1864. — Réformé en 1869.

Y. FRIVOLE, 1/2 s. du Midi. — H. N.

B. 1850. — Hautes-Pyrénées.

Par *Frivole*, P. S. A., et *N.*, 1/2 s. du Midi, par Antar, P. S. Ar.

Villeneuve-sur-Lot : 1859. — Réformé en janvier 1860.

Y. KAJOU, 1/2 s. du Midi. — H. N.

Al. 1849. — Landes.

Par *Kajou*, 1/2 s. du Midi, et une fille de Servien, 1/2 s.

Pau : 1853. — Vendu en août 1862,

Y. KALI, 1/2 s. du Midi.

Approuvé. — M. Chanteau.

B. 1877. — France.

Par *Kali*, 1/2 s. N.

Villeneuve-sur-Lot : 1881. — Réformé en 1891.

Y. NÉGRILLON, 1/2 s. du Midi.

Approuvé. — M. Courrèges.

N. 1878. — Gironde.

Par *Négrillon*, 1/2 s. du Midi, et une jument landaise.

Libourne : 1883. — Vendu en 1888.

Y. LIBERTINE, 1/2 s. du Midi. — H. N.

B. 1834. — Gironde.

Par *Libertin*, P. S. A., et *Shamite*, par Shami, P. S. Ar.

Libourne : 1839-1845. — Villeneuve-sur-Lot : 1845.

Castré en octobre 1853.

Y. PATROCLE, 1/2 s. du Midi. — H. N.

Al. 1848. — Hautes-Pyrénées.

Par *Patrocle*, P. S. Ar., et une fille d'Emir, P. S. Ar.

Tarbes : 1852. — A Saumur en 1853.

Y. PROSPECTUS, 1/2 s. du Midi,
Approuvé. — M. Arrépaux.
B. 1850. — Hautes-Pyrénées.
Par *Prospectus*, P. S. Ar., et une fille d'Eprouvé.
Tarbes : 1854. — Réformé en 1855.

Y. RENONCE, 1/2 s. du Midi. — H. N.
Gr. 1846. — Hautes-Pyrénées.
Par *Renonce*, P. S. A., et une fille de Saklawi-Amdan, P. S. Ar.
Perpignan : 1851. — Réformé en août 1866.

Y. SCAVENGER, 1/2 s. du Midi.
Gr. 1849. — Hautes-Pyrénées.
Par *The Scavenger*, P. S. A., et une fille d'Homère, P. S. Ar.
Tarbes : 1853 — Réformé en septembre 1857.

Y. STING, 1/2 s. du Midi. — H. N.
B. 1856. — Hautes-Pyrénées.
Par *Memphis*, P. S. A.-A., et une 1/2 s., par Emilio, P. S. A.
Pau : 1864. — Abattu en 1879.

Y. STING, 1/2 s. du Midi,
Approuvé. — M. Pucheu.
B. 1860. — Hautes-Pyrénées.
Par *Sting*, P. S. A.
Tarbes : 1864. — S. R. en 1865.

Y. SYCOMORE, 1/2 s. du Midi.
Approuvé. — M. Exshaw.
B. 1850. — Basses-Pyrénées.
Par *Sycomore*, P. S A.
Pau : 1857. — Vendu en 1858.

Y. TIFLIS, 1/2 s. du Midi.
Approuvé. — M. Courrèges.
Al. 1867. — Landes.
Par *Tiflis* et une jument landaise.
Libourne : 1874. — Réformé en 1887.

YOUSSOUF, 1/2 s. Barbe. — H. N.
Al. 1841. — Afrique.
De race Barbe.
Pau : 1852. — Vendu le 23 juillet 1860.

YUSUF, 1/2 s. Barbe. — H. N.
Gr. 1840. — Afrique.
De race Barbe.
Villeneuve-sur-Lot : 1851. — Aurillac : 1852.
Réformé en août 1854.

ZAÏM, 1/2 s. L. — H. N.
Al. 1872. — Haute-Vienne.
Par *Zouave*, P. S. A., et une 1/2 s. L., par Narvaëz, 1/2 s. N.
Sa grand'mère : par Commodore-Napier, P. S. A.
Sa bisaïeule : par Quaker, P. S. A.-Ar.
Pompadour : 1876. — Abattu en juillet 1896.

ZÉPHIR, 1/2 s. du Midi.
Approuvé. — M. Sicre-Jarid ; M. Carsalade, 1893 (Haute-Garonne).
Bb. 1883. — France.
Par *Franc-Tireur*, P. S. A., et une fille de Lilliput.
Tarbes : depuis 1887.

ZÉPHIR, 1/2 s. L. — H. N.
Al. 1822. — Haute-Vienne.
Par *Lion*, P. S. Ar., et une jument de 1/2 s. L.
Pompadour : 1827-1841. — Tarbes : 1842.
Réformé en février 1848.

ZODIAQUE, 1/2 s. du Midi. — H. N.
Al. 1873. — Hautes-Pyrénées.
Par *Zodion*, 1/2 s. du Midi, et une fille de Karchane, P. S. Ar.
Tarbes : 1877. — Réformé en juin 1887

ZODION, 1/2 s. Ar. — H. N.
Gr. 1850. — Haras de Pompadour.
Par *Hussein*, arabe, et Lolla-Maghrnia, 1/2 s. Ar.
Tarbes : 1854. — Réformé en août 1876.

ZODIUS, 1/2 s. du Midi. — H. N.
Gr. 1874. — Hautes-Pyrénées.
Par *Zodion*, 1/2 s. du Midi, et une fille de Bayard, P. S. A.
Tarbes : 1878. — Réformé en septembre 1881.

2°

ÉTALONS

IMPORTÉS DANS LES CIRCONSCRIPTIONS D'AURILLAC,
DE LIBOURNE, DE PAU, DE PERPIGNAN, DE POMPADOUR,
DE RODEZ, DE TARBES, DE VILLENEUVE-SUR-LOT
ET DE LA STATION PERMANENTE D'AJACCIO.

ÉTALONS

Importés dans les Circonscriptions d'Aurillac, de Libourne, de
Pau, de Perpignan, de Pompadour, de Rodez, de Tarbes,
de Villeneuve-sur-Lot et de la Station permanente d'Ajaccio.

———

ABSOLU, 1/2 s. N. — H. N.
Ro. 1878. — Calvados.
Par *Kaolin*, P. S. A., et une fille d'Abrantès, 1/2 s. N.
Aurillac : 1882. — Mort le 8 mars 1886.

ACACIA, 1/2 s. N. — H. N.
Al. 1878. — Normandie.
Par *Quinola*, 1/2 s. N., et *Etincelle*, par Matchless, 1/2 s. A.
Tarbes : 1882. — Réformé en août 1892.

ACCOMPLI, 1/2 s. N. — H. N.
B. 1878. — Manche.
Par *Quarteron*, 1/2 s. N., et *Castille*, par Laboureur, 1/2 s. N.
Libourne : 1882. — Abattu en juin 1895.

ADROIT, 1/2 s. N. — H. N.
B. 1878. — Manche.
Par *Newton*, 1/2 s. N., et une fille d'Agenda, 1/2 s. N.
Aurillac : depuis 1882.

AGA, 1/2 s. N. — H. N.
B. 1878. — Manche.
Par *Sidi*, P. S Ar., et *Isolie*, par Isolier, P. S. A.
Libourne : 1882. — Mort en mars 1892.

AISY, 1/2 s. N. — H. N.
Al. 1878. — Manche.
Par *Macouba*, 1/2 s. N., et une fille de Succès, 1/2 s. N.
Perpignan : 1882. — Mort en octobre 1884.

ALBATROS, 1/2 s. N. — H. N.
Al. 1878. — Orne.
Par *Phaëton* ou *Hannon*, 1/2 s. N., et une fille d'Elu, 1/2 s. N.
Aurillac : 1882. — Réformé en août 1896.

ALCAZAR, 1/2 s. N. — H. N.
Al. 1856. — Normandie.
Par *Boléro*, 1/2 s. N., et une fille de Noteur, 1/2 s. N.
Tarbes : 1860. — Réformé en septembre 1870.

ALCIDE, 1/2 s. — H. N.
Al. 1877. — Cher.
Par *Performer*, 1/2 s. A., et une jument de P. S. A.
Villeneuve-sur-Lot : 1881. — Abattu en août 1895.

ALCIDE, 1/2 s. N. — H. N.
B. 1835. — Calvados.
Par *Talma*, P. S. A., et une fille de Lucholl, 1/2 s. A.
Libourne : 1839. — Castré en juillet 1849.

ALEXIS, 1/2 s. Meck.
B. 1821. — Mecklembourg.
Aurillac : 1833. — Réformé en novembre 1840.

ALFRED, 1/2 s. N. — H. N.
Al. 1823. — Normandie.
Par *D. I. O.*, P. S. A., et une fille de Docteur, 1/2 s. N.
Libourne : 1829. — Vendu en décembre 1841 (non castré).

ALI, 1/2 s. A. — H. N.
B. 1851. — Angleterre.
Pau : 1861. — Vendu en août 1862.

ALLIGATOR, 1/2 s. N. — H. N.
Bb. 1878. — Orne.
Par *Ronaissant*, 1/2 s. N., et une fille de Boléro, 1/2 s. **N.**
Aurillac : depuis 1882.

AMIDON, 1/2 s. N. — H. N.
Al. 1878. — Orne.
Par *Trouville*, P. S. A., et une fille de Hidalgo, 1/2 s. N.
Sa grand'mère : par Pilôte, 1/2 s. **N.**
Sa bisaïeule : par Royal-George.
Rodez : depuis 1882.

AMIRAL, 1/2 s. N. — H. N.
Al. 1875. — Orne.
Par *Denmark*, 1/2 s. A., et une 1/2 s. N., par Tonnerre-des-Indes,.
P. S. A.
Pompadour : 1879. — Réformé en septembre 1895.

AMIRAL, 1/2 s. N. — H. N.
B. 1835. — Calvados.
Par *Marmot*, 1/2 s. N., et une fille de Talma, 1/2 s. **N.**
Libourne : 1839. — Castré en octobre 1851.

AMMON, 1/2 s. N. — H. N.
B. 1856. — Normandie.
Par *Stoker*, P. S. A., et une fille d'Impérieux, 1/2 s. N..
Libourne : 1860. — Abattu en janvier 1866.

ANDALOU, 1/2 s. N. — H. N.
Al. 1878. — Manche.
Par *Richard*, 1/2 s. N., et une fille de Quasi, 1/2 s. N.
Perpignan : 1882. — Réformé en août 1892.

ANTONY, 1/2 s. N. — H. N.
B. 1832. — Orne.
Par *Vampire*, P. S. A.
Aurillac : 1841. — Réformé en août 1849.

APULÉE, 1/2 s. N. — H. N.
Bb. 1856. — Orne.
Par *Noteur*, 1/2 s. N., et une 1/2 s. N., fille de Doyen, 1/2 s. N.
Pompadour : 1860. — Réformé en mars 1861.

ARAK, 1/2 s. N. — H. N.
B. 1856. — Normandie.
Par *Assault*, P. S. A., et une fille de Boucanier, P. S. A.
Tarbes : 1860. — Mort en octobre 1860.

ARCHIMÈDE, 1/2 s. N. — H. N.
B. 1875. — Orne.
Par *Niger*, 1/2 s. N., et une fille de Vladimir, 1/2 s. N.
Perpignan : 1879. — Mort en juillet 1894.

ARCIS, 1/2 s. N.
Approuvé. — MM. Sarrans et Médale.
B. 1856. — Normandie.
Par *Assault*, 1/2 s. N., et une fille de Namur, 1/2 s. N.
Tarbes : 1864. — Réformé en 1879.

ARDILLON, 1/2 s. N. — H. N.
B. 1856. — Orne.
Par *Stoker*, P. S. A., et une fille de Merlerault, 1/2 s. N.
(Merlerault, par Royal-Oak, P. S. A. — V. S. B. N., t. I, p. 182.)
Pompadour : 1860. — Mort en mars 1861.

ARISTOTE, 1/2 s. N. — H. N.
B. 1856. — Normandie.
Par *Caliderstone*, P. S. A., et une fille d'Eylau, P. S. A.-A.
Libourne : 1860. — Castré en janvier 1861.

ARMAGNAC, 1/2 s. N. — H. N.

Al. 1878. — Eure.

Par *Buci*, 1/2 s. N., et une fille de Marval, 1/2 s. N.

Sa grand'mère : par Pretender, 1/2 s. A.
Sa bisaïeule : jument anglaise.

Rodez : 1882. — Réformé en août 1884.

ARMAGNAC, 1/2 s. N. — H. N.

B. 1855. — Normandie.

Par *Merlerault*, 1/2 s. N., et une fille de Général, 1/2 s. N.

Libourne : 1860. — Castré en août 1870.

ASCAGNE, 1/2 s. N. — H. N.

Ro. 1856. — Normandie.

Par *Intact*, 1/2 s. N., et une fille de Fabricius.

Libourne: 1861. — Mort en août 1871.

ASDRUBAL, 1/2 s. N.

Approuvé. — M. d'Hauterive.

Al. 1848.

Rodez : 1854. — Vendu en 1856.

ASMODÉE, 1/2 s. N. — H. N.

Al. 1856. — Orne.

Par *Stoker*, P. S. A., et une 1/2 s. N., par Napoléon, 1/2 s. N.

Pau : 1860. — Mort en septembre 1861.

ASTRE, 1/2 s. N. — H. N.

Al. 1856. — Orne.

Par *The Repealer*, 1/2 s. A., et une fille de Chactas, 1/2 s. N.

Aurillac : 1861. — Réformé en août 1861.

ASTROLABE, 1/2 s. B. — H. N.

Al. 1878. — Finistère.

Par *Gouvieux*, P. S. A., et une fille de Bacchus, 1/2 s. N.

Villeneuve-sur-Lot : 1885. — Mort le 27 avril 1889.

AUBIER, ex-**ARABE**, 1/2 s. N. — H. N.
Al. 1878. — Calvados.
Par *Raifort*, 1/2 s. N., et une fille de Taconnet, 1/2 s. N.
Perpignan : depuis 1882.

AURIOL II, 1/2 s. N.
Approuvé. — M. Marrast.
B. Né en 1855.
Tarbes : 1864. — Réformé en 1874.

AZURÉ, 1/2 s. N. — H. N.
B. 1878, — Calvados.
Par *Kaolin*, P. S. A., et *Clémentine*, 1/2 s. N., par Thésée,
1/2 s. N.
Pompadour : 1882. — Réformé en septembre 1886.

BABOLIN, 1/2 s. N. — H. N.
Bb. 1879. — Manche.
Par *Lavater*, 1/2 s. N., et *The Heir-of-Linna*,
par The Heir-of-Linne, P. S. A.
Libourne : depuis 1883.

BACHELIER, 1/2 s. N. — H. N.
Aub. 1857. — Calvados.
Par *Succès*, 1/2 s. N., et *Madame-Putiphar*, 1/2 s. N.
Pau : 1862. — Vendu en août 1863.

BADIUS, 1/2 s. N. — H. N.
B. 1879. — Calvados.
Par *Hick*, 1/2 s. N., et une fille de Rivoli, 1/2 s. N.
Aurillac : 1883. — Réformé en août 1893.

BALCON, ex-**BON-ESPOIR**, 1/2 s. N. — H. N.
Bb. 1879. — Manche.
Par *Kabin*, 1/2 s. N., et *Blancpied*, par Feu-de-Joie, 1/2 s. N.
Libourne : 1883. — Castré en août 1891.

BALDO, 1/2 s. N. — H. N.
Al. 1879. — Calvados.
Par *Elu*, 1/2 s. N., et *Thérèse*, par Le More, 1/2 s. N.
Libourne : 1883. — Castré en août 1898.

BALKAN, 1/2 s. N. — H. N.
B. 1879. — Normandie.
Par *Idoménée*, 1/2 s. N., et une fille de Beaumanoir, 1/2 s. N.
Tarbes : 1887. — Réformé en août 1896.

BARADOS, 1/2 s. N. — H. N.
Bb. 1879. — Orne.
Par *Clear-the-Way*, 1/2 s. Norf.-A., et une fille de Boléro,
1/2 s. A.
Villeneuve-sur-Lot : 1883. — Abattu en août 1892.

BARNAVE, 1/2 s. N. — — H. N.
B. 1857. — Orne.
Par *Séducteur*, 1/2 s. N., et une fille de Kramer, 1/2 s. N.
Perpignan : 1861. — Réformé en août 1868.

BAYARD, 1/2 s. N.
Approuvé. — M. Calmel.
B. 1863. — Normandie.
Par *Normand*, 1/2 s. N.
Tarbes : 1879. — Réformé en 1886.

BAYARD IV, 1/2 s. N. — H. N.
N. 1879. — Seine-Inférieure.
Par *Niger*, 1/2 s. N., et *Espérance*, par Trotting-Ratler, 1/2 s. A.
Libourne : 1885. — Abattu en août 1897.

BEAULIEU, 1/2 s. N. — H. N.
B. 1857. — Normandie.
Par *Mastrillo*, P. S. A., et une fille de Maxime, 1/2 s. N.
Libourne : 1861. — Castré en août 1870.

BENGALI, 1/2 s. V. — H. N.
Al. 1879. — Vendée.
Par *Pactole*, 1/2 s. N., et une 1/2 s. V., par Karibon, 1/2 s. N.
Villeneuve-sur-Lot : 1883. — Castré en août 1887.

BERTHOUD, 1/2 s. N. — H. N.
B. 1857. — Normandie.
Par *Perfection*, 1/2 s. N., et une fille de Boucanier, 1/2 s. N.
Libourne : 1861. — Castré en novembre 1873.

BEURNONVILLE, 1/2 s. N. — H. N.
N. 1857. — Manche.
Par *Jay*, 1/2 s. N., et une jument normande.
Aurillac : 1861. — Mort en août 1878.

BIBI, 1/2 s. N.
Approuvé. — M. Boudet : M. Calmel, 1879.
B. 1858. — Normandie.
Par *Normand*, 1/2 s. N.
Rodez : 1865-1876. — Tarbes : 1879. — Réformé en 1882.

BIBLY, 1/2 s. N. — H. N.
N. 1879. — Calvados.
Par *Phare*, 1/2 s. N., et *Bijou*, 1/2 s. N., par Grandiose, 1/2 s. N.
Libourne : depuis 1883.

BIEN-AIMÉ, 1/2 s. N. — H. N.
Al. 1879. — Calvados.
Par *Souvenir*, P. S. A., et *Bel-Œil*, 1/2 s. N., par Hussein,
P. S. Ar.
Villeneuve-sur-Lot : 1883. — Réformé en août 1883.

BIÉVILLE, 1/2 s. N. — H. N.
Al. 1857. — Manche.
Par *Ballinkeele*, P. S. A., et une fille d'Espiègle, 1/2 s. N.
Libourne : 1861. — Castré en août 1868.

BIRATO, 1/2 s. N. — H. N.

B. 1879. — Calvados.

Par *Oriental*, 1/2 s. N., et une fille de Gloire, 1/2 s. N.

Aurillac : 1883. — Réformé eu août 1889.

BITTERLIN, 1/2 s. N. — II. N.

Approuvé. — M. de Lapeyrouse.

B. 1856. — Normandie.

Par *Dorus*, 1/2 s. N., et une 1/2 s. N., par Egrillard, 1/2 s. N.

Tarbes : 1862. — Réformé en 1867.

BLACK-PHŒNOMENON, 1/2 s. A. — H. N.

N. 1860. — Angleterre.

Pompadour : 1866. — Réformé en décembre 1874.

BLAINVILLE, 1/2 s. N. — H. N.

B. 1857.

Par *Troarn*, 1/2 s. N., et une fille de Lucain, 1/2 s. N.

Sa grand'mère : fille de Poggard, 1/2 s. A.

Rodez : 1860. — Mort en juillet 1877.

BOIS-DE-CÉNÉ, 1/2 s. V. — H. N.

Al. 1891. — Vendée.

Par *Ibicus*, 1/2 s. V., et *Hyrondine*, P. S. A.. par Le Mandarin.

Libourne : 1895. — Réformé en août 1897.

BOLÉRO, 1/2 s. N. — H. N.

B. 1879. — Calvados.

Par *Ribaud*, 1/2 s. N., et *Mantou*, par Mustapha, 1/2 s. N.

Libourne : 1883. — Castré en août 1885.

BON-ESPOIR, 1/2 s. N. — H. N.

B. 1865. — France.

Par *Centaure*, 1/2 s. N.

Villeneuve-sur-Lot : 1871. — A Rosières en septembre 1871.

BON-ESPOIR, 1/2 s. N. — H. N.
B. 1877. — Normandie.
Par *Noville*, 1/2 s. N., et une fille de Conquérant, 1/2 s. N.
Tarbes : 1882. — Réformé en août 1887.

BONTON, 1/2 s. V. — H. N.
Al. 1842. — France.
Par *Bonton*, P. S. A., et une jument poitevine.
Villeneuve-sur-Lot : 1850. — Réformé en juillet 1868.

BORDOGNI, 1/2 s. N. — H. N.
B. 1857. — Normandie.
Par *William*, P. S. A., et une fille d'Eylau, P. S. A.-A.
Libourne : 1861. — Mort en juin 1863.

BORIS, 1/2 s. Russe.
Approuvé. — Mme la duchesse de Fitz-James.
B. 1869. — Russie.
Perpignan : 1875. — Réformé en 1887.

BORNÉO, 1/2 s. N. — H. N.
B. 1879. — Manche.
Par *El Ghor*, P. S. Ar., et une fille de Kent, 1/2 s. N.
Aurillac : 1883. — Mort en mai 1886.

BOUFFÉ, 1/2 s. N. — H. N.
Bb. 1856. — Normandie.
Par *Phœnomenon*, 1/2 s. A., et *Rachel*, 1/2 s. N.
Tarbes : 1861. — Réformé en juillet 1874.

BOUGAINVILLE, 1/2 s. N. — H. N.
B. 1857. — Normandie.
Par *Nelson*, 1/2 s. N., et une fille de Kapirat, 1/2 s. N.
Libourne : 1861-1874.

BOURDON, 1/2 s. N. — H. N.
Al. 1857. — Normandie.
Par *Lucain*, 1/2 s. N., et une fille de Kenilworth, 1/2 s. N.
Aurillac : 1861. — Passé à Montier-en-Der, en octobre 1861.

BOURRIENNE, 1/2 s. N. — H. N.
N. 1857. — Normandie.
Par *Tipple-Cider*, P. S. A., et une fille de Mahomet, 1/2 s. N.
Sa grand'mère : une 1/2 s. par Highflyer, P. S. A.
Rodez : en 1871. — Passé à Besançon en janvier 1877.

BOUSCARENS, 1/2 s. N. — H. N.
B. 1857. — Normandie.
Par *Trourn*, 1/2 s. N., et une fille de Tipple-Cider, P. S. A.
Libourne : 1861. — Castré en 1865.

BOUTON-D'OR, 1/2 s. N. — H. N.
Al. 1879. — Charente-Inférieure.
Par *Quibbler*, 1/2 s. N., et une fille de Routier, 1/2 s. N.
Tarbes : 1887. — Réformé en août 1891.

BOXEUR, 1/2 s. N. — H. N.
Bb. 1874.
Par *Avenir*, 1/2 s. A.-A., et une fille de Black-Phœnomenon,
1/2 s. A.
Aurillac : 1883. — Réformé en août 1885.

BRAVE, 1/2 s. N. — H. N.
B. 1879. — Calvados.
Par *Quintus*, 1/2 s. N., et *Rapide*, par Va-de-Bon-Cœur, 1/2 s. N
Libourne : 1883. — Mort en janvier 1889.

BRIGADIER, 1/2 s. N. — H. N.
B. 1836. — Calvados.
Par *Proselyte*, 1/2 s. et une jument normande.
Libourne : 1840. — Envoyé à Jussey en janvier 1841.

BRILLANT, 1/2 s. N.

Approuvé. — M. de Moré.

B. 1866. — Manche.

Par *Germanicus*, 1/2 s. N., et une 1/2 s., par Eastham, P. S. A.

Rodez : 1871. — Mort après la monte de 1871.

BRILLANT, 1/2 s.

Autorisé. — Mme la Ctesse de Luetkens.

Al. 1871.

Par *Y. Comus* et une jument normande,

Libourne : 1883. — Réformé en 1887.

BRIQUET, 1/2 s. Char. — H. N.

B. 1879. — Charente-Inférieure.

Par *Salamyre*, 1/2 s. N., et une fille d'Obéron, 1/2 s. N.

Libourne : 1883. — Castré en août 1889.

BRITANNICUS, 1/2 s. N. — H. N.

Ro. 1857. — Orne.

Par *Lully*, P. S. A., et une 1/2 s., par Napoléon, P. S. A.

Pau : 1871. — A Rosières en septembre 1871.

BUFFALO, 1/2 s. A. — H. N.

B. 1821. — Angleterre.

Par *Holme*, P. S. A., et une fille de Petit-Isaac, P. S. A.

Pompadour : 1841-1842. — Passé à Rosières en mars 1843.

BUFFON, 1/2 s. N. — H. N.

B. 1857. — Normandie.

Par *Tipple-Cider*, P. S. A., et une fille de Notable, 1/2 s. N.

Libourne : 1861. — Castré en juillet 1869.

BURIDAN, 1/2 s. V.

Approuvé. — Mis de Saint-Horéat.

Al. 1850. — Vendée.

Par *Amadis*, P. S. A., et une jument de 1/2 s. V.

Pompadour : 1863. — S. r. depuis.

BYRON, 1/2 s. N. — H. N.
B. 1856. — Manche.
Par *Racine*, 1/2 s. N., et une jument normande.
Aurillac : 1861. — Mort en août 1871.

CABOTIN, 1/2 s. N. — H. N.
B. 1880. — Calvados.
Par *Kaolin*, P. S. A., et une fille de Normand, 1/2 s. N.
Sa grand'mère : fille de Kapirat, 1/2 s. N.
Sa bisaïeule : par The Juggler, P. S. A.
Rodez : 1844. — Réformé en août 1894.

CABOURG, 1/2 s. N. — H. N.
B. 1858. — Calvados.
Par *Ottoman*, 1/2 s. N., et une fille d'Incomparable, 1/2 s. N.
Aurillac : 1862. — Réformé en août 1871.

CADILLAC, 1/2 s. N. — H. N.
B. 1880. — Normandie.
Par *Ximénès*, 1/2 s. N., et *Loustine*, par Marceau, 1/2 s. N.
Tarbes : depuis 1884.

CAGLIOSTRO, 1/2 s. V. — H. N.
Aub. 1880. — Loire-Inférieure.
Par *Roquelaure*, 1/2 s. V., et une fille de Nicéphore, 1/2 s. V.
Aurillac : 1884. — Mort en octobre 1894.

CALDÉRON, 1/2 s. N. — H. N.
B. 1858. — Orne.
Par *Général*, 1/2 s. N., et une jument de 1/2 s. A.
Pompadour : 1862. — Passé à La Roche en janvier 1863.

CAMÉE, 1/2 s. N. — H. N.
B. 1880. — Normandie.
Par *Quality*, 1/2 s. N., et *Mignonne*, 1/2 s. N.
Tarbes : 1884. — Réformé en septembre 1885.

CANDIDAT, 1/2 s. N. — H. N.
B. 1858. — Orne.

Par *Merlerault*, 1/2 s. N., et une fille de Wildfire, 1/2 s. A.
Perpignan : 1862. — Réformé en août 1882.

CANTACUZÈNE. ex-**VAILLANT**, 1/2 s. N. — H. N.
Al. 1880. — Orne.

Par *Vichnou*, P. S. A., et *Belle-Petite*, 1/2 s. N., par Hannon,
1/2 s. N.
Perpignan : 1884. — Réformé en août 1890.

CAOUTCHOUC, 1/2 s. N. — H. N.
B. 1862. — Normandie.

Par *Noteur*, 1/2 s. N., et *Gazelle*, 1/2 s. N.
Tarbes : 1867. — Réformé en août 1887.

CAPITAINE, 1/2 s. N. — H. N.
B. 1858. — Orne.

Par *Prince-Colibri*, P. S. A., et une fille de Parisien, 1/2 s. N.
Aurillac : 1862. — Mort en juillet 1875.

CAPUDAN-PACHA, 1/2 s. né en Prusse. — H. N.
Al. 1823. — Prusse.

Par *Capudan-Pacha* et *Dupless*, fille de Y. Morwick,
du Haras de Plessen.
Tarbes : 1844. — Mort en 1844.
Venu de Saint-Maixent.

CARAMEL, ex-**CARCAN**, 1/2 s. N. — H. N.
Al. 1880. — Manche.

Par *Ménélas*, 1/2 s. N., et *Mouvette*, par Dimanche, 1/2 s. N.
Libourne : depuis 1884.

CARPIQUET, 1/2 s. N. — H. N.
. B. 1858. — Calvados.

Par *Adolphus*, P. S. A., et une 1/2 s. N., par Marengo, P. S. A.-A
Pompadour : 1862. — Passé à Saintes en décembre 1862.

CARTEL, 1/2 s. N. — H. N.
Al. 1880. — Calvados.
Par *Gall*, 1/2 s. N., et *Inès*, P. S. A.
Villeneuve-sur-Lot : 1884. — Castré en novembre 1897.

CATALAN, 1/2 s. N. — H. N.
B. 1858. — Orne.
Par *Noteur*, 1/2 s. N., et une 1/2 s. N., par Schamyl, P. S. A.
Pau : 1862. — Vendu en septembre 1864.

CATILINA, 1/2 s. N. — H. N.
B. 1858. — Orne.
Par *Sandeau*, 1/2 s. N., et uue fille de Brocardo, 1/2 s. N.
Aurillac : 1862. — Réformé en septembre 1865.

CENSEUR, 1/2 s. N. — H. N.
Bb. 1836. — Calvados.
Par *Eastham*, P. S. A., et une fille d'Obligent, 1/2 s N.
Libourne : 1840. — Castré en octobre 1851.

CÉRISÉ, 1/2 s. N. — H. N.
B. 1858. — Orne.
Par *Sandeau*, 1/2 s. N., et une fille d'Hercule, 1/2 s. N.
Aurillac : 1862. — Réformé en octobre 1863.

CERNEAU, 1/2 s. N. — H. N.
B. 1880. — Manche.
Par *Orphée*, 1/2 s. N., et *Négresse*, 1/2 s. N.,
par Sir-Edwin-Landseer, 1/2 s. A.
Villeneuve-sur-Lot : 1884. — Réformé en août 1889.

CHAMPION, 1/2 s. A. — H. N.
Bb. 1863. — Angleterre.
Poney anglais.
Pau : 1867. — Vendu en septembre 1883.

CHANTONNAY, 1/2 s. V. — H. N.
G. 1847. — Vendée.
Par *Isly*, P. S. Ar.
Villeneuve-sur-Lot : 1854-1860. — A La Roche-sur-Yon
en janvier 1861.

CHARLEY-MERRY-LEGS, 1/2 s. A. — H. N.
Al. 1873. — Yorkshire.
Par *Royal-Charley*, Norf.-A., et une fille de Y. Phœnomenon,
1/2 s. A.
Tarbes : 1879. — Mort en juillet 1868.

CHILDERS, 1/2 s. — H. N.
B. 1826. — Haras de Rosières.
Par *Spy*, P. S. A., et une 1/2 s. de la race des Deux-Ponts.
Sa grand'mère : Chryséis, P. S. A.
Sa bisaïeule : Lady-Seane, P. S. A.
Rodez : 1835. — Mort en mars 1845.

CIGUË, 1/2 s. N. — H. N.
B. 1858. — Orne.
Par *Merlerault*, 1/2 s. N., et une fille de Vaillant, 1/2 s. N.
Aurillac : 1862. — Réformé en novembre 1873.

CLIENT, 1/2 s. N. — H. N.
B. 1829. — Orne.
Par *Talma*, 1/2 s. A., et *Danseuse*, 1/2 s. N.
Libourne : 1833-1845. — Villeneuve-sur-Lot : 1846.
Réformé en 1851.

CLOVIS, 1/2 s. N. — H. N.
Gr. 1858. — Manche.
Par *Paternel*, 1/2 s. N., et une fille de Sir-Henry, 1/2 s. N.
Sa grand'mère : une fille de Centaure, 1/2 s. N.
Sa bisaïeule : une fille de Merlerault, 1/2 s. N.
Sa trisaïeule : une fille de Sylvie, P. S. A.
Rodez : 1862. — Réformé en août 1866,

CLUNY, 1/2 s. N. — H. N.

B. 1880. — Calvados.

Par *Hick*, 1/2 s. N., et une fille d'Epsom, 1/2 s. N.

Sa grand'mère : par Guignolet, P. S. A.
Sa bisaïeule : Discrète, P. S. A.
Sa trisaïeule : Deer, P. S. A.-A.

Rodez : 1884. — Mort le 10 avril 1897.

COB, 1/2 s. A. — H. N.

B. 1858. — Angleterre.

Poney anglais.

Pau : 1868. — Vendu en août 1882.

COMMANDANT, 1/2 s. N. — H. N.

Bb. 1858. — Orne.

Par *Merlerault*, 1/2 s. N., et *N.*, 1/2 s. N., par Incomparable,
1/2 s. N.

Pompadour : 1862-1866. — Passé à Cluny en janvier 1867.

CONVENABLE, 1/2 s. N. — H. N.

B. 1859. — Orne.

Par *Sultan*, 1/2 s. N.

Pau : 1863. — Abattu en juillet 1864.

COQUELIN, 1/2 s. — H. N.

B. 1880. — Mayenne.

Par *Washington*, 1/2 s. N., et une fille de Félix, 1/2 s. N.

Sa grand'mère : fille de Stoker, P. S. A.
Sa bisaïeule : fille de Pretty-Boy, P. S. A.
Sa trisaïeule : Fenella, P. S. A.

Rodez : depuis 1884.

CORIOLAN, 1/2 s. N. — H. N.

B. 1858. — Orne.

Par *Montaigne*, 1/2 s. N., et une fille de The Repealer, 1/2 s. A.

Pompadour : 1862. — Saintes : 1863-1865.

CORNICHON II, 1/2 s. Char.
Approuvé. — M. Sarran.
B. 1848. — Deux-Sèvres.
Par *Cornichon*, 1/2 s. N., et une 1/2 s. V., par Mage, 1/2 s. N.
A fait la monte dans la Haute-Garonne,
Tarbes : 1857. — Réformé en 1864.

CORSAIRE, 1/2 s. du Midi. — H. N.
B. 1827. — Haute-Vienne.
Par *Y. Muley*, P. S. A., et *Calipso*, 1/2 s. L.
Aurillac : 1840. — Réformé en novembre 1841.

CORTEZ, 1/2 s. N. — H. N.
B. 1858. — Orne.
Par *Général*, 1/2 s. N., et une fille de Sandeau, 1/2 s. N.
Aurillac : 1862. — Réformé en août 1862.

COSCÈQUE, 1/2 s. N. — H. N.
Bb. 1880. — Calvados.
Par *Interprète*, 1/2 s. N., et une fille de Pimpant, 1/2 s. N.
Sa grand'mère : une fille de Navigateur, 1/2 s. N.
Tarbes : 1887. — Réformé en août 1894.

COURAGEUX, 1/2 s. N. — H. N.
Gr. 1822. — Normandie.
Par *Le Snail*, P. S. A., et une jument normande.
Libourne : 1827-1848.

COURTIER, 1/2 s. N. — H. N.
B. 1858. — Calvados.
Par *Sultan*, 1/2 s. N., et une fille de Calderstone, P. S. A.
Aurillac : 1862. — Mort en juillet 1881.

CRAGSMAN, 1/2 s. A. — H. N.
Bb. 1863. — Angleterre.
Par *Alonzo*, 1/2 s. A., et une fille de Black-Lak, 1/2 s. A.
Pompadour : 1867. — Réformé en décembre 1872.

CRÉSUS, 1/2 s. N. — H. N.
Gr. 1880. — Calvados.
Par *Noville*, 1/2 s. N., et *Jenny*, 1/2 s. A.
Villeneuve-sur-Lot : 1884. — Mort en janvier 1889.

CRŒSUS, ex-**GREAT-WONDER**, 1/2 s. A. — H. N
B. 1837. — Angleterre.
Par *Skilark*, 1/2 s. A., et *Milésius*, 1/2 s. A.
Libourne : 1854. — Castré en octobre 1854.

CRONSTADT. 1/2 s. R. — H. N.
Gr. 1859. — Russie.
Villeneuve-sur-Lot : 1866. — Abattu en août 1868.

CZAR, 1/2 s. Orloff.
Approuvé. — M. Léary.
N. 1874. — Russie.
Libourne : 1880. — Réformé en 1882.

DAGOBERT, 1/2 s. N. — H. N.
B. 1859. — Orne.
Par *Prince-Colibri*, P. S. A., et une fille de Chasseur, 1/2 s. N.
Pau : 1863. — Vendu en août 1876.

DAGON, 1/2 s. N. — H. N.
B. 1881. — Manche.
Par *Saint-Cloud*, 1/2 s. N., et une fille d'Ignoré, 1/2 s. N.
Sa grand'mère : fille d'Uzel, 1/2 s. N.
Sa bisaïeule : fille de Myrthe, 1/2 s. N.
Sa trisaïeule : fille d'Homère, 1/2 s. N.
Sa quadrisaïeule : fille d'Impérieux, 1/2 s. N.
Villeneuve-sur-Lot : depuis 1885.

DAMAS, 1/2 s. N. — H. N.
B. 1859. — Normandie.
Par *Ramsay*, P. S. A., et une fille de Dart, 1/2 s. A.
Libourne : 1863. — Castré en août 1868.

DAMIER, 1/2 s. N. — H. N.
B. 1859. — Vendée.
Par *Ultra*, 1/2 s. N., et une jument de 1/2 s. A.
Pau : 1863-66. — Tarbes : 1867. — Réformé en août 1876.

DAMOCLÈS, 1/2 s. Ch. — H. N.
B. 1881. — Charente-Inférieure.
Par *Lazzarone*, P. S. A.-A., et une 1/2 s. N., par
The Heir-of-Linne, P. S. A.
Libourne : depuis 1885.

DANUBE, 1/2 s. N. — H. N.
Al. 1859. — Manche.
Par *Guignolet*, P. S. A., et une fille de Marengo, 1/2 s. N.
Perpignan : 1863. — Réformé en août 1882.

DANUBE, 1/2 s. N. — H. N.
B. 1836. — Normandie.
Par *Sylvio*, P. S. A., et une fille de Vaillant, 1/2 s. N.
Villeneuve-sur-Lot : 1846. — Mort en mai 1853.

DANSEUR, 1/2 s. N. — H. N.
B. 1881. — Calvados.
Par *Vichnou*, P. S. A., et *Pamela*, par Abrantès, 1/2 s. N.
Libourne : 1885. — Castré en août 1892.

DANVOU, 1/2 s. N. — H. N.
B. 1881. — Manche.
Par *Usuel*, 1/2 s. N., et *Négresse*, fille d'Ignoré, 1/2 s. N.
Sa grand'mère : par Uzel, 1/2 s. N.
Sa bisaïeule : par Myrthe, 1/2 s. N.
Sa trisaïeule : par Homère, 1/2 s. N.
Sa quadrisaïeule : par Impérieux, 1/2 s. N.

Villeneuve-sur-Lot : 1885. — Castré en juillet 1893.

DAPLOMB, 1/2 s. N.
Approuvé. — M. Varet.
Bb. 1858. — Normandie.
Par *Gainsborough*, 1/2 s. N., et une fille d'Impérial, 1/2 s. N.
Aurillac : 1863. — Castré en 1867.

DARIUS, ex-**QUOLIBET**, 1/2 s. N. — H. N.
B. 1850. — Normandie.
Par *Sylvio*, P. S. A., et une fille de Xerxès, 1/2 s. N.
Libourné : 1854. — Castré en octobre 1854.

DARNAÏ, 1/2 s. N. — H. N.
Al. 1881. — Orne.
Par *Oriental*, 1/2 s. N., et *Rigolette*, par Norfolk-Trotter, 1/2 s. A.
Libourne : depuis 1885.

DAUPHIN, 1/2 s. A. — H. N.
B. 1867. — Landes.
Par *Cobnut*, P. S. A., et *Dauphine*, 1/2 s. A.
Villeneuve-sur-Lot : 1873. — Abattu en août 1887.

DAUPHINOIS, 1/2 s. N. — H. N.
Al. 1881. — Calvados,
Par *Gabier* ou *Sidi*, P. S. A., et une fille d'Ignoré, 1/2 s. N.
Perpignan : 1885. — Réformé en décembre 1887.

DAVOUST, 1/2 s. N. — H. N.
Al. 1881. — Manche.
Par *Lodi*, 1/2 s. N., et une fille de Quasi, 1/2 s. N.
Perpignan : depuis 1885.

DAZLÏNG, 1/2 s. N. — H. N.
Al. 1881. — Manche.
Par *Sidi*, P. S. A., et une 1/2 s., par Orphée, 1/2 s. N.
Sa grand'mère : fille d'Uzel, 1/2 s. N.
Sa bisaïeule : une 1/2 s., par Ramsay, P. S. A.
Rodez : 1885. — Réformé en août 1896.

DÉBRACIEUX, ex-**DARIUS**, 1/2 s. N. — H. N.
Al. 1881. — Calvados.
Par *Hick*, 1/2 s. N., et une fille d'Extase, 1/2 s. N.
Sa grand'mère : par Pledge, 1/2 s. N.
Libourne : 1885. — Castré en août 1890,

DÉCISIF, 1/2 s. N. — H. N.
Al. 1859. — Normandie.
Par *Hospodar*, 1/2 s. N., et une fille de Lucien, 1/2 s. N.
Libourne : 1863. — Mort en juin 1872.

DÉCORATEUR, 1/2 s. V. — H. N.
B. 1859. — Vendée.
Par *Sir-Benjamin*, P. S. A., et une fille de Necker, 1/2 s. N.
Libourne : 1864. — Castré en juillet 1864.

DÉCURION, 1/2 s. N. — H. N.
B. 1818.
Par *Alexandre* et une jument normande.
Tarbes : 1838. - Réformé en août 1843.

DÉDIT, 1/2 s. N. — H. N.
Al. 1881. — Manche.
Par *Gabier*, P. S. A., et *Rapide*, 1/2 s. N., par Agenda, 1/2 s. N.
Libourne : 1885. — Castré en août 1893.

DÉFENSEUR, 1/2 s. N. — H. N.
Al. 1887. — Calvados.
Par *Valencourt*, 1/2 s. N., et *Fabiola*, par Rivoli, 1/2 s. N.
Perpignan : depuis 1892.

DÉFI, 1/2 s. N. — H. N.
N. 1881. — Calvados.
Par *Trésorier*, 1/2 s. N., et une fille d'Eclipse, 1/2 s. N.
Rodez : depuis 1886.

DÉLAU, 1/2 s. N. — H. N.
B. 1881. — Calvados.
Par *Ribaud*, 1/2 s. N., et une fille d'Isolier, 1/2 s. N.
Aurillac : 1885. — Mort le 5 mars 1894.

DEMAIN, 1/2 s. N. — H. N.

Al. 1881. — Manche.

Par *L'Incroyable*, P. S. A., et une fille d'Intrépide, 1/2 s. N.

Sa grand'mère : 1/2 s., par The Juggler, P. S. A.
Sa bisaïeule : Pantechnetheca, P. S. A.

Rodez : 1885. — Réformé en octobre 1891.

DÉMON, 1/2 s. N. — H. N.

B. 1859. — Normandie.

Par *Gazeley*, 1/2 s. A, et une fille de Printemps, 1/2 s. N.

Tarbes : 1863. — Mort en octobre 1868.

DÉSIRÉ, 1/2 s. N. — H. N.

B. 1826. — Normandie.

Par *Tigris*, P. S. A., et *Danseuse*, 1/2 s. N.

Rodez : 1832. — Réformé en novembre 1841.

DEVER, 1/2 s. Irland. — H. N.

Bb. 1847. — Irlande.

Par *Irish-Nemrod*, 1/2 s. Irland., et une jument irlandaise.

Le Pin : 1852-1856. — Tarbes · 1857. — Réformé en février 1861.

DIABLE, 1/2 s. N. — H. N.

B. 1859. — Calvados.

Par *Valide*, 1/2 s. N., et une 1/2 s. N., par Don-Quichotte, P. S. A.

Pompadour : 1863-1864. — Cheval de service en 1865.

Réformé en novembre 1868.

DIAVOLO, 1/2 s. N. — H. N.

B. 1859. — Calvados.

Par *Porthos*, 1/2 s. N., et une fille de Pyrrhus, 1/2 s. N.

Libourne : 1863. — Mort en juin 1867.

DIJON, 1/2 s. N. — H. N.

Gr. 1859. — Normandie.

Par *Hunter*, 1/2 s. Irl., et une fille d'Oscar, 1/2 s. N.

Tarbes : 1863. — Aurillac : 1867. — Mort en août 1884.

DISCRET, 1/2 s. N.
Approuvé. — M. Feral.
B. 1859. — Normandie.
Rodez : 1863-1868.

DONATELLO, 1/2 s. N.
Approuvé. — M. Féral.
B. 1859. — Calvados.
Par *Ravisseur*, 1/2 s. N., et une fille de Printano, 1/2 s. N.
Rodez : 1866. — Mort en 1875.

DORIA, 1/2 s. N. — H. N.
Al. 1859. — Normandie.
Par *Paternel*, 1/2 s. N., et une fille de Montbliau, 1/2 s. N.
Rodez : 1871. — Réformé en septembre 1871.

DORIEN, 1/2 s. N. — H. N.
B. 1881. — Calvados.
Par *Palm*, 1/2 s. N., et une fille de Noville, 1/2 s. N.
Aurillac : 1885-1888. — Passé à Cluny en 1888.

DROLATIQUE, 1/2 s. N. — H. N.
Al. 1881. — Manche.
Par *Sidi*, P. S. Ar., et une fille de Pater, 1/2 s. N.
Aurillac : 1885. — Réformé en août 1894.

DUC II, 1/2 s. N. — H. N.
B. 1881. — Calvados.
Par *Saturne*, 1/2 s. N., et *Duchesse*, par Cambacérès, 1/2 s. N.
Libourne : 1886. — Castré en août 1894.

DUCLOS, 1/2 s. N. — H. N.
B. 1881. — Manche.
Par *Romano*, 1/2 s. N., et *Volante*, par Volant, 1/2 s. N.
Libourne : 1885. — Réformé en août 1896.

DUGUESCLIN, 1/2 s. N. — H. N.

B. 1859. — Normandie.

Par *Ukase*, 1/2 s. N., et une jument de 1/2 s. A.

Tarbes : 1863. — Réformé en juillet 1864.

DUO, 1/2 s. N. — H. N.

B. 1881. — Calvados.

Par *Interprète*, 1/2 s. N., et *Sans-Tache*, par Le More, 1/2 s. N.

Libourne : 1885.— Réformé en août 1891.

ÉCLATANT, 1/2 s. N. — H. N.

Al. 1860. — Manche.

Par *Noteur*, 1/2 s. N., et *N.*, 1/2 s. N., par The Repealer,
1/2 s. A.

Pompadour : 1864. — Réformé en août 1874.

ÉCOSSAIS, 1/2 s. N. — H. N.

B. 1882. — Calvados.

Par *Prickwillow II*, P. S. A., et *Bijou*, 1/2 s. N., par Séduisant,
1/2 s. N.

Libourne : 1886. — Castré en août 1891.

ÉCUREUIL, 1/2 s. N. — H. N.

Al. 1882. — Calvados.

Par *Ministère*, P. S. A., et *Lisette*, 1/2 s. N., par Newton,
1/2 s. N.

Libourne : depuis 1886.

ÉCUREUIL, 1/2 s. N.

Approuvé. — M. Fabre.

Al. 1860. — Normandie.

Par *Séducteur*, 1/2 s. N., et une fille de Hospodar, 1/2 s. N.

Perpignan : 1874. — Vendu en 1881

ÉCUREUIL, 1/2 s. V. — H. N.

Al. 1860. — Vendée.

Par *The Roué*, P. S. A., et une 1/2 s. V., fille d'Isigny, 1/2 s. N.

Pompadour : 1864. — Réformé en juillet 1873.

EDMOND, 1/2 s. N. — H. N.

B. 1859. — Calvados.

Par *Hospodar*, 1/2 s. N., ou *Stoker*, P. S. A., et une 1/2 s.,
par The Juggler, P. S. A.

Aurillac : 1867. — Mort en juillet 1882.

EDMOND, 1/2 s. N. — H. N.

Al. 1838. — Calvados.

Par *Pick-Pocket*, P. S. A., et une 1/2 s. N., par Eastham,
P. S. A.

Villeneuve-sur-Lot : 1846. — Réformé en juillet 1849.

EDMOND, 1/2 s. N. — H. N.

Bb. 1826. — Orne.

Par *Utel*, 1/2 s. N., et une fille de Législateur, 1/2 s. N.

Sa grand'mère : par Centaure, 1/2 s. N.
Sa bisaïeule : par Séducteur, 1/2 s. N.
Sa trisaïeule : par Noteur, 1/2 s. N.
Sa quadrisaïeule : par Eylau, P. S. A.-A.

Aurillac : depuis 1886.

ÉLASTIQUE, 1/2 s. N. — H. N.

B. 1882. — Manche.

Par *Phare*, 1/2 s. N., et une fille de Navigateur, 1/2 s. N.

Sa grand'mère : fille de Herschell, 1/2 s. N.
Sa bisaïeule, 1/2 s., par Eylau, P. S. A.-A.
Sa trisaïeule : Delphine, arabe.

Rodez : depuis 1886.

ÉLASTIQUE, 1/2 s. N. — H. N.

B. 1860. — Calvados.

r *Sultan*, 1/2 s. N., et une 1/2 s. N., fille de Raphaël, 1/2 s. N.

Pompadour : 1864-1872. — Passé à Annecy en décembre 1872.

ELDORADO, 1/2 s. N. — H. N.

B. 1860. — Calvados.

Par *Mastrillo*, P. S. A., et une fille de Troarn, 1/2 s. N.

Pau. : 1864. — Mort en mai 1864.

ÉLECTRIQUE, 1/2 s. N. — H. N.

N. 1860. — Normandie.

Par *Thésée*, 1/2 s. N., et une jument normande.

Rodez : 1871. — Besançon en janvier 1872.

ÉLÉGANT, 1/2 s. N. — H. N.

Bb. 1882. — Manche.

Par *Bataillon*, 1/2 s. N., et une fille de Royal, 1/2 s. N.

Sa grand'mère : Royale-Topaze, P. S. A.
Sa bisaïeule : Achaïa, P. S. A.
Sa trisaïeule : Miss-Craven, P. S. A.

Rodez : depuis 1886.

ÉMERYC, ex-**ÉTONNANT**, 1/2 s. N. — H. N.

B. 1882. — Normandie.

Par *Stade*, 1/2 s. N., et une fille de Jackson, 1/2 s. A.

Tarbes : depuis 1886.

ÉMIGRÉ, 1/2 s. N. — H. N.

B. 1882. — Calvados.

Par *Rivoli*, 1/2 s. N., et *Epave*, par Nomen, 1/2 s. N.

Libourne : depuis 1886.

ÉMINENCE, 1/2 s. N. — H. N.

Al. 1860. — Orne.

Par *Lully*, P. S. A., et *Vendetta*, 1/2 s., fille d'Eylau, P. S. A.-A.

Pau : 1864. — Vendu en septembre 1864.

ÉMIR, 1/2 s. N. — H. N.

Al. 1860. — Normandie.

Par *Royal-Quand-Même*, P. S. A., et une fille de Turpin, 1/2 s. N.

Pau : 1864. — Aurillac : 1865. — Réformé en juillet 1868.

ENRICHI, 1/2 s. N. — H. N.

B. 1860. — Normandie.

Par *Coleraine*, 1/2 s. A., et *Marie-Stuart*, 1/2 s. A.

Tarbes : 1864. — Réformé en décembre 1882.

14

ENROLEUR, 1/2 s. N. — H. N.
Al. 1860. — Normandie.
Par *Cyclope*, 1/2 s. N., et une fille de Myrthe, 1/2 s. N.
Tarbes : 1864. — Réformé en septembre 1881.

ÉPERVIER, 1/2 s. N. — H. N.
B. 1832. — Haras du Pin.
Par *Capitain-Candid*, P. S. A., et *Ourika*, 1/2 s. A.
Rodez : 1837. — Castré en novembre 1843.

ÉPICTÈTE. 1/2 s. N. — H. N.
Bb. 1838. — Calvados.
Par *The Juggler*, P. S. A., et une 1/2 s. N., par Solide, 1/2 s. N.
Libourne : 1842-1845. — Villeneuve-sur-Lot : 1846.
Réformé en décembre 1853.

ÉPILOGUEUR, 1/2 s. N. — H. N.
B. 1837. — Normandie.
Par *Pick-Pocket*, P. S. A., et une fille d'Eastham, P. S. A.
Perpignan : 1843. — Réformé en juillet 1853.

ÉQUATEUR, 1/2 s. N. — H. N.
Bb. 1882. — Orne.
Par *Serpolet-Bai*, 1/2 s. N., et *Thérésa*, par Elu, 1/2 s. N.
Libourne : depuis 1886.

ERASMUS, 1/2 s. N. — H. N.
Bb. 1843. — Eure.
Par *Eden* et *Ouraka*, 1/2 s. N.
Villeneuve-sur-Lot : 1849. — Réformé en juillet 1866.

ERMENONVILLE, 1/2 s. N. — H. N.
B. 1860. — Orne.
Par *Solide*, 1/2 s. N., et une 1/2 s., fille de Chactas, P. S. A.
Pau : 1864. — Passé à Blois en janvier 1865.

ESCAUT, 1/2 s. N. — H. N.
Bb. 1882. — Orne.
Par *Elu* ou *Serpolet-Bai*, 1/2 s. N., et une fille de Niger, 1/2 s. N.
Sa grand'mère : fille de The Norfolk-Phœnomenon, 1/2 s. A.
Sa bisaïeule : fille de Old-Phœnomenon, 1/2 s. A.
Rodez : 1886. — Réformé en août 1891.

ESCOGRIFFE, 1/2 s. N. — H. N.
B. 1882. — Calvados.
Par *Noville*, 1/2 s. N., et *Virgule*, par Buci, 1/2 s. N.
Libourne : 1886. — Castré en août 1890.

ESCURIAL, 1/2 s. N. — H. N.
B. 1860. — Normandie.
Par *Lucain*, 1/2 s. N., et une fille de Pledge, 1/2 s. N.
Libourne : 1864. — Castré en juillet 1866.

ÉSOPE, 1/2 s. N. — H. N.
B. 1882. — Calvados.
Par *Rivoli*, 1/2 s. N., et *Virtuose*, par Niger, 1/2 s. N.
Libourne : 1886. — Castré en août 1894.

ÉSOPE, 1/2 s. N. — H. N.
Al. 1860. — Normandie.
Par *Ursin*, 1/2 s. N, et une fille de Comminges, P. S. A.
Tarbes : 1864. — Réformé en août 1874.

ESPION, 1/2 s. N. — H. N.
B. 1860. — Orne.
Par *The Norfolk-Phœnomenon*, 1/2 s. A., et une fille de Krammer,
1/2 s. N.
Perpignan : janvier-février 1868.

ESQUIF, 1/2 s. N. — H. N.
Bb. 1860. — Normandie.
Par *Stoker*, P. S. A.
Perpignan : 1864. — Réformé en août 1881.

ESSLING, 1/2 s. N. — H. N.
B. 1860. — Calvados.
Par *Troarn*, 1/2 s. N., et une fille de Montaigne, 1/2 s. N.
Pau : 1864-1865. — Aurillac : 1866. — Réformé en novembre 1873.

ÉTÉ, 1/2 s. N. — H. N.
B. 1860. — Orne.
Par *Thésée*, 1/2 s. N., et une 1/2 s. N., fille de Chesterfield-Junior,
P. S. A.
Pompadour : 1864-1867. — Passé à Cluny en janvier 1868.

ÉTERVILLE, 1/2 s. N. — H. N.
B. 1860. — Manche.
Par *Y. Gobbo*, 1/2 s. A., et une fille de Lucain, 1/2 s. N.
Pau : 1864. — Passé à Perpignan en 1870.
Mort en septembre 1879.

ÉTINCELLE, 1/2 s. N. — H. N.
B. 1838. — Calvados.
Par *Sylvio*, P. S. A., et une jument normande.
Libourne : 1842. — Castré en juillet 1857.

ETRECHY, 1/2 s. N. — H. N.
N. 1882. — Calvados.
Par *Phare*, 1/2 s. N., et une fille de Ribaud, 1/2 s. N.
Aurillac : depuis 1886.

ÉTUDIANT, 1/2 s. N. — H. N.
Bb. 1882. — Eure.
Par *Rivoli*, 1/2 s. N., et *Perfection*, 1/2 s. N., par Y, 1/2 s. N.
Sa grand'mère : par The Norfolk-Phœnomenon, 1/2 s. A.
Sa bisaïeule : par Old-Phœnomenon, 1/2 s. A.
Villeneuve-sur-Lot : 1886. — Castré en novembre 1896.

EYCK, 1/2 s. N. — H. N.
B. 1882. — Manche.
Par *Télémaque*, 1/2 s. N., et *Surprise*, par Kapirat, 1/2 s. N.
Libourne : 1886. — Mort en août 1896.

FABLIAU, 1/2 s. N. — H. N.

B. 1861. — Orne.

Par *Utrecht*, 1/2 s. N., et une 1/2 s. N., fille de Noteur, 1/2 s. N.

Pompadour : 1865. — Réformé en août 1870.

FACTEUR, ex-**FRIEDLAND**, 1/2 s. N. — H. N.

B. 1883. — Calvados.

Par *Rivoli*, 1/2 s. N., et *Diane*, ex-*Veillée*, P. S. A.,
par Drummond.

Sa grand'mère : Wesment, P. S. A., par Saint-Albans.
Sa bisaïeule : Nettle, P. S. A., par Sweetmeat.
Sa trisaïeule : Wasp, P. S. A., par Muley-Moloch.

Pompadour : 1883. — Abattu en novembre 1897.

FALERNE, 1/2 s. N. — H. N.

B. 1883. — Manche.

Par *Usuel*, 1/2 s. N., et une fille d'Ignoré, 1/2 s. N.

Aurillac : 1887-1888. — Passé à Cluny en novembre 1888.

FAMULUS, 1/2 s. N. — H. N.

B. 1820. — Normandie.

Par *King*, P. S. A., et *N.*, 1/2 s. N.

Tarbes : 1825. — Mort en juillet 1841.

FAON, 1/2 s. N. — H. N.

B. 1838. — Normandie.

Par *Emilius*, P. S. A., et une fille de Misspoor, 1/2 s. N.

Aurillac : 1843. — Réformé en juillet 1852.

FARCEUR, 1/2 s. N. — H. N.

Bb. 1861. — Manche.

Par *Débardeur*, P. S. A., et une fille de Borisow, 1/2 s. N

Sa grand'mère : Rattler-Filly, 1/2 s. A.
Sa bisaïeule : fille de Docteur, 1/2 s. N.
Sa trisaïeule : 1/2 s., fille de Ramsay, P. S. A.
Sa quadrisaïeule : Emelina, P. S. A.

Rodez : 1865. — Mort en avril 1884.

FARCEUR, 1/2 s. N. — H. N.
Al. 1883. — Calvados.
Par *Oglio*, 1/2 s. N., et une fille de Marengo, 1/2 s. N.
Aurillac : depuis 1887.

FARGUES, 1/2 s. N. — H. N.
Al. 1883. — Manche.
Par *Patrice*, 1/2 s. N., et une 1/2 s., fille de Manille, P. S. A.
Aurillac : 1887. — Réformé en août 1890.

FAT, 1/2 s. N. — H. N.
B. 1883. — Calvados.
Par *Atlantique*, 1/2 s. N., et une fille de Nouvion, 1/2 s. N.
Aurillac : depuis 1887.

FATIME, 1/2 s. N. — H. N.
B. 1839. — Manche.
Par *Eastham*, P. S. A., et une 1/2 s. N., fille de Martagon,
1/2 s. N.
Pompadour 1843-1849. — Saintes : 1850-1854.

FEARLESS, 1/2 s. N. — H. N.
B. 1861. — Manche.
Par *Qui-Perd-Gagne*, 1/2 s. N., et une fille de Hunter, 1/2 s. N.
Libourne : 1865. — Castré en août 1876.

FÉDÉRAL, 1/2 s. N.
Approuvé. — M. le Cte de Lagarde.
B. 1861. — Normandie.
Par *Ancillon*, 1/2 s. N., et *Doris*, 1/2 s. N.
Libourne : 1877. — Abattu en 1883.

FELTON, 1/2 s. A. — H. N.
Al. 1820. Normandie.
Par *D.-I.-O.*, P. S. A., et une fille de Harkim.
Le Pin : octobre 1823-septembre 1824.
Rodez : novembre 1824-novembre 1842.

FELTON, 1/2 s. A. — H. N.

Al. 1861. — Angleterre.

Par *Flying-Crown*, 1/2 s. A., et une jument de 1/2 s. A.

Pompadour : 1865. — Castré en août 1882.

FESTON, 1/2 s. N. — H. N.

B. 1839. — Calvados.

Par *Biron*, P. S. A., et une 1/2 s. N., fille de Y. Rattler, 1/2 s. A.

Pompadour : 1844. — Castré en août 1847.

FICHE-TON-CAMP, 1/2 s. — H. N.

B. 1859. — Nièvre.

Par *Warior*, P. S. A.

Perpignan : 1863. — Réformé en août 1866.

FIGEAC, 1/2 s. Char. — H. N.

N. 1883. — Charente-Inférieure.

Par *Saint-Cloud*, P. S. A., et une fille de Jouteur, 1/2 s. N.

Libourne : 1887. — Castré en août 1890.

FIORINO, 1/2 s. N. — H. N.

B. 1839. — Orne.

Par *Napoléon*, P. S. A., et une fille de D.-I.-O., P. S. A.

Sa grand'mère : Pope mare, P. S. A.
Sa bisaïeule : Terne, P. S. A.

Rodez : 1847. — Réformé en décembre 1854.

FITZ-REYNOLDS, 1/2 s. N. — H. N.

Al. 1883. — Manche.

Par *Reynolds*, 1/2 s. N., et une fille de Hussein, 1/2 s. N.

Sa grand'mère : fille de Séducteur, 1/2 s. N.
Sa bisaïeule : fille de Noteur, 1/2 s. N.
Sa trisaïeule : fille d'Eylau, 1/2 s. A.-A.
Sa quadrisaïeule : Delphine, A.-A., par Massoud, arabe.

Rodez : 1887. — Réformé en août 1894.

FLAMINIUS, ex-**FUSCHIA**, 1/2 s. N. — H. N.
B. 1883. — Manche.
Par *Télémaque*, 1/2 s. N., et une fille de Kapirat, 1/2 s. N.
Perpignan : depuis 1887.

FLANEUR, 1/2 s. N. — H. N.
B. 1850. — Calvados.
Par *Lycaon*, 1/2 s. N., et une 1/2 s. N., fille de Voltaire, 1/2 s. N
Pompadour : 1854. — Mort en septembre 1858.

FLEUR-DES-POIS, 1/2 s. — H. N.
Al. 1841. — Haras de Rosières.
Par *Nasser*, P. S. Ar., et *Fleur-d'Epine*.
Perpignan : 1846. — Réformé en octobre 1853.

FLORAC, 1/2 s. N. — H. N.
Al. 1883. — Calvados.
Par *Rigolo*, 1/2 s. N., et *Jeanne-d'Arc*, 1/2 s. N, par Conquérant,
1/2 s. N.
Villeneuve-sur-Lot : depuis 1887.

FLORESTAN, 1/2 s. N. — H. N.
Bb. 1863. — Haras de Saint-Cloud.
Par *Jéricko*, 1/2 s. N., et *Jeanne-d'Arc*, 1/2 s. A.
Perpignan : 1867-1868.

FŒDOR, 1/2 s. Russe.
Approuvé. — Mme la Ctesse de Fitz-James.
N. 1864. — Gard.
D'origine russe.
Perpignan : 1877-1887.

FONDEUR, 1/2 s. N. — H. N.
B. 1839. — Normandie.
Par *Eastham*, P. S. A., et une fille de Bobwarvick, 1/2 s. N.
Libourne : 1854. — Castré en août 1855.

FOREST-RANGER, 1/2 s. A. — H. N.
B. 1859. — Angleterre.

Pau : 1864. — Vendu le 25 juillet 1867.

FORFAIT, 1/2 s. V.
Approuvé. — M. Sarrans.
B. 1855. — Deux-Sèvres.

Par *Cornichon*, 1/2 s. V., et une fille de Forfait, 1/2 s. N.
A fait la monte dans la Haute-Garonne.

Tarbes : 1859. — Réformé en 1879.

FORTUNATUS, 1/2 s. N. — H. N.
Bb. 1839. — Normandie.

Par *Royal-George*, 1/2 s. N., et une fille de Y. Topper, 1/2 s. A.
Libourne : 1843. — Castré en octobre 1854.

FOX, 1/2 s. N. — H. N.
B. 1883. — Manche.

Par *Teinturieur*, 1/2 s. N., et une fille de Quinte-Curce, 1/2 s. N.

Sa grand'mère : par Elu, 1/2 s. N.
Sa bisaïeule : par Idalis. 1/2 s. N.
Sa trisaïeule : par Don-Quichotte, P. S. A.
Sa quadrisaïeule : Moina, P. S. Ar.

Rodez : 1887. — Réformé en août 1893.

FRACAS, 1/2 s. N. — H. N.
B. 1883. — Orne.

Par *Hippomène*, 1/2 s. N., et une fille d'Eclipse, 1/2 s. N.

Aurillac : 1887. — Réformé en août 1890.

FRA-DIAVOLO, 1/2 s. N. — H. N.
Al. 1861. — Orne.

Par *Stoker* ou *Bolero*, P. S. A., et une fille de Tipple-Cider,
P. S. A.

Sa grand'mère : Deposit, P. S. A.
Sa bisaïeule : Defiance, P. S. A.

Rodez : 1865. — Mort en août 1878.

FRANCISCO, 1/2 s. N. — H. N.
Al. 1839. — Normandie.

Par *Eastham*, P. S. A. et une fille de Vaillant, 1/2 s. N.
Libourne : 1843. — Castré en juillet 1848.

FRANC-NORMAND, 1/2 s. N. — H. N.
B. 1883. — Manche.

Par *Hippomène*, 1/2 s. N., et une fille de Conquérant, 1/2 s. N.
Sa grand'mère : par Kapirat, 1/2 s. N.
Sa bisaïeule : par Voltaire, 1/2 s. N.
Rodez : 1887. — Réformé en août 1896.

FRANÇOIS Ier, 1/2 s. N. — H. N.
B. 1861. — Orne.

Par *Pledge*, 1/2 s. N., et une 1/2 s. N., fille de Junot, 1/2 s. N.
Pompadour 1865-1872. — Passé à Besançon en août 1872.

FRAPPER, 1/2 s. N. — H. N.
N. 1883. — Manche.

Par *Idoménée*, 1/2 s. N., et une fille d'Ignoré, 1/2 s. N.
Aurillac : depuis 1887.

FRATER, 1/2 s. N. — H. N.
B. 1883. — Calvados.

Par *Lavater*, 1/2 s. N., et une 1/2 s. N., par Brodick, P. S. A.
Pompadour : 1887. — Réformé en novembre 1896.

FRÉMONT, 1/2 s. N. — H. N.
B. 1830. — Normandie.

Par *Biron*, P. S. A., et *N.*, 1/2 s. N. par Y. Topper, 1/2 s. A.
Villeneuve-sur-Lot : 1847-1856. — Rodez : 1857.
Réformé en septembre 1859.

FRIDOLIN III, 1/2 s. N. — H. N.
Al. 1883. — Manche.

Par *Quinola*, 1/2 s. N., et une fille d'Ugolin, 1/2 s. N.
Perpignan : depuis 1887.

FRONTIGNAN, 1/2 s. N. — H. N.
B. 1861. — Calvados.
Par *Villageois*, 1/2 s. N., et une fille de Kalender, 1/2 s. N.
Villeneuve-sur-Lot : 1867. — Réformé en septembre 1869.

FULGUR, 1/2 s. N. — H. N.
Ro. 1861. — Orne.
Par *Prince* ou *Amiral*, 1/2 s. N., et une 1/2 s. N., fille de Pledge,
1/2 s. N.
Pompadour : 1865. — Réformé en août 1876.

FULTON, 1/2 s. N. — H. N.
Normandie.
Par *Eastham*, P. S. A., et une jument normande.
Tarbes : 1843-1852. — Libourne : 1853.
Réformé en octobre 1854.

FURIOSO, 1/2 s. N. — H. N.
N. 1861. — Eure.
Par *Bouffé*, 1/2 s. N., ou *Gainsborough*, 1/2 s. A., ou *Esmeralda*,
1/2 s. N., par Sylvio, P. S. A.
Aurillac : 1865. — Mort en août 1884.

GABELEUR, 1/2 s. N. — H. N.
B. 1838. — Calvados.
Par *Talma*, 1/2 s. A., et une fille de Sauvage, 1/2 s. N.
Libourne : 1844-1845. — Villeneuve-sur-Lot : 1846.
Réformé en janvier 1851.

GABIER, 1/2 s. N.
Approuvé. — M. de Morin (Gironde).
Al. 1886. — Normandie.
Par *Valencourt*, 1/2 s. N., et une fille de Parthénon, 1/2 s. N.
Libourne : depuis 1890.

GABIONNEUR, 1/2 s. N. — H. N.
B. 1884. — Manche.
Par *Lavater*, 1/2 s. N., et *Augustine*, P. S. A.
Villeneuve-sur-Lot : 1888. — Au Pin en novembre 1888.

GAËTAN, 1/2 s. N. — H. N.
Al. 1862. — Calvados.
Par *Taconnet*, 1/2 s. N., et *Diane*, 1/2 s. N., par Lully, P. S. A.
Pompadour : 1866-1872. — Rodez : décembre 1872.
Mort en août 1887.

GALANT, 1/2 s. N. — H. N.
B. 1863. — Calvados.
Par *Usager*, 1/2 s. N., et une 1/2 s. N., fille d'Or, 1/2 s. N.
Pompadour : 1867-1873. — Passé à Cluny en janvier 1874.

GALANT, 1/2 s. N.
Approuvé. — M. Féral.
B. 1862. — Orne.
Par *Valdemar*, 1/2 s. N., et une fille de Tipple-Cider, P. S. A.
Sa grand'mère : Deposit, P. S. A.
Sa bisaïeule : Comus mare, P. S. A.
Tarbes : 1866-1879. — Rodez : 1880. — Castré en 1837.

GALANTIN, 1/2 s. N. — H. N.
B. 1862. — Orne.
Par *Coleraine*, 1/2 s. A., et *Florestine*, 1/2 s. N.
Perpignan : 1866. — Réformé en juillet 1877.

GALAOR, 1/2 s. N. — H. N.
B. 1862. — Manche.
Par *Ugolin*, 1/2 s. N., et *Miss*, 1/2 s. N.
Perpignan : 1866. — Réformé en août 1886.

GALET, ex-**GAMIN**, 1/2 s. N. — H. N.
B. 1884. — Manche.
Par *Président*, 1/2 s. N., et une 1/2 s. N., par Faust, 1/2 s. R.
Sa grand'mère : Pintade, par Djarr, persan.
Perpignan : depuis 1888.

GALOPIN, 1/2 s. N. — H. N.
Bb. 1885. — Orne.
Par *Uriel*, 1/2 s. N., et *Araignée*, par Kilomètre, 1/2 s. N.
Sa grand'mère : par Impérial, 1/2 s. N.
Libourne : depuis 1889.

GARGANTUA, 1/2 s. N. — H. N.
B. 1862. — Eure.
Par *Bassompierre*, 1/2 s. N., et *Isole*, P. S. A., par Prince-Caradoc.
Libourne : 1886. — Castré en août 1883.

GARTON-DENMARK, 1/2 s. Norf.-A. — H. N.
Al. 1890. — Angleterre.
Par *Connaught*, 1/2 s. A., et *Lady-Cook*, 1/2 s. A.
Tarbes : depuis 1895.

GASCON, 1/2 s. — H. N.
B. 1833.
Par *Milton*, P. S. A., et une jument anglaise.
Libourne : 1838. — Castré en décembre 1841.

GASTON, 1/2 s. N. — H. N.
B. 1838. — Normandie.
Par *Minster*, P. S. A., et une jument normande.
Libourne : 1844. — Castré en juillet 1849.

GASTON, 1/2 s. N.
Approuvé. — M. Feral.
B. 1862. — Orne.
Par *Valdemar*, 1/2 s. N., et une fille de Mahomet, 1/2 s. N.
Sa grand'mère : fille de Highflyer, 1/2 s. A.
Tarbes : 1866-67. — Rodez : 1868-1875.

GAS-LIGHT, 1/2 s. A. — H. N.
N. 1852. — Angleterre.
Tarbes : 1858. — Mort en mars 1867.

GASPARD, 1/2 s. N. — H. N.
Bb. 1862. — Orne.
Par *Homère*, 1/2 s. N., et une 1/2 s. N., par The Great-Western,
1/2 s. A.
Pompadour : 1866. — Passé à Villeneuve-sur-Lot : 1867.
Réformé en septembre 1882.

GAUJAC, ex-**GAGNE-PETIT**, 1/2 s. V. — H. N.
B. 1884. — Loire-Inférieure.
Par *Arcole*, 1/2 s. N., et une fille de Liban, 1/2 s. N.
Libourne : 1888. — Abattu en novembre 1888.

GAVESTON, 1/2 s. N. — H. N.
B. 1889. — Normandie.
Par *Napoléon*, P. S. A., et une fille d'Eastham, P. S. A.
Libourne : 1849. — Abattu en février 1854.

GAVROCHE, 1/2 s. Breton. — H. N.
B. 1884. — Côtes-du-Nord.
Par *Corlay*, 1/2 s. Norf.-Bret.
Ajaccio : 1888. — Réformé en septembre 1888.

GAZON, 1/2 s. N. — H. N.
B. 1862. — Manche.
Par *Zouave*, P. S. A., et *Brebis*, 1/2 s. N., par Boucanier,
1/2 s. N.
Perpignan : 1866. — Mort en juin 1878.

GÉNITEUR, 1/2 s. N. -- H. N.
B. 1839. — Normandie.
Par *Voltaire*, 1/2 s. N., et une fille de Bob, 1/2 s. N.
Libourne : 1844. — Castré en juillet 1850.

GENTILHOMME, 1/2 s. N. — H. N.
B. 1862. — Orne.
Par *Séducteur*, 1/2 s. N., et une fille de Pledge, 1/2 s. N.
Pau : 1871. — Mort en janvier 1883.

GEORGES, 1/2 s. N. — H. N.
Al. 1827. — Orne.
Par *Eastham*, P. S. A., et une fille de D.-J. O., P. S. A.
Libourne : 1840. — Castré en novembre 1842.

GÉRALDY, 1/2 s. N.   H. N.
B. 1839. — Normandie.
Par *Sylvio*, P. S. A., et une fille d'Impérieux, 1/2 s. N.
Perpignan : 1844. — Réformé en juillet 1859.

GÉRANIUM, ex-**CADELAC**, 1/2 s. B. — H. N.
B. 1884. — Côtes-du-Nord.
Par *Corlay*, 1/2 s. Norf.-B., et une fille de Y. Bayard.
Ajaccio : 1888. — Réformé en août 1890.

GIROUX, ex-**GENTILHOMME**, 1/2 s. N. — H. N.
B. 1884. — Manche.
Par *Télémaque*, 1/2 s. N., et *Ladouve*, par Tempête, 1/2 s. N.
Libourne : depuis 1888.

GLOCESTER, 1/2 s. — H. N.
Al. 1820. — Haras du Pin.
Par *Snail*, P. S. A., et une 1/2 s. A.
Rodez : 1825-1840.

GLORIA, 1/2 s. N. — H. N.
1850. — Orne.
Par *Tipple-Cider*, P. S. A., et une fille de Voltaire, 1/2 s. N.
Perpignan : 1858. — Réformé en juillet 1870.

GODARD, 1/2 s. N. — H. N.
Bb. 1862. — Sarthe.
Par *Utrecht*, 1/2 s. N., et une 1/2 s. N.,
fille de The Norfolk-Phœnomenon, 1/2 s. A.
Pompadour : 1866. — Réformé en août 1867.

GODICHON, 1/2 s. N. — H. N.
Bb. 1839. — Orne.
Par *Sylvio*, P. S. A., et une fille de Mahomet, 1/2 s.
Aurillac : 1844. — Mort en juillet 1864.

GORDINS, 1/2 s.
Approuvé. — Bon Curial.
B. 1862.
Sans origine.
Libourne : 1866. — S. R. en 1870.

GOUFFERN, 1/2 s. A. — H. N.
Al. 1844. — France.
Par Y. *Emilius*, P. S. A., et *Taglioni*, présumé de P. S.
Tarbes : 1848. — Mort en mai 1864.

GREY-FRIAR, 1/2 s. Norf.-A. — H. N.
Gr. 1886. — Angleterre.
Par Y. *Nobleman*, 1/2 s. Norf.-A.
Tarbes : depuis 1893.

GRILLON, 1/2 s. N. — H. N.
Par *Utrecht*, 1/2 s. N., et *Biche*, P. S. A.-A., par Friedland.
Libourne : 1866. — Castré en septembre 1879.

GROG, 1/2 s. N. — H. N.
Al. 1862. — Manche.
Par *Kapirat*, 1/2 s. N., et *Mirabelle*, 1/2 s. N.
Libourne : 1866-1883.

GUESCLIN, 1/2 s. N. — H. N.
B. 1838. — Normandie.
Par *Sylvio*, P. S. A., et une fille de Mahomet, 1/2 s. N.
Tarbes : 1844. — Réformé en octobre 1853.

GUIGNOL, 1/2 s. N. — H. N.
Bb. 1884. — Sarthe.
Par *Phaëton*, 1/2 s. N., et une fille d'Elu, 1/2 s. N.
Tarbes : 1889. — Mort en octobre 1892.

GUZMAN, 1/2 s. N. — H. N.

Al. 1863. — Orne.

Par *Solide*, 1/2 s. N., et une 1 /2 s. N., fille de Tipple-Cider,
P. S. A.

Pompadour : 1867. — Blois en janvier 1868.

HAICK, 1/2 s. V. — H. N.

Al. 1863. — Vendée.

Par *Necker*, 1/2 s. N., et une 1/2 s. V., par Thè Roué, P. S. A.

Pompadour : 1867. — Réformé en août 1881.

HALALI, 1/2 s. N. — H. N.

B. 1841. — Normandie.

Par *Y. Emilius*, P. S. A., et une fille de Y. Rattler, 1/2 s. A.

Pompadour : 1845-23 avril 1853. — Libourne : 1853.

Castré en août 1860.

HALLÉ, 1/2 s. N. — H. N.

Al. 1863. — Orne.

Par *Merlerault* ou *Centaure*, 1/2 s. N., et une fille de Tipple-Cider,
P. S. A.

Libourne : 1869. — Castré en novembre 1873.

HALLEY, 1/2 s. N. — H. N.

Al. 1863. — Orne.

Par *Merlerault* ou *Centaure*, 1/2 s. N., et une 1/2 s.,
par Tipple-Cider, P. S. A.

Sa grand'mère : Deposita, P. S. A.
Sa bisaïeule : Défiance, P. S. A.

Rodez : 1867-1868. — Passé au Pin en août 1868.

HALY, 1/2 s. N. — H. N.

B. 1841. — Orne.

Par *Friedland*, P. S. A.; et une fille de Sylvio, 1/2 s. N.

Villeneuve-sur-Lot : 1851. — Réformé en décembre 1855.

HAMEAU, 1/2 s. N. — H. N.
Bb. 1885. — Manche.
Par *Aristocrate*, 1/2 s. N., et une fille de Hussein, 1/2 s. N.
Aurillac : 1889. — Réformé en octobre 1897.

HAMLET, 1/2 s. N. — H. N.
B. 1841. — Normandie.
Par *Basly*, 1/2 s. N., et une fille de Y. Rattler, 1/2 s. A.
Aurillac : 1845 — Réformé en août 1861.

HARDI, 1/2 s. V. — H. N.
B. 1885. — Vendée.
Par *Albrant*, 1/2 s. N., et une 1/2 s. V., par Pactole, 1/2 s. N.
Pompadour : depuis 1889.

HARDI, 1/2 s. N. — H. N.
B. 1841. — Manche.
Par *Tarrare*, P. S. A., et une 1/2 s. N., fille de Lucholl, 1/2 s. A.
Pompadour : 1845-1848.
Service du Domaine : août 1848-1854.

HARMONICA, 1/2 s. N. — H. N.
B. 1863. — Calvados.
Par *Conquérant*, 1/2 s. N.
Aurillac : 1867. — Mort en juillet 1878.

HARPALÈS, 1/2 s. N. — H. N.
B. 1840. — Calvados.
Par *Voltaire*, 1/2 s. N., et une 1/2 s. N., par Pick-Pocket, P. S. A.
Pompadour : 1845-1849. — Saintes : 1850-1856.

HAUBAN, 1/2 s. N. — H. N.
B. 1885. — Calvados.
Par *Aquila*, 1/2 s. N., et une fille d'Ignace, 1/2 s. N.
Sa grand'mère : fille de Centaure, 1/2 s. N.
Sa bisaïeule : fille de Séducteur, 1/2 s. N.
Tarbes : 1889. — Réformé en août 1896.

HAUTBOIS, 1/2 s. N. — H. N.
Al. 1841. — Orne.

Par *Friedland*, P. S. A., et une 1/2 s. N., fille de Railleur,
1/2 s. N.

Pompadour : 1845-1846. — Cheval de service en août 1846.
Réformé en 1848.

HECTO, 1/2 s. N. — H. N.
B. 1885. — Orne.

Par *Calchas*, 1/2 s. N., et une fille de Saint-Rigomer, 1/2 s. N.
Aurillac : 1889. — Réformé en février 1897.

HECTOGONE, 1/2 s. N. — H. N.
Bb. 1885 — Manche.

Par *Bataillon*, 1/2 s. N.. et une fille d'Invariable, 1/2 s. N.
Aurillac : depuis 1889.

HECTOR, 1/2 s. N. — H. N.
B. 1846. — Eure.

Par *Invincible*, P. S. A., et *Melaine*, 1/2 s. A. (née en Angleterre).
Pompadour : 1850. — Réformé en septembre 1856.

HÉDÉRIC, 1/2 s. N. — H. N.
B. 1841. — Orne.

Par *Marengo*, P. S. A.-A., et une 1/2 s. N., fille de Snap, 1/2 s. A.
Pompadour : 1845-1849. — Saintes : 1850-1855.

HÉLAS, 1/2 s. N. — H. N.
B. 1885. — Calvados.

Par *Union-Jack*, 1/2 s. N., et une fille de Bisson, 1/2 s. N.
Sa grand'mère: fille de Nemrod, 1/2 s. N.
Sa bisaïcule : fille de Voltaire, 1/2 s. N.
Rodez : depuis 1889.

HENRI, 1/2 s. N. — H. N.
B. 1863. — Orne.

Par *Thésée*, 1/2 s. N., et une fille de Stoker, P. S. A.
Perpignan : 1867. — Réformé en août 1884.

HÉRACLITE, 1/2 s. N. -- H. N.
B. 1841. — Normandie.
Par *Tarrare*, P. S. A., et une 1/2 s. N., par Y. Rattler, 1/2 s. A.
Pompadour : 1845-1849, — La Roche-sur-Yon : août 1849-1860.

HERMÈS, 1/2 s. N. — H. N.
B. 1841. — Orne.
Par *Impérieux*, 1/2 s. N., et une 1/2 s. N., par Dart, 1/2 s. A.
Pompadour : 1845-1847. — Cheval de service en septembre 1847.

HERMINUS, 1/2 s. N. — H. N.
Al. 1841. — Orne.
Par *Impérieux*, 1/2 s. N., et une fille de Y. Rattler, 1/2 s. A.
Perpignan : 1845. — Mort en février 1851.

HÉRODE, 1/2 s. N. — H. N.
B. 1841. — Normandie.
Par *Eylau*, P. S. A.-A., et une fille de Windeliff, P. S. A.
Libourne : 1860. — Réformé en juillet 1861.

HÉRODE, 1/2 s. N. — H. N.
B. 1859. — Orne.
Par *Noteur*, 1/2 s. N., et une fille de Sylvio, P. S. A.
Aurillac : 1863. — Mort en juillet 1874.

HÉROS, 1/2 s. N. — H. N.
B. 1841. — Calvados.
Par *Biron*, P. S. A., et une fille de Marmot, 1/2 s. N.
Rodez : 1845. — Réformé en février 1861.

HÉROS, 1/2 s. N. — H. N.
Al. 1863. — Calvados.
Par *Conquérant*, 1/2 s. N., et *Etincelle*, par Ukase, 1/2 s. N.
Pompadour : 1867-1871. — Libourne : 1872.
Abattu en août 1880.

HIGH-LIFE, 1/2 s. N. -- H. N.
B. 1885. — Manche.
Par *Austral*, 1/2 s. N., et une 1/2 s., par Bataillon, 1/2 s. N.
Tarbes : depuis 1889.

HISTRION, 1/2 s. N. — H. N.
B. 1863. — Orne.
Par *Pledge*, 1/2 s. N., et une 1/2 s. N., par Tipple-Cider, P. S. A.
Pompadour : 1867-1868. — Cheval de service en 1869.
Mort en juillet 1873.

HOCHE, 1/2 s. N. — H. N.
B. 1841. — Orne.
Par *Sylvio*, P. S. A., et une 1/2 s. N., par Impérieux, 1/2 s. N.
Pompadour : 1845-1849. — Saintes : 1850-1864.

HOMÉOPATHE, 1/2 s. N. — H. N.
B. 1863. — Normandie.
Par *Utrecht*, 1/2 s. N., et une fille de Sylvio, P. S. A.
Libourne : 1867. — Mort en janvier 1882.

HOPIN, 1/2 s. N. — H. N.
B. 1885. — Orne.
Par *Beaujeu*, 1/2 s. N., et une fille de Jactator, 1/2 s. N.
Sa grand'mère : par Elu, 1/2 s. N.
Villeneuve-sur-Lot : depuis 1889.

HORACE, 1/2 s. N. — H. N.
B. 1863. — Normandie.
Par *Séducteur*, 1/2 s. N., et une fille de Stoker, P. S. A.
Libourne : 1867-1883.

HORACE, 1/2 s. N.
Approuvé. — M. Féral.
N. 1852. — Normandie.
Par *Sir-Watson*, 1/2 s. N., et une fille de Turn, 1/2 s. N.
Tarbes : 1862. — Réformé en 1866.

HORS-LIGNE, 1/2 s. N. — H. N.
Al. 1863. — Calvados.
Par *Séducteur*, 1/2 s. N., et une 1/2 s. N., par Tipple-Cider,
P. S. A.
Sa grand'mère : par Voltaire, 1/2 s. N.
Pompadour : 1867. — Réformé en 1875.

HORTICULTEUR, 1/2 s. N. — H. N.
Bb. 1885. — Orne.
Par *Parthénon*, 1/2 s. N., et une fille d'Abrantès, 1/2 s. N.
Sa grand'mère : fille de Pledge, 1/2 s. N.
Sa bisaïeule : fille de Royal-Oak, P. S. A.
Rodez : depuis 1889.

HOSANNAH, 1/2 s. N. — H. N.
N. 1885. — Calvados.
Par *Cicéron II*, 1/2 s. N., et une fille de Sir-Edwin-Landseer,
1/2 s. A.
Tarbes : depuis 1889.

HUBERT, 1/2 s. N. — H. N.
N. 1841. — Normandie.
Par *Emile*, 1/2 s., et une fille de Prosélyte, 1/2 s.
Tarbes : 1845-1852. — Passé à Rodez en 1853.

HUBERT, 1/2 s. N. — H. N.
N. 1863. — Calvados.
Par *Victorieux*, 1/2 s. N, et une fille de Prince-Colibri, P. S. A.
Perpignan : 1867. — Réformé en juillet 1870.

HUGON, 1/2 s. N. — H. N.
B. 1840. — Normandie.
Par *Sylvio*, P. S. A., et une fille de Mithridate, 1/2 s. N.
Libourne : 1851. — Castré en août 1851.

HUGUENOT, 1/2 s. N. — H. N.
Bb. 1841. — Manche.
Par *Eastham*, P. S. A., et une jument normande.
Libourne : 1845-1848. — Villeneuve-sur-Lot : 1849.
Réformé en octobre 1851.

HUNTER, 1/2 s. — H. N.
Ro. 1840. — Irlande.
Tarbes : 1857. — Réformé en juillet 1864.

HUNTER, 1/2 s. A.
Approuvé. — M. de Solages.
B. 1858. — Angleterre.
Rodez : 1862. — Vendu en 1870.

HICUS, 1/2 s. N. — H. N.
N. 1864. — Orne.
Par *The Norfolk-Phœnomenon*, 1/2 s. A.
Pau : 1871. — Passé à Rosières en septembre 1871.

ICARE, 1/2 s. N. — H. N.
N. 1886. — Normandie.
Par *Lavater*, 1/2 s. N., et *Pérette*, P. S. A.
Tarbes : depuis 1890.

IDAS, 1/2 s. N. — H. N.
Bb. 1842. — Normandie.
Par *Royal-George*, P. S. A., et une fille de Chasseur, 1/2 s. N.
Pau : 1846. — Vendu en juin 1854.

IDÉAL, 1/2 s. N. — H. N.
B. 1886. — Manche.
Par *Ministère*, P. S. A., et *Stella*, 1/2 s. N., par Newton,
1/2 s. N.
Pompadour : depuis 1890.

IDOLÉAN, 1/2 s. N. — H. N.
B. 1842. — Normandie.
Par *Biron*, P. S. A., et une fille de Topper, 1/2 s. A.
Libourne : 1846. — Castré en mai 1853.

IGNOTUS, 1/2 s. N. — H. N.
B. 1886. — Allier.
Par *Valencourt*, 1/2 s. N., ou *Habile*, 1/2 s. N., et **Trotte-Fort**,
1/2 s. N., par Quinte-Curce, 1/2 s. N.
Pompadour : depuis 1890.

ILLÉGAL, 1/2 s. N. — H. N.
Bb. 1862. — Orne.
Par *Friedland*, P. S. A., et une 1/2 s. N., par Québec, 1/2 s. N.
Pompadour : 1846-1849. — Saintes : 1850-1853.

ILLUSTRE, 1/2 s. N. — H. N.
B. 1822. — Normandie.
Par *D.-I.-O.*, P. S. A., et une jument normande.
Tarbes : 1826. — Réformé en septembre 1846.

ILOTE, 1/2 s. N. — H. N.
B. 1842. — Normandie.
Par *Biron*, P. S. A., et une fille de Y. Rattler, 1/2 s. A.
Rodez : 1851. — Réformé en septembre 1858.

IMMINENCE, 1/2 s. N. — H. N.
B. 1842. — Normandie.
Par *Tarrare*, P. S. A., et une 1/2 s. N., fille d'Eastham, P. S. A.
Tarbes : 1846-1847. — Perpignan : 1848. — Mort en avril 1850.

IMPARTIAL, 1/2 s. N. — H. N.
Al. 1886. — Calvados.
Par *Valencourt*, 1/2 s. N., et une fille de Noville, 1/2 s. N.
Aurillac : depuis 1890.

IMPERMÉABLE, 1/2 s. N. — H. N.
Al. 1864. — Normandie.
Par *Lionceau*, 1/2 s. N., et une fille de Riga, 1/2 s. N.
Libourne : 1868. — Mort en mai 1871.

IMPÉTUEUX, 1/2 s. N. — H. N.
B. 1864. — Orne.
Par *Moustique*, P. S. A., et une fille de The Great-Western,
1/2 s. A.
Villeneuve-sur-Lot : 1868. — Mort en février 1882.

IMPORTANT, 1/2 s. N. — H. N.
Bb. 1842. — Calvados.
Par *Emule*, 1/2 s. N., et une 1/2 s. N., fille de Pick-Pocket,
P. S. A.
Pompadour : 1857. — Réformé en août 1858.

IMPROMPTU, 1/2 s. N. — H. N.
B. 1886. — Calvados.
Par *Phaëton*, 1/2 s. N., et une fille d'Hippomène, 1/2 s. N.
Sa grand'mère : fille de Fortuné. 1/2 s. N.
Sa bisaïeule : fille de Delphine, P. S. A.-A.
Sa trisaïeule : Selim mare.

Rodez : depuis 1890.

INCAS, 1/2 s. N. — H. N.
B. 1864. — Normandie.
Par *Lionceau*, 1/2 s. N., et une fille de Lagopède, 1/2 s. N.
Sa grand'mère : fille de The Juggler, P. S. A.
Rodez : 1868. — Réformé en août 1868.

INCERTAIN, 1/2 s. N.
Approuvé. — M. Beyria.
B. 1864. — Normandie.
Par *Centaure*, 1/2 s. N.
Tarbes : 1868. — Réformé en 1883.

INCITATUS, 1/2 s. V.
Approuvé. — M. Combes.
Al. 1864. — Vendée.
Par *Necker*, 1/2 s. N., et une jument vendéenne.
Tarbes : 1868. — Réformé en 1878.

INCOGNITO, 1/2 s. N. — H. N.
Gr. 1842. — Orne.
Par *Mahomet*, 1/2 s. N., et une fille de Hollym, 1/2 s. A.
Perpignan : 1846. — Réformé en octobre 1853.

INCONNU, 1/2 s. N. — H. N.
Al. 1841. — Calvados.
Par *Pick-Pocket*, P. S. A., et une jument normande.
Villeneuve-sur-Lot : 1850. — Castré en octobre 1851.

INDISCRET, 1/2 s. N. — H. N.
Al. 1864. — Calvados.
Par *Conquérant*, 1/2 s. N., et une fille de Ramsay, P. S. A.
Tarbes : 1869. — Réformé en septembre 1886.

INDOUSTAN, 1/2 s. N. — H. N.
N. 1864. — Sarthe.
Par *Serenader*, 1/2 s. N., ou *Utrecht*, 1/2 s. N., et une fille de
Doyen, 1/2 s. N.
Sa grand'mère : fille de Buffalo, 1/2 s. A.
Rodez : 1868. — Réformé en décembre 1881.

INDUS, 1/2 s. N. — H. N.
B. 1864. — Orne.
Par *Régnier*, 1/2 s. N.
Aurillac : 1868. — Réformé en décembre 1873.

INÉGAL, 1/2 s. N. — H. N.
B. 1886. — Calvados.
Par *Bataclan IV*, 1/2 s. N., et une fille de Glorieux, 1/2 s. N.
Aurillac : depuis 1890.

INFANT, 1/2 s. N. — H. N.
B. 1842. — Normandie.
Par *Eastham*, P. S. A., et une fille de Necker, 1/2 s. N.
Aurillac : 1846. — Mort en septembre 1864.

INGAMBE, 1/2 s. N. — H. N.
B. 1864. — Normandie.
Par *Destin*, 1/2 s. N., et une fille de William, P. S. A.
Libourne: 1868. — Castré en août 1882.

INFLEXIBLE, 1/2 s. N. — H. N.
B. 1864. — Calvados.
Par *Eperon*, P. S. A., et une fille de Teniers, 1/2 s. N.
Sa grand'mère : par The Juggler, P. S. A.
Rodez : 1868. — Réformé en août 1874.

INFORTUNÉ, 1/2 s. N. — H. N.
Al. 1864. — Normandie.
Par *Chactas*, 1/2 s. N., et une fille de Vautour, 1/2 s. N.
Aurillac : 1868. — Réformé en juillet 1874.

INGÉNIEUX, 1/2 s. N. — H. N
B. 1842. — Orne.
Par *Impérieux*, 1/2 s. N., et une 1/2 s. N., fille de Y. Emilius,
P. S. A.
Pompadour : 1846. — Abattu en août 1868.

INSANUS, 1/2 s. N. — H. N.
Gr. 1842. — Normandie.
Par *Y. Emilius*, P. S. A., et une fille d'Eclatant, 1/2 s. N.
Aurillac : 1846. — Réformé en juillet 1866.

INSOUCIANT, 1/2 s. N.— H. N.
Al. 1864. — Orne.
Par *Solide*, 1/2 s. N., et une fille d'Ottoman, 1/2 s. N.
Libourne : 1868. — Castré en novembre 1873.

INSTINCTIF, 1/2 s. N. — H. N.
B. 1842. — Calvados.
Par *Eylau*, P. S. A.-A., et une 1/2 s. N., fille de Voltaire,
1/2 s. N.
Pompadour : 1846-1850. — Rodez : octobre 1850-1867.

INTÉGRAL, 1/2 s. N. — H. N.
N. 1864. — Manche.
Par *Riga*, 1/2 s. N., et une fille de Guignolet, 1/2 s. N.
Villeneuve-sur-Lot : 1868. — Mort en 1877.

INTENDANT, 1/2 s. N. — H. N.
Bb. 1886. — Sarthe.
Par *Gabier*, P. S. A., et une 1/2 s. N., par Serpolet-Bai, 1/2 s. N.
Perpignan : depuis 1890.

INTÉRIM, 1/2 s. N. — H. N.
B. 1864. — Orne.
Par *Buci*, 1/2 s. N., et une fille de Sylvio, P. S. A.
Pau : 1871. — Vendu en août 1875.

INTRÉPIDE, 1/2 s. N. — H. N.
Bb. 1841. — Normandie.
Par *The Juggler*, P. S. A., et une fille de Proselyte.
Libourne : 1851. — Castré en août 1858.

IPÉCA, 1/2 s. V. — H. N.
Al. 1886. — Loire-Inférieure.
Par *Kapirat II*, 1/2 s. N., et une fille de Racine, 1/2 s. V.
Aurillac : depuis 1890.

IRUS, 1/2 s. N. — H. N.
B. 1864. — Normandie.
Par *Riga*, 1/2 s. N., et une fille de Lionceau, 1/2 s. N.
Libourne : 1868. — Castré en novembre 1882.

ISABEY, 1/2 s. N. — H. N.
B. 1842. — Normandie.
Par *Egrillard*, 1/2 s. A., et une fille de Biron, 1/2 s. N.
Aurillac : 1846. — Réformé en août 1862.

ISNARD, 1/2 s. N. — H. N.
Bb. 1886. — Calvados.
Par *Tigris*, 1/2 s. N., et *Délaissée*, 1/2 s. N., par Noville, 1/2 s. N.
Libourne : depuis 1890.

ISPAHAN, 1/2 s. N. — H. N.
Al. 1842. — Normandie.
Par *Friedland*, P. S. A., et une fille de Disciple, 1/2 s. N.
Pau : 1847-1851. — Passé à Pompadour le 2 juillet 1851.

ISSOIRE, 1/2 s. V. — H. N.
Ro. 1886. — Vendée.
Par *Desgenettes*, 1/2 s. V.. et une fille de Varlet, 1/2 s. V.
Aurillac : 1890. — Réformé en août 1898.

IVAN, 1/2 s. N. — H. N.
B. 1886. — Calvados.
Par *Tigris*, 1/2 s. N., et *Dame-de-Pique*, 1/2 s. N.,
par Qui-Vive, 1/2 s. N.
Libourne : depuis 1891.

IVANHOË, 1/2 s. N. — H. N.
B. 1864. — Orne.
Par *Taconnet*, 1/2 s. N., et une 1/2 s. N., par Brocardo, P. S. A.
Rodez : 1868. — Réformé en août 1886.

IVRY, 1/2 s. N. — H. N.
B. 1864. — Normandie.
Par *Tamerlan*, 1/2 s. N., et une fille de The Colonel, 1/2 s. A.
Aurillac : 1868. — Réformé en novembre 1874.

JACOB. 1/2 s. N. — H. N.
Approuvé. — MM. Beyria et Senmartin.
B. 1865. — Normandie.
Par *Solide*, 1/2 s. N., et une 1/2 s. N.
Tarbes : 1869. — Réformé en 1886.

JACQUEMONT, 1/2 s. N. — H. N.
B. 1843. — Manche.
Par *Tarrare*, P. S. A., et *N.*, 1/2 s. N., par Eastham, P. S. A.
Pompadour : 1847. — Passé à Saint-Maixent en janvier 1848.

JANSÉNISTE, 1/2 s. N. — H. N.
B. 1865. — Manche.
Par *Pigeon-Vole*, P. S. A., et une fille de Borisow, 1/2 s. N.
Aurillac : 1869. — Réformé en août 1878.

JANVIER, 1/2 s. — H. N.

B. 1842. — Haras de Rosières.

Par *Mosser*, arabe, et *Mirandola* (race Ducale).

Perpignan : 1846. — Réformé en octobre 1853.

JAPON, 1/2 s. N. — H. N.

B. 1865. — France.

Par *Brocardo*, P. S. A., et *N*., 1/2 s. N , par Ventrebleu, 1/2 s. N.

Villeneuve-sur-Lot : 1869. — Réformé en août 1886.

JAQUEKA, 1/2 s. N. — H. N.

B. 1865. — Manche.

Par *Diego*, 1/2 s. N., et une fille de Guignolet, P. S. A.

Perpignan : 1869. — Réformé en août 1885.

JARDINIER, 1/2 s. V. — H. N.

B. 1865. — Vendée.

Par *Y. Atlas*, 1/2 s. N., et une 1/2 s. V., par Karmignac,
1/2 s. N.

Perpignan : 1869. — Réformé en décembre 1882.

JARVILLE, 1/2 s. N. — H. N.

Al. 1865. — Orne.

Par *Elu*, 1/2 s. N., et une fille d'Amiral, 1/2 s. N.

Aurillac : 1869. — Mort en juillet 1882.

JASMIN, 1/2 s. N. — H. N.

B. 1865. — Eure.

Par *Crocus* ou *Merry-Legs*, 1/2 s. A., et *Worthy*, P. S. A.,
par Brocardo.

Libourne : 1869. — Castré en août 1876.

JASON, 1/2 s. N. — H. N.

B. 1865. — Orne.

Par *Centaure*, 1/2 s. N., et une fille de Junot, 1/2 s. N.

Libourne : 1869. — Castré en août 1880.

JAVA, 1/2 s. N. — H. N.
B. 1865. — Manche.
Par *Kapirat*, 1/2 s. N., et une fille de Ravissant, 1/2 s. N.
Pau : 1871. — Passé à Rosières en septembre 1871.

JAVELOT, 1/2 s. N. — H. N.
B. 1865. — Manche.
Par *Ravissant*, 1/2 s. N., et une fille de Lahore, 1/2 s. N.
Tarbes : 1869. — Réformé en septembre 1880.

JEAN-BART, 1/2 s. N. — H. N.
Bb. 1843. — Normandie.
Par *Diomède*, 1/2 s. N., et une jument normande.
Pompadour : 1847. — Libourne : 1848 — Castré en mai 1850.

JEAN-GOUJON, 1/2 s. N. — H. N.
B. 1865. — France.
Par *Crocus*, 1/2 s. Norf., et *Ximène*, 1/2 s. N.
Villeneuve-sur-Lot : 1869. — Réformé en août 1883.

JEMMAPES, 1/2 s. N. — H. N.
Al. 1843. — Normandie.
Par *Friedland*, P. S. A., et une fille de Mahomet, 1/2 s. N.
Tarbes : 1847-1852.
Saint-Maixent (La Roche-sur-Yon) : 1853-1860.

JE-N'Y-COMPTE-PAS, 1/2 s. N. — H. N.
N. 1865. — Calvados.
Par *Tonnerre-des-Indes*, P. S. A., et une fille de Y. Gobbo,
1/2 s. A.
Sa grand'mère : Defence, P. S. A.
Rodez : 1869. — Réformé en août 1884.

J'EN-VEUX, 1/2 s. N. — H. N.
B. 1887. — Orne.
Par *Beaugé*, 1/2 s. N., et une fille de Serpolet-Bai, 1/2 s. N.
Aurillac : depuis 1891.

JÉRICKO, 1/2 s. Char.

Approuvé. — 1862, M. Redon ; M. Saint-Avy.

B. 1858. — Deux-Sèvres.

Par *Kociusko*, 1/2 s. N., et *N.*, 1/2 s. Char.

Villeneuve-sur-Lot : 1862. — Réformé en 1867.

JEUNE-PREMIER, 1/2 s. N. — H. N.

N. 1887. — Calvados.

Par *Acquila*, 1/2 s. N., et une fille de Normand, 1/2 s. N.

Aurillac : depuis 1891.

JOAS, 1/2 s. N. — H. N.

Al. 1865. — Orne.

Par *Emir*, P. S. Ar., et une 1/2 s. N., fille de Lully, P. S. A.

Pompadour : 1869. — Réformé en août 1869.

JOBARD, 1/2 s. N. — H. N.

Gr. 1857. — Calvados.

Perpignan : 1862. — Réformé en décembre 1874.

JOË-LOVELL, 1/2 s. Norf.-A. — H. N.

Al. 1886. — Angleterre.

Tarbes : depuis 1891.

JOLIBOIS, 1/2 s. N. — H. N.

Bb. 1865. — Orne.

Par *Elu*, 1/2 s. N., et une fille d'Oribe, 1/2 s. N.

Rodez : 1869. — Réformé en août 1874.

JONZAC, 1/2 s. N. — H. N.

Al. 1842. — Normandie.

Par *Marengo*, P. S. A., et une fille de Saumon, 1/2 s. N.

Tarbes : 1847-52. — Aurillac : 1853. — Réformé en août 1862.

JORT, 1/2 s. N. — H. N.
B. 1865. — Manche.
Par *The Heir-of-Linne*, P. S. A., et une fille de Ballinkeele,
P. S. A.

Sa grand'mère : Perdita, P. S. A.
Rodez : 1869. — Réformé en juillet 1876.

JOSEPH, 1/2 s. N. — H. N.
B. 1887. — Calvados.
Par *Tigris*, 1/2 s. N., et *Méza*, 1/2 s. N., par Noville, 1/2 s. N.
Pompadour : depuis 1891.

JOUBERT, 1/2 s. N. — H. N.
Bb. 1865. — Manche.
Par *Etendard*, 1/2 s. N., et une fille d'Ursin, 1/2 s. N.
Libourne : 1869. — Passé au Pin en septembre 1879.

JOUBERT, 1/2 s. N. — H. N.
B. 1887. — Normandie.
Par *Quémandeur*, 1/2 s. N., et *Madelon*, par Papillon, 1/2 s. **N.**
Perpignan : 1891. — Mort en décembre 1892.

JOURDAIN, 1/2 s. N. — H. N.
B. 1843. — Calvados.
Par un fils de *Biron*, P. S. A., et une 1/2 s. N.
Pompadour : 1847. — Cheval de service en août 1848.

JOURDAN, 1/2 s. N. — H. N.
B. 1865. — Calvados.
Par *Moustique*, P. S. A., et une 1/2 s. Irlandaise.
Tarbes : 1869. — Réformé en 1882.

JOVIAL, 1/2 s. N.
Approuvé. — M. Malecaze.
B. 1865. — France.
Par *Altizar*, 1/2 s. N., et *N.*, 1/2 s. N., par Dongolab, 1/2 s. N.
Villeneuve-sur-Lot : 1872. — Mort en juin 1874.

16

JOYEUX-DRILLE, 1/2 s. N. — H. N.

B. 1865. — Orne.

Par *The Norfolk-Phœnomenon*, 1/2 s. A., et une fille de
Séducteur, 1/2 s. N.

Pau : 1869. — Réformé en novembre 1880.

JUBILANT, 1/2 s. N. — H. N.

Al. 1887. — Manche.

Par *Canut*, 1/2 s. N., et une fille de Schamyl, 1/2 s. A.

Rodez : depuis 1891.

JUIF, 1/2 s. N. — H. N.

Al. 1865. — Orne.

Par *Séducteur*, 1/2 s. N., et une fille de Solide, 1/2 s. N.

Libourne : 1869. — Castré en septembre 1879.

JUIF-ERRANT, 1/2 s. N. — H. N.

B. 1843. — Normandie.

Par *Voltaire*, 1/2 s. N., et une jument de 1/2 s. A.

Perpignan : 1847. — Réformé en août 1849.

JULES-JANIN, 1/2 s. N. — H. N.

B. 1843. — Normandie.

Par *Friedland*, P. S. A., et une fille d'Oscar, 1/2 s. N.

Libourne : 1847. — Castré en juillet 1852.

JUNGUS, 1/2 s. N. — H. N.

B. 1839. — Normandie.

Par *Emule*, 1/2 s. N., et une fille de Prosélite, 1/2 s. N.

Perpignan : 1843. — Réformé en août 1848.

JUNOT, 1/2 s. N. — H. N.

Al. 1843. — Orne.

Par *Friedland*, P. S. A., et une 1/2 s. N., par Chasseur, 1/2 s. N.

Villeneuve-sur-Lot : 1852. — Réformé en juillet 1853.

JUPITER, 1/2 s. N.
Approuvé. — M. Sarrans.
B. 1861. — Normandie.
Par *Pied-de-Chêne*, P. S. A., et une 1/2 s. N.
Tarbes : 1866-1881.

JURIS-CONSULTE, 1/2 s. N. — H. N.
B. 1864. — Normandie.
Par *Ugolin*, 1/2 s. N., et une fille de Koulikan, 1/2 s. N.
Sa grand'mère : par Prosélyte, 1/2 s. A.
Rodez : 1871. — Besançon : en 1872.

JUSSIEU, ex-**JULES-CŒSAR**, 1/2 s. N. — H. N.
B. 1887. — Calvados.
Par *Echo*, 1/2 s. N., et *Turquoise*, 1/2 s. N., par Noville,
1/2 s. N.
Pompadour : depuis 1890.

JUSTIN, 1/2 s. N. — H. N.
B. 1864. — Normandie.
Par *Taconnet*, P. S. A., et une fille de Tipple-Cider, P. S. A.
Sa grand'mère : Deposit, P. S. A.
Rodez : 1871. — Passé à Besançon en janvier 1872.

JUSTINIEN, 1/2 s. N. — H. N.
Al. 1887. — Orne.
Par *Phaëton*, 1/2 s. N., et *Brillante*, 1/2 s. N., par Abrantès,
1/2 s. N.
Sa grand'mère : 1/2 s. N., par Elu, 1/2 s. N.
Pompadour : depuis 1892.

KABYLE, 1/2 s. N. — H. N.
Bb. 1865. — Normandie.
Par *Centaure*, 1/2 s. N., et une jument normande.
Rodez : 1871. — Passé à Besançon en janvier 1872.

KABYLE, 1/2 s. N. — H. N.
N. 1887. — Manche.
Par *Écarté*, 1/2 s. N., et *Parfaite*, par Regnard, 1/2 s. N.
Perpignan : depuis 1892.

KACHEMIR, 1/2 s. N. — H. N.
Bb. 1866. — Orne.
Par *Trouville*, 1/2 s. N., et une fille de Pledge, 1/2 s. N.
Aurillac : 1870. — Réformé en août 1884.

KACY, 1/2 s. N. — H. N.
B. 1866. — Normandie.
Par *Feu-de-Joie*, 1/2 s. N., et une fille de Tamerlan, 1/2 s. N.
Perpignan : 1870. — Mort en février 1873.

KADRIS, 1/2 s. N. — H. N.
B. 1844. Normandie.
Par *Eylau*, P. S. A.-A., et une fille de Rattler, 1/2 s. N.
Libourne : 1849. — Castré en juillet 1850.

KAÏMACAN, 1/2 s. N. — H. N.
B. 1866. — Orne.
Par *Noteur*, 1/2 s. N., et une fille d'Utrecht, 1/2 s. N.
Perpignan : 1870. — Réformé en août 1884.

KAJOU, 1/2 s. N. — H. N.
Al. 1836. — Haras de Pompadour.
Par *Tigris*, P. S. A., et *Flora*, 1/2 s. A., par Lagacy, 1/2 s. A.
Pompadour : 1841. — Passé à Blois en juillet 1841.

KALÈS, 1/2 s. N. — H. N.
Gr. 1843. — Normandie.
Par *Diomède*, 1/2 s. N., et une fille de Highflyer, 1/2 s. A.
Perpignan : 1852. — Mort en juillet 1864.

KALGOUËF, 1/2 s. N. — H. N.

B. 1888. — Normandie.

Par *Frondeur*, 1/2 s. N., et *Sidonie*, 1/2 s. N., par Sidi, P. S. Ar.

Sa grand'mère : 1/2 s. N., par Ugolin, 1/2 s. N.

Pompadour : depuis 1892.

KALI, 1/2 s. N. — H. N.

B. 1866. — Orne.

Par *Chactas*, P. S. A., et une fille de Vautour, 1/2 s. N.

Villeneuve-sur-Lot : 1870. — Mort en août 1888.

KALMOUCK, 1/2 s. N. — H. N.

B. 1866. — Normandie.

Par *Elu* ou *Thésée*, 1/2 s. N., et une fille de Prince, 1/2 s. N.

Tarbes : 1870-1876. — Passé à Cluny en 1877.

KAMINOS, 1/2 s. N. — H. N.

Al. 1844. — Calvados.

Par *Friedland*, P. S. A., et une 1/2 s. N., fille de Chasseur,
1/2 s. N.

Pompadour : 1848. — Cheval de service en août 1848.

KAN, 1/2 s. N. — H. N.

B. 1866. — Eure.

Par *Crocus*, 1/2 s. A., et une fille de Noteur, 1/2 s. N.

Tarbes : 1870. — Réformé en 1882.

KANGIAR, 1/2 s. N. — H. N.

B. 1885. — Orne.

Par *Dictateur*, 1/2 s. N., et une 1/2 s. N., par Conquérant,
1/2 s. N.

Pompadour : 1888. — Mort en décembre 1896.

KANGUROO, 1/2 s. N. — H. N.

B. 1844. — Calvados.

Par *Sylvio*, P. S. A., et une 1/2 s. N., fille de Y. Topper, 1/2 s. A.

Pompadour : 1848. — Abattu en août 1869.

KARICAL, 1/2 s. N. — H. N.
B. 1843. — Orne.
Par *Friedland*, P. S. A., et une fille d'Impérieux, 1/2 s. N.
Villeneuve-sur-Lot : 1852. — Réformé en décembre 1855.

KARKOW, 1/2 s. N. — H. N.
B. 1888. — Calvados.
Par *Valencourt*, 1/2 s. N., et une fille de Rivoli, 1/2 s. N.
Rodez : depuis 1892.

KARNAC, 1/2 s. N. — H. N.
B. 1844. — Orne.
Par *Extrême*, 1/2 s. N., et une fille de Napoléon, P. S. A.
Sa grand'mère : Pope mare.
Tarbes : 1848-1849. — Rodez : 1850-1854.

KAZAN, 1/2 s. N. — H. N.
B. 1843. — Calvados.
Par *Doyen*, 1/2 s. N., et une fille de Y. Reveller, P. S. A.
Villeneuve-sur-Lot : 1851-1853.
Passé à l'Ecole vétérinaire de Toulouse en novembre 1853.

KEISER, 1/2 s. N. — H. N.
N. 1844. — Calvados.
Par *Emule*, 1/2 s. N., et une fille de Cleveland, 1/2 s. N.
Rodez : 1848. — Réformé en juillet 1853.

KELLER, 1/2 s. N. — H. N.
B. 1866. — Normandie.
Par *Centaure*, 1/2 s. N., et une fille de Royal, 1/2 s. N.
Villeneuve-sur-Lot : 1871. — Passé à Rosières en septembre 1871.

KELLERMANN, 1/2 s. N.
Approuvé. — M. Marceillac ; M. Piganeau, 1894 (Gironde).
Bb. 1888. — Normandie.
Par *Elan*, 1/2 s. N., et une fille d'Elu, 1/2 s. N.
Libourne : depuis 1893.

KELLERMANN, 1/2 s. N. — H. N.
Al. 1888. — Calvados.
Par *Niger*, 1/2 s. N., et une fille de Jackson, 1/2 s. N.
Aurillac : depuis 1892.

KÉMIS, 1/2 s. N. — H. N.
B. 1844. — Calvados.
Par *Sylvio*, P. S. A., et une fille de Voltaire ou Vaillant, 1/ s. N.
Rodez : 1848. — Réformé en janvier 1848.

KÉPI, 1/2 s. N. — H. N.
Al. 1844. — Sarthe.
Par *Hercule*, P. S. A., et une fille de Syivio, P. S. A.
Libourne : 1855. — Castré en août 1855.

KÉRITI, 1/2 s. N. — H. N.
B. 1844. — Orne.
Par *Sylvio*, P. S. A., et une 1/2 s. N., par Friedland, P. S. A.
Pompadour : 1848-1849. — Saintes : 1850-1854.

KERVÉGUEN, 1/2 s. N. — H. N.
B. 1888. — Orne.
Par *Elan*, 1/2 s. N., et *Clovis*, par Lavater, 1/2 s. N.
Sa grand'mère : par The Heir-of-Linne, P. S. A.
Libourne : 1892. — Castré en août 1896.

KHALIL-BEY, 1/2 s. N. — H. N.
B. 1888. — Normandie.
Par *Coq-à-l'Ane*, 1/2 s. N., et *Victoria*, par Crocus, 1/2 s. N.
Perpignan : depuis 1893.

KHALIFE, 1/2 s. N. — H. N.
B. 1888. — Manche.
Par *Fontainebleau*, 1/2 s. N., et une fille de Banyuls, 1/2 s. N.
Aurillac : depuis 1892.

KIEL, 1/2 s. N. — H. N.
B. 1866. — Calvados.
Par *Buci*, 1/2 s. N., et une 1/2 s. N., fille de Thésée, 1/2 s. N.
Pompadour : 1870-1873. — Passé à Cluny en janvier 1874.

KINA, 1/2 s. N. — H. N.
Al. 1888. — Calvados.
Par *Apis*, 1/2 s. N., et *Espérance*, 1/2 s. N., par Jackson,
1/2 s. A.
Sa grand'mère : 1/2 s. N., par Hunter. 1/2 s. N.
Pompadour : 1892. — Réformé en septembre 1896

KINDNESS, 1/2 s. N. — H. N.
B. 1866. — Normandie.
Par *Utrecht*, 1/2 s. N., et une fille de Mastrillo, P. S. A.
Villeneuve-sur-Lot : 1871. — Passé à Rosières en septembre 1871.

KING, 1/2 s. N. — H. N.
B. 1844. — Normandie.
Par *Y. Reveller*, 1/2 s. N., et une fille de Sauvage, 1/2 s. N.
Perpignan : 1848. — Réformé en septembre 1861.

KING-ARTHUR, 1/2 s. Norf.-A. — H. N.
N. 1889. — Angleterre.
Par *Cadet*, 1/2 s. Norf.-A., et *Bay-Countess*, par The Colonel,
1/2 s. Norf.-A.
Tarbes : depuis 1893.

KING-CHARLES, 1/2 s. N. — H. N.
Al. 1844. — Manche.
Par *Cydnus*, P. S. A., et une 1/2 s. N., fille d'Adonis, 1/2 s. N.
Pompadour : 1848-1849. — Saintes : 1850-1854.

KING-OF-TRUMPS, 1/2 s. A. — H. N.
N. 1863. — Angleterre.
Par *Gold-Dust*, 1/2 s. A., et une fille de Champion, 1/2 s. A.
Tarbes : 1867. — Mort en juin 1888.

KINIQUE, 1/2 s. N. — H. N.
Al. 1844. — France.
Par *Don-Quichotte*, P. S. A., et une 1/2 s. N.
Villeneuve-sur-Lot : 1850. — Réformé en juillet 1850.

KIOSQUE, 1/2 s. N. — H. N.
B. 1865. — Manche.
Par *Ravissant*, 1/2 s. N., et une fille de Violent, 1/2 s. N.
Libourne : 1870. — Castré en novembre 1882.

KIRGHIS, 1/2 s. N. — H. N.
Gr. 1872. — Aisne.
Par *Seriosnoy-on-Tobolok*, 1/2 s. R., et *Cora*, par *Oak*, 1/2 s N.
Villeneuve-sur-Lot : 1875. — Castré en août 1886.

KIS-KIS, 1/2 s. N. — H. N.
B. 1844. — Normandie.
Par *Friedland*, P. S. A., et une fille de Y. Rattler, 1/2 s. A.
Libourne : 1848. — Castré en août 1861.

KLÉBER, 1/2 s. N. — H. N.
Aub. 1866. — Normandie.
Par *Eclipse*, 1/2 s. N., et *Milady*, 1/2 s. N.
Tarbes : 1870. — Réformé en septembre 1886.

KOBA, 1/2 s. N. — H. N.
Bb. 1843. — Normandie.
Par *Tarrare*, P. S. A., et une 1/2 s. N., par Martagon, 1/2 s. N.
Pau : 1848. — Pompadour : 1849. — Réformé en septembre 1853.

KOFF, 1/2 s. N. — H. N.
B. 1866. — Normandie.
Par *Quid-Juris*, P. S. A., et une fille de Riga, 1/2 s. N.
Perpignan : 1870. — Réformé en août 1878.

KOLLO, 1/2 s. N. — H. N.

B. 1844. — Normandie.

Par *Sylvio*, P. S. A., et une 1/2 s. N., par Ukase, 1/2 s. N.

Perpignan : 1849. — Mort en avril 1851.

KORAN, ex-**CORAN**, 1/2 s. N. — H. N.

Al. 1865. — Normandie.

Par *Centaure*, 1/2 s. N., et une jument normande.

Rodez : 1871. — Mort en août 1885.

KORRIGAN, 1/2 s. N. — H. N.

N. 1888. — Manche.

Par *Lavater*, 1/2 s. N , et *Follette II*, P. S. A., par Gauntelet.

Libourne : depuis 1892.

KORSAC, 1/2 s. N. — H. N.

B. 1844. — Normandie.

Par *Extrême*, 1/2 s. N., et une 1/2 s. N., fille de Y. Emilius
P. S. A.

Perpignan : 1851. — Réformé en juillet 1853.

KOSLOW, 1/2 s. R. — H. N.

N. 1859. — Russie.

Villeneuve-sur-Lot : 1866. — Réformé en novembre 1873.

KOVONO, 1/2 s. N. — H. N.

Al. 1866. — Calvados.

Par *Carignan*, 1/2 s. N., et une fille de Ganymède, 1/2 s. N.

Libourne : 1870. — Mort en novembre 1878.

KOZYR, 1/2 s. V. — H. N.

Al. 1888. — Vendée.

Par *Français III*, 1/2 s. V., et une fille de Kapirat II, 1/2 s. V.

Aurillac : 1892. — Réformé en février 1897.

KURDE, 1/2 s. — H. N.

B. 1859. — Maine-et-Loire.

Par *Tripolien*, P. S. A.-A.

Pau : 1864. — Mort en septembre 1881.

KURSAAL, 1/2 s. N. — H. N.
B. 1864. — Calvados.
Par *Sancho*, 1/2 s. N., et une 1/2 s. N.
Pau : 1870. — Castré en juillet 1871.

LADIÉNUS, 1/2 s. N. — H. N.
B. 1889. — Calvados.
Par *Dandolo* ou *Guzman*, 1/2 s. N., et *Dunette*, 1/2 s. N.,
par Vigilant, P. S. A.
Pompadour : 1893. — Mort en juin 1895.

LABORIEUX, 1/2 s. V. — H. N.
B. 1889. — Loire-Inférieure.
Par *Arcole*, 1/2 s. N.
Pau : 1893. — Réformé en décembre 1896.

LACIS, 1/2 s. N. — H. N.
Bb. 1845. — Normandie.
Par *Silvio*, P. S. A., et une jument normande.
Libourne : 1849. — Castré en juillet 1862.

LACONIQUE, 1/2 s. N. — H. N.
B. 1888. — Orne.
Par *Cherbourg*, 1/2 s. N., et *Diane*, 1/2 s. N.
Pau : 1893. — Réformé en août 1894.

LA FONTAINE, 1/2 s. N. — H. N.
B. 1889. — Orne.
Par *Edimbourg* et *Paquerette*, 1/2 s. N., par Quiclet, 1/2 s. N.
Sa grand'mère : 1/2 s. N., par Noteur, 1/2 s. N.
Pompadour : depuis 1893.

LAHARPE, 1/2 s. N. — H. N.
B. 1889. — Normandie.
Par *Galba*, 1/2 N., et *Fétiche*, par Rivoli, 1/2 s. N.
Perpignan : 1893. — Réformé en juillet 1897.

LAMENTO, 1/2 s. N. — H. N.

Bb. 1889. — Manche.

Par *Utrecht*, 1/2 s. N., et *La Petite*, par Confortable, 1/2 s. N.

Sa grand'mère : par Quickly, 1/2 s. N.

Libourne : depuis 1893.

LAMPION, 1/2 s. N. — H. N.

N. 1845. — Orne.

Par *Emule*, 1/2 s. N., et une 1/2 s. N., par Napoléon, P. S. A.

Pompadour : 1849. — Mort en mars 1853.

LASCAR, 1/2 s. N. — H. N.

B. 1889. — Calvados.

Par *Viveur*, P. S. A., et *Sans-Tache*, 1/2 s. N.,

par Josaphat, 1/2 s. N.

Sa grand'mère : 1/2 s. N., par Jules-Cœsar, 1/2 s. N.

Pompadour : depuis 1893.

LAURÉAT, 1/2 s. N. — H. N.

B. 1889. — Calvados.

Par *Etendard*, 1/2 s. N., et *Hermine*, 1/2 s. N.,

par Niger, 1/2 s. N.

Sa grand'mère : 1/2 s. N., par Montfort, P. S. A.

Pompadour : depuis 1894.

LAZZARONE, 1/2 s. V. — H. N.

Al. 1889. — Vendée.

Par *Grand-Papa*, 1/2 s. N., et *N.*, 1/2 s. V.,

par Kapira, 1/2 s. N.

Villeneuve-sur-Lot : 1893. — Castré en août 1895.

LAZZARONNE, 1/2 s. Char.

Approuvé. — M. Coudrin : M. Monet.

Al. 1879. — Charente-Inférieure.

Par *Quibbler*, 1/2 s. N.

Libourne : 1883. — Réformé en 1890.

LEMNISQUE, 1/2 s. N. — H. N.

B. 1845. — Calvados.

Par *Glandier*, 1/2 s. N., et une fille de Biron, 1/2 s. N.

Aurillac : 1849. — Mort en juillet 1859.

LÉON, 1/2 s. N. — H. N.

B. 1867. — Calvados.

Par *Succès*, 1/2 s. N., et une fille de Lahore, 1/2 s. N.

Libourne : 1871. — Castré en août 1885.

LÉOPARD, 1/2 s. B. — H. N.

Al. 1886. — Côtes-du-Nord.

Par *Midlothian*, 1/2 s. A., et *Panthère*, 1/2 s. B.

Pompadour : depuis 1891.

LÉROT, 1/2 s. N. — H. N.

B. 1844. — Normandie.

Par *Borisow*, 1/2 s. N., et une fille d'Eastham, P. S. A.

Libourne : 1849. — Castré en juillet 1862.

LESTE, 1/2 s. N. — H. N.

Gr. 1835. — Normandie.

Par *Holbein*, P. S. A., et une fille de Y. Rattler, 1/2 s. A.

Aurillac : 1839. — Réformé en 1854.

L'ÉVEILLÉ, 1/2 s. N. — H. N.

B. 1867. — Calvados.

Par *Pledge*, 1/2 s. N., et une fille de Tipple-Cider, P. S. A.

Sa grand'mère : Deposit, P. S. A.

Rodez : en 1871. — Passé à Besançon en août 1884.

LÉZARD, 1/2 s. V. — H. N.

Al. 1885. — Vendée.

Par *Epilogue*, 1/2 s. V., et *Cocotte*, par Beauvoir, 1/2 s. V.

Tarbes : 1893-1894. — Perpignan : depuis 1895.

LIBANIS, 1/2 s. N. — H. N.
Gr. 1844. — Orne.
Par *Diomède*, 1/2 s. N., et une 1/2 s. N.
Rodez : 1859. — Réformé en septembre 1861.

LIBERT, ex-**REDOUTABLE**, 1/2 s. Char. — H. N.
B. 1889. — Charente-Inférieure.
Par *Verrou*, 1/2 s. Char., et *Bonne*, par Quinson, 1/2 s. N.
Libourne : depuis 1893.

LIBERTIN, 1/2 s. N. — H. N.
B. 1889. — Normandie.
Par *Franklin*, 1/2 s. N., et *Espérance*, 1/2 s. N., par Beaujeu,
1/2 s. N.
Tarbes : depuis 1893.

LIBRETTO, ex-**LUTH**, 1/2 s. N. — H. N.
B. 1889. — Manche.
Par *Griche-Midi*, 1/2 s. N., et *N.*, 1/2 s. N., par Ugolin, 1/2 s. N.
Villeneuve-sur-Lot : depuis 1893.

LICTEUR, 1/2 s. V. — H. N.
B. 1889. — Vendée.
Par *Arcole*, 1/2 s. V., et *La Vallière*, par Eros.
Perpignan : 1893. — Mort en septembre 1897.

LIERNOLLES, 1/2 s. N. — H. N.
B. 1889. — Allier.
Par *Habile*, 1/2 s. N., et *Virago*, par Normand, 1/2 s. N.
Sa grand'mère : par Conquérant, 1/2 s. N.
Libourne : depuis 1893.

LIMON, 1/2 s. N. — H. N.
B. 1845. — Calvados.
Par *Galba*, 1/2 s. N., et une 1/2 s. N., par Eastham, P. S. A.
Pompadour : 1849. — Réformé en mars 1861.

LINGOT, 1/2 s. N. — H. N.

B. 1889. — Calvados.

Par *Grand-Maître*, 1/2 s. N., et *Kapirate*, 1/2 s. N., par Phare, 1/2 s. N.

Sa grand'mère : 1/2 s N., par Bravo, P. S. A.
Sa bisaïeule : 1/2 s. N., par Kapirat, 1/2 s. N.

Pompadour : 1893-1898. — Cheval de service en septembre 1898.

LINOT, 1/2 s. N. — H. N.

B. 1889. — Orne.

Par *Elan*, 1/2 s. N., et une fille de Un, 1/2 s. N.
Aurillac : depuis 1893.

LIOUVILLE, 1/2 s. — H. N.

B. 1843. — Meurthe.

Par *Ali-Baba*, P. S. A., et *Corine*, 1/2 s.

Pompadour : 1849-1854. — Perpignan : 1855.
Réformé en octobre 1855.

LIPARE, 1/2 s. N. — H. N.

B. 1845. — Normandie.

Par *Emule*, 1/2 s. N., et une fille d'Impérieux, 1/2 s. N.
Libourne : 1849. — Castré en août 1859.

LITTLE-GUN, 1/2 s. A. — H. N.

Al. 1871. — Angleterre.

Par *Olonzo-the-Brave*, 1/2 s. A., et une fille de Champion, 1/2 s. A.

Tarbes : 1875. — Réformé en août 1887.

LITTLE-WONDER, 1/2 s. A. — H. N.

B. 1870. — Angleterre.

Par *Royal-Oak*, 1/2 s. A., et une 1/2 s. A., fille de Rochesfer, 1/2 s. A.

Pompadour : 1879-1882. — Passé à Rosières en janvier 1883.

LITTORAL, 1/2 s. N. — H. N.
Bb. 1844. — Normandie.
Par *Voltaire*, 1/2 s. N., et une fille de The Juggler, P. S. A.
Libourne : 1849. — Castré en janvier 1861.

LIUVA, 1/2 s. N. — H. N.
B. 1889. — Manche.
Par *Bretteur*, 1/2 s. N., et une fille de Tallien, 1/2 s. N.
Rodez : depuis 1893.

LONDON, 1/2 s. V. — H. N.
B. 1889. — Vendée.
Par *Dandiny*, 1/2 s. V.
Pau : depuis 1893.

LONGPRÉ, 1/2 s. N. — H. N.
B. 1867. — Calvados.
Par *Français*, 1/2 s. N., et une 1/2 s. N., par Sultan, 1/2 s. N.
Pompadour : 1874. — Réformé en août 1887.

LORD-STANLEY, 1/2 s. A. — H. N.
B. 1870. — Angleterre.
Par *Sir-Charles*, 1/2 s. A., et *Fanny*, 1/2 s. A.
Pompadour : 1874-1882. — Passé à Blois en janvier 1883.
Tarbes : 1885. — Réformé en août 1892.

LOUVARD, 1/2 s. N. — H. N.
B. 1889. — Calvados.
Par *Gallea*, 1/2 s. N., ou *Harley*, 1/2 s. N., et *Turquoise*,
1/2 s. N., par Noville, 1/2 s. N.
Villeneuve-sur-Lot : depuis 1893.

LUCAIN, 1/2 s. N. — H. N.
B. 1823. — Normandie.
Par *Massoud*, arabe, et une fille de Vaillant, 1/2 s. N.
Tarbes : 1828. — Réformé en novembre 1841.

LUGANO, 1/2 s. N. — H. N.
B. 1889. — Calvados.
Par *Eclaireur*, 1/2 s. N., et *Fabiole*, 1/2 s. N., par Valère,
1/2 s. N.
Sa grand'mère : 1/2 s. N. par Jeffrys, 1/2 s. N.
Pompadour : depuis 1893.

LUNÉVILLE, 1/2 s. N. — H. N.
B. 1844. — Meurthe.
Par *Hector*, P. S. Ar., et une jument des Deux-Ponts.
Pau : 1849. — Réformé en septembre 1854.

LUTIN, 1/2 s. N. — H. N.
Bb. 1845. — Orne.
Par *Sylvio*, P. S. A., et une fille de Pilote, P. S. A
Aurillac : 1849. — Réformé en juillet 1857.

LYNX, 1/2 s. N. — H. N.
Bb. 1845. — Normandie.
Par *Chasseur*, 1/2 s. V., et une fille de Marmot, 1/2 s. N.
Libourne : 1849. — Castré en août 1861.

LYRIQUE, 1/2 s. N. — H. N.
N. 1889. — Normandie.
Par *Acquila*, 1/2 s. N., et *La Boudeville*, par Josaphat, 1/2 s. N.
Perpignan : depuis 1893.

MADRIGAL, 1/2 s. N. — H. N.
Al. 1890. — Normandie.
Par *Reynolds*, 1/2 s. N., et *Jetta*, par Tigris, 1/2 s. N.
Perpignan : depuis 1895.

MALGACHE, 1/2 s. N. — H. N.
B. 1890. — Calvados.
Par *Phare*, 1/2 s. N., et *Mouton*, 1/2 s. N., par Ribaud, 1/2 s. N.
Sa grand'mère : par Glorieux, 1/2 s. N.
Libourne : depuis 1894.

17

MALIN, 1/2 s. N. — H. N.
B. 1846. — Calvados.
Par *Ganymède*, 1/2 s. N., et une 1/2 s. N., par Pick-Pocket,
P. S. A.
Villeneuve-sur-Lot : 1850. — Réformé en juillet 1864.

MALO, 1/2 s.
Accepté. — M. Rouchet.
Bb. 1878. — France.
Par *Landseer*, 1/2 s. A.
Libourne : 1893-1897.

MANDARIN, 1/2 s. N. — H. N.
Al. 1890. — Manche.
Par *Reynolds*, 1/2 s. N., et une fille de The Heir-of-Linne,
P. S. A.
Aurillac : depuis 1894.

MARCEAU, 1/2 s. N. — H. N.
B. 1890. — Orne.
Par *Tigris*, 1/2 s. N., et une fille de Matchless II, 1/2 s. N.
Rodez : depuis 1894.

MARCELLUS, 1/2 s. N. — H. N.
B. 1846. — Normandie.
Par *Castor*, 1/2 s. N., et une fille de Pretender, 1/2 s. A.
Libourne : 1850. — Castré en juillet 1863.

MARGRAVE, 1/2 s. N. — H. N.
B. 1824. — Normandie.
Par *Y. Rattler*, 1/2 s. A., et une petite-fille de Matador, 1/2 s. N.
Tarbes : 1830. — Réformé en novembre 1848.

MARIUS, 1/2 s. — H. N.
B. 1853.
S. r., venant de l'Ecole de Saumur.
Pompadour : 1864. — Perpignan : 1865. — Mort en juillet 1869.

MAROC, 1/2 s. N. —H. N.
B. 1890. — Manche.
Par *Farnèse*, 1/2 s. N., et une fille de Y. Lahore, 1/2 s. N.
Rodez : depuis 1894.

MARSOUIN, 1/3 s. N. — H. N.
Al. 1868. — Manche.
Par *The Heir-of-Linne*, P. S. A., et une 1/2 s. N., par Ugolin,
1/2 s. N.
Rodez : 1872. — Réformé en mars 1877.

MARTIN, 1/2 s. N. — H. N.
B. 1846. — Orne.
Par *Extrême*, 1/2 s. N., et une fille de Y. Rattler, 1/2 s. A.
Villeneuve-sur-Lot : 1851. — Réformé en juillet 1858.

MARVEL, 1/2 s. N. — H. N.
Al. 1890. — Calvados.
Par *Valencourt*, 1/2 s. N., et *Jeanne-d'Arc*, 1/2 s. N.,
par Conquérant, 1/2 s. N.
Sa grand'mère : une 1/2 s. N., par The Heir-of-Linne, P. S. A.
Pompadour : depuis 1894.

MASQUE, 1/2 s. N. — H. N.
B. 1846. — Orne.
Par *The Juggler*, P. S. A., et une 1/2 s. N.. fille de Y. Topper,
1/2 s. A.
Rodez : 1851. — Castré en septembre 1867.

MATADOR, 1/2 s. N. — H. N.
Al 1845. — Normandie.
Par *Aï*, 1/2 s. N., et une 1/2 s. N., par Impérieux, 1/2 s. N.
Sa grand'mère : par Volontaire, 1/2 s. N.
Sa bisaïeule : par Voltaire, 1/2 s. N.
Villeneuve-sur-Lot : 1851-1858. — Rodez : 1859.
Réformé en septembre 1861.

MATAMORE, 1/2 s. N. — H. N.

B. 1846. — Calvados.

Par Y. *Emilius*, P. S. A., et une fille de Napoléon, P. S. A

Villeneuve-sur-Lot : 1850. — Réformé en juillet 1866.

MEDJIDIÉ, 1/2 s. N. — H. N.

Bb. 1890. — Calvados.

Par *Phare*, 1/2 s. N., et *Bijou*, 1/2 s. N., par Brindisi, P. S. A.

Sa grand'mère : par Navigateur, 1/2 s. N.

Libourne : depuis 1894.

MÉDOR, 1/2 s. N. — H. N.

B. 1868. — Manche.

Par *Kapirat*, 1/2 s. N., et une fille de Pékin, 1/2 s. N.

Libourne : 1872. — Castré en septembre 1878.

MERCURY, 1/2 s. A. — H. N.

Al. 1871. — Angleterre.

Aurillac : 1876. — Réformé en juillet 1881.

MERCURY, 1/2 s. A. — H. N.

Aub. 1376. — Angleterre.

Tarbes : 1882. — Réformé en juillet 1893.

MERRY-LEGGS, 1/2 s. Norf.-A. — H. N.

B. 1875. — Angleterre.

De race Norf.-A.

Rodez : 1883. — Réformé en août 1884.

MÉTÉORE, 1/2 s. N. — H. N.

Al. 1890. — Orne.

Par *Valencourt*, 1/2 s. N., et une fille de Séducteur, 1/2 s. N.

Aurillac : depuis 1894.

MEXICO, 1/2 s. N. — H. N.

Al. 1867. — Calvados.

Par *Taconnet* ou *Destin*, 1/2 s. N., et *Czarina*, P. S. A.,
par Lanercost.

Sa grand'mère : Boutique, P. S. A.

Rodez : 1872. — Mort en mars 1864.

MILTON, 1/2 s. Char. — H. N.

Gr. 1890. — Charente-Inférieure.

Par *Kourly*, P. S. A.-A., et Paule, par Jouteur, 1/2 s. N.

Libourne : depuis 1895.

MINARET, 1/2 s. N. — H. N.

B. 1845. — France

Par *The Juggler*, P. S. A., et une 1/2 s. N., par Y. Topper, 1/2 s.

Villeneuve-sur-Lot : 1850. — Réformé en septembre 1854.

MINOS, 1/2 s. — H. N.

Gr. 1835. — Rosières.

Par *Général-Mina*, P. S. A., et *Médine* (race ducale).

Perpignan : 1849. — Réformé en juillet 1850.

MISTRAL, 1/2 s. N. — H. N.

B. 1890. — Manche.

Par *Reynolds*, 1/2 s. N., et une fille de Lavater, 1/2 s. N.

Rodez : depuis 1894.

MITHRIDATE, 1/2 s. N. — H. N.

B. 1824. — Normandie.

Par *Edgard*, 1/2 s. A.. et une jument normande.

Libourne : 1840. — Vendu en novembre 1840 (non castré).

MIZAM, 1/2 s. N. — H. N.

Al. 1869. — Manche.

Par *The Heir-of-Linne*, P. S. A., et une 1/2 s. N., par Kapira
1/2 s. N.

Pompadour : 1873. — Passé à Cluny en janvier 1874.

MŒRIS, 1/2 s. N. — H. N.

B. 1846. — Orne.

Par *Emule*, 1/2 s. N., et une fille de Xerxès, 1/2 s. N.

Perpignan : 1850. — Réformé en octobre 1853.

MOGADOR, 1/2 s. N. — H. N.

B. 1846. — Manche.

Par *Eastham*, P. S. A., et une 1/2 s. N.

Saint-Lô : 1850-1854. — Villeneuve-sur-Lot : 1855.

Réformé en février 1861.

MOKA, 1/2 s. N. — H. N.

N. 1890. — Normandie.

Par *Phare*, 1/2 s. N., et *Fauvette*, par Ribaud, 1/2 s. N.

Perpignan : depuis 1894.

MOHICAN, 1/2 s. N. — H. N.

B. 1846. — Orne.

Par *Eylau*, P. S. A.-A., et une fille de Chasseur, 1/2 s. N.

Villeneuve-sur-Lot : 1850. — Castré en octobre 1851.

MONACO, 1/2 s. N. — H. N.

B. 1890. — Calvados.

Par *Hardy*, 1/2 s. N., et une fille de Conquérant, 1/2 s. N.

Rodez : 1849. — Castré en novembre 1895.

MONSIEUR, 1/2 s. N. — H. N.

B. 1890. — Normandie.

Par *Saint-Rigomer*, 1/2 s. N., et une fille de Libérator, 1/2 s. N.

Perpignan : depuis 1894.

MONTRÉSOR, 1/2 s. N. — H. N.

B. 1890. — Orne.

Par *Elan*, 1/2 s. N., et une fille de Phaëton, 1/2 s. N.

Rodez : depuis 1893.

MORGAN, 1/2 s. Am. — H. N.
N. Amérique.
Libourne : 1865 1871. — Pompadour : 1872.
Abattu en décembre 1874.

MORLAIX, 1/2 s. N. — H. N.
R. 1890. — Manche.
Par *Thabor*, 1/2 s. N., et *Lisa*, 1/2 s. N.
Rodez : 1894. — Mort en juin 1897.

MOULINEAUX, 1/2 s. N. — H. N.
B. 1890. — Manche.
Par *Fontenay*, 1/2 s. N., et *Gazelle*, 1/2 s. N., par Ministère,
P. S. A.
Sa grand'mère : 1/2 s. N., par Kapirat, 1/2 s. N.
Pompadour : depuis 1894.

MURAT, 1/2 s. — H. N.
Al. 1846. — Marne.
Par *Fleurius*, 1/2 s., et une fille de Sopire.
Perpignan : 1851. — Réformé en juillet 1851.

MYRTHIS, 1/2 s. N. — H. N.
B. 1845. — Orne.
Par *Emule*, 1/2 s. N., et une fille de Sylvio, P. S. A.
Villeneuve-sur-Lot : 1851. — Réformé en septembre 1854.

MYSTÉRIEUX, 1/2 s. N. — H. N.
Al. 1890. — Seine-Inférieure.
Par *Elsky*, 1/2 s. N., et *Généreuse*, 1/2 s. N., par Minotaure,
P. S. A. :
Libourne : 1894. — Castré en août 1898.

NABOT, 1/2 s. N. — H. N.
Al. 1869. — Calvados.
Par *Buci*, 1/2 s. N., et une 1/2 s. N., par Y. Black-Schell, 1/2 s. A.
Rodez : 1872. — Réformé en août 1874.

NADIR, 1/2 s. N. — H. N.
B. 1891. — Orne.
Par *Elan*, 1/2 s. N., et une fille de Beaugé, 1/2 s. N.
Pau : depuis 1895.

NAIN, 1/2 s. N. — H. N.
Al. 1891. — Normandie.
Par *Valencourt*, 1/2 s. N., et *Grenadine*, par Tigris, 1/2 s. N.
Perpignan : depuis 1895.

NALY, 1/2 s. N. — H. N.
B. 1841. — Orne.
Par *Friedland*, P. S. A., et *N.*, 1/2 s. N., par Sylvio, P. S. A.
Villeneuve-sur-Lot : 1851. — Réformé en décembre 1855.

NANKIN, 1/2 s. N. — H. N.
Al. 1847. — Manche.
Par *Adolphus*, P. S. A., et *Bijou*, 1/2 s. N.
Perpignan : 1851. — Réformé en août 1864.

NANKY, 1/2 s. N. — H. N.
Al. 1869. — Orne.
Par *Séducteur*, 1/2 s. N., et une 1/2 s. N., par Tipple-Cider,
P. S. A.
Pau : 1873. — Abattu en juillet 1894.

NAPOLI, 1/2 s. N. — H. N.
B. 1891. — Orne.
Par *Elan*, 1/2 s. N., et *Dora*, 1/2 s. N., par Niger, 1/2 s. N.
Sa grand'mère : une 1/2 s. N., par Extra, 1/2 s. N.
Pompadour : depuis 1895.

NARCISSE, 1/2 s. N. — H. N.
B. 1869. — Normandie.
Par *Pater*, 1/2 s. N., et une fille de Samman, 1/2 s. N.
Perpignan : 1873. — Réformé en septembre 1892.

NARVAËZ, 1/2 s. N. — H. N.

Al. 1847. — Manche.

Par *Adolphus*, P. S. A., et une 1/2 s. N., fille de Sauvage,
1/2 s. N.

Pompadour : 1851. — Abattu en novembre 1873.

NAVAL, 1/2 s. N. — H. N.

B. 1801. — Manche.

Par *Frondeur*, 1/2 s. N., et *Sultane*, 1/2 s. N.,
par Aristocrate, 1/2 s. N.

Sa grand'mère : 1/2 s. N., par Palatin, P. S. A.

Pompadour : depuis 1895.

NAY, 1/2 s. N. — H. N.

N. 1891. — Calvados.

Par *Phare*, 1/2 s. N., et une fille de Cafarelli, 1/2 s. N.

Aurillac : depuis 1895.

NÈGRE, 1/2 s. N. — H. N.

N. 1891. — Manche.

Par *Gasparin*, 1/2 s. N., et une fille de Qu'en-Pensez-Vous, 1/2 s. N.

Aurillac : depuis 1895.

NEMROD, 1/2 s. N. — H. N.

B. 1825. — Normandie.

Par *Y. Rattler*, 1/2 s. A., et une fille de Vaillant, 1/2 s. N.

Libourne : 1832. — Vendu en septembre 1847 (non castré).

NÉOP II, 1/2 s. N.

Approuvé. — M. Lachapelle.
Al. 1849. — Normandie.
Par *Néop*, 1/2 s. N.

Aurillac : 1859. — Vendu en 1860.

NÉOPHYTE, 1/2 s. V. — H. N.

Al. 1891. — Vendée.

Par *Fenier*, 1/2 s. V., et une fille de Terne, 1/2 s. V.

Aurillac : depuis 1895.

NÉRAC, 1/2 s. N. — H. N.
Ro. 1847. — Orne.
Par *Faliéro*, 1/2 s. N., et une 1/2 s. N., par Esclavant, 1/2 s. N.
Perpignan : 1851. — Mort en septembre 1860.

NERVEUX, 1/2 s. V. — H. N.
Al. 1891. — Charente-Inférieure.
Par *Hertré*, 1/2 s. N., et une fille d'Impérator, 1/2 s. V.
Aurillac : depuis 1895.

NERVEUX, 1/2 s. N. — H. N.
B. 1869. — Manche.
Par *Pater*, 1/2 s. N., et une 1/2 s. N., par Perfection, 1/2 s. N.
Aurillac : 1873. — Mort en août 1890.

NERVEUX, 1/2 s. N. — H. N.
Bb. 1847. — Orne.
Par *Xercès*, 1/2 s. N., et *Biche*, P. S. A.
Perpignan : 1853. — Réformé en février 1861.

NEUVILLE, 1/2 s. N. — H. N.
Al. 1869. — Calvados.
Par *Centaure*, 1/2 s. N., et une 1/2 s. N., par Vladimir, 1/2 s. N.
Aurillac : 1873. — Abattu en août 1891.

NIAGARA, 1/2 s. N. — H. N.
B. 1847. — Normandie.
Par *Homère*, 1/2 s. N., et une fille de The Juggler, P. S. A.
Libourne : 1866. — Castré en juillet 1866.

NIBRACK, 1/2 s. N. — H. N.
Al. 1869. — Orne.
Par *Inkermann*, 1/2 s. N., et une fille de Dictateur, 1/2 s. N.
Pau : 1873. — Libourne : 1874. — Castré en août 1883.

NICÉPHORE, 1/2 s. N. — H. N.
Al. 1891. — Orne.
Par *Montagan*, P. S. A., et *Uranie*, 1/2 s. N.,
par J'y-Songerai, 1/2 s. N.
Libourne : depuis 1896.

NICKEL, 1/2 s. N. — H. N.
B. 1869. — Manche.
Par *Pédagogue*, P. S. A., et une fille d'Eylau, P. S. A.-A.
Pau : 1873. — Villeneuve-sur-Lot : 1874. — Mort en juillet 1883.

NICOLAS, 1/2 s. V. — H. N.
B. 1891. — Charente-Inférieure.
Par *Decrescendo*, 1/2 s. V., et une fille de Kalbrenner, 1/2 s. Char.
Rodez : 1895. — Castré en octobre 1897.

NICOLAS, 1/2 s. — H. N.
Al. 1852. — France.
Par *Emperor*, P. S. A.
Villeneuve-sur-Lot : 1856. — Réformé en octobre 1856.

NICOLAS, 1/2 s. N. — H. N.
Al. 1891. — Normandie.
Par *Etendard*, 1/2 s. N., et *Esther*, par Rivoli, 1/2 s. N.
Perpignan : depuis 1895.

NIGAUDIN, 1/2 s. N. — H. N.
Al. 1847. — Manche.
Par *Adolphus*, P. S. A., et *Cocotte*, 1/2 s. N.
Pompadour : 1851-1854.
Cheval de service en 1854 et réformé en 1856.

NIMROD, 1/2 s. A. — H. N.
N. 1855. — Angleterre.
Par *Nimrod*, 1/2 s. A., et une jument de 1/2 s. A.
Tarbes : 1862. — Mort en 1876.

NINUS, 1/2 s. V. — H. N.
B. 1869. — Vendée.
Par *Black-Eyes*, P. S. A., et une fille de Karmignac, 1/2 s. N.
Perpignan : 1873. — Réformé en août 1893.

NOGARET, 1/2 s. N.— H. N.
N. 1891. — Manche.
Par *Ray-Grass*, 1/2 s. N., et une fille de Télémaque, 1/2 s. N.
Aurillac : depuis 1895.

NOMADE, 1/2 s. N. — H. N.
B. 1847. — Orne.
Par *Sylvio*, P. S. A., et *Marmotte*, 1/2 s. N.,
par Marmot, 1/2 s. N.
Perpignan : 1851. — Réformé en février 1861.

NON, 1/2 s. N. — H. N.
B. 1891. — Normandie.
Par *Colporteur*, 1/2 s. N., et *Flamme*, par Lavater, 1/2 s. N.
Perpignan : 1895. — Réformé en août 1897.

NONANT, 1/2 s. N. — H. N.
B. 1869. — Orne.
Par *Centaure*, 1/2 s. N., et une fille d'Hercule, 1/2 s. N.
Sa grand'mère : par Paradis, 1/2 s. N.
Sa bisaïeule : Sandeau, par Voltaire, 1/2 s. N.
Rodez : 1873. — Réformé en août 1878.

NONANT, 1/2 s. N. — H. N.
B. 1847. — Normandie.
Par *Sylvio*, P. S. A., et une fille de Marmot, 1/2 s. N
Tarbes : 1851-52. — Aurillac : 1853. — Réformé en juillet 1869.

NORIAC, 1/2 s. N. — H. N.
Al. 1869. — Orne.
Par *Y. Volunteer*, 1/2 s. A., et une 1/2 s. N.,
fille de Solide, 1/2 s. N.
Pompadour : 1873. — Réformé en août 1879.

NORVILLE, 1/2 s. N. — H. N.
B. 1869. — Orne.
Par *Giboyer*, 1/2 s. N., et une fille d'Ursin, 1/2 s. N.
Libourne : 1873. — Castré en août 1877.

NOVÉANT, 1/2 s. N. — H. N.
Al. 1868. — Calvados.
Par *Trouville*, P. S. A., et une 1/2 s. N., par Fitz-Pantaloon, P.S.A.
Pompadour : 1873. — Réformé en août 1887.

NOYERS, 1/2 s. N. — H. N.
Al. 1891. — Manche.
Par *Calambac*, 1/2 s. N., et une fille de Ménélas, 1/2 s. N.
Rodez : depuis 1895.

NUBIS, 1/2 s. N. — H. N.
B. 1869. — Manche.
Par *The Heir-of-Linne*, P. S. A., et *Kindler*, 1/2 s. N.,
par Eylau, P. S. A.-A.
Pompadour : 1873. — Réformé en septembre 1884.

OBÉISSANT, 1/2 s. N. — H. N.
B. 1847. — Normandie.
Par *Héraclius*, 1/2 s. N., et une fille d'Impérieux, 1/2 s. N.
Perpignan : 1852. — Mort en juillet 1869.

OBÉRON, 1/2 s. N. — H. N.
B. 1870. — Orne.
Par *Régnier*, 1/2 s. N., et une fille de Séducteur, 1/2 s. N.
Rodez : 1874. — Réformé en août 1874.

OBJECTIF, 1/2 s. N. — H. N.
B. 1870. — Manche.
Par *Idoménée*, 1/2 s. N., et une 1/2 s. N., fille de Pigeon-Vole,
1/2 s. A.
Pompadour : 1874. — Mort en février 1893.

OBSTINÉ, 1/2 s. N. — H. N.
B. 1848. — Manche.
Par *Nautilus*, P. S. A., et une 1/2 s. N., par Y. Topper, 1/2 s. A.
Villeneuve-sur-Lot : 1852. — Réformé le 26 décembre 1856.

OCCIDENT, 1/2 s. N. — H. N.
B. 1848. — Calvados.
Par *Joel*, 1/2 s. N., et une 1/2 s. N., par Biron, P. S. A.
Villeneuve-sur-Lot : 1852. — Réformé en septembre 1854.

OCETOT, 1/2 s. N. — H. N.
B. 1848. — Calvados.
Par *Tipple-Cider*, P. S. A., et une 1/2 s. N., par Bob-Warwick,
1/2 s. N.
Villeneuve-sur-Lot : 1852. — Réformé en octobre 1853.

OCTAVE, 1/2 s. V. — H. N.
B. 1892. — Vendée.
Par *Hérode*, 1/2 s. N., et une fille de Kapirat II, 1/2 s. V.
Rodez : depuis 1896.

ODERZO, 1/2 s. N. — H. N.
B. 1870. — Calvados.
Par *Washington*, 1/2 s. Al., et une 1/2 s. N.
Pompadour : 1874-1875.
Passé à Montier-en-Der en décembre 1875.

ODET, 1/2 s. — H. N.
B. 1892. — Calvados.
Par *Aramis*, 1/2 s. N., et une fille d'Etendard, 1/2 s. N.
Aurillac : depuis 1896.

OFFICIEUX, 1/2 s. N. — H. N.
B. 1842. — Haras du Pin.
Par *Falerio*, 1/2 s. A., et une fille de Y. Emilius, P. S. A.
Perpignan : 1853. — Réformé en novembre 1854

OGIER, 1/2 s. N. — H. N.
Al. 1826. — Normandie.
Par Tigris, P. S. A., et une 1/2 s. N.
Rodez : 1831-1842.

OLIBAN, 1/2 s. N. — H. N.
D. 1848. — Normandie.
Par *L'Infortuné*, 1/2 s. N., et *Analie*, P. S. A., par Holbein.
Tarbes : 1852. — Libourne : 1853. — Castré en octobre 1854.

OLIM, 1/2 s. N. — H. N.
N. 1870. — Calvados.
Par *Vingt-Mars*, P. S. A., et une 1/2 s. N., fille de Grosley,
1/2 s. N.
Pompadour : 1874-1875.
Passé à Montier-en-Der en décembre 1875.

OMÉARA, 1/2 s. A. — H. N.
N. 1847. — Haras du Pin.
Par *Harkaway*, 1/2 s. A., et *Léopoldine*, P. S. A.
Tarbes : 1852. — Mort en avril 1860.

OMICRON, 1/2 s. N. — H. N.
B. 1870. — Orne.
Par *Elu*, 1/2 s. N., ou *Galba*, 1/2 s. N., et une fille de Centaure,
1/2 s. N.
Aurillac : 1874. — Réformé en août 1886.

OMNIBUS, 1/2 s. N. — H. N.
B. 1847. — Normandie.
Par *Royal-Oak*, P. S. A., et une fille de Favori, 1/2 s. N.
Tarbes : 1852. — Libourne : 1853-1861.

OMNIUM, 1/2 s. N. — H. N.
B. 1870. — Calvados.
Par *Conquérant*, 1/2 s. N., et une fille de Succès, 1/2 s. N.
Libourne : 1875. — Castré en août 1885.

ONAGRE, 1/2 s. N. — H. N.
B. 1870. — Manche.
Par *Javelot*, P. S. A., et *Marguerite*, 1/2 s. N.
Perpignan : 1874. — Réformé en août 1884.

ONANIAS, 1/2 s. N.
B. 1848. — Normandie.
Par *Galion*, 1/2 s. N., et une fille de Xerxès, 1/2 s. N.
Perpignan : 1852. — Réformé en septembre 1861.

O'NEILL, 1/2 s. N. — H. N.
Al. 1848. — Calvados.
Par *Adolphus*, P. S. A., et une fille de Quartier-Maître, 1/2 s. N.
Perpignan : 1852. — Réformé en juillet 1870.

ONYX, 1/2 s. N. — H. N.
B. 1870. — Manche.
Par *Pédagogue*, 1/2 s. N., et une fille de Nonus, 1/2 s. N,
Aurillac : 1874. — Abattu en août 1891.

OPPOSANT, 1/2 s. N.
Approuvé. — M. de Monda.
Bb. 1870. — Normandie.
Par *Kapirat*, 1/2 s. N., et une fille de Pigeon-Vole.
Tarbes : 1875. — Réformé en 1894.

OPPRESSEUR, 1/2 s. N. — H. N.
B. 1848. — Normandie.
Par *Royal-Oak*, P. S. A., et une fille de Mulato.
Tarbes : en 1852.

ORAN, 1/2 s. Char.
Approuvé. — M. Guidon. (Gironde).
B. 1892. — Charente-Inférieure.
Par *Quibbler*, 1/2 s. N., et une 1/2 s. Char., par Issy, 1/2 s. N.
Libourne : depuis 1896.

ORANGE, 1/2 s. V. — H. N.
Al. 1892. — Loire-Inférieure.
Par *Ibicus*, 1/2 s. V., et une fille de Wallahi, 1/2 s. V.
Aurillac : depuis 1896.

ORATORIO, 1/2 s. N. — H. N.
Bb. 1848. — Normandie.
Par *Impérieux*, 1/2 s. N., et une fille de Performer, P. S. A.
Pau : 1852. — Libourne : 1853-1861.

ORDONNATEUR, 1/2 s. N. — H. N.
B. 1870. — Calvados.
Par *Kapirat*, 1/2 s. N., et une 1/2 s. N., par Débardeur, 1/2 s. N.
Libourne : 1874. — Castré en août 1887.

ORÉGON, ex-**ODIN**, 1/2 s. N. — H. N.
N. 1892. — Orne.
Par *Phaéton*, 1/2 s. N., et *Iris*, 1/2 s. N., par Cherbourg, 1/2 s. N.
Sa grand'mère : par Oméga, 1/2 s. N.
Libourne : depuis 1896.

OR-EN-BARRE, 1/2 s. N. — H. N.
Al. 1892. — Manche.
Par *Hottentot*, 1/2 s, N., et *Florence*, 1/2 s. N.,
par Wild-Bird, P. S. A.
Sa grand'mère : 1/2 s. N., par Ugolin, 1/2 s. N.
Pompadour : depuis 1896.

ORGIE, 1/2 s. N. — H. N.
B. 1848. — Orne.
Par *Eylau*, P. S. A.-A., et une 1/2 s. N., par Chasseur, 1/2 s. N.
Villeneuve-sur-Lot : 1852. — Réformé en février 1861.

ORIENTAL, 1/2 s. N. — H. N.
B. 1826. — Orne.
Par *Massoud*, P. S. Ar., et une fille d'Aventurière, 1/2 s. N.
Tarbes : 1837. — Mort en février 1843.

18

ORIENTAL, 1/2 s. N. — H. N.
Bh. 1848. — Calvados.
Par *Richmond*, P. S. A., et une 1/2 s. N.
Tarbes : 1852. — Aurillac : 1853. — Réformé en août 1861.

ORLANDO II, 1/2 s. N. — H. N.
B. 1870. — Calvados.
Par *Conquérant*, 1/2 s. N., et une fille de Nemrod, 1/2 s. N.
Perpignan : 1874. — Mort en avril 1877.

ORMEAU, 1/2 s. N. — H. N.
B. 1870. — Calvados,
Par *Holback*, 1/2 s. N., et N., 1/2 s. N., par Ugolin, 1/2 s. N.
Pompadour : 1874. — Réformé en septembre 1892.

ORNE, 1/2 s. N. — H. N.
B. 1870. — Orne.
Par *Eclipse*, 1/2 s. N., et une 1/2 s. N., par Phœnomenon, 1/2 s. A.
Villeneuve-sur-Lot : 1874. — Castré en septembre 1881.

ORNE, 1/2 s. N. — H. N.
Al. 1848. — Normandie.
Par *Hospodar*, 1/2 s. N., et une jument de 1/2 s. A.
Tarbes : 1852. — Libourne : 1853. — Mort en juin 1862.

OROBE, 1/2 s. N. — H. N.
Al. 1870. — Calvados.
Par *Pledge* ou *Jactator*, 1/2 s. N., et une 1/2 s. N.,
fille de Lucain, 1/2 s. N.
Pompadour : 1874. — Mort en février 1880.

ORPHÉE, 1/2 s. N. — H. N.
B. 1826. — Normandie.
Par *Lucholl*, 1/2 s. A., et une fille de Y. Topper, 1/2 s. A.
Libourne : 1831. — Vendu en août 1849 (non castré).

ORPHELIN, 1/2 s. N. — H. N.
B. 1826. — Normandie.
Par *Le Chasseur*, 1/2 s. A., et une jument normande.
Libourne : 1831. — Vendu en septembre 1847 (non castré).

ORTOLAN, 1/2 s. N. — H. N.
Gr. 1826. — H. N.
Par *Dominant*, 1/2 s. N., et une 1/2 s. N.
Rodez : 1833. — Mort le 25 août 1846.

OSMAN, 1/2 s. N. — H. N.
B. 1846. — Orne.
Par *Honorable*, 1/2 s. N., et une 1/2 s. N.,
par Impérieux, 1/2 s. N.
Pompadour : 1852. — Mort en mai 1872.

OSSELET, 1/2 s. N. — H. N.
B. 1870. — Manche.
Par *Feu-de-Joie*, 1/2 s. N., et une fille de Dragon, 1/2 s. N.
Perpignan : 1874. — Réformé en avril 1879.

OSTAR, 1/2 s. N. — H. N.
B. 1848. — Normandie.
Par *Chasseur*, 1/2 s. N., et une fille de Regretté, 1/2 s. N.
Perpignan : 1852. — Réformé en novembre 1854.

OUAH, 1/2 s. N. — H. N.
B. 1892. — Manche.
Par *Phare*, 1/2 s. N., et *Dolor*, 1/2 s. N., par Dollar, 1/2 s. N.
Sa grand'mère : par Ugolin, 1/2 s. N., et une fille de Sinope,
1/2 s. N.
Libourne : depuis 1896.

OUBLI, 1/2 s. N. — H. N.
Al. 1870. — Sarthe.
Par *Elu*, 1/2 s. N., et *N.*, 1/2 s. N., par Centaure, 1/2 s. N.
Villeneuve-sur-Lot : 1875. — Castré en novembre 1882.

OUBLI, 1/2 s. N. — H. N.
B. 1892. — Calvados.
Par *Valentino*, 1/2 s. N., et *Acidalie*, par Sidi, arabe.
Perpignan : depuis 1886.

OUF, 1/2 s. N. — H. N.
B. 1892. — Manche.
Par *Fred-Archer*, 1/2 s. N., et *Allumette*, 1/2 s. N,
par The Heir-of-Linne, P. S. A.
Sa grand'mère : Kindler, par Eylau, P. S. A.-A.
Libourne : depuis 1896.

OURAGAN, 1/2 s. N. — H. N.
B. 1892. — Manche.
Par *Fontenay*, 1/2 s. N., et une fille de Télémaque, 1/2 s. N.
Rodez : depuis 1896.

OURS-NOIR, 1/2 s. N. — H. N.
N. 1892. — Manche.
Par *Jarnac*, 1/2 s. N., et *Clémentine*, par Washington,
1/2 s. Al.
Sa grand'mère : par Wild-Bird, P. S. A.
Libourne : depuis 1896.

OUSSAN, 1/2 s. R. — H. N.
Gr. 1859. — Russie.
Trotteur russe.
Pau : 1870. — Vendu en juillet 1879.

OWLER, 1/2 s. — H. N.
B. 1870. — Aisne.
Par *Matchless*, 1/2 s. A., et *Vesta*, 1/2 s. N.
Pompadour : 1876. — Réformé en août 1882.

PADILLA, 1/2 s. N. — H. N.
Bb. 1893. — Normandie.
Par *Jagellon*, 1/2 s. N., et une fille de Fulminant, 1/2 s. N.
Aurillac : depuis 1897.

PAILLARD, 1/2 s. N. — H. N.
B. 1872. — Manche.
Par *Egésippe*, et une 1/2 s. N., par Y. Pégasse, 1/2 s. N.
(approuvé).
Pau : 1876. — Aurillac : 1877. — Mort le 16 mai 1889.

PALAFOX, 1/2 s. N. — H. N.
B. 1893. — Normandie.
Par *Echec*, 1/2 s. N., et Bijou, par Fanion, 1/2 s. N.
Perpignan : depuit 1897.

PAMPHILE, 1/2 s. N. — H. N.
B. 1893. — Calvados.
Par *Qui-Vive*, 1/2 s. N., et une 1/2 s. N., par Libérator, 1/2 s. N.
Rodez : depuis 1897.

PANACHE, 1/2 s. N. — H. N.
B. 1893. — Calvados.
Par *Ibis*, 1/2 s. N., et une fille de Utrecht, 1/2 s. N.
Aurillac : depuis 1897.

PANTAGRUEL, 1/2 s. N. — H. N.
Al. 1864. — Manche.
Par *Idoménée*, 1/2 s. N., et une 1/2 s. N., par Lahore, 1/2 s. A.
Pompadour : 1875. — Abattu en août 1893.

PANTIN, 1/2 s. N. — H. N.
Bb. 1893. — Calvados.
Par *Acquila*, 1/2 s. N., et *Moabette*, par Tigris, 1/2 s. N.
Sa grand'mère : par Gontran, P. S. A., et une jument arabe.
Libourne : depuis 1897.

PATURIN, 1/2 s. N. — H. N.
B. 1893. — Normandie.
Par *Grand-Maître*, 1/2 s. N., et *Fauvette*, par Eperlan, 1/2 s. N
Perpignan : depuis 1897.

PAON, 1/2 s. N. — H. N.
Al. 1820. — Orne.
Par *D.-I.-O.*, P. S. A., et une jument normande.
Tarbes : 1831. — Réformé en août 1843.

PARMESAN, 1/2 s. N. — H. N.
B. 1871. — Orne.
Par *Inkermann* ou *Koping*, 1/2 s. N., et *Micka*, 1/2 s. N.
Libourne : 1875. — Castré en août 1885.

PAUSANIAS, 1/2 s. N. — H. N.
B. 1871. — Orne.
Par *Jactator*, 1/2 s. N., et une 1/2 s. N., par Trouville, P. S. A.
Pompadour : 1875. — Réformé en août 1879.

PAUVRE-PETIT, 1/2 s. N. — H. N.
B. 1871. — Calvados.
Par *Faucon* ou *Ménélas*, 1/2 s. N., et une fille de
Florentin, 1/2 s. N.
Rodez : 1875. — Réformé en août 1884.

PAVEUR, 1/2 s. N. — H. N.
Bb. 1871. — Calvados.
Par *Pater*, 1/2 s. N., et une 1/2 s. N., par Kapirat, 1/2 s. N.
Aurillac : 1875. — Réformé en novembre 1891.

PEDRO, 1/2 s. Char. — H. N.
B. 1871. — Charente-Inférieure.
Par *Vitumnus*, 1/2 s. N., et une fille de Voltaire, 1/2 s. N.
Libourne : 1876. — Mort en août 1878.

PÉROU, 1/2 s. N. — H. N.
B. 1871. — Orne.
Par *Elu*, 1/2 s. N., et *N.*, 1/2 s. N., par Séducteur, 1/2 s. N.
Villeneuve-sur-Lot : 1875. — Réformé en août 1884.

PERSIL, ex-**PARADIS**, 1/2 s. N. — H. N.
B. 1871. — Calvados.
Par *Abrantès*, 1/2 s. N., et une fille d'Umber, 1/2 s. N.
Libourne : 1875. — Castré en août 1882.

PETIT-DUC, 1/2 s. N. — H. N.
B. 1893. — Charente-Inférieure.
Par *Auditeur*, 1/2 s. V., et *Diva*, par Decrescendo, 1/2 s. V.
Sa grand'mère : par Trouville, P. S. A., et une fille
de Racoleur, 1/2 s. N.
Libourne : depuis 1897.

PETIT-LION, 1/2 s. V. — H. N.
B. 1893. — Vendée.
Par *Le Lion*, P. S. A., et une fille de Tigris, 1/2 s. V.
Aurillac : depuis 1897.

PETIT-MAÎTRE, 1/2 s. N. — H. N.
Al. 1871. — Calvados.
Par *Ganymède*, 1/2 s. N., et une fille de Conquérant, 1/2 s. N.
Perpignan : 1875. — Réformé en août 1891.

PETIT-POUCET, 1/2 s. N. — H. N.
B. 1871. — Manche.
Par *Ignoré*, 1/2 s. N., et *Alabama*, 1/2 s. N.
Villeneuve-sur-Lot : 1875. — Mort en juillet 1890.

PHAÉTON, 1/2 s. V. — H. N.
Al. 1893. — Vendée.
Par *Gascon* et une 1/2 s. V., par Qu'en-Dira-t-on, 1/2 s. V.
Rodez : depuis 1897.

PIÉDESTAL, 1/2 s. N. — H. N.
B. 1893. — Orne.
Par *Cherbourg*, 1/2 s. N., et *Virginie*, par Oméga, 1/2 s. N.
Sa grand'mère : par Gabier, P. S. A.
Libourne : depuis 1897.

PILLARD, 1/2 s. N. — H. N.
Al. 1849. — Orne.
Par *Jocko*, P. S. A., et une fille de Mahomet, 1/2 s. N.
Aurillac : 1853. — Réformé en août 1871.

PILOTE, 1/2 s. N. — H. N.
B. 1849. — Normandie.
Par *Idalis*, 1/2 s. N., et une fille de Royal-George, P. S. A.
Libourne : 1864. — Castré en août 1868.

PIPELET, 1/2 s. N. — H. N.
B. 1893. — Orne.
Par *Cherbourg*, 1/2 s. N., et une 1/2 s. N., par Niger, 1/2 s. N.
Rodez : depuis 1898.

PIQUE-NIQUE, 1/2 s. N. — H. N.
Al. 1893. — Normandie.
Par *Krakatoa*, P. S. A., et une fille de Cherbourg, 1/2 s. N.
Aurillac : depuis 1897.

PIRON, 1/2 s. N. — H. N.
B. 1849. — Haras du Pin.
Par *Sylvio*, P. S. A., et une fille de Dupleix.
Perpignan : 1853. — Réformé en août 1860.

PLAISIR-DES-DAMES, 1/2 s. N. — H. N.
B. 1871. — France.
Par *Conquérant*, 1/2 s. N., et *N.*, 1/2 s. N., par Othon, 1/2 s. N.
Villeneuve-sur-Lot : 1876. — Réformé en juillet 1894.

PLICK, 1/2 s. A. — H. N.
Al. 1854. — Angleterre.
Tarbes : en 1862.

PLOCK, 1/2 s. A. — H. N.

Al. 1851. — Angleterre.

Tarbes : en 1862.

PLUVIER, 1/2 s. N. — H. N.

B. 1827.   France.

Par *Y. Rattler*, 1/2 s. A., et une 1/2 s. N.,
par Dominant, 1/2 s. N.

Villeneuve-sur-Lot : 1846. — Réformé en juillet 1851.

POLICARPE, 1/2 s. N. — H. N.

B. 1849. — Normandie.

Par *Polecat*, et une fille d'Oscar, 1/2 s. N.

Perpignan : 1853. — Castré en février 1861.

POLISSON, 1/2 s. N. — H. N.

B. 1871. — Calvados.

Par *Abrantès*, 1/2 s. N., et *N.*, 1/2 s. N., par Solide, 1/2 s. N.

Villeneuve-sur-Lot : 1875. — Castré en août 1887.

POMPADOUR, 1/2 s. N. — H. N.

B. 1893. — Orne.

Par *James-Watt*, 1/2 s. N., et *Fleur-de-Neige*, 1/2 s. N.,
par Quiclet, 1/2 s. N.

Sa grand'mère : Niniche, 1/2 s. N., par Palanquin. 1/2 s. N.
Sa bisaïeule : 1/2 s. N., par Tonnerre-des-Indes, P. S. A.

Pompadour : depuis 1897.

PORTE-FANION, 1/2 s. N. — H. N.

Al. 1893. — Calvados.

Par *Fuschia*, 1/2 s. N., et Judic, 1/2 s. N., par Réussi, P. S. A

Villeneuve-sur-Lot : depuis 1897.

PRÉSIDENT, 1/2 s. Norf.-A.

Approuvé. — M. de Lapeyrouse. — H. N. en 1887.

B. 1870. — Angleterre.

Père et mère : Norf.-Angl.

Tarbes : 1873. — Réformé en 1888.

PRÉSIDENT, 1/2 s. N. — H. N.
Al. 1827. — Normandie.
Par *Y. Rattler*, 1/2 s. A.
Aurillac : 1832. — Réformé en août 1840.

PRIDE-OF-THE-NORTH, 1/2 s. A. — H. N.
B. 1857. — Angleterre.
Pompadour : 1863. — Réformé en août 1866.

PRIMATICE, 1/2 s. N. — H. N.
N. 1849. — Orne.
Par *Boléro*, P. S. A., et une jument de 1/2 s. A.
Aurillac : 1853. — Réformé en août 1866.

PROCONSUL, 1/2 s. N. — H. N.
B. 1849. — Normandie.
Par *Cornichon*, 1/2 s. N., et une ûlle de Galicien, 1/2 s. V
Aurillac : 1853. — Réformé en juillet 1870.

PROLIFIQUE, 1/2 s. N. — H. N.
B. 1871. — Calvados.
Par *Vingt-Mars*, P. S. A., et *Bergère*, 1/2 s. N.
Libourne : 1882. — Castré en août 1884.

PSIT, 1/2 s. N. — H. N.
B. 1893. — Orne.
Par *Cherbourg*, 1/2 s. N., et *Négresse*, 1/2 s. N.,
par Noville, 1/2 s. N.
Sa grand'mère : 1/2 s. N., par Conquérant, 1/2 s. N.
Pompadour : depuis 1898.

PYRRHUS, 1/2 s. N. — H. N.
B. 1871. — Orne.
Par *Eclipse*, 1/2 s. N., et une fille de Centaure, 1/2 s. N.
Rodez : 1875. — Réformé en août 1884.

QUAI, 1/2 s. N. — H. N.
Bb. 1894. — Normandie.
Par *Lucifer*, 1/2 s. N., et une fille d'Acquila, 1/2 s. N.
Aurillac : depuis 1898.

QUALITY, 1/2 s. N. — H. N.
Al. 1850. — France.
Par *Tipple-Cider*, P. S. A., et *N.*, 1/2 s. N., par Éclatant,
1/2 s. N.
Villeneuve-sur-Lot : 1859. — Réformé en novembre 1873.

QUANDO, 1/2 s. N. — H. N.
B. 1872. — Normandie.
Par *Javelot*, 1/2 s. N., et une 1/2 s. N.
Aurillac : 1876. — Réformé en juillet 1880.

QUANTINET, 1/2 s. N. — H. N.
B. 1872. — Normandie.
Par *Noteur*, 1/2 s. N., et une 1/2 s. N., par Y. Black-Scales,
1/2 s. N.
Pau : 1876. — Vendu en septembre 1883.

QUARANTE, 1/2 s. N. — H. N.
B. 1872. — Orne.
Par *Gaulois*, 1/2 s. N., et *N.*, 1/2 s. N., par Noteur, 1/2 s. N.
Villeneuve-sur-Lot : 1877. — Réformé en août 1887.

QUART, 1/2 s. N. — H. N.
Al. 1894. Normandie.
Par *Harfleur*, 1/2 s. N., et *Mignonne*, par Mignon, 1/2 s. N.
Perpignan : depuis 1898.

QUARTENIER, 1/2 s. N. — H. N.
B. 1894. — Normandie.
Par *Phare*, 1/2 s. N., et *Bijou*, par Valentino, 1/2 s. N.
Perpignan : depuis 1898.

QUARTIER-MAITRE II, 1/2 s. N. — H. N.
N. 1894. — Normandie.
Par *Levraut*, 1/2 s. N., et une fille de Domino-Noir, 1/2 s. N.
Aurillac : depuis 1898.

QUASI, 1/2 s. N. — H. N.
Bb. 1872. — Calvados.
Par *Noteur*, 1/2 s. N., et une 1/2 s. N., par Umber, 1/2 s. N.
Aurillac : 1876. — Réformé en août 1894.

QUATORZE, 1/2 s. V. — H. N.
Al. 1872. — Vendée.
Par *Black-Eyes*, P. S..A., et une fille de Necker, 1/2 s. N.
Libourne : 1877. — Castré en août 1882.

QUATRE-TEMPS, 1/2 s. N. — H. N.
B. 1850. — Normandie.
Par *Lynodor*, 1/2 s. N., et une fille de Cydnus, 1/2 s. N.
Libourne : 1854. — Castré en juillet 1859.

QUATRE-TEMPS, 1/2 s. N. — H. N.
Al. 1894. — Manche.
Par *Ministère*, P. S. A., et une 1/2 s. N., par Léotard, 1/2 s. N.
Rodez : depuis 1898.

QUAT'Z'ARTS, 1/2 s. N. — H. N.
B. 1894. — Orne.
Par *James-Watt*, 1/2 s. N., et une 1/2 s. N., par Edimbourg,
1/2 s. N.
Pau : depuis 1898.

QUÉBEC, 1/2 s. N. — H. N.
B. 1894. — Manche.
Par *Harley*, 1/2 s. N., et *Liane*, 1/2 s. N., par Fontenay, 1/2 s. N.
Sa grand'mère : 1/2 s. N., par Gabier, P. S. A.
Pompadour : depuis 1898.

QUEDENEY, 1/2 s. N. — H. N.
B. 1872. — France.
Par *Menant*, 1/2 s. N., et *N.*, 1/2 s. N., par Orgueilleux, 1/2 s. N.
Villeneuve-sur-Lot : 1876 et réformé.

QUÉDILLAC, 1/2 s. N. — H. N.
N. 1891. Normandie.
Par *Harley*, 1/2 s. N., et *Lucille*, par Colporteur, 1/2 s. N.
Perpignan : depuis 1898.

QUEL-SAUTEUR, 1/2 s. N. — H. N.
N. 1894. — Normandie.
Par *Lanleff*, 1/2 s. N., et *Flore*, par Boissy, P. S. A.
Perpignan : depuis 1898.

QU'EN-DIRA-T-ON, 1/2 s. N. — H. N.
Gr. 1894. — Calvados.
Par *Fataliste*, P. S. A., et une fille de Pater, 1/2 s. N.
Aurillac : depuis 1898.

QUÉNOT, ex-**QUADRILLE**, 1/2 s. N. — H. N.
B. 1872. — Calvados.
Par *Abrantès*, 1/2 s. N., et une fille de Parfait, 1/2 s. N.
Libourne : 1876. — Castré en novembre 1882.

QUERCITRON, 1/2 s. N. — H. N.
Al. 1850. — Normandie.
Par *Tipple-Cider*, P. S. A., et une fille de Chasseur, 1/2 s. N.
Libourne : 1856. — Mort en février 1860.

QUESNAY, 1/2 s. N. — H. N.
N. 1894. — Normandie.
Par *Harley*, 1/2 s. N., et *La Zélée*, par Ugolin, 1/2 s. N.
Perpignan : depuis 1898.

QUESTEUR, 1/2 s. N. — H. N.

B. 1878. — Orne.

Par *Trouville*, P. S. A., et une 1/2 s. N., par Coleraine, 1/2 s. A.

Pompadour : 1876. — Réformé en août 1881.

QUESTINAN, 1/2 s. N. — H. N.

B. 1872. — France.

Par *Vermouth*, 1/2 s. N., et *N*., 1/2 s. N., par Roch, 1/2 s. N.

Villeneuve-sur-Lot : 1876. — Castré en août 1886.

QUÉTEUR, 1/2 s. N. — H. N.

Al. 1828. — Normandie.

Par *Impérieux*, 1/2 s. N.

Aurillac : 1833. — Réformé en novembre 1841.

QUIA, 1/2 s. N. — H. N.

B. 1894. — Manche.

Par *Landau*, 1/2 s. N., et *Coquette*, 1/2 s. N., par Baccarat,
1/2 s. N.

Libourne : depuis 1898.

QUICHOTTE, 1/2 s. N. — H. N.

B. 1872. — Orne.

Par *Eclipse*, 1/2 s. N., et une fille de Wildfire, P. S. A.

Aurillac : 1876. — Réformé en août 1891.

QUICKLY, 1/2 s. V. — H. N.

B. 1894. — Vendée.

Par *Zambo*, P. S. A., et une fille de Queymadéro, 1/2 s. V.

Aurillac : depuis 1898.

QUID-NOIR, 1/2 s. N. — H. N.

Al. 1872. — France.

Par *Rosier*, 1/2 s. N., et *N*., 1/2 s. N., par Y. Volunteer, 1/2 s. A.

Villeneuve-sur-Lot : 1876. — Réformé en septembre 1897.

QUID-QUID, 1/2 s. N. — H. N.

B. 1872. — Calvados.

Par *Français*, 1/2 s. N., et une fille d'Impérieux, 1/2 s. N.

Aurillac : 1876. — Réformé en juillet 1880.

QUI-EST-LA, ex-**QUINTAL**, 1/2 s. N. — H. N.

B. 1872. — Manche.

Par *Agenda*, 1/2 s. N., et une fille de Robinson, P. S. A.,

Libourne : 1876. — Castré en août 1884.

QUIETLY, 1/2 s. N. — H. N.

B. 1894. — Normandie.

Par *Content*, 1/2 s. N., et *Klarnet*, par Noville, 1/2 s. N.

Perpignan : depuis 1898.

QUI-GAGNE, 1/2 s. N. — H. N.

B. 1872. — Normandie.

Par *Josaphat*, 1/2 s. N., et une fille de Volcan, 1/2 s. N.

Perpignan : 1876. — Réformé en août 1884.

QUINCONCE, 1/2 s. N. — H. N.

B. 1850. — Normandie.

Par *Doyen*, 1/2 s. N., et une fille d'Emule, 1/2 s. N.

Libourne : 1854. — Castré en juillet 1862.

QUINOA, 1/2 s. N. — H. N.

B. 1850. — Normandie.

Par *Sylvio*, P. S. A., et une fille d'Extrême, 1/2 s. N.

Perpignan : 1855. — Réformé en février 1861.

QUINQUET, 1/2 s. N. — H. N.

B. 1894. — Manche.

Par *Kiffis*, 1/2 s. N., et une fille de Havas, 1/2 s. N.

Rodez : depuis 1898.

QUINTUS, 1/2 s. N. — H. N.
Al. 1828. — Normandie.
Par *Y. Rattler*, 1/2 s. A.
Aurillac : 1833. — Réformé en novembre 1841.

QUITUS, 1/2 s. N. — H. N.
Bb. 1850. — Manche.
Par *Adolphus*, P. S. A., et une fille de Favori, 1/2 s. N.
Aurillac : 1854. — Réformé en août 1854.

QUITUS, 1/2 s. N. — H. N.
N. 1894. — Calvados.
Par *Juvigny*, 1/2 s. N., et *Gazelle*, 1/2 s. N., par Valencourt,
1/2 s. N.
Sa grand'mère : par Noville, 1/2 s. N., et une fille de Conquérant,
1/2 s. N.
Libourne : depuis 1893.

QUOI, ex-**QUOLIBET**, 1/2 s. N. — H. N.
B. 1894. — Normandie.
Par *Jusant*, 1/2 s. N., et *Chérie*, par Follet, 1/2 s. N.
Tarbes : depuis 1898.

QUOLIBET, 1/2 s. V. — H. N.
Al. 1894. — Loire-Inférieure.
Par *Jongleur XII*, 1/2 s. N., et une fille d'Arcole, 1/2 s. N.
Rodez : depuis 1898.

QUONIAM, 1/2 s. N. — H. N.
B. 1872. — Manche.
Par *The Heir-of-Linne*, P. S. A., et une fille de Victorieux,
1/2 s. N.
Rodez : 1876. — Réformé en août 1884.

RABAT-JOIE. 1/2 s. N. — H. N.
B. 1829. — Normandie.
Par *Luchol'*, 1/2 s. A., et une jument normande.
Libourne : 1833. — Vendu en septembre 1847 (non castré).

RABLU, 1/2 s. N. — H. N.
Bb. 1873. — Calvados.
Par *Sir-Edwin-Landseer*, 1/2 s. A. et une fille de Cresserons,
1/2 s. N. (approuvé).
Aurillac : 1877. — Réformé en novembre 1882.

RALPH, 1/2 s. N. — H. N.
Al. 1873. — Calvados.
Par *Conquérant*, 1/2 s. N., et *N.*, 1/2 s. N., par Sultan, 1/2 s. N.
Villeneuve-sur-Lot : 1878. — Réformé en août 1889.

RAPIN, 1/2 s. N. — H. N.
B. 1829. — Normandie.
Par *Normand*.
Libourne : 1840. — Vendu en septembre 1843 (non castré).

RÈCHE, 1/2 s. N. — H. N.
N. 1877. — Manche.
Par *Argonaut*, P. S. A., et une fille de Kapirat, 1/2 s. N.
Libourne : 1881. — Mort en juin 1883.

RENOUVIER, ex-**RATON**, 1/2 s. N. — H. N.
B. 1851. — Calvados.
Par *Governor*, P. S. A., et une fille de Voltaire, 1/2 s. N.
Libourne : 1855. — Castré en août 1860.

RÉSÉDA, 1/2 s. N. — H. N.
B. 1873. — Orne.
Par *Inkermann*, 1/2 s. N., et *Cocote*, 1/2 s. N., par Noteur,
1/2 s. N.
Pompadour : 1877. — Cheval de service depuis 1895.

RÉSOLU, 1/2 s. N. — H. N.
Al. 1828. — Normandie.
Par *Aslan*, turc, et une jument normande.
Aurillac : 1831. — Réformé en novembre 1840.

RESPECTÉ, 1/2 s. N. — H. N.
Al. 1873. — Calvados.
Par *Estafette*, 1/2 s. N., et une fille d'Homère, 1/2 s. N.
Aurillac : 1877. — Réformé en août 1895.

RETAPEUR, 1/2 s. N. — H. N.
Bb. 1873. — Orne.
Par *Centaure*, 1/2 s. N., et une fille de Jéricko, 1/2 s. N.
Pau : 1877-1882. — Libourne : 1883. — Castré en août 1883.

RÈVA, 1/2 s. N. — H. N.
B. 1873. — Manche.
Par *J'y-Songerai*, 1/2 s. N., et une fille de Pater, 1/2 s. N.
Libourne : 1877. — Castré en novembre 1882.

REVERSIS, 1/2 s. N. — H. N.
Bb. 1873. — Calvados.
Par *Impétueux*, 1/2 s. N., et une fille de Séducteur, 1/2 s. N.
Aurillac : 1877. — Réformé en août 1896.

RICHEMONT, 1/2 s. N. — H. N.
N. 1873. — Manche.
Par *Eloi*, 1/2 s. N., et *N.*, 1/2 s. N., par Gotha, 1/2 s. N.
Villeneuve-sur-Lot : 1877. — Réformé en août 1895.

RIENZI, 1/2 s. N. — H. N.
Al. 1851. — Calvados.
Par *Vigoureux*, 1/2 s. N., et *N.*, 1/2 s. N., par Don-Quichotte,
1/2 s. N.
Villeneuve-sur-Lot : 1855. — Réformé en juillet 1866.

RIGA, 1/2 s. N. — H. N.
N. 1873. — Manche.
Par *Douglas*, 1/2 s. N., et *N.*, 1/2 s. N., par Lothaire, 1/2 s. N.
Villeneuve-sur-Lot : 1873. — Réformé en novembre 1882.

RIVAL, 1/2 s. Norf.-A. — H. N.
Aub. 1875. — Angleterre.
Tarbes : 1880. — Réformé en août 1889.

RIVAL, 1/2 s. N. — H. N.
B. 1851. — Calvados.
Par *Homère*, 1/2 s. N., et une fille de Voltaire, 1/2 s. N.
Libourné : 1855. — Castré en juillet 1863.

RODEZ, 1/2 s. N. — H. N.
B. 1873. — Manche.
Par *Lodi*, 1/2 s. N., et une fille d'Intérim, 1/2 s. N.
Libourne : 1877. — Castré en juillet 1886.

ROMULUS, 1/2 s. N. — H. N.
Gr. 1851. — Orne.
Par *Kramer*, 1/2 s. A., et une fille d'Oscar, 1/2 s. N.
Rodez : 1858. — Castré en août 1864.

RONDEAU, 1/2 s. N. — H. N.
B. 1851. — France.
Par *Boléro*, P. S. A., et une 1/2 s. N., par Xerxès, 1/2 s. N.
Villeneuve-sur-Lot : 1856. — Réformé en janvier 1873.

ROQUEFORT, 1/2 s. V. — H. N.
B. 1873. — Vendée.
Par *Karibon*, 1/2 s. N., et une jument vendéenne.
Villeneuve-sur-Lot : 1877. — Réformé en août 1892.

ROSSIGNOL, 1/2 s. N. — H. N.
B. 1851. — Normandie.
Par *Homère*, 1/2 s. N., et une fille de The Juggler, P. S. A.
Libourne : 1864. — Castré en juillet 1869.

ROUSSELET, 1/2 s. N. — H. N.
Al. 1872. — Calvados.
Par *Faublas*, 1/2 s. N., et une fille de Lucain, 1/2 s. N.
Rodez : 1877. — Mort en mai 1893.

SABREUR, 1/2 s. N. — H. N.
N. 1852. — Normandie.
Par *Hégésippe*, P. S. N., et une fille de The Juggler, P. S. A.
Libourne : 1864. — Castré en juillet 1869.

SAINT-ESTÈPHE, 1/2 s. N. — H. N.
B. 1874. — Orne.
Par *Diadème*, 1/2 s. N., et *N.*, 1/2 s. N., par Bayard, 1/2 s. N.
Villeneuve-sur-Lot : 1879. — Réformé en novembre 1880.

SAINT-LÉGER, 1/2 s. N. — H. N.
B. 1874. — Orne.
Par *Hannon* ou *Héliotrope*, 1/2 s. N., et *Castora*, 1/2 s. N.
Libourne : 1878. — Castré en août 1885.

SAINT-MICHEL, 1/2 s. V. — H. N.
B. 1859. — Vendée.
Par *Monsieur-de-Saint-Jean*, P. S. A., et une 1/2 s. V.,
par Intact, 1/2 s. N.
Libourne : 1863. — Castré en décembre 1874.

SALADIN, 1/2 s. N. — H. N.
B. 1830. — Orne.
Par *Y. Quiz*, 1/2 s. A., et une fille de Serviteur, 1/2 s. N.
Libourne : 1840-1845. — Villeneuve-sur-Lot : 1846.
Réformé en août 1848.

SALOMON, 1/2 s. N. — H. N.
Bb. 1852. — Calvados.
Par *Hébreu*, 1/2 s. N., et une fille de Don-Quichotte, 1/2 s. N.
Aurillac : 1856. — Réformé en décembre 1873.

SANS-PEUR, 1/2 s. N.
Approuvé. — M. Courtet.
Al. 1874. — Normandie.
Par *Kabin*, 1/2 s. N., et une fille de Robinson, 1/2 s. N.
Perpignan : en 1879.

SANS-SOUCI, 1/2 s. N. — H. N.
Al. 1874. — Calvados.
Par *Glorieux*, 1/2 s. N., et une fille de Malakoff, 1/2 s. N.
Aurillac : 1878. — Mort en juillet 1895.

SANTERRE, 1/2 s. A. — H. N.
Gr. 1850. — France.
Par *Fitz-Emilius*, P. S. A., et *Allingtonne*, 1/2 s. A.
Tarbes : 1854. — Réformé en juillet 1854.

SAPAJOU, 1/2 s. N. — H. N.
Al. 1852. — Calvados.
Par *Ganymède*, 1/2 s. N., et *Miss-Allen*, P. S. A.,
par Captain-Candid.
Pompadour : 1860. — Abattu en août 1870.

SARDOU, 1/2 s. N. — H. N.
Al. 1874. — Calvados.
Par *Brindisi*, P. S. A., et une jument écossaise.
Rodez : 1878. — Réformé en août 1887.

SAUMON, 1/2 s. N. — H. N.
B. 1874. — Normandie.
Par *Ugolin*, 1/2 s. N., et une fille de Giboyer, 1/2 s. N.
Perpignan : 1878. — Réformé en août 1891.

SAUVEUR, ex-**SOLO**, 1/2 s. N. — H. N.
Al. 1874. — Manche.
Par Y. *Red-Deer*, 1/2 s. A., et *Glorieuse*, 1/2 s. N., par Torticolis,
P. S. A.
Libourne : 1878. — Castré en août 1887.

SAVIGNÉ, 1/2 s. N. — H. N.

B. 1874. — Orne.

Par *Patricien*, P. S. A., et une fille de Y. Volunteer, 1/2 s. **A.**

Rodez : 1878. — Mort en octobre 1886.

SAVOYARD, 1/2 s. R. — H. N.

Al. 1866. — Russie.

Tarbes : 1870. — Réformé en septembre 1879.

SCALP, 1/2 s. A. — H. N.

B. 1875. — Gers.

Par *Orlandino*, P. S. A., et *Lancette*, 1/2 s. A.

Pau : 1880. — Vendu en août 1892.

SCAPIN, 1/2 s. N. — H. N.

B. 1852. — Orne.

Par *Noteur*, 1/2 s. N., et une fille de Sylvio, P. S. **A.**

Perpignan : en 1858.

SCORPION, 1/2 s. N. — H. N.

B. 1852. — France.

Par *Ballinkeele*, P. S. A., et *N.*, 1/2 s. N., par Marengo, 1/2 s. **N.**

Villeneuve-sur-Lot : 1856. — Mort en octobre 1869.

SCOTT, 1/2 s. N. — H. N.

B. 1874. — Manche.

Par *Liberator*, 1/2 s. A., et une fille de Trouville, 1/2 s. **N.**

Rodez : 1878. — Réformé en août 1887.

SÉLIM, 1/2 s. N. — H. N.

B. 1874. — Manche.

Par *Daniel*, P. S. A., et une fille de Courcy, 1/2 s. N.

Aurillac : 1878. — Réformé en août 1883.

SENTINELLE, 1/2 s. N. — H. N.
B. 1874. — Calvados.
Par *Conquérant*, 1/2 s. N., et *N.*, 1/2 s. N., par Brocardo,
P. S. A.
Villeneuve-sur-Lot : 1878. — Réformé en juillet 1890.

SÉRIEUX, 1/2 s. N. — H. N.
B. 1852. — Sarthe.
Par *Multum-in-Parvo*, 1/2 s. N.
Aurillac : 1856. — Réformé en août 1873.

SIAM, 1/2 s. N. — H. N.
B. 1874. — Manche.
Par *Victorieux*, 1/2 s. N., et une fille de Jay, 1/2 s. N.
Aurillac : 1878. — Réformé en décembre 1882.

SIAMOIS, 1/2 s. N. — H. N.
B. 1874. — Manche.
Par *Hussein*, 1/2 s. N., et *Rapide*, par Divus.
Libourne : 1878. — Castré en août 1883.

SIDI-TOBET, 1/2 s. — H. N.
Bb. 1872. — Seine-et-Oise.
Par un Barbe et *Attraction*, P. S. A.
Pau : 1876. — Vendu en septembre 1885.

SIGNAL, 1/2 s. N — H. N.
Al. 1852. — Orne.
Par *Boléro*, P. S. A., et une fille de Chasseur, 1/2 s. N.
Aurillac : 1860-1861. — Montier-en-Der en 1862.

SIGNAL, 1/2 s. N. — H. N.
B. 1874. — Manche.
Par *Rabin*, 1/2 s. N., et une fille de Garibaldi II, 1/2 s. N.
Aurillac : 1878. — Réformé en août 1893.

SIGOURNAY, 1/2 s. V. — H. N.
B. 1859. — Vendée.
Par *Lambro*, P. S. Ar., et une jument de 1/2 s. Ar.
Libourne : 1863. — Castré en août 1870.

SILEX, 1/2 s. N. — H. N.
B. 1874. — Sarthe.
Par *Trouville*, P. S. A., et *La Blosserie*, par Bassompierre,
1/2 s N.
Libourne : 1878. — Abattu en juillet 1894.

SISTERON, ex-**SAUTERNE**, 1/2 s. N. — H. N.
Bb. 1874. — Normandie.
Par *Ugolin*, 1/2 s. N., et *Brebis*, 1/2 s. N., par Isolier, P. S. A.
Libourne : 1878. — Castré en août 1885.

SMITH, 1/2 s. N. — H. N,
B. 1874. — Normandie.
Par *Mathurin*, 1/2 s. N., et une fille de Kapirat, 1/2 s. N.
Perpignan : 1878. — Mort en décembre 1880.

SOBIESKI, 1/2 s. N. — H. N.
B. 1874. — Orne.
Par *Abrantès*, 1/2 s. N., et une fille de d'Elu, 1/2 s. N.
Aurillac : 1878. — Mort en janvier 1880.

SOCRATE, 1/2 s. N. — H. N.
B. 1852. — Normandie.
Par *Pledge*, 1/2 s. N., et une 1/2 s. N, par Dupleix, 1/2 s. N.
Pompadeur : 1857-1862. — La Roche-sur-Yon : 1863-1865.

SOLDAT, 1/2 s. N. — H. N.
B. 1852. — Orne.
Par *Pledge*, 1/2 s. N., et une fille d'Honorable, 1/2 s. N.
Perpignan : 1856. — Mort en novembre 1864.

SOMMERSET, 1/2 s. N. — H. N.

N. 1852. — Manche.

Par *Ballinkeele*, P. S. A., et une 1/2 s. N., par *Eastham*,
P. S. A.

Rodez : 1856. — Abattu en juillet 1856.

SONDEUR, ex-**SOUVERAIN**, 1/2 s. Char. — H. N.

B. 1874. — Charente-Inférieure.

Par *Kalife*. 1/2 s. N.

Libourne ; 1878. — Castré en août 1885.

SONICA, 1/2 s. N. — H. N.

B. 1874. — Manche.

Par *Trip*, 1/2 s. A., et une fille de Sedan, P. S. A.

Libourne : 1879-1881. — Rodez : 1881. — Mort en juillet 1894.

SOUS-MARIN, 1/2 s. N. — H. N.

B. 1874. — Manche.

Par *Intact*, 1/2 s. N., et *Bijou*, 1/2 s. N., par Tamerlan, 1/2 s. N.

Libourne : 1878. — Castré en août 1884.

SOUVENIR, 1/2 s. N. — H. N.

B. 1852. — Manche.

Par *Robinson*, P. S. A., et *Marguerite*, 1/2 s. A.

Rodez : 1860. — Réformé en décembre 1862.

SOUVENIR, 1/2 s. N. — H. N.

Al. 1854. — Manche.

Par *Marengo*, P. S. A., et une fille de Marcellus, 1/2 s. N.

Libourne : 1859. — Castré en août 1868.

SPORTSMAN, 1/2 s. N. — H. N.

B. 1874. — Calvados.

Par *Français*, 1/2 s. N., et *Brunette*, 1/2 s. N., par Jactator,
1/2 s. N.

Libourne : 1878. — Castré en août 1889.

STELLO, ex-**SYRIUS**, 1/2 s. N. — H. N.
B. 1874. — Calvados.
Par *Le More*, 1/2 s. N., et *Plaisante*, 1/2 s. N., par Esculape,
1/2 s. N.
Libourne : 1878. — Castré en novembre 1882.

STIPE, 1/2 s. N. — H. N.
B. 1874. — Calvados.
Par *Estafette*, 1/2 s. N., et *N.*, 1/2 s. N., par Abrantès, 1/2 s. N.
Villeneuve-sur-Lot : 1879. — Abattu en août 1881.

SULLY, 1/2 s. N. — H. N.
B. 1830. — Orne.
Par *Y. Rattler*, 1/2 s. A.
Rodez : 1835. — Castré en novembre 1845.

SUPERLATIF, 1/2 s. N. — H. N.
Bb. 1852. — Normandie.
Par *Tipple-Cider*, P. S. A., et une 1/2 s. N., par The Juggler,
1/2 s. A..
Pau : 1858. — Abattu en décembre 1865.

SURPRENANT, 1/2 s. N.
Approuvé. — M. Michel, 1879; M. Bollève, 1886.
B. 1874. — Normandie.
Par *Condé*, 1/2 s. N., et une fille de Mastrillo, 1/2 s. N.
Perpignan : 1879. — S. R. en 1887.

SURPRENANT, 1/2 s. N. — H. N.
Al. 1875. — Manche.
Par *Ugolin*, 1/2 s. N., et *Baillette*, par Jérôme, 1/2 s. N.
Perpignan : 1879. — Réformé en août 1895.

SYLLA, 1/2 s. N. — H. N.
B. 1853. — Normandie.
Par *Eperon*, P. S. A.. et une jument normande.
Rodez : 1859. — Castré en décembre 1874.

SYLVAIN, 1/2 s. N. — H. N.

B. 1830. — Calvados.

Par *Insconstant*, 1/2 s. N.

Perpignan : 1849. — Réformé en juillet 1852.

TABLETIER, 1/2 s. V. — H. N.

Ro. 1875. — Vendée.

Jambes-d'Argent, 1/2 s. N., et une fille de John-Bull, 1/2 s. **N.**

Libourne : 1879. — Castré en août 1892.

TACHOS, 1/2 s. V. — H. N.

B. 1875. — Vendée.

Par *Lasson*, 1/2 s. V., et une fille d'Herculanun.

Perpignan : 1879. — Mort en mai 1894.

TACITE, 1/2 s. N.

Approuvé. — M. Avy.

B. 1853. — Orne.

Par *Fitz-Pantaloon*, P. S. A., et *N.*, 1/2 s. N., par Voltaire, 1/2 s. N.

Villeneuve-sur-Lot : 1864. — Réformé en 1876.

TAILLEBOURG, 1/2 s. N. — H. N.

B. 1853. — Normandie.

Par *Performer*, 1/2 s. A., et une fille d'Impérieux, 1/2 s. **N.**

Tarbes : 1857. — Mort en août 1869.

TALISMAN, 1/2 s. N. — H. N.

B. 1853. — Normandie.

Par *Robinson*, P. S. A., et une fille, 1/2 s.N., par Boucanier, 1/2 s. N.

Pompadour : 1857-1860. — Cheval de service en 1861.

Mort en juillet 1862.

TAMBERLICK II, 1/2 s. N. — H. N.

B. 1875. — Calvados.

Tamberlick, P. S. A., et une fille d'Electrique, P. S. A.

Libourne : 1878. — Castré en novembre 1880.

TANAÏS, 1/2 s. N. — H. N.

B. 1875. — Manche.

Par *Mathurin*, 1/2 s. N., et une 1/2 s. N., par Bijou, 1/2 s. N.

Pompadour : 1879-1881. — Perpignan : 1882.

Réformé en août 1895.

TANNEGUY, 1/2 s. N. — H. N.

B. 1853. — Normandie.

Par *Robinson*, P. S. A., et une fille de Boucanier, 1/2 s. N.

Tarbes : 1857. — Réformé en août 1875.

TANTALE, 1/2 s. N. — H. N.

B. 1853. — Normandie.

Par *The Repealer*, 1/2 s. A., et une fille de Diomède, 1/2 s. N.

Pau : 1857. — Vendu en septembre 1871.

TATIUS, 1/2 s. N. — H. N.

B. 1830. — Normandie.

Par *Mustachio*, P. S. A., et une fille de Rattler, P. S. A.

Perpignan : 1849. — Réformé en mai 1854.

TERNE, 1/2 s. N. — H. N.

B. 1838. — Maine-et-Loire.

Par *Lottery*, P. S. A., et une fille de Rattler, 1/2 s. A.

Aurillac : 1843. — Réformé en juillet 1852.

TERRAY, 1/2 s. N. — H. N.

Al. 1854. — Normandie.

Par *Ballinkeele*, P. S. A., et une 1/2 s., par Sir Henry-Dimsdale,
1/2 s. A.

Pau : 1871. — Rosières en septembre 1871.

TERRIBLE. ex-**TALISMAN**, 1/2 s. Char. — H. N.

Al. 1875. — Charente-Inférieure.

Par *Héliodore*, 1/2 s. N., et une fille de Roquelaure, 1/2 s. N.

Libourne : 1879. — Castré en août 1884.

THÉOCRITE, 1/2 s. N. — H. N.
Aub. 1875. — Manche.
Par *Edgard*, 1/2 s. N., et une fille de Victorieux, 1/2 s. N.
Rodez : 1879. — Réformé en août 1894.

THÉODOSE, 1/2 s. N. — H. N.
B. 1853. — Normandie.
Par *Ramsay*, P. S. A., et X,, jument normande.
Aurillac : 1859. — Réformé en août 1860.

THERMIDOR, 1/2 s. Char. — H. N.
B. 1875. — Charente-Inférieure.
Par *Lycurgue*, 1/2 s. N., et une fille d'Obéron, 1/2 s. N.
Libourne : 1879. — Castré en août 1890.

THE TROUBADOUR, 1/2 s. A. — H. N.
Al. 1849. — Angleterre.
Tarbes : 1862. — Réformé en juillet 1874.

THOMAS, 1/2 s. N.
Approuvé. — M. Is. Féral.
B. 1860. — Normandie.
Par *Isigny*, 1/2 s. N., et une fille de Necker, 1/2 s. N.
Rodez : 1864. — Mort en 1875.

TIRE-LARIGOT, 1/2 s. N. — H. N.
Al. 1875. — Manche.
Par *Wild-Bird*, 1/2 s. N., et *La Pallière*, 1/2 s. N., par Agenda,
1/2 s. N.
Villeneuve-sur-Lot : 1879. — Réformé en août 1896.

TISON, 1/2 s. N. — H. N.
B. 1875. — Calvados.
Par *Washington*, 1/2 s. N., une 1/2 s. N.
Perpignan : 1879. — Réformé en octobre 1894.

TITUS, 1/2 s. N. — H. N.
B. 1831. — Normandie.
Par *Hamilton*, 1/2 s. N., et une fille de Firman, 1/2 s. N.
Tarbes : 1839. — Réformé en août 1843.

TOBIE, ex-**TRICOLORE**, 1/2 s. N. — H. N.
B. 1875. — Orne.
Par *Niger*, 1/2 s. N., et *Fatma*, par Émir, P. S. Ar.
Libourne : 1879. — Mort en octobre 1891.

TOCKAY, 1/2 s. N. — H. N.
B. 1875. — Loire-Inférieure.
Par *Malthus*, 1/2 s. N., et une fille de Karibon, 1/2 s. N.
Aurillac : 1879. — Réformé en août 1892.

TOC-TOC, 1/2 s. N. — H. N.
Al. 1875. — Manche.
Par *Ignoré*, 1/2 s. N., et *As-de-Cœur*, par Garde-à-Vous,
1/2 s. N.
Libourne : 1879. — Mort en février 1881.

TOLBIAC, 1/2 s. N. — H. N.
B. 1853. — Calvados.
Par *Noteur*, 1/2 s. N., et *N.*, 1/2 s. N., par Fire-Away, P. S. A.
Villeneuve-sur-Lot : 1857. — Mort le 20 mars 1860.

TOM-POUCE, 1/2 s. N. — H. N.
B. 1875. — Manche.
Par *Kant*, 1/2 s. N., et *Lisette*, par Tic-Tac, 1/2 s. N.
Libourne : 1879. — Castré en août 1888.

TONNELIER, 1/2 s. — H. N.
B. 1875. — Charente-Inférieure.
Par *Templier*, P. S. A., et une jument 1/2 s. N.
Villeneuve-sur-Lot : 1879. — Castré en septembre 1882.

TOPAZE, 1/2 s. N. — H. N.
B. 1875. — Manche.
Par *Jarnac*, 1/2 s. N., et une fille de Victorieux, 1/2 s. N.
Aurillac : 1879. — Réformé en décembre 1882.

TOPOGRAPHE, 1/2 s. N — H. N.
B. 1875. — Basses-Pyrénées.
Par *Fulgur*, P. S. A., et une fille de Zodion, 1/2 s.
Aurillac : 1880. — Réformé en juillet 1881.

TOTO, 1/2 s. N. — H. N.
B. 1875. — Maine-et-Loire.
Par *Piétro*, et une fille de Roméo.
Perpignan : 1879. — Réformé en août 1884.

TOT-OU-TARD, 1/2 s. N. — H. N.
Al. 1875. — Calvados.
Par *Unau*, 1/2 s. N., et une fille de Navigateur, 1/2 s. N.
Aurillac : 1879. — Réformé en août 1884.

TRAKENEM, 1/2 s. — H. N.
N. 1861. — Prusse.
Aurillac : 1866. — Réformé en 1866.

TRANSFUGE, 1/2 s. V. — H. N.
B. 1875. — Vendée,
Par *Black-Eyes*, P. S. A., et *N.*, 1/2 s. V., par Douglas, 1/2 s. V.
Villeneuve-sur-Lot : 1879. — Abattu en août 1896.

TRÉSOR, 1/2 s. N. — H. N.
Al. 1875. — Orne.
Par *Elu*, 1/2 s. N., et *Félicia*, 1/2 s. N., par Inkermann, 1/2 s. N.
Villeneuve-sur-Lot : 1879. — Castré en août 1889.

TRICOLORE, 1/2 s. V. — H. N.
Ro. 1875. — Vendée.
Par *Jambes-d'Argent*, 1/2 s. N., et une fille d'Accacia, 1/2 s. V.
Tarbes : 1879. — Réformé en août 1890.

TRINGA, 1/2 s. N. — H. N.
Al. 1875. — Calvados.
Par *Centaure*, 1/2 s. N., et *Jeanne-d'Arc*, 1/2 s. N., par Jactator,
1/2 s. N.
Villeneuve-sur-Lot : depuis 1879.

TRITON, 1/2 s. N. — H. N.
B. 1875. — Normandie.
Par *Oranger*, 1/2 s. N., et *N.*, 1/2 s. N.
Villeneuve-sur-Lot : 1879. — Mort en février 1885.

TRIVULCE, 1/2 s. N. — H. N.
B. 1875. — Manche.
Par *Jarnac*, 1/2 s. N.
Aurillac : 1879. — Réformé en novembre 1882.

TROMBLON, 1/2 s. N. — H. N.
B. 1853. — Normandie.
Par *Robinson*, P. S. A.
Tarbes : 1857. — Mort en mai 1860.

TRONC, 1/2 s. N. — H. N.
N. 1875. — Manche.
Par *Lavater*, 1/2 s. N., et une fille de Cultivateur, 1/2 s. N.
Aurillac : 1879. — Réformé en novembre 1893.

TROQUEUR, ex-**TIVOLI**, 1/2 s. N. — H. N.
B. 1875. — Vendée.
Par *Lahire*, 1/2 s. N., et une fille de Cornichon, 1/2 s. N.
Libourne : 1879. — Castré en août 1889.

TROUBADOUR, 1/2 s. N. — H. N.
Al. 1831. — Orne.
Par *Talma*, P. S. A., et une fille de Badin, 1/2 s. N.
Tarbes : 1836. — Réformé en octobre 1853.

TROUPIER, 1/2 s. N. — H. N.
B. 1875. — Calvados.
Par *Hick*, 1/2 s. N., et *N.*, 1/2 s. N.
Villeneuve-sur-Lot : 1879-1886. — Au Pin en août 1886.

TURBAN, 1/2 s. V. — H. N.
Gr. 1876. — Vendée.
Par *Borak*, P. S. Ar., et une fille de Richebonne.
Aurillac : 1880. — Réformé en août 1883.

TURC, 1/2 s. N. — H. N.
B. 1875. — Manche.
Par *El-Ghôr*, P. S. Ar., et une fille de Karbout, 1/2 s.
Aurillac : 1880. — Réformé en décembre 1882.

TURGOT, 1/2 s. N. — H. N.
B. 1853. — France.
Par *Kramer*, 1/2 s. N.
Villeneuve-sur-Lot : 1867. — Réformé en janvier 1868.

TURNHAM-GREEN, 1/2 s. A. — H. N.
Ro. 1864. — Angleterre.
Par *Phœnomenon*, 1/2 s. A.
Tarbes : 1873. — Mort en mars 1873.

TYPHON, 1/2 s. N. — H. N.
B. 1853. — Normandie.
Par *Y. Superior*, 1/2 s. A., et une 1/2 s. N., par Galion, 1/2 s. N.
Pompadour : 1857-1859. — Cheval de service en 1860.
Réformé en mars 1861.

20

UBALD, 1/2 s. N. — H. N.
Al. 1876. — Vendée.
Par *Jambes-d'Argent*, 1/2 s. N., et une fille de Hargneux, 1/2 s. N.
Perpignan : 1879. — Réformé en décembre 1884.

UBELMAN, ex-**URVILLE**, 1/2 s. N. — H. N.
Al. 1876. — Manche.
Par *Idoménée*, 1/2 s. N., et *Palma*, P. S. A., par Orphelin.
Libourne : 1882. — Mort en novembre 1882.

UBI, 1/2 s. N. — H. N.
B. 1876. — Orne.
Par *Niger*, 1/2 s. N., et une fille de Pledge, 1/2 s. N.
Aurillac : 1880. — Réformé en septembre 1886.

UCCIANI, 1/2 s. N. — H. N.
Al. 1876. — Calvados.
Par *Oui*, 1/2 s. N., et *Duchesse*, par Liberator, 1/2 s. A.
Pau : 1880-1882. — Libourne : 1883. — Castré en août 1891.

UGLAS, 1/2 s. N. — H. N.
B. 1876. — Orne.
Par *Hidalgo* ou *Extase*, 1/2 s. N., et *Admirable*, par Esculape,
Libourne : 1880. — Castré en août 1884.

ULÉMA, 1/2 s. V. — H. N.
B. 1876. — Charente-Inférieure.
Par *Kalife*, 1/2 s. N., et une fille d'Urville, 1/2 s. N.
Aurillac : 1880. — Réformé en août 1896.

ULÉMA, 1/2 s. N. — H. N.
B. 1854. — Normandie.
Par *Ramsay*, P. S. A., et une fille de Voltaire, 1/2 s. N.
Aurillac : 1859. — Réformé en août 1861.

ULM, 1/2 s. N. — H. N.

B. 1854. — Normandie.

Par *Stoker*, P. S. A., et une 1/2 s. N., par Kramer, 1/2 s. N.

Pau : 1858-60. — Pompadour : 1861. — Réformé en juillet 1868.

ULOPHONE, 1/2 s. N. — H. N.

B. 1876. — Manche.

Par *Schamyl*, 1/2 s. N., et uue fille de Bandit, 1/2 s. N.

Aurillac : 1880. — Réformé en 1881

ULPIEN, 1/2 s. Char. — H. N.

Al. 1876. — Charente-Inférieure.

Par *Nacqueville*, 1/2 s. N.

Libourne : 1880. — Castré en août 1889.

ULTIMUS, 1/2 s. N. — H. N.

B. 1854. — Normandie.

Par *Y. Superior*, 1/2 s. A., et une 1/2 s. N., par Tipple-Cider,
P. S. A.

Pompadour : 1858. — Réformé en août 1862.

UNABLE, 1/2 s. N. — H. N.

B. 1876. — Manche.

Par *Lavater*, 1/2 s. N., et une fille d'Ugolin, 1/2 s. N.

Aurillac : 1880. — Réformé en août 1897.

UNANIME, 1/2 s. Char. — H. N.

Al. 1876. — Charente-Inférieure.

Par *Avant-Garde*, P. S. A., et une fille d'Emilien, P. S. A.

Libourne : 1880. — Castré en août 1896.

UND, 1/2 s. N. — H. N.

B. 1876. — Manche.

Par *Néthou*, P. S. A., et *Zélia*, par Uhlan, 1/2 s. N.

Perpignan : 1881. — Réformé en 1882.

UNDERWOOD, 1/2 s. N. — H. N.
B. 1876. — Manche.
Par *Schamyl*, 1/2 s. L., et *Natalie*, par Tamerlan, 1/2 s. N.
Libourne : 1884. — Castré en août 1891.

UNI, 1/2 s. N. — H. N.
N. 1876. — Normandie.
Par *Noville*, 1/2 s. N., et *Perfection*, par Y., 1/2 s. N.
Perpignan : 1880. — Réformé en août 1893.

UNIMENT, 1/2 s. V. — H. N.
Al. 1876. — Deux-Sèvres.
Par *Avant-Garde*, P. S. A., et une jument de 1/2 s. A.
Libourne : 1881. — Castré en août 1890.

UNITAIRE, 1/2 s. N. — H. N.
Al. 1854. — Normandie.
Par *Boléro*, P. S. A., et une fille de Biron, P. S. A.
Libourne : 1858. — Castré en juillet 1869.

UNITIF, 1/2 s. N. — H. N.
B. 1876. — Calvados.
Par *Hick*, 1/2 s. N., et *Ravissante*, 1/2 s. N.,
par Interprète, 1/2 s. N.
Pompadour : 1880 — Réformé en août 1897.

UNIVERS, 1/2 s. N. — H. N.
Al. 1854. — Normandie.
Par *Brocardo*, P. S. A., et une fille de Vaillant, 1/2 s. N.
Libourne : 1858. — Abattu en juillet 1877.

UNIVERS, 1/2 s. Char. — H. N.
B. 1876. — Charente-Inférieure.
Par *Montbars*, P. S. A., et une fille d'Obéron, 1/2 s. Char.
Rodez : 1880. — Réformé en août 1891.

UNIVOQUE, 1/2 s. N. — H. N.
B. 1854. — Normandie.
Par *Pledge*, 1/2 s. N., et une fille de Boléro, 1/2 s. N.
Tarbes : 1858. — Mort en septembre 1860.

UN-SEUL, 1/2 s. N. — H. N.
B. 1876. — Manche.
Par *Pater*, 1/2 s. N., et une 1/2 s. N., par Riga, 1/2 s. N.
Pau : 1880. — Tarbes : 1881. — Réformé la même année.

UNTHRIFT, 1/2 s. N. — H. N.
B. 1876. — Normandie.
Par *Néthou*, P. S. A., et *Lisette*, par Turcarès, 1/2 s. N.
Perpignan : 1883. — Réformé en 1890.

URANE, 1/2 s. N. — H. N.
B. 1853. — Orne.
Par *Stoker*, P. S. A., et une fille de Saklawi, 1/2 s. A.
Aurillac : 1858. — Réformé en janvier 1861.

URBANISTE, 1/2 s. N. — H. N.
B. 1876. — Normandie.
Par *Noville*, 1/2 s. N., et *Girofla*, par Interprète, 1/2 s. N
Perpignan : 1880. — Réformé en août 1893.

URBINOS, 1/2 s. N. — H. N.
B. 1853. — Normandie.
Par *Robinson*, P. S. A., et une fille de Sir-Henry-Dinsdale,
1/2 s. A.
Tarbes : 1858. — Réformé en août 1874.

URFF, 1/2 s. N. — H. N.
B. 1876. — Calvados.
Par *Normand*, 1/2 s. N., et *Mignonne*, 1/2 s. N., par Ignace,
1/2 s. N.
Rodez : 1880. — Réformé en octobre 1893.

URIEN, 1/2 s. N. — H. N.
B. 1876. — Vendée.
Par *Marengo*, P. S. A., et une fille de Ruban, 1/2 s. N.
Perpignan : 1880. — Réformé en août 1891.

URSEL, 1/2 s. N. — H. N.
B. 1876. — France.
Par *Abrantès*, 1/2 s. N., et *Orange*, 1/2 s. N., par Elu, 1/2 s. N.
Villeneuve-sur-Lot ; 1881. — Réformé en août 1884.

URUGUAY, 1/2 s. Char. — H. N.
B. 1876. — Charente-Inférieure.
Par *Paris*, 1/2 s. N., et une fille de Bissextil, P. S. A.
Libourne : 1880. — Castré en août 1894.

URUS, 1/2 s. N. — H. N.
Al. 1876. — Calvados.
Par *Torrent*, P. S. A., et *Orage*, par Irlandais, 1/2 s. N.
Libourne : depuis 1880.

US, 1/2 s. N. — H. N.
Al. 1876. — Normandie.
Par *Buci*, 1/2 s. N., et *Mignonne*, 1/2 s. N., par Hospodar,
P. S. A.
Rodez : 1880. — Réformé en août 1889.

USBACH, 1/2 s. V. — H. N.
N. 1853. — Vendée.
Par *Intact*, 1/2 s. N., et une 1/2 s. V., par Karmignac, 1/2 s. N.,
par Eylau, P. S. A.-A.
Rodez : 1871. — Castré en septembre 1871.

USINOR, 1/2 s. N. — H. N.
B. 1876. — Manche.
Par *Nadar*, 1/2 s. N. (approuvé), et une fille d'Arétin, 1/2 s. N.
Aurillac : 1880. — Réformé en novembre 1882.

USUARD, 1/2 s. N. — H. N.

B. 1876. — Manche.

Par *Egésippe*, 1/2 s. N., et *Hussine*, par Pater, 1/2 s. N.

Pau : 1880-1882. — Libourne : 1883. — Castré en juillet 1886.

USTIANO, 1/2 s. N. — H. N.

B. 1876. — Normandie.

Par *Palm*, 1/2 s. N., et *Cocotte*, par Umbèr, 1/2 s. N.

Perpignan : 1880. — Réformé en août 1890.

USURPATEUR, 1/2 s. N. — H. N.

B. 1854. — Calvados.

Par *Pilote*, 1/2 s. N., et une fille de Dorus, 1/2 s. N.

Rodez : 1858. — Castré en février 1861.

UTILE, 1/2 s. N. — H. N.

B. 1838. — Orne.

Par *Eastham*, P. S. A., et *N.*, 1/2 s. N.

Tarbes : 1836. — Réformé en juillet 1853.

UTIQUE, 1/2 s. N. — H. N.

Al. 1854. — Normandie.

Par *Kramer*, 1/2 s. N., et une 1/2 s. N., par Hospodar, 1/2 s. N.

Pompadour : 1858. — Mort en avril 1860.

UZER, 1/2 s. N. — H. N.

B. 1876. — Manche.

Par *Hunter*, 1/2 s. N., et une fille d'Urus, 1/2 s. N.

Aurillac : 1880. — Réformé en août 1868.

UZÈS, 1/2 s. N. — H. N.

B. 1876. — Orne.

Par *Bannon*, 1/2 s. N., et *Miss*, 1/2 s. N., par Kadmor.

Rodez : 1880. — Réformé en août 1895.

— 312 —

VACARME, 1/2 s. N. — H. N.
Al. 1877. — Orne.
Par *Koping*, 1/2 s. N., et une fille d'Abrantès, 1/2 s. N.
Rodez : 1881. — Réformé en août 1895.

VALÉRIEN, 1/2 s. N. — H. N.
B. 1855. — Calvados.
Par *Paternel*, 1/2 s. N., et une fille de Pégase, 1/2 s. N.
Libourne : 1859. — Mort en février 1860.

VAMPIRE, 1/2 s. N. — H. N.
B. 1855. — Orne.
Par *Noteur*, 1/2 s. N., et une 1/2 s. N., par Tipple-Cider, P. S. A.
Pompadour : 1859. — Réformé en février 1866.

VANTER, 1/2 s. V. — H. N.
Ro. 1877. — Vendée.
Par *Julien* ou *Permutant*, 1/2 s. N., et une fille de Necker,
1/2 s. N.
Libourne : 1881. — Castré en novembre 1895.

VAPOREUX, 1/2 s. N. — H. N.
B. 1877. — Manche.
Par *Newton*, 1/2 s. N., et une fille de Hussein, 1/2 s. N.
Rodez : 1881. — Abattu en août 1890.

VASILI, 1/2 s. N. — H. N.
Ro. 1877. — Vendée.
Par *Saint-Michel*, 1/2 s. N.
Perpignan : 1881. — Réformé en août 1884.

VASISTAS, 1/2 s. N. — H. N.
B. 1877. — Orne.
Par *Niger*, 1/2 s. N., et *Méduse*, par Destin, 1/2 s. N.
Perpignan : 1881. — Réformé en août 1884.

VAUGIRARD, 1/2 s. N. — H. N.

B. 1855. — Normandie.

Par *Namur*, 1/2 s. N., et une fille de Sir-Henry, 1/2 s. N.

Rodez : 1871. — Passé à Besançon en janvier 1872.

VÉGÉTAL, ex-**VERNI**, 1/2 s. N. — H. N.

N. 1877. — Vendée.

Par *Nique*, 1/2 s. N.

Pau : 1881-1882. — Libourne : 1883. — Castré en août 1891.

VELUM, ex-**VENTRE-SAINT-GRIS**, 1/2 s. N. — H. N.

Al. 1877. — Orne.

Par *Phaéton*, 1/2 s. N., et *Dame-de-Pompadour*, par Elu,
1/2 s. N.

Libourne : 1882. — Castré en août 1887.

VENDÉEN, 1/2 s. V. — H. N.

Al. 1845. — Deux-Sèvres.

Par *Amadis*, P. S. A., et une 1/2 s. V.

Pau : 1850. — Vendu en 1861.

VENGEUR, 1/2 s. N. — H. N.

B. 1855. — Normandie.

Par *Noteur*, 1/2 s. N., et une fille d'Eylau, P. S. A.-A.

Aurillac : 1859. — Réformé en août 1861.

VÉNITIEN, 1/2 s. N. — H. N.

Al. 1877. — Manche.

Par *Shamrock* 1/2 s. N., et une fille de Quasi, 1/2 s. N.

Rodez : depuis 1881.

VERMEIL, 1/2 s. N. — H. N.

Al. 1855. — Orne.

Par *Schamyl*, P. S. A., et 1/2 s. N., par William, P. S. A.

Poney : 1859-1860. — Cheval de service : 1861.

Réformé en septembre 1861.

VERMILLON, 1/2 s. V. — H. N.
Al. 1877. — Vendée.
Par *Qu'en-Dira-t-on*, 1/2 s. N., et une 1/2 s. V.
Villeneuve-sur-Lot : 1881. — Castré en juillet 1893.

VÉRONÈSE, 1/2 s. N. — H. N.
B. 1877. — Orne.
Par *Montmorency*, 1/2 s. N., et une fille de Destin, 1/2 s. N.
Rodez : 1881. — Réformé en août 1888.

VERRÈS, 1/2 s. Char. — H. N.
B. 1877. – Charente-Inférieure.
Par *Quibbler*, 1/2 s. N., et une fille de Cauvicourt, 1/2 s. N.
Libourne : 1881. — Castré en août 1887.

VESPÉTRO, 1/2 s. N. — H. N.
B. 1877. — Manche.
Par *Ignoré*, 1/2 s. N., et une fille de Quid-Juris, 1/2 s. N.
Rodez : depuis 1881.

VESTRIS, 1/2 s. — H. N.
Gr. 1848. — Maine-et-Loire.
Par *Karchane*, P. S. Ar.
Villeneuve-sur-Lot : 1857. — Réformé en juillet 1860.

VÉTÉRAN, 1/2 s. N. — H. N.
B. 1853. — Orne.
Par *Schamyl*, P. S. A., et une fille de Glocester, 1/2 s. A.
Perpignan : 1859. — Mort en janvier 1870.

VICENCE, 1/2 s. N. — H. N.
B. 1877. — Calvados.
Par *Esculape*, 1/2 s. N., et une fille de Taconnet, 1/2 s. N.
Rodez : 1881. — Mort en décembre 1894.

VICO, 1/2 s. N. — H. N.
B. 1855. — Normandie.
Par *Historien*, 1/2 s. N., et une fille de Vautour, 1/2 s. N.
Libourne : 1859. — Abattu en janvier 1871.

VIDE-GOUSSET, 1/2 s. N. — H. N.
D. 1877. — Manche.
Par *Argonaut*, P. S. A., et *Négra*, 1/2 s. N., par Riga, 1/2 s. N.
Pompadour : 1881. — Réformé en septembre 1889.

VIENNE, 1/2 s. N. — H. N.
Al. 1833. — Orne.
Par *Captain-Candid*, P. S. A., et une fille de Y. Rattler, 1/2 s. A.
Tarbes : 1838. — Réformé en décembre 1842.

VIF-ARGENT, 1/2 s. N. — H. N.
Al. 1877. — Orne.
Par *Ignace*, 1/2 s. N., et une fille d'Epervier, 1/2 s. N.
Rodez : 1881. — Réformé en aout 1884.

VIGNERON, 1/2 s. N. — H. N.
B. 1855. — Normandie.
Par *Tipple-Cider*, P. S. A., et une 1/2 s. N., par The Juggler
P. S. A.
Pompadour : 1863. — Réformé en août 1866.

VILLEHARDOUIN, 1/2 s. N.
M. Sarrano, 1866 ; M. Mazère, 1872.
Bb. 1855. — Normandie.
Par *Jay*, 1/2 s. N., et une fille de Sir-Henry, 1/2 s. N.
Tarbes : 1866. — Réformé en 1880.

VILLEROY, 1/2 s. N. — H. N.
Al. 1877. — Orne.

Par *Gaulois*, 1/2 s. N., et *Livadie*, par Taconnet, 1/2 s. N.
Libourne : 1881. — Castré en août 1895.

VINCENNES, 1/2 s. N. — H. N.

B. 1877. — Calvados.

Par *Jactutor*, 1/2 s. N., et *Miss-Betsy*, 1/2 s. N., par Français, 1/2 s. N.

Pompadour : 1881. — Réformé en septembre 1894.

VIRGULE, 1/2 s. N. — H. N.

Al. 1877. — Normandie.

Par *Quickly*, 1/2 s. N., et *Brebis*, par Triolet, 1/2 s. N.

Perpignan : 1883. — Réformé en août 1884.

VIRTUOSE, 1/2 s. N. — H. N.

Gr. 1833. — Normandie.

Par *Impérieux*, 1/2 s. N., et une fille de Protégé, 1/2 s. N.

Aurillac : 1837. — Mort en novembre 1840.

VIS-A-VIS, 1/2 s. N. — H. N.

B. 1877. — Manche.

Par *Géant-des-Batailles*, 1/2 s. N., et une fille de Quasi, 1/2 s. N.

Rodez : depuis 1881.

VISIGOTH, 1/2 s. N. — H. N.

Al. 1855. — Orne.

Par *Lully*, P. S. A., et une fille de Performer, 1/2 s. A.

Rodez : 1859. — Réformé en février 1861.

VITRY, 1/2 s. Char. — H. N.

B. 1877. — Charente-Inférieure.

Par *Lasson*, 1/2 s. N., et une fille d'Isaac, 1/2 s. N.

Libourne : 1881. — Castré en août 1896.

VIVAT, 1/2 s. N. — H. N.

B. 1877. — Normandie.

Par *Pactole*, 1/2 s. N., et *Favorite*, 1/2 s. N.

Tarbes : 1882. — Réformé en août 1893.

VIVIPARE, 1/2 s. N. — H. N.
B. 1877. — Calvados.
Par *Elu*, 1/2 s. N., et *Fleurette*, par Extase, 1/2 s. N.
Libourne : 1881. — Castrée en août 1889.

VLADISLAS, 1/2 s. N. — H. N.
B. 1855. — Orne.
Par *Brocardo*, P. S. A., et une 1/2 s. N.
Rodez : 1859. — Réformé en août 1864.

VOITURIER, 1/2 s. N. — H. N.
Al. 1877. — Normandie.
Par *El Ghor*, P. S. Ar., et *Bijou*, 1/2 s. N., par Perfection, 1/2 s. N.
Perpignan : 1883. — Réformé la même année.

VOLEUR, 1/2 s. N. — H. N.
B. 1833. — Normandie.
Par *Vaillant*, 1/2 s. N., et une fille de Massoud, arabe.
Aurillac : 1838. — Réformé en novembre 1856.

VOLGA, 1/2 s. Orloff. — H. N.
N. 1858. — Russie.
Tarbes : 1866. — Réformé en juillet 1871.

VOLNAY, 1/2 s. N. — H. N.
Al. 1877. — Orne.
Par *Quiclet*, 1/2 s. N., et une fille de Pretender, 1/2 s. N.
Aurillac : 1881. — Réformé en août 1885.

VOLTA, 1/2 s. N. — H. N.
B. 1877. — Normandie.
Par *Conquérant*, 1/2 s. N., et *N.*, 1/2 s. N., par Pretty-Boy,
P. S. A.
Villeneuve-sur-Lot : 1882. — Castré en août 1896.

VOYAGEUR, ex-**VERTUGADIN**, 1/2 s. N. — H. N.
Al. 1877. — Calvados.
Par *Liberator*, 1/2 s. A., et *Diète*, par Esculape, 1/2 s. N.
Libourne : 1881. — Mort en août 1885.

VOYER, 1/2 s. N. — H. N.
Al. 1877. — Calvados.
Par *Irlandais*, 1/2 s. N., et une fille de Tamberlick, 1/2 s. N.
Rodez : 1881. — Réformé en octobre 1886.

VULNÉRAIRE, 1/2 s. N. — H. N.
B. 1877. — Orne.
Par *Hannon*, 1/2 s. N., et une fille de Séducteur, 1/2 s. N.
Rodez : depuis 1881.

WAGRAM, 1/2 s. N. — H. N.
Al. 1858. — Orne.
Par *Thésée*, 1/2 s. N., et une 1/2 s. N., par Kramer, 1/2 s. N.
Pompadour : 1863. — Passé dans une autre circonscription en 1873.

WELLINGTON, 1/2 s. A. — H. N.
Gr. 1859. — Angleterre.
Poney anglais.
Pau : 1870. — Mort en 1878.

WHIST, 1/2 s. V. — H. N.
Al. 1877. — Vendée.
Par *Messager*, 1/2 s. N., et une fille de Marignan, P. S. A.
Libourne : 1881. — Castré en août 1885.

WILFRID, 1/2 s. N. — H. N.
Al. 1855. — Orne.
Par *Stoker*, P. S. A., et une fille de Sylvio, P. S. A.
Libourne : 1859. — Castré en juillet 1867.

XARIPHON, 1/2 s. — H. N.
Bb. 1843. — Cher.
Par *His-Hightness*, P. S. A.
Libourne : 1848. — Castré en août 1859.

XAVIER, 1/2 s. N. — H. N.
Al. 1834. — Orne.
Par *Eastham*, P. S. A., et une fille de Massoud, P. S. Ar.
Aurillac : 1843. — Mort en novembre 1857.

XIPHIAS, 1/2 s. N. — H. N.
B. 1834. — Normandie.
Par *Pretender*, 1/2 s. A., et une fille fille de D.-I.-O., P. S. A.
Tarbes : 1839. — Mort en janvier 1852.

Y. FIRE-AWAY, 1/2 s. A. — H. N.
B. 1851. — Angleterre.
Par *Fire-Away*, P. S. A., et une jument trotteuse.
Tarbes : 1858. — Réformé en août 1867.

Y. LORD-STANLEY, 1/2 s. A. — H. N.
Al. 1872. — Angleterre.
Par *Lord-Derby*, 1/2 s. A., et une fille de Ramsdale-Phœnomenon,
1/2 s. A.
Libourne : 1877. — Castré en septembre 1879.

YOUNG-MORWICK, 1/2 s. — H. N.
Gr. 1817. — France.
Par *Y. Morwick*, 1/2 s. Meck., et une jument de 1/2 s. N.
Pompadour : 1837. — Abattu en octobre 1843.

Y. PHŒNOMENON, 1/2 s. A. — H. N.
B. 1852. — Angleterre.
Par *Phœnomenon*, 1/2 s. A., et *Walton*, 1/2 s. A.
Tarbes : 1858-1863. — Au Pin en 1864.

Y. PHŒNOMENON, 1/2 s. A. — H. N.

B. 1860. — Angleterre.

Par *Phœnomenon*, 1/2 s. A.

Saint-Lô : 1864-1870. — Pau : 1871. — Vendu en septembre 1872.

Y. RATTLER, 1/2 s. A. — H. N.

B. 1830. — Angleterre.

Par *Rattler*, P. S. A.

Perpignan : 1849. — Mort en juillet 1860.

Y. UNIQUE, 1/2 s. N. — H. N.

B. 1841. — France.

Par *Unique*, 1/2 s. N.

Villeneuve-sur-Lot : 1846. — Castré en juin 1850.

Y. WAXY, 1/2 s. A. — H. N.

B. 1830. — Angleterre.

Par *Y. Sir-Peter*, 1/2 s. A., et *Waxy-Marc*, 1/2 s. A.

Libourne : 1834. — Vendu en septembre 1847 (non castré).

YPSILANTY, 1/2 s. N. — H. N.

N. 1864. — Eure.

Par *The Norfolk-Phœnomenon*, 1/2 s. A., et une fille de Sylvio, P. S. A.

Tarbes : 1869. — Réformé en décembre 1882.

ZESTE, 1/2 s. N. — H. N.

Gr. 1835. — Normandie.

Par *Holbein*, P. S. A., et une fille de Y. Rattler, 1/2 s. A.

Tarbes : 1840-1852. — Aurillac : 1853. — Réformé en février 1854.

ZOÏLE, 1/2 s. N. — H. N.

Gr. 1845. — Normandie.

Par *Holbein*, P. S. A., et une 1/2 s. N., par Mustachio, P. S. A.

Pau : 1839. — Vendu en novembre 1849.

ZOROASTRE, 1/2 s. N. — H. N.

B. 1834. — Normandie.

Par *Eastham*, P. S. A., et une fille d'Highflyer, P. S. A.

Tarbes : 1839. — Réformé en juillet 1853.

3°

ETALONS DE PUR SANG

AYANT FAIT LA MONTE DANS LE MIDI :

CIRCONSCRIPTIONS DES DÉPOTS D'ÉTALONS D'AURILLAC,

DE LIBOURNE, DE PAU, DE PERPIGNAN, DE POMPADOUR,

DE RODEZ, DE TARBES, DE VILLENEUVE-SUR-LOT

ET DE LA STATION PERMANENTE D'AJACCIO.

ÉTALONS DE PUR SANG

Ayant fait la monte dans le Midi :

Circonscriptions des dépôts d'Étalons d'Aurillac, de Libourne, de

Pau, de Perpignan, de Pompadour, de Rodez, de Tarbes,

de Villeneuve-sur-Lot et de la Station permanente d'Ajaccio.

———

ABAFFI, P. S. Ar.   S.B.F., t. XII p. 91.
H. N.

Gr. 1889. — Pompadour.

Par *Assad* et *Cœlesyria*, par Al-Harfoudi, arabe.

Rodez : 1893-94. — Le Pin (Réserve) 1895. — Tarbes : 1896.

Réformé en août 1898.

ABAKAN, P. S. Ar.   S.B.F., t. IX, p. 459.
H. N.

Al. 1889. — Pompadour.

Par *Ramsès II* et *Lesbie*, par Edhen.

Ajaccio : 1893. — Réformé en août 1897.

ABASSIE, P. S. Ar.   S.B.F., t. II, p. 1087.
H. N.

Gr. 1855. — En Orient.

Son père : Koheilay-El-Gelabi.
Sa mère : Sacklawie.

Libourne : 1862. — Castré en juillet 1863.

ABAZAN, P. S. Ar.   S.B.F., t. XII, p. 91.
M. Courtade. — Hautes-Pyrénées.
Al. 1884. — Orient. — Importé en 1890.
Tarbes : depuis 1893.

ABDALLAH, P. S. Ar.   S.B.F., t. V. p. 519.
H. N.
Al. 1866. — En Orient.
Son père de race Sacklawy-Djedran.
Pompadour : 1880. — Mort en août 1882.

ABDEL, P. S. A.-A.   S.B.F., t. XII, p. 57.
H. N.
B. 1889. — Haras de Pompadour.
Par *Gaëtan*, an.-ar., et *Javeline*, par Vulcan et Djalah, arabe.
Rodez : depuis 1893.

ABDEL, P. S. Ar.   S.B.F., t. II. p. 1087.
M. Souberbielle, en 1868. — H. N. en 1869.
. Gr. 1864. — France.
Par *Kerbela* et *Bienvenue*, par Shérif.
Pau : 1869. — Réformé en août 1885.

AB-DEL-KADER, P. S. A.-A. S.B.F., t. II, p. 1.
H. N.
Gr. 1852. — France.
Par *Hamdani-Blanc*, P. S. Ar., et *Saddler-Mare*, P. S. A.,
par The Saddler.
Aurillac : 1859. — Réformé en août 1860.

ABDEL-MÉLEK, P. S. Ar.   S. B. F., t. XI, p. 59.
H. N.
B. 1886. — Syrie.
Rodez : 1894. — Abattu en juillet 1896.

S. B. F., t. IX, p. 411.
ABDÉRAME, P. S. Ar.
H. N.
N. 1874. — Syrie. — Importé en 1877.
Ses père et mère : de race Hamdani-Semri.
Tarbes : 1884. — Réformé en août 1893.

ABDÉRAME, P. S. Ar.   S. B. F., t. IX, p. 157.
H. N.
Al. 1889. — Pompadour.
Par *Ramsès II* et *Kildare*, par Edhen.
Ajaccio : depuis 1893.

ABDERHAM, P. S. Ar.   S. B. F., t. V, p. 519.
H. N.
B. 1862. — Orient.
Perpignan : 1880. — Mort en août 1883.

ABDOUL, P. S. A.-A.   S. B. F., t. XII, p. 57.
H. N.
Gr. 1889. — Haras de Pompadour.
Par *Gaëtan*, an.-ar., et *Kosiki*, an.-ar., par Edhen, arabe,
et Electricity, par Thunderbolt.
Libourne : depuis 1893.

ABLAN, P. S. Ar.   S. B. F., t. I, p. 423.
Importé en 1842. — H. N. en 1844.
Gr. 1835.
Son père : Kalfontes. — Sa mère : Gilfé.
Tarbes : 1844. — Mort en 1855.

S. B. F., t. II, p. 1088.
ABIN-ARKOUP, P. S. Ar.
Importé en 1865.
Bb. Né en 1856.
Père et mère : arabes.
Tarbes : 1866. — Réformé en janvier 1873.

ABJAR, P. S. Ar.   S. B. F., t. IV, p. 471.
H. N.
Al. 1863. — Orient.
De race Gelfah.
Pau 1873-novembre 1882.

ABOU-ARABI, P. S. Ar.   S. B. F., t. XI, p. 59.
H. N.
Gr. 1875. — Chez M. Souberbielle.
Par *Djerasch* et *Kalifa*, par Kerbela.
Pau : 1879-1885. — Compiègne : 1886-1891.
Pompadour : 1892-1893. — Pau : 1894. — Mort en septembre 1896.

S. B. F., t. I, p. 424.

ABOU-ARKOUB II, P. S. Ar.

H. N.

B. 1827. — Orient.

Pompadour : 1839-1840. — Aurillac : 1841.

Réformé en avril 1846.

S. B. F., t. XII, p. 91.

ABOU-ARYCH, P. S. Ar.

H. N.

Gr. 1889. — Haras de Pompadour.

Par *Assad* et *Gérade*.

Villeneuve-sur-Lot : depuis 1893.

ABOU-ERDAN, P. S. Ar.   S.B.F., t. II, p. 1088.

H. N.

Gr. 1848. — Arabie.

Par *Kohel-Adjous* ; sa mère : arabe.

Pau : 1861-1862. — Perpignan : 1863. — Réformé en août 1866.

S. B. F., t. IV, p. 471.

ABOU-FARÈS, P. S. Ar.

H. N.

B. 1866. — Orient.

Tarbes : 1874-1879. — Pompadour : 1880. — Mort en avril 1880.

ABOUKIR, P. S. Ar.   S. B. F., t. V, p. 173.

H. N.

Gr. 1877. — France.

Par *Ahmar*, arabe, et *Fatima*, an.-ar., par Dankali, arabe.

Pau : 1881. — Réformé en août 1891.

S. B.F., t. II, p. 1089.

ABOU-MOUÇA, P. S. Ar.

H. N.

B. 1863. — Orient.

Père et mère arabes.

Tarbes : 1868. — Réformé en novembre 1873.

ABSALON, P. S. A.   S.B.F., t. V., p. 1.
Mme Heine.
B. 1870. — France.
Par *Stentor* et *Arrogante*, par The Cossack.
Libourne : 1878. — Réformé en 1890.

ACERBI, P. S. A.-A.   S.B.F., t. XII, p. 57.
H. N.
B. 1889. — Haras de Pompadour.
Par *Gaëtan*, an.-ar., et *Estencia*, an.-ar., par Harami, arabe.
Sa grand'mère : Séville, par Saint-Albans.
Pompadour : 1893.
Passé à l'école des Haras du Pin en octobre 1893.

ACHAB, P. S. Ar.   S.B.F., t. VI. p. 671.
H. N.
B. 1871. — Orient.
De race Djelfàn-Dahouah.
Libourne : 1884-1885.
Perpignan : 1886. — Réformé en août 1889.

ACHMET, P. S. Ar.   S.B.F., t. XII, p. 92.
H. N.
B. 1889. — Haras de Pompadour.
Par *Assad* et *Janina*, par Edhen.
Pompadour : depuis 1893.

S.B.F., t. II, p. 1089.
AÇLY, ex-**HAMDAN**, P. S. Ar.
H. N. — Importé en 1849.
B. 1835. — Orient.
Pau : 1857. — Vendu en août 1858.

ACOLI, P. S. A.   S.B.F., t. XII, p. 1.
H. N.
Al. 1889, chez M. le Cte de Berteux.
Par *King-Lud* et *Rome*, par Blair-Athol.
Sa grand'mère : Ortolan, par Saunterer
Pompadour : depuis 1895.

ACQUÉREUR, P. S. A.   S.B.F..t.. p.
M. Dumaine.
B. 1880. — Aude.
Par *Drummond* et *Orpheline*.
Perpignan : 1886-1889. — Vendu aux Haras d'Algérie.

ACTÉON, P. S. Ar.   S.B.F.. t. V. p. 519
H. N.
Gr. 1873. — Haras de Pompadour.
Par *Derviche* et *Mantoura*.
Pompadour : 1877. — Abattu en août 1893.

ACTIF, P. S. A.-A.   S.B.F., t. XII, p. 57.
H. N.
B. 1890.— Chez M. V. Trouilh.
Par *Gingembre*, an.-ar., et *Amanda*, par Foudre-de-Guerre
et Héritage, par Le Mandarin.
Aurillac : depuis 1894.

ADAMIS, P. S. A.   S. B. F., t. XII, p. 1.
Bon de Lamothe. — M. A. Barreau (1898).
Al. 1885. — Chez M. le duc de Castries.
Par *Frontin* et *Andrella*, par The Scottish-Chief.
Sa grand'mère : Lady-Dot, par The Cure.
Libourne : depuis 1896.

ADDISSON, P. S A.-A.   S. B. F , t. II. p. 2.
H. N.
Al. 1853. — Corrèze.
Par *Brocardo*, P. S. A., et *Leane*, P. S. Ar., par Massoud.
Aurillac : 1857. — Mort en juillet 1857.

ADDY, P. S. A.   S. B. F., t. XII, p. 1.
H. N.
Al. 1892. — Chez M. le Vte d'Harcourt.
Par *Salteador* et *Aïda II*, par Silvio.
Tarbes : depuis 1897.

ADEN, P. S. A.-A.   S. B. F., t. II, p. 379.
Autorisé : 1870. — Approuvé : 1871. — Mis de Nexon.
H. N. — Fin de 1871.
Gr. 1866. — Haute-Vienne.
Par *Bagdadli*, ar., et *Darling*, P. S. A., par Gladiator.
Pompadour : 1870. — Abattu en juillet 1881.

ADHAM, P. S. Ar.   S.B.F., t. IV, p. 474.
H. N.
N. 1864. — Orient.
De race Hamdani.
Pau : 1873. — Abattu en août 1886.

S.B.F., t. VII, p. 783.
ADHAM-GATZE, P. S. Ar.
Importé en 1883. — H. N.
N. Né en 1876.
De race Saklaoui-Abou-Arkoub.
Villeneuve-sur-Lot : 1884. — Tarbes : 1886.
Pau : 1887. — Réformé en août 1888.

ADIM, P. S. Ar.   S. B. F., t. I. p. 234.
H. N.
Gr. 1850.
Par *Karchane*, arabe, et *Girfah*, an.-ar., par Antar, arabe.
Pau : 1864. — Mort en septembre 1868.

ADJMANN, P. S. Ar.   S.B.F., t. II, p. 1089.
H. N. — Importé en 1854.
Gr. 1851.
Chez les Adjmann du Nedje.
Tarbes : 1855-1864. — Perpignan : 1865-1869. — Pau : 1870.
Abattu en juillet 1876.

ADJOUZ, P. S. Ar.   S.B.F., t. II. p. 1089.
H. N.
B. 1863. — Orient.
Perpignan : 1868. — Réformé en août 1874.

ADJUDANT, P. S. A.-A.   S. B. F., t. II, p. 2.
H. N.
B. 1853. — Haras de Pompadour.
Par *Xénocrate*, an.-ar., et *Dinarzade*, arabe, par Massoud, arabe.
Rodez : 1858. — Réformé en septembre 1861.

ADLAN, P. S. Ar.   S. B. F., t. II, p. 1090.
H. N.
Gr. 1852. — Orient.
De race Saklawi.
Pau : 1863. — Abattu en avril 1876.

S. B. F., t. VIII, p. 317.
ADOLPHUS, P. S. A.-A.
H. N.
Al. 1885. — Basses-Pyrénées.
Par *Satrape*, P. S. A., et *Fellahine*, P. S. A.-A., par Djerasch,
Sa grand'mère : May, P. S. A., par Magenta.
Libourne : 1889. — Castré en août 1896.

ADONIS, P. S. A.-A.   S.B.F., t. X, p. 47.
H. N.
Al. 1887. — France.
Par *Grappin*, an.-ar., et *Almée*, par Djérasch, arabe.
Pau : 1891. — Réformé le 18 août 1894.

ADOUR, P. S. A.-A.   S. B. F., t. IX, p. 1.
H. N.
Gr. 1882. — Hautes-Pyrénées.
Par *Ben-Hadji*, arabe, et *Amaranthe*, an.-ar., par Lattakié
ou Ceylon.
Tarbes : 1886. — Mort en août 1892.

ADOUR, P. S. A.-A.   S. B. F., t. VIII, p. 1.
H. N.
B. 1881. — Hautes-Pyrénées.
Par *Eyran*, P. S. Ar., et *Préférée*, P. S. A., par Boxeur.
Perpignan : 1885-1888. — Ajaccio : 1889. — Réformé en août 1892.

AFRIN, P. S. Ar.   S. B. F., t. XII, p. 92.
H. N.
Gr. 1883. — Syrie. — Importé en 1888.
Père et mère arabes.
Tarbes : depuis 1889.

AGA, P. S. A.-A.   B. B. F., t. II, p. 1000.
H. N.
Al. 1850. — France.
Par *Renonce* et *Zillah*, par General-Mina.
Sa grand'mère : Egilfé, arabe.
Villeneuve-sur-Lot : 1854. — Réformé en décembre 1855.

AGAMEMNON, P. S. A.   S. B. F., t. I, p. 3.
H. N.
Bb. 1858. — France.
Par *Ion* et *Queen-of-the-May*, par Sir-Hercules.
Aurillac : 1863. — Réformé en 1864.

AGIB, P. S. Ar.   S. B. F., t. I, p. 425.
H. N.
Gr. 1841. — France.
Par *Bedouin* et *Koeyl*, arabes.
Pompadour : 1846. — Rodez : 1847. — Mort en décembre 1863.

AGILE, P. S. A.   S. B. F., t. VIII, p. 600.
Cte de Virieu.
Par *Gingembre*, an.-ar., et *May*, par Magenta.
Perpignan : 1899. — Vendu aux Haras d'Algérie en 1889.

AGNEAU, P. S. A.-A.   S. B. F., t. IX, p. 2.
M. Abadie.
Al. 1877. — France.
Par *Marksman*, arabe, et *Miss-Annette*, an.-ar., par Souedj, arabe.
Tarbes : 1883. — Réformé en 1891.

AGRICOLE, P. S. A.   S. B. F., t. II, p. 3.
H. N.
B. 1854. — France.
Par *Archy* et *Landrail*, par Sir-Hercules.
Pau : 1859. — Vendu en janvier 1865.

AHMAR, P. S. Ar.   S.B.F., t. IV, p. 472
H. N. — Importé en 1872.
B. 1866. — Orient.
De race Saklawie-Ouabri.
Tarbes : 1873. — Réformé en août 1889.

AHMET, P. S. Ar.   S.B.F., t. VI, p. 697.
M. de Suzanne. — En 1891 vendu à M. Chibaux (Meuse).
Gr. 1877. — Pompadour.
Par *Kélif* et *El Gul*.
Libourne : 1881-1891.

AINSI-SOIT-IL, P. S. A.   S.B.F., t. II, p. 7.
Bon de Nexon.
Al. 1858. — France.
Par *Weathergage* et *The Empress*, par Defence.
Pompadour : 1862. — S. r. depuis 1862.

AIOUF, P. S. Ar.   S.B.F., t. II, p. 1091.
H. N. — Importé en 1861.
Gr. 1853. — Egypte.
Son père : Kohelan-El-Memerech ;
sa mère : jument des Anezis de Kimsa.
Pau : 1867. — Mort en novembre 1873.

AKAF, P. S. Ar.   S.B.F., t. I, p. 494.
H. N.
B. 1848. — Basses-Pyrénées.
Par *Frivole*, arabe, et *Mélina*, arabe, par Frigian, arabe.
Pau : 1852. — Vendu en septembre 1854.

AKKAR, P. S. Ar.   S.B.F., t. XII, p. 92.
H. N.
Al. 1885. — Orient. — Importé en 1893.
Pau : depuis 1894.

AKKAR, P. S. Ar.   S.B.F., t. VI, p. 671.
H. N.
B. 1872. — Orient.
Pau : 1881. — Mort en février 1893.

ALADIN, P. S. Ar. S.B.F., t. VI, p. 671.
H. N.
B. 1872. — Russie.
Par *Alietmèse* et *Strelka*, par Saklaoui.
Libourne : 1881. — Abattu en août 1897.

ALARIC, P. S. A. S.B.F., t. I, p. 3.
H. N.
B. 1843. — France.
Par *Rowolston* et *Hornet*.
Villeneuve-sur-Lot : 1847. — Réformé en septembre 1854.

ALBAN, P. S. A.-A. S.B.F., t. IX, p. 2.
M. Abadie.
B. 1879. — France.
Par *Ephraïm*, arabe, et *Armuse*, an.-ar., par Emir, arabe.
Tarbes : 1883. — Réformé en 1891.

ALBATROS, P. S. A. S.B.F., t. I, p. 3.
H. N. en 1842.
Bb. 1837. — Chez M. Fasquel.
Par *Cadland* et *Almaïda*.
Pau : 1843. — Vendu en juillet 1849.

ALBERT, P. S. A. S.B.F., t. V, p. 24.
H. N.
B. 1877. — France.
Par *Plutus*, et *Acid*, par Cape-Flayaway.
Pau : 1882. — Vendu en août 1897.

ALBI, P. S. A.-A. S.B.F., t. VI, p. 129.
M. Soulignac.
B. 1878. — Basses-Pyrénées.
Par *Ephraïm*, arabe, et *Caravane*, an.-ar., par Souvenir.
Tarbes : 1883. — Réformé en 1889.

ALBION, P. S. A. S.B.F., t. VI, p. 31.
Bon de Nexon (Haute-Vienne).
B. 1878. — Chez M. le Cte de Lagrange.
Par *Consul* et *The Abbess*, par Atherstone.
Pompadour : depuis 1884.

ALCASTON, P. S. A.   S.B.F. t. II, p. 4.
H. N.
B. 1855. — France.
Par *Garry-Owen* et *Castagnette* (ex-Castanette), par Lanercost.
Rodez : 1859. — Réformé en septembre 1861 (Hautes-Pyrénées).

ALCIDE, P. S. A.-A.   S.B.F., t. X, p. 27.
M. Bruzeau, 1889-1891 ; M. Resseguet, 1892 (Hautes-Pyrénées).
Bb. 1882. — Chez M. Dumont.
Par *Mandrake* et *Athalie*, par Lattakié, Ar.
Tarbes : depuis 1889.

ALCORAN, P. S. A.-A.   S.B.F., t. XII, p. 57.
H. N.
B. 1887. — Chez M. V. Trouilh.
Par *Adham*, arabe, et *Amanda*, par Foudre-de-Guerre.
Tarbes : depuis 1893.

ALCORAN, P. S. Ar.   S.B.F., t. II, p. 1091.
H. N.
B. 1853. — Haras de Pompadour.
Par *Bagdadli* et *Nazareth*, par Hussein.
Pompadour : 1857. — Abattu en août 1878.

ALEP, P. S. Ar.   S.B.F., t. IV, p. 497.
H. N.
Gr. 1872. — Haute-Vienne.
Par *Merkham* et *Flore*, par Rabdan.
Rodez : 1877. — Mort en novembre 1888.

ALEPP, P. S. Ar.   S.B.F., t., p.
H. N.
Gr. 1832. — Orient.
Aurillac : 1843. — Réformé en juillet 1850.

ALGER, P. S. A.   S.B.F., t. XII, p. 2.
H. N.
Al. 1883. — France.
Par *Saxifrage* et *Australie*, par Trocadéro.
Rodez : 1889. — Passé au Pin en août 1894.

ALI, P. S. Ar.   S.B.F.. t. I, p. 420.
H. N.
B. 1836. — Orient.
Aurillac : 1845. — Mort en avril 1849.

ALI, P. S. A.-A.   S.B.F., t. V, p. 487.
M. Abadie.
B. 1875. — France.
Par *Emir*, arabe, et *Trompe-la-Mort*.
Tarbes : 1881. — Réformé en 1895.

ALI-BABA, P. S. A.   S.B.F., t. I, p. 4.
H. N.
B. 1834. — Haras du Pin.
Par *Holbein* et *Cloton*, par Eastham.
Sa grand'mère : Selim-Mare.
Libourne : 1843. — Pau : 1844. — Mort en mai 1863.

ALI-BABA, P. S. A.-A.   S.B.F., t. V, p. 420.
Gr. 1877. — France.
Par *Sadrazam*, arabe, et *Quid-Novi*, P. S. A., par Collingwood.
Pau : 1881. — Vendu en août 1890.

ALI-BEY, P. S. Ar.   S. B. F., t. VI, p. 672.
H. N.
Gr. 1868. — Syrie.
Pompadour : 1882. — Réformé en septembre 1884.

ALIBORON, P. S. Ar.   S.B.F., t. I, p. 4.
H. N.
Bb. 1843. — Haras de Meudon.
Par *Alteruter* et *Anna*, par Godolphin.
Rodez : 1848. — Réformé en juilllet 1851.

    S.B.F. ,t. VII, p. 784.
ALLA-KERIM, P. S. Ar.
Importé en 1882. — H. N.
Al. 1877. — Orient.
De race Giffli. — Sa mère : Saklawie-Gedran.
Rodez : 1883-1891. — Perpignan : 1892. — Réformé en août 1892.

ALLINGTON, P. S. A.   S. B. F., t. 1, p. 4.
S. B. A., t. III, p. 61.

H. N. — Importé en 1833.

Gr. 1826. — Angleterre.

Par *Gustavus* et *Canvas*, par Rubens.

Tarbes : 1834-1843. — Pau : 1844. — Vendu en décembre 1845.

ALLOBROGE, ex-**GAULOIS**, P. S. A.   S. B. F., t. XII, p. 2.

·H. N.

B. 1892. — Chez M. E. Blanc.

Par *Fripon* et *Gladia*, par Tournament.

Sa grand'mère : Garenne, par Gladiator, Elthiron ou Freystrop.

Pau : depuis 1897.

ALNADJI, P. S. Ar.   S.B.F., t. IX. p. 412.

M. Montbayet.

Al. 1879. — France.

Tarbes : 1890. — Mort en 1894.

ALPHA, P. S. A.   S.B.F., t. II, p. 5.

H. N.

Al. 1849. — Ecole de Saumur.

Par *Caravan* et *Emeraude*, par Lutzen.

Pompadour : 1857. — Réformé en septembre 1859.

AMASIS, P. S. A.-A.   S.B.F., t. XII, p. 58.

H. N.

Bb. 1893. — Chez Mme Prat.

Par *Narghilé*, ar.; et *Aura*, ex-*Hora*, par Aouladj, arabe,
et Nérina, par Strongbow.

Ajaccio : depuis 1897.

AMATO, P. S. A.-A.   S.B.F., t. I, p. 300.

H. N.

B. 1838. — Haras du Pin.

Par *Pickpocket* et *Mignonne*, an.-ar., par Massoud, arabe.

Pau : 1840. — Vendu en juillet 1854.

AMBASSADEUR, P. S. A.   S.B.F., t. II, **p**. 6.
H. N.
B. 1862. — Côte-d'Or.
Par *Buckthorn* et *Ravières*, par Nuncio ou Bataclan.
Pau : 1868. — Mort en août 1885.

AMEN, P. S. Ar.   S.B.F., t. II, p. 1092.
H. N.
Gr. 1853. — Orient.
Pau : 1858-1865. — Libourne : 1866. — Castré en juillet 1866.

AMHRA, P. S. A.-A.   S.B.F., t. XII, p. 58.
M. Lannussol (Hautes-Pyrénées).
Al. 1890. — Chez M. Morand-Dupuch.
Par *Le Pérou* et *Hortense*, an.-ar., par Gilbert et Sultane,
par Rabdau, arabe.
Tarbes : depuis 1894.

S.B.F., t. XI, p. 36.
AMISTOUS, ex-**ALBIN**, P. S. A.-A.
H. N.
B. 1890. — France.
Par *Courtois* et *Amorce*, an.-ar.
Tarbes : 1894. — Réformé en septembre 1897.

AMOULAT, P. S. A.-A.   S.B.F., t. XII. p. 58.
H. N.
Al. 1891. — Chez M. Mauboulès.
Par *Gingembre*, an.-ar., et *Albana*, par Courtois, et Albanaise,
par Dahabi.
Ajaccio : depuis 1895.

AMRANI, P. S. Ar.   S.B.F., t. IV. p. 473.
Gr. 1867. — Orient.
De race Koheilan-el-Ameri.
Pompadour : 1875. — Abattu en août 1886.

AMRAR, P. S. Ar.   S.B.F., t. V, p. 520.
H. N. — Importé en 1877.
Al. 1871. — Orient.
De race Keibeichan-el-Mouchat.
Turbes : 1878. — Réformé en juillet 1893.

ANDALUSIAN, P. S. A.   S.B.F.. t. II, p. 7.
H. N.
B. 1846. — Angleterre.
Par *Liverpool-Junior* et *Myrrha*, par Whalebone.
Pau : 1853. — Vendu en septembre 1854.

S.B.F.. t. XII, p. 58.
ANDORRE, ex-**ROBERT**, P. S. A.-A.
H. N.
Al. 1888. — Chez M. Cauhapérou.
Par *Vernet* et *Aurore*, an.-ar., par Lattakié et Atalante,
par Saïd-Pacha.
Libourne : depuis 1892.

ANDROCLÈS, P. S. A.-A   S.B.F., t. XII, p. 58.
H. N.
Al. 1887. — Chez M. Lascassies.
Par *Dahabi*, arabe, et *Alerte*, an.-ar., par Mandrake et Lorette,
par Djeffee, arabe.
Tarbes : depuis 1891.

ANGUS, P. S. A.   S.B.F., t. II, p. 7.
H. N.
Bb. 1858. — Normandie.
Par *Castor* et *Nicotine*, par Sting.
Tarbes : 1864-1873. — Perpignan : 1874. — Mort en 1880.

ANIS, P. S. Ar.   S.B.F.. t. II, p. 1092.
H. N.
B. Né en 1851. — Syrie.
Son père : Obayan, arabe ; sa mère : Maneki, arabe.
Perpignan : 1858. — Réformé en septembre 1861.

ANNIBAL, P. S. A.-A.   S.B.F., t. II, p. 7.
H. N.
B. 1853. — France.
Par *Hamdani-Blanc*, arabe, et *Césarine*. ex-*Mansoura*, an.-ar.
par Napoléon.
Aurillac : 1857. — Mort en mars 1879.

ANNIBAL, P. S. A.-A.   S.B.F., t. III. p. 359.
H. N.
Gr. 1868. — France.
Par *Zouave*, P. S. A., et *Réveille-Matin*, an.-ar., par Bagdali, arabe.
Pau : 1883. — Vendu en août 1889.

ANSARIÉ, P. S. Ar.   S.B.F., t. IV. p. 472.
H. N.
B. 1866. — Syrie.
Tarbes : en 1873.

ANSELME, P. S. A.   S.B.F., t. I, p. 6.
H. N.
B. 1843. — France.
Par *Napoléon et Delphine*.
Aurillac : 1847. — Réformé en juillet 1850.

ANTAR, P. S. Ar.   S.B.F., t. I, p. 127.
H. N.
Gr. 1815. — Orient. — H. N. en 1818.
Pompadour : 1834. — Mort en novembre 1841.

ANTAR, P. S. Ar.   S.B.F., t. XII. p. 93.
H. N.
B. 1891. — Orient. — Importé en 1897.
Son père : de race Koheil ; sa mère : de race Saklaoui.
Tarbes : depuis 1897.

ANTITHÈZE, P. S. A.-A.   S.B.F., t. I, p. 6.
H. N.
B. 1842. — Haras du Pin.
Par *Napoléon* et *Delphine*, an.-ar., par Massoud, arabe.
Pompadour : 1845-1851.
Passé à Langonnet (Morbihan), en septembre 1851.

S.B.F., t. XII, p. 2.
ANTRAGUET, ex-MARSALA.
M. A. Menier (Hautes-Pyrénées).
B. 1892. — Chez M. Bedout.
Par *Artois, Castillon* ou *Sycomore* et *Alzonne*, par Don-Carlos.
Tarbes : depuis 1898.

AOULADJ, P. S. A.   S.B.F, t. V, p. 520.
H. N.
Al. 1867. — Orient.
Pau : 1878. — 1er juin 1893.

A-PARTE, P. S. A.   S.B.F., t. I, p. 6.
H. N.
B. 1843. — Haras de Meudon.
Par *Royal-Oak* et *Ada*, par Captain-Candid.
Rodez : 1848. — Réformé en juillet 1851.

APOLLON, P. S. A-A.   S.B.F., t. XI, p. 36.
H. N.
Gr. 1877. — France.
Par *Hedjaz*, arabe, et *Atalante*, par Saïd-Pacha, an.-ar.
Rodez : 1881. — Mort le 28 mai 1897.

S.B.F., t. XII, p. 58.
AQUILON, P. S. A.-A.
H. N.
Al. 1885. — Chez M. V. Trouilh.
Par *Abou-Arabi*, arabe, et *Emilia*, par Consul.
Sa grand'mère : Emétite, par Emir, arabe.
Pau : depuis 1890.

ARAB-ALI, P. S. Ar.   S.B.F., t. V, p. 520.
H. N.
B. 1868. — Orient.
au : 1876. — Vendu en septembre 1886.

ARADUS, P. S. Ar.   S.B.F., t. IX, p. 412.
H. N. — Importé en 1886.
B. 1880. — Syrie.
Par *Abou-Arkoub* et *Kaïlane-em-Arkoub*.
Rodez : 1888. — Mort le 18 mai 1890.

S.B.F., t. XII, p. 58.
ARAGONAIS, P. S. A.-A.
H. N.
Gr 1884. — Chez M. Casenave.
Par *Djerasch*, arabe, et *Fleur-d'Avril*, par Dahabi, arabe,
et Souvenance, par Souvenir.
Villeneuve-sur-Lot : depuis 1888.

ARAILLÉ, P. S. A.-A. S.B.F., t. XII, p. 58.
H. N.
Al. 1887. — Chez M. Lacassagne.
Par *Dahabi* ou *Chaïtan*, arabes, et *Amica*, par Elland et Missette,
par Kérim, arabe.
Libourne : depuis 1891.

ARAKIM, P. S. Ar. S.B.F., t. II, p. 1002.
H. N.
B. 1860. — Orient.
Villeneuve-sur-Lot : 1868. — Mort en avril 1877.

ARAMIS, P. S. A. S.B.F.. t. II, p. 7.
H. N.
B. 1849. — Haras du Pin.
Par *Royal-Oak* et *Chimère*, par Holbein.
Villeneuve-sur-Lot : 1855. — Réformé en novembre 1856.

ARAMITO, P. S. A.-A. S.B.F., t. XII. p. 58.
H. N.
B. 1883. — Chez M. Lapuyade.
Par *Botheration* et *Zibeline*, an.-ar., par Abdel, arabe, et Dolorès,
par Ali-Baba.
Tarbes : depuis 1887.

ARASSÈS, P. S. A.-A. S.B.F., t. XI, p. 59.
H. N.
Gr. 1884. — Chez M. Lacassagne.
Par *Djerasch*, arabe, et *Amica*, an.-ar., par Elland et Missette,
par Kérim, arabe.
Villeneuve-sur-Lot : depuis 1888.

ARBA, P. S. A.-A. S.B.F., t. IX. p. 3.
H. N.
B. 1873. — France.
Par *Emir*, arabe, et *Alma*, par Richmond.
Tarbes : 1878. — Réformé en août 1890.

S.B.F., t. VIII. p.60.

ARBIZON, ex-NARCASTEL, P. S. A.-A.

H. N.

Al. 1885. — Basses-Pyrénées.

Par *Gingembre*, an.-ar., et *Amica*, an.-ar., par Elland, P. S. A.

Pau : 1889. — Réformé en août 1893.

S.B.A , t. IV. p. 22.

ARCHIMANDRITE, P. S. A.

B. 1870. — Angleterre.

Par *Cathedral* et *Ionica*, par Ion.

Pompadour : 1880. — Réformé en août 1887.

ARDIDEN, P. S. A.-A.

S, B.F., t. XII, p. 58.

H. N.

Al. 1883. — Chez M. Lacassagne.

Par *Dahabi*, arabe, et *Amica*, par Elland et Missette, par Kérim, Ar.

Libourne : depuis 1887.

ARÉQUIER, P. S. A.-A.

S.B.F., t. XII, p. 59.

M. Abadie (Gers).

B. 1893. — Chez M. Canbapérou.

Par *Castillon* ou *Sycomore* et *Aurore*, par Lattakié, arabe, et Atalante, par Saïd-Pacha, an.-ar. ou Othello, arabe.

Tarbes : depuis 1897.

ARGENTEUIL, P. S. A.

S.B.F., t. XII. p. 3.

H. N.

Al. 1890. — Chez M. H. Delamarre.

Par *Bruce* et *Versailles*, par Vermouth.

Sa grand'mère : Vera-Cruz, par Fitz-Gladiator.

Pompadour : depuis 1897.

ARGOS, P. S. A.

S.B.F., t. II, p. 8.

M. Dartigaux.

B. 1859. — France.

Par *Papillon* et *Tyne*, par Ali-Baba.

Pau : 1862. — Vendu en 1863.

ARHAL, P. S. Ar.

S.B.F., t. VI. p. 672.

H. N. — Importé en 1878.

Gr. 1865.

De la tribu des Beni-Sacr.

Tarbes : 1879. — Réformé en août 1887.

ARIDAS, P. S. Ar.   S. B F., t. XII, p. 93.
H. N.
Al. 1892. — Chez M. Horment.
Par *Méké* et *Aroussa*, par Gengiskhan et Belle-Petite, par Djerasch.
Villeneuve-sur-Lot : depuis 1896.

ARIF, P. S. Ar.   S.B.F., t. IV. p. 472.
H. N. — Importé en 1874.
Gr. 1866. — Orient.
Son père : de race Manéki; sa mère : de race El-Kidrudgé.
Tarbes : 1875. — Réformé en août 1386.

ARION, P. S. A.-A.   S.B.F., t. I, p. 107.
H. N.
B. 1848. — Haras du Pin.
Par *Royal-Oak* et *Agar*, an.-ar., par Eastham.
Aurillac : 1853. — Réformé en août 1858.

ARIOVISTE, P. S. A.   S.B.F., t. XII. p. 8.
H. N.
Al. 1892. — Chez M. le Cte Foy.
Par *Julius-Cæsar* et *Anaconda*, par D'Estournel et Czarina,
par King-Tom.
Tarbes : depuis 1898.

ARISTO, P. S. A.   S.B.F., t. XII, p. 3.
H. N.
Al. 1881. — Chez M. Horment.
Par *Zut* et *Democ*, par Longchamps et Pompilia, par Sting.
Villeneuve-sur-Lot : depuis 1887.

ARMANÇON, P. S. A.   S.B.F. t. II, p. 1019.
H. N.
B. 1865. — Var.
Par *Beauvais* et *Trust*, par Nuncio.
Rodez : 1872. — Mort en août 1887.

S.B.F., t. V, p. 520.

ARNAC, ex-ARNAC-POMPADOUR, P. S. Ar.
H. N.

B. 1873. — Haras de Pompadour.

Par *Dervich*, arabe ; sa mère : *Yacoubé*, arabe.

Perpignan : 1877. — Réformé en juillet 1877.

ARNOLD, P. S. A.   S.B.F.. t. V, p. 326.
M. Clossman.

Al. 1877. — France.

Par *Marengo* et *Mathilde*, par Feruk-Khan.

Libourne : 1885. — Mort en 1893.

ARRÉMOULIT, P. S. A.-A.   S.B.F., t.XII. p.59
M. A. Caussou (Ariège).

Al. 1889. — Chez M. Lacassagne.

Par *Kbéchan*, arabe, et *Amica*, par Elland et Missette,
par Kérim, arabe.

Tarbes : depuis 1893.

ARROGANT, P. S. A.-A.   S.B.F., t. I, p. 498.
H. N.

Bb. 1832. — France.

Par *Tigris* et *Nichab* (née en Orient).

Pau : 1845. — Vendu en août 1848.

ARROSAGE, P. S. A.   S.B.F., t. X, p. 376.
M. Deschamps. — H. N. en 1897.

Al. 1889. — France.

Par *Xaintrailles* et *Verdoyante*.

Tarbes : 1894. — Passé à Saint-Lôt en 1895.

ARTABAN, P. S. A.   S.B.F., t. II, p. 947.
H. N.

B. 1858. — France.

Par *Conéron* et *Satisfaction*, par Renonce.

Villeneuve-sur-Lot : en 1862.

ARTISAN, P. S. A.   S.B.F., t. II. p. 9.
H. N. — Importé en 1854.
Bb. 1848. — Angleterre.
Par *Lanercost* et *Skilful*, par Partisan.
Villeneuve-sur-Lot : 1855-1857. — Libourne : 1858.
Castré en septembre 1860.

ARTOIS, P. S. A.   S.B.F., t. XII, p. 4.
H. N.
Al. 1883. — Chez M. Laillier.
Par *Saxifrage* et *Cérès*, par Lanercost et Bathilde, par Y. Emilius.
Tarbes : depuis 1888.

ARWED, P. S. A.-A.   S.B.F., t. III, p. 2.
H. N. 1868.
B. 1865. — France.
Par *Beau-Sire* et *Aurélie*, an-ar., par Brocardo.
Villeneuve-sur-Lot : 1869. — Réformé en août 1876.

ARWED, P. S. A.   S.B.F., t. I, p. 7.
H. N.
B. 1838. — France.
Par *Hercule* et *Queen-Mab*, par Pioneer.
Pompadour : 1850. — Réformé en août 1852.

ARWED, P. S. A.   S.B.F., t, II, p. 10.
M. Rolland.
Bb. 1854. — France.
Par *Sting* et *Azara*.
Tarbes : en 1858.

ASCOT, P. S. A.   S.B.F., t., I, p., 248.
H. N.
B. 1835. — Chez M. G. de Blangy.
Par *Gaberlunzie* et *Ida*, par Whalebone.
Pau : 1840. — Vendu en septembre 1856.

ASFAR, P. S. Ar.   S.B.F., t. XII, p. 93
H. N.
Al. 1892. — Orient. — Importé en 1897.
Son père : de race Saklawy-Djedran.
Sa mère : de race Koheilet-Adjouz.
Tarbes : depuis 1897.

ASIATIQUE, P. S. Ar.   S.B.F., t. , p. .
H. N.
Gr. 1827. — France.
Par *Emmoun* et *Derviche*.
Aurillac : 1839. — Castré en juillet 1848.

S.B.F., t. IV, p. 437.

ASLAN, ex-**LAMA**, P. S. Ar.
H. N. — Importé en 1873.
Gr. 1870. — Haras du Roi de Wurtemberg.
Par *Aslan*, arabe. — Sa mère : *Lama*, arabe.
Pau : 1874. — Vendu en août 1882.

ASPIN, P. S. Ar.   S.B.F., t. XII, p. 93.
H. N.
Gr. 1887. — Chez M. Souberbielle.
Par *Cheïtam* et *Astarté*, par Dahabi et Kalifa.
Tarbes : depuis 1891.

ASSAD, P. S. Ar.   S.B.F., t. XII, p. 93.
H. N.
Gr. 1882. — Syrie. — Importé en 1887.
Par *Maangli-Bassili* et une jument de race Keheylan-Adjouz.
Pompadour : depuis 1888.

S.B.F., t. I, p 428.
ASSAM, P. S. Ar.   S.B.N., t. I, p. 351.
H. N. 1850. — Vendu à M. de Beaucoudray en 1862.
B. 1841. — Orient. — Importé en 1850.
Son père : Saklawi, arabe. — Sa mère : Djulfe, arabe.
Aurillac : 1851-1853. — Saint-Lô : 1854-1855.

ASSAM, P. S. Ar.   S.B.F., t. V. p. 520.
H. N.
Gr. 1873. — Haras de Pompadour.
Par *Dervich*, arabe. — Sa mère : *El Maza*, arabe.
Perpignan : 1882. — Mort en août 1882.

ASSASSIN, P. S. A.   S.B.F., t. I, p. 7.
H. N. — Importé en 1845.
B. 1837. — Angleterre.
Par *Taurus* et *Sneaker*, par Camel.
Tarbes : 1846. — Réformé et vendu en juillet 1859.

ASTER, P. S. Ar,   S.B.F., t. XII, p. 93.
M. G. Sourbès.
Al. 1893. — Chez M. Souberbielle.
Par *Méké* et *Astarté*, par Dahabi et Kalifa, par Verbela.
Pau : depuis 1897.

ASTRE, P. S. A.   S.B.F., t. I, p. 380.
H. N.
Al. 1846. — France.
Par *Ali-Baba* et *Stella*, par Count-Porro.
Pau : 1851. — Mort en décembre 1865.

ASTRE, P. S. Ar.   S.B.F., t. XII, p. 93.
H. N.
B. 1893. — Chez M. Souberbielle.
Par *Salem* et *Astrée*, par Kbéchau et Astarté, par Dahabi.
Villeneuve-sur-Lot : depuis 1897.

ATECH, P. S. Ar.   S.B.F., t. II, p. 1092.
H. N.
Importé en 1854.
Gr. 1850. — Né chez les Adjmann du Nedjd, race Hadeban.
Père et mère arabes.
Aurillac : 1855. — Mort en juin 1856.

ATHLÈTE, P. S. A.   S.B.F., t. III, p. 256.
H. N.
Bb. 1869. — France.
Par *Tumbler* et *Mademoiselle-de-la-Romanerie*, par The Baron,
Aurillac : 1875. — Réformé en juillet 1880.

ATHOS. P. S. A.-A.   S.B.F., t. XII, p. 59.
H. N.
B. 1888. — Chez Mme Prat.
Par *Courtois* et *Aura*, ex-*Hora*, par Aouladj, arabe, et Nérim,
par Strongbow.
Tarbes : 1893. — Réformé en août 1898.

ATIK, P. S. Ar.   S. B. F., t. II, p. 1093.
H. N.
B. 1855. — Syrie.
Tarbes : 1868. — Réformé en juillet 1869,

ATUR, P. S. A.-A.   S. B. F., t. VII, p. 3.
M. Doris.
B. 1877. — Hautes-Pyrénées.
Par *Ismaël*, an.-ar., et *Tortillade*, par Le Mandarin.
Pau : 1881. — Mort en 1885.

AUBER, P. S. A.   S. B. F., t. IV, p. 375.
H. N.
B. 1871. — France.
Par *Allez-y-Gaîment* et *Petite-Musique*, par Gladiator.
Tarbes : 1884. — Réformé en août 1887.

S.B.F., t. IX, p. 81.
AU-PETIT-BONHEUR, P. S. A.
M. de Gernon.
Al. 1886. — Gironde.
Par *Paladin* et *Blanche*, par Elland.
Libourne : 1892-1894. — Vendu aux Haras Impériaux de Russie.

AURIOL, P. S. A.   S.B.F., t. I, p. 8.
H. N. en 1843.
B. — Chez M. A. Fould en 1837.
Par *Royal-Oak* et *Burlesque*.
Tarbes : 1843-1847. — Au Pin en 1848.

S.B.F., t. VI, p. 2.
AVANT-COUREUR, P. S. A.
M. V. Trouilh.
B. 1873. — Chez M. de Nexon.
Par *Glaïeul* et *Action-de-Lens*, par Weathergage.
Pau : 1878. — Castré en 1879.

AVÉNEMENT, P. S. A.   S.B.F., t. V, p. 521.
H. N.
Gr. 1873. — Haras de Pompadour.
Par *Dervich* et *Oda*.
Pompadour : 1877. — Réformé en septembre 1886.

AVENIR, P. S. A.-A. S.B.F., t. XII, p. 59.
M. Bordenave (Landes).
Al. 1883. — Chez M. V. Trouilh.
Par *Patricien* et *Active*, par Ephraïm, arabe, et Borny,
par Tournament.
Pau : depuis 1887.

AVENIR, P. S. A.-A. S.B.F., t. IX. p. 283.
H. N.
Al. 1886. — Chez M. Lafon.
Par *Gengis-Khan*, arabe, et *Miss-Clara*, par Mandrake.
Pau : 1890. — Réformé en août 1890.

AVENTURIER, P. S. A. S.B.F., t. V, p. 2.
H. N.
B. 1871. — France.
Par *Zouave* et *Day-Spring*, par Annandale.
Pompadour : 1876. — Réformé en septembre 1890.

AVISO, P. S. A.-A. S.B.F.. t. II, p. 11.
H. N.
Al. 1853. — Haras de Pompadour.
Par *Xénocrate*, an.-ar., et *Nymphœa*, par Ben-Massoud, an.-ar.
Tarbes : 1871. — Réformé en 1877.

AVRIL, P. S. Ar. S.B F., t. V, p. 521.
H. N.
Gr. 1873. — Haras de Pompadour.
Par *Dervich*, arabe ; sa mère : *Zamilé*, arabe.
Pompadour : 1883-1884. — Perpignan : 1885.
Réformé en août 1886.

AZAÏS, P. S. A.-A. S.B.F., t. XII, p. 59.
H. N.
B. 1890. — Chez M. Bladé.
Par *Courtois* et *Arabia*, par Djerasch, arabe.
Sa grand'mère : May, par Magenta.
Pau : depuis 1894.

AZIZ, P. S. Ar.   S.B.F., t. II, p. 1093.
H. N.
B. 1850. — Orient.
Tarbes : 1858. — Mort en juillet 1858.

AZIZ, P. S. Ar.   S.B.F., t. II, p. 1093.
H. N.
Gr. 1856. — Orient.
Villeneuve-sur-Lot : 1868. — Réformé en août 1873.

AZUN, P. S. A.-A.   S.B.F., t. IX, p. 53.
H. N.
Gr. 1889. — Basses-Pyrénées.
Par *Estrac*, an.-ar., et *Annelia*, an.-ar., par Sonino.
Villeneuve-sur-Lot : 1893. — Castré en août 1895.

BAAL. P. S. Ar.   S.B.F., t. II, p. 1093.
H. N.
Gr. 1854. — Haras de Pompadour.
Par *Baydadli* et *Parade*, par Hadjar.
Tarbes : 1858. — Réformé en août 1863.

BABA, P. S. A.-A.   S.B.F., t. II, p. 12.
H. N.
B. 1854. — Haras de Pompadour.
Par *Commodor-Napier* et *Mercédès*, an.-ar.
par Hussein, arabe.
Pompadour : 1858-1862. — Libourne : 1863.
Castré en juillet 1864.

BABOUL, P. S. A.-A.   S.B.F., t. I, p. 93.
H. N.
B. 1846. — France,
Par *Ali-Baba* et *Y. Mekela*, an.-ar., par Tartare.
Rodez : 1852. — Réformé en novembre 1857.

BABOUR, P. S. Ar.   S.B.F., t. XII, p. 93.
H. N.
Al. 1890. — Haras de Pompadour.
Par *Assad* ou *Ramsès II* et *Charlotte*, par Nahr-el-Kébir et Merjané.
Aurillac : depuis 1894.

BACCARAT, P. S. A.   S.B.F., t. II, p. 12.
H. N.
Bb. 1861. — France.
Par *Ionian* et *Barricade*, par Commodor-Napier.
Pau : 1867. — Vendu en 1871.

BACHELIER, P. S. A.   S.B.F., t. V, p. 050.
H. N.
Al. 1877. — France.
Par *Robert-Houdin* et *La Bottellerie*, par Partisan.
Pau : 1883. — Vendu en août 1889.

S.B.F., t. I, p. 429.
BACHI-BOUZOUK, P. S. Ar.
H. N.
Al. 1842. — Orient.
Son père : Hamdani, arabe.
Sa mère : Koheil, arabe,
Pau : 1851. — Mort en janvier 1859.

S.B.F., t. XII, p. 94.
BACHI-BOUZOUK, P. S. Ar.
H. N.
Al. 1890. — Orient. — Importé en 1897.
Tarbes : depuis 1897.

BADPAY, P. S. A.   S.B.F., t. II, p. 12.
H. N.
B. 1849. — France.
Par *Ca avan* et *Miss-Rainbow*, par Rainbow.
Aurillac : 1861. — Réformé en 1867.

BAGDAD, P. S. A.-A.   S.B.F., t. I, p. 300.
H. N.
Gr. 1848. — France.
Par *Frigian*, arabe, et *Mignonne*, an.-ar., par Massoud, arabe.
Tarbes : 1851. — Mort en avril 1864.

BAGDAD, P. S. A.-A.   S.B.F., t. XII, p. 59.
H. N.
Al. 1890. — Chez M. Mateplate.
Par *Ispahan*, arabe, et *Betsy-Bac*, par Mandrake et Blondine,
par Cobnut.
Tarbes : depuis 1894.

BAGDAD, P. S. A.   S. B. F., t. II, p. 13.

M. Régis ; M. Richier ; M. Clossmann (1876).

B. 1862. — Gironde.

Par *West-Australian* et *Y. Lady*, par Ionian.

Libourne : 1868. — Mort en 1885.

BAGDALI, P. S. Ar.   S. B. F., t. II, p. 1094.

H. N.

Gr. 1843. — Orient. — Importé en 1850.

Pompadour : 1850-1858. — Au Pia en novembre 1858.

Revenu à Pompadour en 1863. — Abattu en juin 1865.

BAG-PIPE, P. S. A.   S. B. F., t. IX, p. 4.

H. N.

Bb. 1876. — France.

Par *Henry* ou *Cymbal* et *Fair-Helen*, par Prétendant.

Aurillac : 1883. — Abattu en juillet 1894.

BAHR, P. S. Ar. — H. N.

(Porté Bark au S. B. F., t. II, p. 1095.)

Ro. 1849. — Orient.

Tarbes : 1853. — Mort en octobre 1854.

S. B. F., t. IV, p. 478.

BAIRACKTAR, P. S. Ar.

H. N.

Gr. 1867. — Orient.

Pau : 1875-septembre 1885.

BAKEL, P. S. A.-A.   S. B. F., t. XII, p. 59.

H. N.

Al. 1890. — Haras de Pompadour.

Par *Gaëtan*, an.-ar., et *Kosiki*, par Edhen, arabe, et *Electricity*,
par Thunderbolt.

Tarbes : depuis 1894.

BALADIN, P. S. A.-A.   S. B. F., t. II, p. 13.

H. N.

B. 1854. — Haras de Pompadour.

Par *Commodor-Napier* et *Nymphœa*, par Ben-Massoud, an.-ar.

Pau : 1858. — Mort en janvier 1863.

BALAFREY, P. S. A.-A. S.B.F., t. XII, p. 60.
H. N.
Gr. 1892. — Chez Mme la Vtessse de la Guéronnnière.
Par *Albion* et *Kelty*, par Vulcan.
Sa grand'mère : *Bluette*, par Zouave, arabe.
Pompadour : depuis 1897.

BALAGNY, P. S. A. S.B.F., t. IV, p. 341.
M. Lefèvre.
Bb. 1874. — France.
Par *Henri* et *Néméa*, par Fitz-Gladiator.
Tarbes : 1883. — Passé au Haras de Chamant (Oise) en 1883.

BALBECK, P. S. Ar. S.B.F., t. IV, p. 473.
H. N.
Al. 1855. — Orient.
Pau : 1867. — Mort en août 1878.

BALBEK, P. S. Ar. S.B.F., t. IX, p. 413.
H. N.
Al. 1886. — Chez M. Viguerie.
Par *El Yahoudi* et *Balkis*, née en Orient.
Pau : 1890. — Réformé en août 1892.

BALBI, P. S. A.-A. S. B. F., t. XII, p. 60.
M. Rességuet (Hautes-Pyrénées).
Bb. 1891. — Chez M. J. Laborde.
Par *Pilgrim* et *Bettina*, par Ispahan, arabe, et Bérengère,
par Bertram ou Trombone.
Tarbes : depuis 1895.

BALLON, P. S. A. S.B.F., t. IX, p. 1.
H. N.
Al. 1876. — Chez M. Seillère.
Par *Revigny* et *Ballerine*, par Dollar.
Pau : 1890. — Réformé en août 1897.

BAMBOU, P. S. Ar.   S.B.F., t. IX, p. 413.
H. N.
Al. 1874. — Haras de Pompadour.
Par *Nahr-el-Kébir* et *Dair-el-Balah*.
Pompadour : 1878. — Abattu en juillet 1894.

BANABAK, P. S. Ar.   S.B.F., t. IV, p. 473.
Importé en 1875. — H. N.
Al. 1865. — Syrie.
Son père : de race Saklawi ; sa mère : de race Djedrani.
Aurillac : 1875. — Mort en juillet 1886.

BANCO, P. S. Ar.   S.B.F., t. II, p. 1094.
H. N.
Gr. 1854. — Haras de Pompadour.
Par *Bagdadli* et *Furette*, par Massoud.
Rodez : 1860. — Passé à Pompadour en décembre 1872.
Passé à Rodez en janvier 1874. — Réformé en juillet 1877.

BANDMASTER, P. S. A.   S.B.F., t. XII, p. 6.
M. A. Fould (Hautes-Pyrénées).
B. 1884.— M. F. Robinson.
Par *Beauminet* et *Buggle-March*, par Trumpeter et Quick-March,
par Rataplan.
Tarbes : depuis 1892.

S.B.F., t. XII, p. 6.

BARBEROUSSE, P. S. A.
H. N.
Al. 1886. — M. Teisseire.
Par *Don-Carlos* et *Mademoiselle-de-Saint-Igny*,
par Beauvais et Ronzi, par Sir Tatton-Sykes.
Tarbes : depuis 1892.

BARBO, P. S. A.-A.   S.B.F., t. XII, p. 60.
H. N.
Al. 1890. — Haras de Pompadour.
Par *Gaëtan*, an.-ar., et *Sybille*, par Flageolet et Sycée,
par Marsyas.
Villeneuve-sur-Lot : depuis 1894.

BARCA, P. S. Ar.   S. B. F., t. XII. p. 94.
H. N.
Al. 1882. — Orient. — Importé en 1888.
Ajaccio : depuis 1889.

BARDAD, P. S. Ar.   S. B. F., t. II, p. 1091.
H. N. — Importé en 1851.
B. 1844. — Arabie.
Pau : 1853. — Mort en novembre 1858.

S.B.F., t. XII, p. 60.
BARETOUS, ex-**BELFORT**, P. S. A.-A.
H. N.
Al. 1885. — M. Lapuyade.
Par *Kbechan*, arabe, et *Zibeline*, an.-ar., par Abdel, arabe,
et Dolorès, par Ali-Baba.
Libourne : depuis 1889.

BARFORD, P. S. A.   S.B.F., t. IV. p. 3.
H. N. — Importé en 1873.
B. 1867. — Angleterre.
Par *Thormanby* et *Blue-Bell*, par Héron.
Rodez : 1874. — Réformé en décembre 1874.

BARIOLET, P. S. A.   S.B.F., t. IX, p. 5.
H. N.
Al. 1878. — France.
Par *Trocadéro* et *Bariolette*, par Orphelin.
Pompadour : 1885-1887. — Saintes : 1888-1893.
Saint-Lô : depuis 1894.

BARNABÉ, P. S. A.   S.B.F., t. II, p. 14.
M. Capdevielle.
B. 1850. — France.
Par *Fitz-Emilius* et *Bella-Dona*, par Harlequin.
Tarbes : 1856. — Mort après la monte.

S.B.F., t. XII, p. 6.
BAR-SUR-AUBE, P. S. A.
H. N.
Al. 1879. — M. Rousseau.
Par *Blinkhoolie* et *Modiste*, par Empire ou Muscovite
et Callypige, par The Flying-Dutchman.
Pau : depuis 1883.

BASRAH, P. S. Ar.   S.B.F., t. II, p. 1095.
H. N.
B. 1861. — Orient.
Perpignan : 1868. — Réformé en novembre 1873.

BASTION, P. S. A.-A.   S.B.F., t. XI, p. 38.
H. N.
Al. 1888. — Hautes-Pyrénées.
Par *Castillon* et *Elite*, par Aouladj, arabe.
Rodez : 1892. — Castré en août 1896.

BATNA, P. S. Ar.   S.B.F., t. II, p. 1095.
(Porté Batma au S. B. F.).
H. N.
Gr. 1854. — Arabie.
Perpignan : 1867. — Réformé en novembre 1874.

BATOUN, P. S. Ar.   S.B.F., t. II, p. 1095.
H. N.
Gr. 1854. — Haras de Pompadour.
Par *Hamdani-Blanc* et *Gamba*, par Bedouin.
Tarbes : 1858. — Réformé en août 1873.

S.B.F., t. XII, p. 6.
BAY-ARCHER, P. S. A.
H. N.
B. 1876. — Angleterre (au Haras de Glasgow). — Importé en 1880.
Par *Toxophilite* et *Flurry*, par Y. Melbourne et Makeshift,
par Voltigeur.
Tarbes : depuis 1881.

BAYARD, P. S. Ar.   S.B.F., t. II., p. 1096.
H. N.
B. 1853. — Orient.
Tarbes : 1865. — Réformé en juillet 1869.

BAYARD, P. S. A.-A.,   S.B.F., t. II, p. 670.
MM. Trouilh, Barneto.
B. 1862. — France.
Par *Coran*, arabe, et *Loterie*, par Lottery.
Pau : 1868. — Réformé 1869.

BAYARD, P. S. A.-A.   S.B.F., t. XII. p. 60.
H. N.
Al. 1894. — M. Abeille.
Par *Fil-en-Quatre* et *Belle-des-Prés*, par Hedjaz, arabe,
et Biche, par Ceylon.

Perpignan : depuis 1808.

BAYARD, P. S. A.-A.   S.B.F., t. I. p. 9.
H. N.
Gr. 1839. — Haras de Pompadour.
Par *Napoléon-Vendée*, P. S. A., et *Mignonne*, par Massoud, arabe.
Tarbes : 1843. — Mort en novembre 1846.

BAYARD. P. S. A.   S.B.F., t. II, p. 235.
H. N.
Al. 1861. — France.
Par *Newminster* et *Babette*, ex-*Barbette*, par Faugh-a-Ballagh.
Tarbes : 1867. — Mort en mars 1871.

BÉARN, P. S. A.-A.   S.B.F., t. IX, p. 8.
Gr. 1879. — France.
Par *Foukara*, arabe, et *Dolorès*, an.-ar., par Ali-Baba, P. S. A.
Villeneuve-sur-Lot : 1883. — Abattu en juin 1893.

BEAUCENS, P. S. A.   S.B.F., t. I, p. 192.
M. Fould. — H. N. 1857.
Bb. 1849. — France.
Par *Sting* et *Eccola*, par Bay-Middleton.
Tarbes : 1855. — Réformé en octobre 1863.

S.B.F., t. XI, p. 4.
BEAUDESTIN, ex-**CARROLS**, P. S. A.
H. N.
Al. né en 1888. — France.
Par *Beaudésert* et *Board-School*, par Kingcraft.
Pau : 1893. — Mort en juin 1897.

S. B. F., t. VII. p. 137.

BEAUMESNIL, P. S. A.

H. N.

B. 1882. — France.

Par *Blenheim* et *Brown-Rosalind*, par Sundeelah.

Rodez : 1886. — Passé au Pin en décembre 1888.

S. B. F., t. XII. p. 60.

BEAU-MIGNON, P. S. A.-A.

M. Mathié (Hautes-Pyrénées).

B. 1886. — M. C. Courtade.

Par *Saint-Léger* et *Boule-de-Neige*, an.-ar., par Emir, arabe,
et Belle-d'Ibos, par Empire.

Tarbes : depuis 1890.

S. B. F., t. XI, p. 4.

BEAUREPAIRE, P. S. A.

M. Lefèvre. — H. N. en 1885.

B. 1874. — France.

Par *Mortemer* et *Beauty*, par Knowsley.

Tarbes : 1881-1885. — Rodez : 1886. — Au Pin en décembre 1886.

BEAU-SIRE, P. S. A. S. B. F., t. II, p. 45.

H. N.

Bb. 1858. — France.

Par *Womersly* et *Barricade*, par Commodor-Napier.

Aurillac : 1865. — Mort en août 1883.

BEBECK, P. S. Ar. S. B. F., t. XII. p. 94.

H. N.

B. 1880. — Orient.

De race Ras-Fedaoui.

Villeneuve-sur-Lot : depuis 1885.

BÉCHIR, P. S. Ar. S. B. F., t.   , p. .

H. N.

Al. 1878. — Basses-Pyrénées.

Par *Ephraïm*, P. S. Ar., et *Sada*, P. S. Ar.

Villeneuve-sur-Lot : 1882. — Mort en août 1888.

BÉCHIR, P. S. Ar.   S.B.F., t. I, p. 403.
H. N. 1844. — Importé on 1842,
Gr. 1835. — Orient.

Par *Zaokaïa* et *Kadccha*.

Tarbes : 1853. — Réformé en octobre 1853
(venant de Saint-Maixent en 1852).

BEDOUIN, P. S. Ar.   S.B.F., t. I, p. 430.
H. N. — Importé en 1821.
Gr. 1813. — Arabie.

Pompadour : 1837. — Abattu en novembre 1841.

BEGGARMAN, P. S. A.   S.B.F., t. I, p. 9.
H. N. — Importé en 1841.
B. 1835. — Angleterre.

Par *Zinganee* et *Adeline*, par Soothsayer.

Pompadour : 1844. — Angers : 1845. — Pau : 1846.
Tarbes : 1847-1849. — Cluny en 1850.

BEGONE, P. S. A.-A.   S.B.F., t. II, p. 46.
H. N.
Gr. 1854. — Haras de Pompadour.

Par *Bagdadli*, arabe, et *Althea*, par Paradox.

Pau : 1853. — Vendu en août 1863.

BEHIM, P. S. Ar.   S.B.F., t. VI, p. 672.
H. N.
B. 1866. — Orient.

Pau : 1879. — Vendu en août 1882.

BELLIQUEUX, P. S. A.   S.B.F., t. VIII, p. 3.
H. N.
Al. 1878. — France.

Par *Cymbale* et *Belle-d'Ibos*, par Empire.

Perpignan : 1885. — Réformé en août 1887.

BELLIQUEUX-TURC, P. S. A.-A.
S.B.F., t. XII, p. 60.

H. N.

Al. 1884. — M. Larrieu.

Par *Ispahan* ou *Nassim*, arabes, et *Bellone*, par Mandrake
et Cérès, par Djeffée, arabe.

Rodez : depuis 1888.

BÉLUS, P. S. A. S.B.F., t. II, p. 681.

M. Larrecq.

Al. 1857. — France.

Par *Napier* et *Mademoiselle-de-Brie*, par Ali-Baba.

Pau : 1861. — Réformé en 1862.

BEN-AMRAR, ex-**NASSIM**, P. S. A.-A. S.B.F., t. XII, p. 60.

H. N.

Al. 1886. — France.

Par *Amrar*, arabe, et *Mina*, an.-ar., par Mandrake et Paysanne,
par Emir.

Tarbes : depuis 1890.

BEN-BEDEZ, P. S. Ar. S.B.F., t. II, p. 1097.

H. N.

Gr. 1856. — Gironde.

Par *Irac* et *Djoharah*.

Libourne : 1860. — Mort en août 1867.

BEN-CORAN S.B.F., t. III, p. 33.

H. N.

Gr. 1871. — France.

Par *Coran*, arabe, et *Andaë*, P. S. A.-A.,
par Rémus ou Dankali, arabe.

Rodez : 1875. — Mort en août 1889.

BEN-FRIGIAN, P. S. A.-A. S.B.F., t. I, p. 300.

H. N.

Ro. 1843. — France.

Par *Frigian*, arabe, et *Mignonne*, par Massoud, arabe.

Pau : 1847. — Villeneuve-sur-Lot en juillet 1851.

BEN-HADJI, P. S. Ar.   S.B.F., t. IX, p. 41
H. N.
Gr. 1877. — France.
Par *Kir-Hadji* et *Namouna*, par Coran.
Tarbes : 1881. — Réformé en août 1893.

S.B.F., t.II, p. 1097.

BEN-HUSSEIN, P. S. Ar.
H. N.
B. 1852. — Haras de Pompadour.
Par *Hussein* et *Némésis*, par Saoud.
Perpignan : 1856. — Réformé en janvier 1859.

BÉNI, P. S. Ar.   S.B.F., t. I, p. 430.
H. N.
Gr. 1822. — Orient.
Tarbes : 1842. — Mort en juin 1846.

BENI-KALED, P. S. Ar.   S.B.F., t. XII, p. 94.
H. N.
Al. 1890. — Orient. — Importé en 1897.
De race Hamdani.
Pompadour : depuis 1897.

BENJOIN, P. S. A.   S.B.F., t. XII. p. 60.
M. Souville (Gers).
Al. 1892. — M. R. Turon.
Par *Méké*, arabe, et *Berthe*, par Patricien et Flora,
par Ephraïm, arabe.
Tarbes : depuis 1896.

BEN-KADER, P. S. Ar.   S.B.F., t. X, p. 396.
H. N.
B. 1885. — Palestine.
Villeneuve-sur-Lot : 1891. — Réformé en août 1896.

BEN-KASSIM, P. S. Ar.   S.B.F., t. V, p. 521.
H. N.
Al. 1865. — Orient.
Père et mère arabes.
Pau ; 1877. — Abattu en septembre 1896.

S.B.F., t. II, p. 989.

BEN-KOULELI, P. S. A.-A.

M. Loustau.

Gr. 1851. — Basses-Pyrénées.

Par *Kouleli*, arabe, et *Swallow*, par Little-Rover.

Pau : 1855. — Castré en 1856.

S.B.F., t. XII, p. 60.

BEN-MAKSOUDE, P. S. A.-A.

H. N.

Al. 1893. — Chez M. J. Lamarque.

Par *Maksoude*, arabe, et *Mina*, par Mandrake.

Sa grand'mère : Paysanne, par Emir, arabe.

Pau : depuis 1898.

S.B.F., t. I, p. 10.

BEN-MASSOUD, P. S. A.-A.

H. N.

B. 1842. — Haras du Pin.

Par *Massoud*, arabe, et *Miss-Ann-Figaro*.

Pompadour : 1845-1850. — Villeneuve-sur-Lot : 1851.

Pompadeur : 1852.

BEN-ZALHÉ, P. S. Ar. S.B.F., t. VIII, p. 914.

H. N.

Al. 1879. — Syrie.

Ajaccio : 1887. — Réformé en février 1891.

BÉRAK, P. S. Ar. S.B.F., t. XII, p. 94.

H. N.

B. 1889. — M. Viguerie.

Par *Harfouch* ou *El Nimr* et *Baroud*, par Dibadj et Balkis.

Tarbes : depuis 1893.

BERBER, P. S. Ar. S.B.F., t. IX, p. 414.

H. N.

B. 1878. — Importé en 1884.

Son père : de la tribu des Oualed-Khaled.
Sa mère : Abianat-Hammiat, de même tribu.

Perpignan : 1885. — Réformé en juillet 1894.

BÉRENGER, P. S. A.   S.B.F., t. I, p. 162.
H. N.
B. 1844. — Haras du Pin.
Par *Y. Emilius* et *Cloton*, par Eastham.
Pau : 1852. — Mort en juin 1854.

BERNAC, P. S. A.-A.   S.B.F., t. XII, p. 61.
H. N.
Al. 1890. — Haras de Pompadour.
Par *Echeveau*, P. S. A.-A., et *Laïs*, an.-ar., par Vulcan, P. S. A.
Sa grand'mère : Berthe, par Nahr-El-Kébir, arabe.
Pompadour : depuis 1894.

S.B.F., t. IX, p. 6.
BERNAC-DESSUS, P. S. A.
H. N.
Al. 1882. — France.
Par *Foudre-de-Guerre* et *Fair-Helen*, par Prétendant.
Libourne : 1886. — Castré en août 1891.

BERQUIN, P. S. Ar.   S.B.F., t. XII. p. 91.
H. N.
AI. 1893. — Chez M. Horment.
Par *El Dib* et *Berouyette*, par Gengiskhan.
Sa grand'mère : Belle-Petite, par Djerasch.
Pau : depuis 1897.

BERRYER, P. S. A.   S. B. F., t. III. p. 129.
H. N.
Al. 1869. — France.
Par *West-Australian* et *Dulcinée*, par Gladiator.
Perpignan : 1881. — Réformé en août 1889.

BÉSIGUE, P. S. A.-A.   S.B.F., t. XII, p. 61.
H. N.
B. 1892. — M. J. Fontan.
Par *El Nimr*, arabe, et *Bellone*, an.-ar., par Sensation et Eucharis,
par Othello, arabe.
Tarbes : depuis 1896.

BETHLÉEM, P. S. A.   S.B.F., t. II, p. 17.
Al. 1856. — France.
Par *Gladiator* et *Pauline*, par Volcano.
Pau : 1863. — Mort en août 1878.

BEY, P. S. Ar.   S.B.F., t. III, p. 429.
H. N.
Al. 1864. — Orient.
Pau : 1869. — Mort en juillet 1877.

BEY, P. S. Ar.   S.B.F., t. II, p. 1097.
Gr. 1854. — Haras de Pompadour.
Par *Hamdani-Blanc* et *Légende*, par Koheil-Abrayan-Sederei.
Pompadour : 1858-1862. — Libourne : 1863-1871.
Pau : 1872. — Mort en novembre 1873.

BEYDANI, P. S. Ar.   S.B.F., t. V, p. 521.
H. N. — Importé en 1877.
Bb. 1870. — Orient.
Tarbes : 1878. — Réformé en septembre 1883.

BEYSSAC, P. S. A.   S.B.F., t. IV, p. 503.
H. N.
Gr. 1874. — Haras de Pompadour.
Par *Nahr-el-Kébir* et *Mantoura*.
Pompadour : 1878. — Mort en mars 1880.

BIAS, P. S. Ar.   S.B.F., t. X, p. 437.
H. N.
Gr. 1890. — Pompadour.
Par *Divan* et *Lia*, par Ehen.
Perpignan : 1894. — Mort en septembre 1897.

BIBELOT, P. S. Ar.   S.B.F., t. II, p. 1097.
H. N.
B. 1859. — France.
Par *Kerbela* et *Bienvenue*, par Shérif.
Pau : 1863. — Abattu en novembre 1878.

BIBERON, P. S. A.   S.B.F., t. II, p. 17?
H. N.
B. 1852. — Bon Finot.
Par *The Imperor* et *Xenodice*, par Commodor-Napier.
Pau : 1851. — Vendu en juillet 1866.

BIGOURDAN, P. S. A.   S.B.F.. t. IX, p. 77.
Autorisé : M. Lacoste-Amade (Basses-Pyrénées).
Al. 1888. — M. Barrère.
Par *Etoilé* ou *Grandmaster* et *Bergère*, par Le Petit-Caporal
et Babiole, par Gladiator.
Pau : depuis 1896.

BIJOU, P. S. A.-A.   S.B.F.. t.   , p.
H. N.
B. 1880. — France.
Par *Yatagan*, arabe, et *Violette*, ex-*Veronica*, par Abou-Farès,
P. S. Ar.
Perpignan : 1884. — Passé à Bastia en septembre 1886 et réformé.

BILBOQUET, P. S. A.-A.   S.B.F., t. I, p 11.
H. N.
B. 1837. — Haras du Pin.
Par *Pick-Pocket*, P. S. A., et *Danaë*, P. S. A.-A.,
par Massoud, arabe.
Aurillac : 1841-1850. — Libourne : 1851.
Passé à l'Ecole de Saumur en 1852.

BILLÈRE, P. S. A.-A.   S.B.F., t. XII, p. 61.
H. N.
Al. 1888. — M. Lacassagne.
Par *Blenhcim* et *Bethsabée*, par Dahabi, arabe,
et Palestrine, par Ali-Baba.
Libourne : depuis 1892.

BIND, P. S. A.-A.   S.B.F., t. II, p. 18.
H. N.
Al. 1854. — Haras de Pompadour.
Par *Prince-Caradoc*, anglais, et *Molina*, an.-ar.,
par Koheil-Obayan, arabe.
Tarbes : 1861. — Réformé et vendu en 1876.

BIZARRE, P. S. A.   S.B.F., t. I, p. 11.
H. N. — Importé en 1840.
Bb. 1820. — Angleterre.
Par *Orville* et *Bizarre*, par Peruvian.
Tarbes : 1843. — Réformé en juillet 1848.

S.B.F., t. II, p. 19.
BLACK-BROWN, P. S. A.
H. N.
Al. 1853. — France.
Par *Nunnykirk* et *Tanaïs*, par Terror.
Libourne : 1858. — Abattu en juillet 1862.

BLACK-EYES, P. S. A.   S.B.F., t. II, p. 19.
H. N.
Al. 1856. — Haute-Vienne.
Par *Malton* et *Rosabelle*, par Terror ou Premium.
La Roche-sur-Yon : 1862. — Pompadour : 1863-1864.
Libourne : 1865. — La Roche-sur-Yon : 1866-1881.

BLANC-BEC, P. S. A.-A.   S.B.F., t. IX, p. 6.
H. N.
B. 1884 — France.
Par *Castillon* et *Bayadère*, an.-ar., par Dankali, arabe.
Tarbes : 1888. — Mort en août 1892.

BLANC-BEC, P. S. A.-A.   S.B.F., t. XII, p. 61.
H. N.
Gr. 1889. — M. Lupiac.
Par *El-Nimr*, arabe, et *Fleur-d'Oranger*, an.-ar., par Longchamps
et Mariage, par Ion.
Tarbes : depuis 1893.

BLEINHEIM, P. S. A.   S.B.F., t. V, p. 3.
H. N.
B. 1868. — Angleterre.
Par *Oxford* et *Miss-Livingstone*, par The Flying-Dutchman.
Pau : 1884. — Mort en août 1889.

BLEU, P. S. Ar. S.B.F., t. VII, p. 185.

M. P. Abadie.

Gr. 1877. — Orient.

Tarbes : 1882. — Castré en 1883.

BLUE-RIBBON, P. S. A. S.B.F., t. VII. p. 6.
H. N.

B. 1878. — Angleterre.

Par *Knight-of-the-Garter* et *Anonyma*, par Stockwell.

Perpignan : 1884. — Réformé en mai 1885.

S.B.F., t. IX. p. 6.

BLINKIRIS, ex-**FLAMBARD**, P. S. A.-A.
H. N.

B. 1877. — France.

Par *Blinkhoolie* et *Rabdaniris*, an.-ar., par Rabdan, arabe.

Tarbes : 1881. — Réformé en août 1895.

BLINKOOLIE, P. S. A. S.B.F., t. V, p. 3.
H. N.

B. 1864. — Angleterre.

Par *Rataplan* et *Queen-Mary*, par Gladiator.

Pompadour : 1876-1877. — Passé à Compiègne en janvier 1878.

BOCAGE, P. S. A. S.B.F., t. IX, p. 331.

M. de Gernon.

Bb. 1885. — France.

Par *Dollar* et *Printannière*, par Chattanooga.

Libourne : 1891-1893.

BOIS-JOLI, P. S. A.-A. S.B.F., t. XII, p. 64.
H. N.

Al. 1893. — Chez M. de Villeneuve.

Par *Alger* et *Bon-Espoir*, par Wallad, arabe.

Sa grand'mère : Espérance, par Bissextil.

Pau : depuis 1897.

BOMBON, P. S. A. S.B.F., t. XII, p. 8.
H. N.
Al. 1892. — M. Michel Ephrussi.
Par *Richelieu* et *Bavarde*, par Hermit et Basilique,
par Dutch-Skater.
Tarbes : depuis 1898.

BOMBON, P. S. A. S.B.F., t. II, p. 49.
M. Capdevielle.
Al. 1852. — France.
Par *Garry-Owen* et *Canette*, par Paillasse.
Tarbes : 1857. — Réformé en 1872.

BON-ENFANT, P. S. A.-A. S.B.F., t. IX, p. 6.
M. Barthe.
Bb. 1878. — France.
Par *Bon-Vivant* et *Orpheline*, an.-ar., par Emir. arabe.
Tarbes : 1883. — Réformé en 1894.

BON-VIVANT, P. S. A. S.B.F., t. II, p. 20
H. N.
B. 1858. — France.
Par *Sting* et *Lora*, par Garry-Owen.
Tarbes : 1862. — Mort en juillet 1882.

BORDERIE, P. S. A.-A. S.B.F., t. X, p. 396.
H. N.
B. 1887. — France.
Par *Boxeur* et *Sauterelle*, par Aviso, an.-ar.
Pau : 1891. — Réformé en septembre 1895.

BORGHÈSE, P. S. A. S.B.F., t. XII, p. 8.
H. N.
B. 1890. — M. le Cte de Berteux.
Par *Stracchino* et *Rome*, par Blair-Athol et Ortolan, par Saunterer.
Rodez : depuis 1895.

BOSQUET, P. S. Ar. S.B.F., t. IV, p. 506.
H. N.
Ro. 1874. — Haras de Pompadour.
Par *Dervich* et *Oda*.
Perpignan : 1878. — Réformé en septembre 1881.

BOTHERATION, P. S. A. S.B.F., t. VI. p. 4.
H. N.

B. 1867. — Angleterre.

Par *Cambuscan* et *Troublesome*, par Hobbie-Noble.

Pau ; 1881. — Vendu en décembre 1886.

BOUDOIR, P. S. A. S.B.F., t. XII. p. 8.

M. de Saint-Jayme (Basses-Pyréuées).

Al. 1890. — Chez M. le Cte de Berteux.

Par *King-Lud* et *Optima*, par Plutus et Duchess-of-Athol,
par Blair-Athol.

Pau : depuis 1896.

BOULET, P. S. A. S.B.F., t. III, p. 112.
H. N.

B. 1871. — France.

Par *Monarque* et *Crembrne*, ex-*Trabiata*, par Wild-Dayrell.

Aurillac : 1880. — Réformé en juin 1885.

BOU-MAZA, P. S. Ar. S.B.F., t. I, p. 131.

M. de Nexon, 1851. — H. N. 1853.

Gr. 1847. — Chez M. de Nexon.

Par *Hussein* et *Amine*, par Laïsum.

Pompadour : 1851-1866. — Blois en janvier 1867.

BOU-MEDFA, P. S. A.-A. S.B.F., t. V, p. 295.
H. N.

Al. 1875. — France.

Par *Abou-Farès*, arabe, et *Lucienne*, par Le Mandarin.

Pau : 1879. — Réformé en septembre 1884.

BOUQUET, P. S. A. S.B.F., t. VI, p. 267.
H. N.

B. 1878. — Gironde.

Par *Bagdad* et *Fusée*, par Brimstone.

Pau : 1883. — Mort en février 1898.

BOURAK, P. S. Ar.   S.B.F., t. XII, p. 95.
H. N.

Al. 1891. — Orient. — Importé en 1897.
Aurillac : depuis 1897.

S.B.F., t. XII, p. 8.

BOURGUIGNON, P. S. A.
H. N.

B. 1883. — Chez M. Teisseire.

Par *Don-Carlos* et *Fusion*, par The Peer et Ronzina,
par Womersley.
Tarbes : depuis 1891.

BOURREAU, P. S. A.   S.B.F., t. II, p. 20.
M. Soula.

B. 1856. — France.

Par *Assassin* et *Lantara*, par Fitz-Emilius.
Tarbes : 1861. — Réformé en 1875.

S. B. F., t. XII, p. 64.

BOUTIQUIER, P. S. A.-A.
M. Izard (Paul) — (Aude).

B. 1879. — Chez M. Castel.

Par *Tippler* et *Flore*, an.-ar., par Rabdan, arabe,
et Gamba, par Bédouin, arabe.
Perpignan : depuis 1883.

BOUVREUIL, P. S. A.   S. B. F., t. V, p. 67.
H. N.

Al. 1877. — France.

Par *Dollar* et *Bartavelle*, par Florin.
Tarbes : 1883. — Réformé en août 1888.

BOXEUR, P. S. A.
(Porté Ecajeulles, ex-Fin-de-Race au S. B. F., t. II, p. 413).
H. N.

B. 1866. — France.

Par *The Flying-Dutchman* et *Dulcinée*, par Gladiator.
Villeneuve-sur-Lot : 1872. — Mort en août 1887.

BRACELET, P. S. A.-A.   S.B.F., t. XI, p. 7.
H. N.
Al. 1878. — Hautes-Pyrénées.
Par *Hedjaz*, arabe, et *Lathe*, an.-ar., par Ceylon.
Tarbes : 1882. — Mort en mars 1891.

S.B.F., t. II, p. 21.
BRACONNIER, P. S. A.-A.
M. de Castelbajac ; M. Moulin.
B. 1854. — France.
Par *Balthazar*, an.-ar., et *Amie*, par Beggarman.
Tarbes : 1862-1865. —Villeneuve-sur-Lot : 1866.
Castré en juillet 1875.

S.B.F., t. IV, p. 233.
BRACONNIER, P. S. A.
M. Lefèvre.
Al. 1873. — France.
Par *Caterer* et *Isoline*, par Ethelbert.
Tarbes : 1882. — Passé dans une autre circonscription en 1883.

S.B.F., t. I, p. 13.
BRANDY-FACE, P. S. A.
H. N. — Importé en 1850.
B. 1843. — Angleterre.
Par *Inheritor* et *Tiffany*, par Jerry.
Pompadour : 1851. — Rodez : en novembre 1855-1859.

BRENNUS, P. S. A.   S.B.F., t. II, p. 21.
M. Biratent.
B. 1860. — France.
Par *Morok* et *Potence*, par Assassin.
Tarbes : 1864. — Réformé en 1868.

S.B.F., t. I, p. 14.
BRILLA-D'ORO, ex-**BRIGLIADORO**, P. S. A.-A.
H. N.
Al. 1840. — Haras du Pin.
Par *Mameluke*, P. S. A., et *Danaë*, par Massoud, arabe.
Pau : 1844. — Vendu en juillet 1848.

BRIN-D'OR, P. S. A.   S.B.F., t. XII, p. 8.
H. N.
B. 1893. — Chez M. le comte de Saint-Phalle.
Par *Gulliver* et *Bégonia*.
Villeneuve-sur-Lot : depuis 1898.

S.B.F., t. II, p. 1098.
BROCARD, P. S. A.-A.
H. N.
B. 1853. — France.
Par *Brocardo* et *Lac-Dye*, arabe, par Numide, arabe.
Libourne : 1857. — Castré en juillet 1864.

BROCARD, P. S. A.-A.   S.B.F., t. II, p. 22.
H. N.
B. 1852. — Haras de Pompadour.
Par *Brocardo* et *Malssia*, an.-ar., par Hussein, arabe.
Pompadour : 1856. — Réformé en août 1858.

BROCARDO, P. S. A.   S.B.F., t. I, p. 41.
H. N. — Importé en 1848.
B. 1843. — Angleterre.
Par *Touchstone* et *Brocarde*, par Pantaloon.
Pompadour : 1849-1852. — Le Pin : 1853-1863.

BROCART, P. S. A.   S.B.F., t. XII, p. 9.
H. N.
B. 1890. — Chez M. le Cte Le Gonidec.
Par *Border-Minstrel* et *La Bique*, par Gabier et Chevrette,
par Lanercost.
Aurillac : depuis 1896.

BROUSSA, P. S. Ar.   S.B.F., t. II, p. 1098.
H. N.
Gr. 1851. — Syrie.
Tarbes : 1856. — Mort en novembre 1860.
(venait des écuries de l'Empereur).

BRUNEAU, P. S. A.   S.B.F., t. II, p. 833.
H. N.

Bb. 1861. — Chez M. Lupin.

Par *Dirk-Hatteraick* et *Palatine*, par Fitz-Gladiator.

Pompadour : 1875-1881, — Perpignan ; 1882,

Réformé en août 1884.

BRUNET, P. S. Ar.   S.B.F., t. V, p. 508.
H. N.

Gr. 1874. — Haras de Pompadour,

Par *Nahr-el-Kébir* et *Saada*.

Pompadour : 1878. — Abattu en juillet 1881.

BRUTUS, P. S. A.   S.B.F., t. II. p. 23.
H. N.

R. 1848. — France.

Par *Beggarman* et *Lady-Albert*, par Langar.

Tarbes : 1852. — Réformé en mai 1854.

BULBUL, P. S. Ar.   S.B.F., t. II, p. 1098.
H. N. — Importé en 1864.

Gr. 1846. — Orient.

De race Abeyan.

Perpignan : 1865. — Réformé en octobre 1873.

BUYUKDÉRÉ, P. S. Ar.   S.B.F., t. VI, p. 673.
H. N.

Gr. 1868. — Orient.

De race Abeyan-Cherrak.

Pau : 1878. — Vendu en septembre 1881.

BYZANCE, P. S. Ar.   S.B.F., t. II. p. 1098.
H. N.

Gr. 1859. — Orient.

Villeneuve-sur-Lot : 1868. — Réformé en août 1874.

CABALLERO, P. S. A.-A. S.B.F.. t. **X**. p. 287.
H. N.
Al. 1891. — Corrèze.
Par *Echeveau*, an.-ar., et *Napata*, par Edhen, arabe.
Villeneuve-sur-Lot : 1895. — Mort en juillet 1897.

CABIRE, P. S. Ar. S.B.F., t. **XII**, p. 94.
H. N.
Al. 1891. — Haras de Pompadour.
Par *Ramsès II* et *Gaudriole*, par Harami et Dair-el-Balah.
Tarbes : depuis 1895.

CACHEMIRE, P. S. A.-A. S.B.F., t. **XII**, p. 61.
H. N.
Al. 1891. — Haras de Pompadour.
Par *Gaëtan*, an.-ar., et *Vestale*, par Ruy-Blas.
Sa grand'mère : Vestment, par Saint-Albans.
Pompadour : depuis 1895.

CACUS, P. S. A.-A. S.B.F., t. **XII**, p. 61.
H. N.
B. 1890. — Chez M. Latapie.
Par *El Nimr*, arabe, et *Castillonnette*, par Castillon.
Sa grand'mère : Cérès, par Djeffée, arabe.
Pau : depuis 1894.

CADDOUR, P. S. Ar. S.B.F., t. , p.
H. N.
Gr. 1846. — Asie.
Aurillac : 1854. — Réformé en 1854.

CADDOUR, P. S. Ar. S.B.F., t. **IX**, p. 414.
H. N. — Importé en 1876.
Gr. 1872. — Syrie.
Aurillac : 1880. — Abattu en août 1893.

CADET-ROUSSEL, P. S. A.   S.B.F., t. II, p. 296.

H. N.

Al. 1858. — Gironde.

Par *Napier* et *Camélia*, par Vendredi.

Libourne : 1862. — Castré en juillet 1867.

CADI, P. S. Ar.   S.B.F., t. VI, p. 673.

M. de Nexon, 1878. — H. N. en 1879.

Gr. 1874. — Haute-Vienne.

Par *Nahr-el-Kébir*, P. S. Ar., et *Kadidjah*, P. S. Ar.,
par Kerbela.

Pompadour : 1878. — Mort en mars 1880.

CADI, P. S. A.-A.   S.B.F., t. II, p. 1099.

H. N.

Gr. 1850. — France.

Par *Renonce* et *Andaë*, par Koheil-Amdani, arabe.

Pau : 1854. — Mort en octobre 1855.

CADICHON, P. S. A.   S.B.F., t. I, p. 15.

H. N.

Bb. 1841. — Gironde.

Par *Tetotum* et *Médea*, par Truffle.

Libourne : 1845. — Castré en juillet 1849.

CAEN, P. S. A.   S.B.F., t. I, p. 15.

H. N.

B. 1847. — Chez M. Aumont.

Par *Master-Wags* et *Destiny*, par Centaur.

Pau : 1851. — Vendu en juillet 1860.

CAFTAN, P. S. Ar.   S.B.F., t. IV, p. 474.

H. N.

Gr. 1868. — Orient.

Par *Oudenan* et *Oudrudjé*.

Rodez : 1875. — Réformé en août 1880.

CAID, P. S. Ar.   S.B.F., t. XII, p. 94.
H. N.
Al. 1891. — Haras de Pompadour.
Par *Assad* et *La Moabite*, par Djerasch.
Sa grand'mère : Kalifa, par Kerbela.
Pompadour : depuis 1895.

CAID, P. S. A.   S.B.F., t. XI, p. 5.
M. de Saint-Jayme.
B. 1888. — France.
Par *Saxifrage* et *Epa*, par Trombone ou Blenheim.
Pau : 1895. — S. r. en 1896.

CAIMAKAN, P. S. Ar   S.B.F., t. IV, p. 474.
H. N.
B. 1866. — Orient.
Par *Hamdani-Smiéri* et une jument arabe.
Rodez : 1873. — Mort en juin 1873.

CAIMAKAN, P. S. Ar.   S.B.F., t. XII, p. 94.
H. N.
B. 1883. — Orient. — Importé en 1893.
Pau : depuis 1894.

CAIQUE, P. S. A.   S.B.F., t. II, p. 24.
H. N.
Bb. 1864. — France.
Par *Zouave* et *Yole*, par Ionian.
Pompadour : 1868. — Réformé en août 1876.

CALDERSTONE, P. S. A.   S.B.F., t. II, p. 24.
H. N.
B. 1846. — Angleterre.
Par *Touchstone* et *Caroline* (sœur de Maria), par Whisker.
Pau : 1858-1860. — Passé à Cluny en février 1861.

CALIFE, P. S. A.-A. S.B.F., t. I, p. 518.
H. N.
Gr. 1825. — France.
Par *D.-I.-O.*, P. S. A., et *Nichab*, arabe.
Tarbes : 1836. — Réformé en juillet 1851.

CALIFE, P. S. Ar. S.B.F., t. III, p. 429.
H. N.
Gr. 1859. — Orient.
Pau : 1869. — Vendu en juillet 1869.

CALIPSAU, P. S. A.-A. S.B.F., t. II, p. 24.
M. Latapie.
B. 1856. — France.
Par *Garry-Owen* et *Félicie*, an.-ar., par Fitz-Emilius.
Tarbes : 1860. — Réformé en 1871.

CALUMET, P. S. Ar. S.B.F., t. II, p. 1099.
Gr. 1855. — Haras de Pompadour.
Par *Bagdadli* et *Nedjibé*, par Saklawi.
Libourne : 1865. — Castré en juillet 1867.

CALVIN, P. S. A.-A. S.B.F., t. XII, p. 61.
M. de Monda (Hautes-Pyrénées).
B. 1888. — Chez M. Dulac-Pehau.
Par *Israël*, arabe, et *Clémentine*, par Mandrake et Pyrale,
par Trombone.
Tarbes : depuis 1892.

CAMAROU, P. S. A.-A. S.B.F., t. IX. p. 7.
H. N.
N. 1873. — France.
Par *Emir*, P. S. Ar., et *Patrie*, par Cobnut.
Perpignan : 1876. — Réformé en août 1884.

CAMASH, P. S. Ar.   S.B.F., t. I, p. 432.
H. N.
Gr. 1816. — Arabie.
Tarbes : 1829. — Mort en septembre 1842.

CAMÉLÉON, P. S. A.   S.B.F., t. I, p. 15.
H. N. — Importé en 1845.
B. 1840. — Angleterre.
Par *Camel* et *Christabel*.
Perpignan : 1845. — Réformé en août 1853.

CAMÉLÉON, P. S. A.   S.B.F., t. XII, p. 9.
Autorisé. — M. A. de Sevin (Lot-et-Garonne).
Al. 1886. — Chez M. Teisseire.
Par *Don-Carlos* et *Isolina*, par Speculum et Maggiore,
par Lecompte.
Villeneuve-sur-Lot : depuis 1895.

CAMEMBERT, P. S. A.   S.B.F., t. IX, p. 7.
H. N.
B. 1873. — France.
Par *Parmesan* et *Contempt*, par King-Tom.
Pompadour : 1884. — Réformé en septembre 1890.

CAMPAN, P. S. A.-A.   S.B.F., t. IX, p. 7.
H. N.
Al. 1882. — France.
Par *Tarbouk*, arabe, et *Coquette*, par Trombone ou Blenheim.
Tarbes : 1886. — Réformé en août 1889.

S.B.F., t. VII, p. 6.
CAMPAN, ex-**BIJOU**, P. S. A.-A.
H. N.
B. 1880. — Hautes-Pyrénées.
Par *Yatagan*, arabe, et *Violette*, par Abou-Farès, arabe.
Perpignan : 1884-1885. — Ajaccio : 1886. — Réformé en août 1892.

CAMPÉADOR, P. S. A. S.B.F.. t. XII, p. 10.
H. N.
Al. 1887. — Chez M. de Schickler.
Par *Atlantic* et *La Reyna*, par Suzerain.
Sa grand'mère : Bourg-la-Reine, par The Cossack.
Perpignan : 1895-1897. — Pau : depuis 1898.

S.B.F., t. II, p. 25.
CANDIDE, ex-**SÉBASTOPOL**, P. S. A.
H. N.
B. 1855. — France.
Par *Richmond* et *Candida*, par Prospectus.
Tarbes : 1859. — Réformé en octobre 1863.

CANDOR, P. S. A.   S.B.F., t. II, p. 354.
H. N.
Al. 1867. — Chez M. Sénac.
Par *Cobnut* et *Coquette*, par Sting.
Perpignan : 1874. — Réformé en août 1883.

CANOTIER, P. S. A.   S.B.F., t. XII, p. 10.
M. de Soyres, 1892 ; M. Barailhé, 1893 . M. Magne, 1896 ;
M. Laussinotte, 1897 (Dordogne).
Al. 1877. — Chez M. Th. Régis.
Par *Diablotin* et *Corvette*, par Pyrrhus-the-First et Yole,
par Ionian.
Libourne : depuis 1883.

CANTON, P. S. A.   S.B.F., t. I, p. 16.
H. N.
Al. 1840. — Angleterre.
Par *Caïn* et *Bustard mare*, par Bustard, fils de Castrel.
Tarbes : 1845. — Mort en avril 1850.

CAPÉRA, P. S. A.   S.B.F., t. II, p. 25.
M. Laforest.
Bb. 1856. — France.
Par *Sting* et *Lady-Maud*, par Ionian.
Libourne : 1861. — Mort pendant la monte en 1868.

CAPHARNAÜM, P. S. A. S.B.F., t. I., p. 382.

H. N.

B. 1840. — Haras de Meudon.

Par *Touchstone* et *Sweetlips*, par Emilius.

Pau : 1845. — Vendu en mars 1861.

CAPITAN, P. S. A.-A. S.B.F., t. X, p. 141.

H. N.

Al. 1889. — France.

Par *Castillon* et *Emira*, par Emir, arabe.

Perpignan : 1893. — Mort en septembre 1897.

CAPITAN, P. S. Ar. S.B.F., t. VI, p. 673.

H. N.

Gr. 1875. — Haras de Pompadour.

Par *Nahr-el-Kébir* et *Dair-el-Balah*.

Pompadour : 1879. — Mort en octobre 1879.

S.B.F., t. XII, p. 61.

CAPITOUL, ex-**CASTI**, P. S. A.-A.

H. N.

B. 1885. — Chez M. Fauquier.

Par *Castillon* et *Emira*, an.-ar., par Emir, arabe, et Alerte,
par Prétendant.

Tarbes : depuis 1889.

CAPORAL, P. S. A.-A. S.B.F., t. XII, p. 62.

M. Montané (Aude).

B. 1893. — Chez M. Serres-Pebarat.

Par *Fil-en-Quatre* et *Lorette*, par Djeffée, arabe, et Valentine,
par Womersley.

Perpignan : depuis 1897.

CAPORAL, P. S. A.-A. S.B.F., t. XII, p. 62.

Autorisé. — M. Cazenave (Basses-Pyrénées).

B. 1881. — Chez M. Serres-Pebarat.

Par *Sensation* ou *Drummond* et *Lorette*, par Djeffée, arabe,
et Valentine, par Womersley.

Pau : depuis 1893.

CAPORAL, P. S. A.-A. S.B.F., t. IV, p. 288.
M. Trouilh ; M. Prunet-Castilh, en 1880.
Bb. 1872. — France.
Par *Zouave*, arabe, et *Mademoiselle-Désirée*, par Caravan.
Pau : 1878-1879. — Tarbes : 1880. — Réformé en 1888.

CARILLON, P. S. A.-A. S.B.F., t. II, p. 27.
H. N.
Gr. 1853. — Chez M. le Mis de Mornay.
Par *Hamdani*, blanc, arabe, et *Nélallé*, an.-ar., par Hussein, arabe.
Pau : 1859. — Vendu en août 1863.

CARLIN, P. S. A. S.B.F., t. I p. 149.
H. N.
B. 1839. — France.
Par *Napoléon* ou *Dangerous* et *Carline*, par Holbein.
Pau : 1843. — Tarbes : 1844. — Réformé en juillet 1848.

S.B.F., t. XII, p. 62.
CARL-VERNET, P. S. A.-A.
H. N.
B. 1888. — Chez M. U. Sempé.
Par *Vernet* et *Circé*, an.-ar., par Othello, arabe, et Cigale,
par Roi-de-Chypre.
Tarbes : depuis 1892.

CAROUGE, P. S. A. S.B.F., t. 11, p. 208.
Desse de Fit-James.
Al. 1862. — France.
Par *Nuncio* et *Annetta*, par Mango.
Perpignan : 1877. — Mort en juillet 1881.

CARRARE, P. S. A.-A. S.B.F., t. XI, p. 538.
H. N.
B. 1891. — Haras de Pompadour.
Par *Gaëtan*, an.-ar., et *Idole*, an.-ar., par Vulcan, P. S. A.
Pompadour : 1895. — Mort en décembre 1896.

CARTOUCHE, P. S. A.   S.B.F., t. II, p. 27.
H. N.
B. 1852. — France.
Par *Nunny-Kirk*, et *Melly*, par Terror.
Rodez : 1856. — Réformé en 1857.

CASTELNAU, P. S. A. S.B.F., t. XII. p. 10.
H. N.
B. 1894. — Chez M. E. Blanc.
Par *Révérend* et *Carmélite*, par le Petit-Caporal et Convent,
par Voltigeur.
Tarbes : 1898. — Mort en juillet 1898.

S.B.F., t. XII, p. 62.
CASTILLON, P. S. A.-A.
H. N.
B. 1887. — Chez M. Fauquier.
Par *Castillon* et *Emira*, par Emir, arabe, et Alerte, par Prétendant.
Aurillac : depuis 1892.

CASTILLON, P. S. A.   S.B.F., t. IX, p. 8.
H. N.
B. 1877. — France.
Par *Gabier* et *Chimère*, par Monarque.
Tarbes : 1883. — Réformé en août 1897.

S.B.F., t. XII, p. 62.
CASTILLAN, P. S. A.-A.
M. F. Millet (Haute-Garonne).
Al. 1894. — Chez M. Peyriguère.
Par *Castillon* et *Castillane*, par Tarbouch, arabe, et Coquette,
par Trombone ou Blenheim.
Tarbes : depuis 1898.

CATALAN, P. S. A.-A. S.B.F., t. XII, p. 62.
H. N.
Al. 1884. — Chez M. Lafuste.
Par *Satrape* et *Chérie*, an.-ar., par Ephraïm, arabe,
et Aline, par Ali-Baba.
Tarbes : depuis 1888.

CATALPA, P. S. A.-A.   S.B.F., t. XII, p. 62.
M. J. Antagnague (Haute-Garonne).
Al. 1894. — Chez M. Cauhapérou.
Par *Castillon* et *Aurore*, par Lattakié, arabe, et Atalante, par
Saïd-Pacha, an.-ar. ou Othello, arabe.
Tarbes : depuis 1898.

CATARACT, P. S. A.   S.B.F., t. II, p. 28.
H. N.
B. 1840. — Angleterre.
Par *Hornsea* et *Oxygen*, par Emilius.
Libourne : 1856. — Castré en août 1858.

CATENUS, P. S. A.   S.B.F., t. II, p. 28.
H. N.
Al. 1862. — Angleterre.
Par *King-of-Trumps* et *Evande*.
Tarbes : 1868. — Réformé en juillet 1870.

S.B.F., t. XII, p. 62.
CAUTERETS, P. S. A.-A.
H. N.
Al. 1887. — Chez M. Lafuste.
Par *Satrape* et *Chérie*, par Ephraïm, arabe, et Aline, par Ali-Baba.
Perpignan : depuis 1894.

S.B.F., t. IX, p. 8.
CAVALCADOUR, P. S. A.-A.
H. N.
B. 1881. — Basses-Pyrénées.
Par *El Khalil*, P. S. Ar., et *Valentine*, par Strongbow.
Rodez : 1885. — Castré en août 1893.

CAWAS, P. S. Ar.   S.B.F., t. IV, p. 474.
H. N.
Al. 1864. — Orient.
Perpignan : 1877. — Réformé en décembre 1883.

CÉDÉRIC, P. S. A.   S.B.F., t. I, p. 13.
H. N.
B. 1827. — Haute-Vienne.
Par *Captain-Candid* et *Priestess*, par *Vandyke-Junior*.
Libourne : 1835. — Castré en juillet 1848.

CÉDRON, P. S. A.-A.   S.B.F., t. XII. p. 62.
H. N.
Al. 1891. — Haras de Pompadour.
Par *Echeveau*, an.-ar., et *Laïs*, par Vulcan.
Sa grand'mère : Berthe, par Nahr-el-Khébir.
Pompadour : depuis 1895.

CERF-VOLANT, P. S. A.   S.B.F., t. I, p. 18.
H. N.
B. 1841. — France.
Par *Royal-Oak* et *Ada*, par Whisker.
Perpignan : 1848. — Mort en novembre 1852.

S.B.F., t. III. p. 4.

CÉYLON, ex-**SAUCY-BOY**, P. S. A.
H. N. — Importé en 1872.
B. 1863. — Angleterre.
Par *Idle-Boy* et *Pearl*, par Alarm.
Tarbes : 1872. — Mort en janvier 1878.

CÉZAR P. S. A.-A.   S.B.F.. t. XII. p. 63.
H. N.
Al. 1894. — Chez M. Dubarry.
Par *Prix-Fixe* et *Brillante*, par Gazlan II ou El Yahoudi, arabes.
Rodez : depuis 1898.

CHAAB, P. S. Ar.   S.B.F., t. XII, p. 95.
H. N.
B. 1830. — Orient. — Importé en 1897.
Par *Forak* et *Chamma*.
Villeneuve-sur-Lot : depuis 1897.

CHAAF, P. S. Ar.   S.B.F., t. VI, p. 673.
H. N. — Importé en 1878.
B. 1872. — Orient.
Aurillac : 1879. — Réformé en août 1891.

CHABAN, P. S. Ar.   S.B.F., t. I, p. 432.
H. N.
Gr. 1833. — Autriche.
Tarbes : 1841. — Mort en mai 1852.

CHAMBEYROL, P. S. A.-A. S.B.F., t. XI, p. 500.
H. N.
Gr. 1892. — France.
Par *Albion* et *Bagnères*, an.-ar., par Fulgur.
Pompadour : 1896. — Mort en juillet 1882.

CHAMOIS, P. S. A.-A.   S. B. F., t. I, p. 18.
H. N.
B. 1828. — France.
Par *Eastham* et *Hirondelle*, an.-ar.
Aurillac : 1834. — Vendu en novembre 1840.

CHAMOIS, P. S. A.   S. B. F., t. XII, p. 11.
Autorisé. — M. de Baillet (Haute-Vienne).
Al. 1886. — Chez M. Fourcade.
Par *Saint-Léger* et *La Chaussée*, par Ruy-Blas.
Sa grand'mère : Mi-Jour, par Fort-à-Bras.
Pompadour : depuis 1894.

CHAMP-CLOS, P. S. A.   S.B.F., t. VI, p. 65.
M. de Germon.
B. 1875. — France.
Par *Somno* et *Arthémise*, par Rémus.
Libourne : 1882. — S. R. en 1883.

CHAMPIGNOL, P. S. A.   S.B.F., t. XII, p. 11.
H. N.
B. 1893. — Chez M. J. Prat.
Par *Le Sancy* et *Chopine*, par Stracchino.
Sa grand'mère : Chauve-Souris, par Le Petit-Caporal.
Pompadour : depuis 1898.

CHAMPION, P. S. A.-A.   S.B.F., t. XII, p. 63.
H. N.
B. 1894. — Chez M. A. Latapie.
Par *Bérah*, arabe, et *Castillonnette*, par Castillon.
Sa grand'mère : Cérès, par Djeffée, arabe.
Perpignan : depuis 1898.

CHANDOR, P. S. A.   S. B. F., t. II, p. 525.
H. N.
Al. 1866. — France.
Par *Pretty-Boy* et *Gentille-Annette*, par Commodor-Napier.
Pompadour : 1870. — Réformé en septembre 1871.

CHANFREIN, P. S. A.   S. B. F., t. XI, p. 242.
M. Roux (Var).
B. 1893. — Chez M. le Bᵒⁿ de Rothschild.
Par *Heaume* et *Headlong*, par Pell-Mell.
Perpignan : depuis 1898.

S.B.F., t. XII, p. 11.
CHANT-DU-CYGNE, P. S. A.
H. N.
B. 1876. — Chez M. Teisseire.
Par *Don-Carlos* et *Ronza*, par The Tatton-Sykes et Florida,
par Mulatto.
Tarbes : depuis 1882.

CHANTENAY, P. S. A.   S.B.F., t. XII, p. 11.
Autorisé. — M. F. Exshaw (Gironde).
Bb. 1890. — Chez M. le duc de Feltre.
Par *Fontainebleau* et *Chamarande*, par Saxifrage et Nouméa,
par Trocadéro.
Libourne : depuis 1896.

S. B. F., t. XI, p. 7.
CHAPEAU-ROUGE, P. S. A.
H. N.
Bb. 1884. — France.
Par *Bagdad* et *Lady-Olara*, par Blair-Athol.
Pompadour : 1889-1893.
Passé à l'École des Haras en septembre 1893.

S. B. F., t. II. p. 30.

CHARLES-LE-TÉMÉRAIRE, P. S. A.

H. N.

Al. 1856. — Seine.

Par *The Baron* et *Plenipotentiary mare.*

Libourne : 1861. — Castré en juillet 1861.

CHASSEUR, P. S. A.-A.   S. B. F., t. IX, p. 9.

H. N.

Al. 1876. — France.

Par *Ceylon* et *Diane*, an.-ar., par Sheik-Zadé, arabe.

Tarbes : 1880. — Réformé en août 1892.

CHATILLON, P. S. A.   S.B.F., t. XII, p. 11.

M. de Saint-Jayme (Basses-Pyrénées).

Al. 1889. — Chez **M.** le Vte d'Harcourt.

Par *Master-Kildare* et *Court*, par Hampton, et Blood-Red,
par Lord-Lyon.

Pau : depuis 1897.

S. B. F., t. I, p. 10.

CHATTERTON, P. S. A.

H. N.

B. 1835. — Haras du Pin.

Par *Captain-Candid* et *Fair-Forester.*

Rodez : 1842. — Réformé en juillet 1853.

S. B. F., t. II, p. 1099.

CHÉFÉTIACH, P. S. Ar.

H. N. — 1852.

Al. 1849. — Orient.

Tarbes : 1853. — Mort en août 1856.

CHÉHIN, P. S. Ar.   S.B.F., t. IV, p. 474.

H. N.

N. 1866. — Orient.

Perpignan : 1880. — Réformé en août 1884.

CHEICK, P. S. Ar.   S.B.F., t. XII, p. 95.
H. N.
Gr. 1892. — Orient. — Importé en 1897.
Pau : depuis 1897.

S.B.F., t. VI. p. 673
CHEIK-MOHAMED, P. S. Ar.
H. N. — Importé en 1880.
B. 1874. — Orient.
Pau : 1881. — Vendu en août 1893.

CHEITAN, P. S. Ar.   S.B.F., t. IV, p. 474.
H. N.
Gr. 1868. — Orient.
Pau : 1875. — Vendu en août 1889.

S.B.F., t. V, p. 522.
CHEIK-UL-ISLAM, P. S. Ar.
H. N.
Gr. 1867. — Orient.
Tarbes : 1878. — Réformé en septembre 1381.

S. B. F., t. XII, p. 12.
CHÊNE-ROYAL, P. S. A.
H. N.
B. 1889. — Chez M. de Schickler.
Par *Narcisse* et *Perplexité*, par Perplexe
Sa grand'mère : King-Tom Mare, issue de Mincemeat.
Pau : depuis 1895.

CHÉRUBIN, P. S. A.   S.B.F., t. XII, p. 12.
H. N.
Al. 1881. — Chez MM. Benoist et Lemonnier.
Par *Saxifrage* et *Source*, par Trocadéro et La Fortune, par Fitz-
Gladiator.
Pompadour : 1889-1893. — Tarbes : 1894. — mort en février 1898.

CHIBIN, P. S. Ar.   S. B. F., t. II. p. 1100.
H. N. — 1861.
Gr. 1850. — Orient.
Tarbes : 1861-1863. — Le Pin : 1864. — Tarbes : 1865.
Mort en juillet 1869.

CHICANEAU, P. S. A.-A. S.B.F., t. XII, p. 57.

M. Soulignac (Gers).

B. 1887. — Chez M. de Juge.

Par *Souakim*, arabe, et *Maïa*, par Angus et Belle-de-Nuit,
par Karchané, arabe.

Tarbes : depuis 1891.

CHIFFON, ex-**CHICARD**, P. S. A.-A. S.B.F., t. XII, p. 63.

M. Souville (Gers).

Al. 1890. — Chez M. Lacassagne.

Par *Kbéchan*, arabe, et *Chindla*, par Satrape et Bethsabée,
par Dahabi, arabe.

Tarbes : depuis 1894.

CHIGNAC, P. S. Ar., S.B.F., t. VI, p. 673.

H. N.

Ro. 1875. — Haras de Pompadour.

Par *Nahr-El-Kébir* et *Zamilé*.

Villeneuve-sur-Lot : 1879. — Mort en janvier 1888.

CHILDEBERT, P. S. A.-A. S.B.F., t. VI, p. 6.

H. N.

B. 1876. — France.

Par *Le Petit-Caporal* et *Radegonde*, an.-ar., par Coran.

Libourne : 1880. — Passé à l'Ecole du Pin en 1884.

CHILPÉRIC, P. S. A.-A. S. B. F., t. V, p. 421.

H. N.

Gr. 1877. — France.

Par *Ceylon* et *Radegonde*, an.-ar.

Tarbes : 1883. — Réformé en septembre 1883.

CHITRÉ, P. S. A. S.B.F. t. IX, p. 9.

H. N.

Al. 1880. — France.

Par *Trocadéro*, et *Sée*, ex-*La Cée*, par Orphelin.

Perpignan : 1890-1894. — Saint-Lô : 1895.

CHOUBA, P. S. Ar. S.B.F., t. III, p. 439
H. N.

Gr. 1861. — Orient.

Tarbes : 1869. — Mort en décembre 1881.

CIMIER, P. S. A.-A. S. B. F., t. XII, p. 63.
H. N.

N. 1891. — Chez M. U. Sempé.

Par *Vernet* et *Circé*, par Othello, arabe, et Cigale,
par Roi-de-Chypre.

Rodez : depuis 1895.

CLAIRON, P. S. A. S. B. F., t. XII, p. 13.
H. N.

B. 1878. — Chez M. P. de Vanteaux.

Par *Zouave* et *Péniche*, par Collingwood et Yole, par Ionan.

Pompadour : 1882. — Mort en mai 1898.

S. B. F., t. XI, p. 148.

. **CLAIRVOYANT**, P. S. A.
H. N.

B. 1893. — Chez M. Marcassus.

Par *Vignemale* et *Clairvoyante*, par Ladislas.
Sa grand'mère : Clotilde, par Bertram.
Pau : depuis 1898.

CLEMENT, P. S. A. S.B.F., t. XII, p. 12.
H. N.

Al. 1888. — Chez M. H. Delamarre.

Par *Vigilant* et *Clélie*, par Dollar et Clotho, par Bois-Roussel.

Tarbes : depuis 1893.

S. B. F., t. XII, p. 91.

CLÉMENTIN, P. S. A.-A.
H. N.

Al. 1894. — Chez M. Abadie-Parret.

Par *Clément* et *Castillanne*, par Tarbouch, arabe, et Castillonne,
par Castillon.

Ajaccio : depuis 1898.

CLÉODORE, P. S. A.   S.B.F., t. XII p. 12.
H. N.
B. 1886. — France.
Par *Stracchino* et *Clotho*, par Bois-Roussel.
Tarbes : 1891-1894. — La Roche-sur-Yon : 1895.

CLOCHER, P. S. A.   S.B.F., t. V, p. 121.
M. Cornudet.
B. 1875. — France.
Par *Cathedral* et *Couvent*, par Voltigeur.
Pompadour : 1883. — Réformé fin 1885.

CLOCHETON, P. S. A.   S.B.F., t. XII, p. 13.
H. N.
B. 1893. — Chez M. le Cte de Lastours.
Par *Pythagoras* et *La Cloche*, par Vermouth et Lady-Clocklo,
par Royal-Quand-Même.
Rodez : depuis 1898.

CLODOMIR, P. S. A.   S.B.F., t. IX, p. 254.
M. Souville.
Al. 1874. — France.
Par *Vermouth* et *Lady-Clocklo*, par Royal-Quand-Même.
Tarbes : 1880. — Castré en 1886.

CLOS-LE-ROY, P. S. A.   S.B.F., t. XII, p. 13.
H. N.
B. 1888. — Chez M. Delamarre.
Par *Vigilant* et *Clotho*, par Bois-Roussel et Lady-Clocko,
par Royal-Quand-Même.
Pau : depuis 1893.

CLOWN, P. S. A.-A.   S.B.F., t. II, p. 32.
H. N.
B. 1851. — Haute-Vienne.
Par *Commodor-Napier* et *Hœma*, an.-ar., par Hœmus.
Rodez : 1854-1857. — Villeneuve-sur-Lot 1856.
Réformé en octobre 1861.

COBAD, P. S. A.-A. S.B.F., t. II, p. 1108.
H. N.
B. 1855. — Haras de Pompadour.
Par *Xénocrate*, an.-ar., et *Samhâh*, arabe.
Pompadour : 1859. — Réformé en août 1862.

COBNUT, P. S. A. S.B.F., t. II, p. 32.
M. Achille Fould. — Importé en 1864.
Al. 1850. — Angleterre.
Par *Nitwik* et *Glenara*, par Sultan.
Tarbes : 1865. — Mort en 1869.

CODADAD, P. S. Ar. S.B.F., t. I, p. 438.
H. N.
Gr. 1843. — Haute-Vienne.
Par *Laïsum* et *Koheyl*,
Pompadour : 1847. — Mort en décembre 1858.

CŒDRA, P. S. A. S.B.F., t. XII, p. 13.
H. N.
B. 1884. — Chez MM. Duffour et de Campaigno.
Par *Florentin* et *Limande*, par Le Mandarin et Lucienne,
par Cotherstone.
Tarbes : depuis 1889.

COLIBRI, P. S. A.-A. S.B.F., t. XI, p. 513.
H. N.
Al. 1892. — France.
Par *Fil-en-Quatre* et *Cocodette*, an.-ar., par Tarbouch.
Perpignan : 1896. — Mort en octobre 1897.

COLIBRI, P. S. A.-A. S.B.F., t. XII, p. 68.
H. N.
Al. 1886. — Chez M. Lapeyre.
Par *Israël*, arabe, et *Cora*, an.-ar., par Mandrake et Liza,
par Coran, arabe.
Tarbes : depuis 1890.

— 393 —

COLLINGWOOD, P. S. A. S.B.F., t. II, p. 33.
H. N. — Importé en 1855.
B. 1843. — Angleterre.
Par *Sheet-Anchor* et *Kalmia*, par Magistrate.
Pompadour : 1856-1857. — Tarbes : 1858-1860.
Passé à Paris en 1861.

S.B.F., t. XII, p. 63.
COMBIERS, P. S. A.-A.
H. N.
Al. 1842. — Chez M. le Mis d'Ambelle.
Par *Don-Fulano* et *Pintade*, an.-ar., par Bariolet et Eve,
par Zouave, arabe.
Villeneuve-sur-Lot: depuis 1897.

COMBORN, P. S. A.-A. S.B.F., t. IX, p. 95.
M. le Cte de Virieu.
Gr. 1887. — France.
Par *Gingembre*, an.-ar., et *Carmen*.
Perpignan : 1891. — Réformé en août 1894.

COMBORN, P. S. Ar. S.B.S., t. V, p. 552.
H. N.
Gr. 1875. — Haras de Pompadour.
Par un P. S. Ar. et *Mafrouza*, arabe.
Pau : 1879. — Vendu en août 1889.

S.B.F., t. V, p. 316.
COMMANDANT, P. S. A., ex-**VOLONTAIRE**,
ex-**COMUNITANT**.
H. N.
B. 1876. — France.
Par *Le Petit-Caporal* et *Marcella*, par Sting.
Rodez : 1882. — Passé à Saintes en décembre 1885.
Passé à La Roche-sur-Yon en 1888. — Mort en novembre 1896.

COMMANDEUR, P. S. A. S.B.F., t. XII, p. 13.
H. N.
Al. 1890. — Chez M. de Chenelette.
Par *Energy* et *Princess-Catherine*, par Prince-Charlie.
Sa grand'mère : Catherine, par Macaroni.
Pau : depuis 1895.

COMMODOR-NAPIER, P. S. A. S. B. F., t. I, p. 21.
H. N.
B. 1847. — France.
Par *Royal-Oak* et *Flighty*, par Y. Phantom.
Pompadour : 1846-1858. — Pau : 1859. — Mort en juillet 1864.

COMPAGNON II, P. S. A. S.B.F., t. XII, p. 13.
M. E. Blanc (Hautes-Pyrénées).
Al. 1888. — Chez M. E. Blanc.
Par *Energy* et *Consolation*, par Montagnard et Sérénade,
par Festival.
Tarbes ; depuis 1898.

COMPÈRE, P. S. A. S.B.F., t. II. p. 34.
M. Combes.
B. 1848. — France.
Par *Ali-Baba* ou *Beggarman* et *Sylvie*, par Sylvio.
Tarbes : 1855. — Réformé en 1861.

S. B. F., t. III, p. 6.
COMTE-OSCAR, ex-**OSCAR**, P. S. A.
H. N.
B. 1865. — France.
Par *Pédagogue* et *Baïonnette*, par Irish-Birdcatcher.
Pompadour : 1869. — Villeneuve-sur-Lot : 1870.
Réformé en août 1883.

CONDAT, P. S. A.-A. S.B.F., t. XII, p. 63.
H. N.
Al. 1888. — Chez M. Chauvassaignes.
Par *Harpagon*, arabe, et *Koubla*, par Vulcain et Djalah, arabe.
Aurillac : depuis 1892.

CONGRÈS, P. S. Ar. S.B.F., t. XII, p. 95.
H. N.
Gr. 1893. — Chez M. Perrin de Boussac.
Par *Abou-Fari* et *Orfraie*, par Edhen.
Sa grand'mère : Gaudriole, par Harami.
Libourne : depuis 1897.

CONJECTURE, P. S. A. S.B.F., t. I, p. 21.
H. N.

Al. 1841. — Haras du Pin.

Par *Y. Emilius*, et *Pair-Forester*, par Agricola ou Égrenoux.

Libourne : 1847. — Abattu en juillet 1856.

COQ-A-L'ANE, P. S. A. S.B.F., t. I, p. 22.
H. N.

B. 1841. — France.

Par *Ibrahim* et *Vittoria*.

Rodez : 1846. — Mort en octobre 1846.

S.B.F., t. II, p. 35.

COQUELICOT, P. S. A.
H. N.

B. 1863. — Angleterre.

Par *Fort-à-Bras* et *Forfeta*.

Tarbes : 1886. — Réformé en décembre 1868.

S.B.F., t. XII, p. 64.

COQUELIN, P. S. A.-A.
H. N.

Al. 1891. — Chez M. J. Laffaye.

Par *Castillon* et *Coquette*, par Tarbouch, arabe.

Sa grand'mère : Sélina, par Trent.

Pau : depuis 1895.

CORAN, P. S. Ar. S.B.F., t. II, p. 1100.
H. N.

Gr. 1855. — Haras de Pompadour.

Par *Bagdadli* et *Nedjmah*.

Tarbes : 1859. — Mort en novembre 1876.

CORAZON, P. S. A. S. B. F., t. II, p. 35.
H. N.

B. 1848. — France.

Par *Swinton* et *Duet*, par Mambrino.

Tarbes : 1852. — Mort en décembre 1857.

CORICOLO, P. S. A.   S.B.F., t. III, p. 418.
H. N.
B. 1870. — France.
Par *Martel-en-Tête* et *Volatile*, par Voltigeur.
Perpignan : 1875. Réformé en août 1886.

CORPUS-JURIS, P. S. A. S. B. F., t. II, p. 56.
H. N.
B. 1855. — France.
Par *The Baron* et *Quis*, par Hercule (Rainbow).
Rodez : 1871. — Mort en juillet 1877.

CORRÉZIEN, P. S. Ar. S.B.F., t. V, p. 559.
H. N.
Gr. 1875. — Haras de Pompadour.
Par *Nahr-el-Kébir* et *Saâda*.
Pompadour : 1879. — Abattu en juillet 1897.

COSSACK, P. S. A.   S.B.F., t. I, p. 227.
H. N.
Bb. 1848. — France.
Par *Camel* et *Frisure*, par Stockport.
Tarbes : 1853. — Mort en juin 1855.

COTHURNE, P. S. A. S.B.F., t. XII, p. 18.
H. N.
B. 1891. — Chez M. de Monbel.
Par *Farfadet* et *Coturnix*, par Thunderbolt.
Sa grand'mère : Fravolina, par Orlando.
Libourne : depuis 1897.

COUÉRON, P. S. A.   S.B.F., t. II, p. 38.
H. N.
Al. 1845. — France.
Par *Caravan* et *Penance*, par Emilins.
Tarbes : 1857. — Réformé en juillet 1865.

COULON, P. S. A. S. B. F., t. XII. p. 14.

M. le Cte de Paul (Hérault).

Bb. 1882. — Chez M. le Cte de Sapinaud.

Par *Faublas* et *Collerette*, par Plutus et Bernerette,
par Monarque.

Perpignan : depuis 1800.

COUP-D'ESSAI, P. S. A. S.B.F., t. II. p. 392.

Al. 1855. — France.

Par *The Ban* et *Désespérée*, par Maroon ou Morotto.

Tarbes : 1860. — Castré en 1862.

COURLIS, P. S. A. S. B. F., t. XII, p. 14.

Cte de Lastours (Tarn).

Al. 1889. — Chez M. le Cte Foy.

Par *Sansonnet* et *Citronnelle*, par Mars et Bijou, par Trumpeter.

Rodez : depuis 1894.

COURTOIS, P. S. A. S.B.F., t. V, p. 125.

H. N.

B. 1876. — France.

Par *Parnasse* et *Courtoisie*, par Fitz-Gladiator.

Pau : 1886. — Mort en mai 1893.

COUVRECHEF. P. S. A. S.B.F.. t. XII, p. 14.

H. N.

Al. 1881. — Chez M. C.-J. Lefévre.

Par *Flageolet* et *La Coureuse*, par Stockwell et Weatherbound,
par Weatherbit.

Aurillac : depuis 1886.

CREPS, P. S. A. S.B.F., t. 1, p. 23.

H. N.

Bb. 1844. — Haras du Pin.

Par *Lottery* et *Whalebona*, par Whalebon.

Libourne : 1848. — Passé aux remontes, à Paris, en décembre 1850.

CRISPIN, P. S. A. S.B.F., t. I, p. 23.
H. N.

B. 1828. — Angleterre.

Par *Lottery* et *Oceana*, par Cerberus.

Libourne : 1835. — Castré en juillet 1849.

S. B.F., t. V, p. 152.
CROISSANT, ex-**ÉTUDIANT**, P. S. A.
H. N.

Al. 1876. — France.

Par *Marksman* et *Enéide*.

Villeneuve-sur-Lot : 1883. — Passé à l'Ecole du Pin en janvier 1884

CUMUL, P. S. A.-A. S.B.F., t. II, p. 37.
H. N.

B. ·1855. — Haras de Pompadour.

Par *Commodor-Napier* ou *Prince-Caradoc* et *Dinarsade*, P. S. A.-A.,
par Massoud.

Libourne : 1859. — Castré en mars 1874.

CURÉ-DE-SILLY, P. S. A. S.B.F., t. I, p. 24.
M. Dulac.

Bb. 1840. — France.

Par *Ibrahim* et *Anne-of-Geierstein*.

Tarbes : 1848. — Réformé en 1852.

CUTOUR, P. S. A.-A. S.B.F., t. XI, p. 41.
H. N.

B. 1887. — France.

Par *Israel*, arabe, et *Clementine*.

Tarbes : 1891. — Réformé en novembre 1895.

CUZÉO, P. S. A.-A. S.B.F., t. XII, p. 64.
H. N.

Al. 1891. — Haras de Pompadour.

Par *Echeveau*, an.-ar., et *Sweet-Bite*, par Mac-Gregor.

Sa grand'mère : The Quail, par Thunderbolt.

Pau : depuis 1895.

CYDNUS, P. S. A.-A.   S.B.F., t. XI. p. 41.
H. N.
B. 1889. — Hautes-Pyrénées.
Par *Vernet* et *Circé*, an.-ar.
Tarbes : 1893. — Réformé en septembre 1894.

CYLO, P. S. A.-A.   S.B.F., t. V, p. 506.
M. Sempé. — H. N. en 1881.
Gr. 1876. — France.
Par *Ceylon*, P. S. A., et *Vivacité*, P. S. A.-A., par Fara, arabe.
Tarbes : 1880. — Aurillac : 1881. — Réformé en 1886.

DAGOBERT, P. S. A.-A.   S.B.F., t. V, p. 113
M. Sempé.
Bb. 1876. — France.
Par *Ceylon* et *Clorinde*, an.-ar., par Eitchine, arabe.
Tarbes : 1880. — Réformé en 1882.

DAGOBERT, P. S. A.-A.   S.B.F., t. XII, p. 64.
H. N.
Al. 1887. — Chez M. Serres-Pébarat.
Par *Fil-en-Quatre* et *Lorette*, par Djeffée, arabe,
Sa grand'mère : *Valentine*, par Womersley.
Libourne : 1892. — Castré en août 1898.

DAGUET, P. S. Ar.   S.B.F., t. IX, p. 414.
H. N.
Gr. 1876. — Haras de Pompadour.
Par *Kélif* et *Badouré*, par Moka.
Villeneuve-sur-Lot : 1882. — Abattu en juillet 1894.

DAHABI, P. S. Ar.   S.B.F., t. IV, p. 475.
H. N. — Importé en 1872.
Al. 1863. — Orient.
Pau : 1873. — Abattu en juillet 1892.

DAIRI, P. S. Ar.   S.B.F., t. VI, p. 674.
H. N. — Importé en 1878.
Gr. 1869. — Orient.
Son père : de race Abeyan-Fédéha.
Perpignan : 1879. — Réformé en janvier 1884.

DAMAS, P. S. Ar.   S.B.F., t. IV. p. 475.
H. N.
Gr. 1865. — Syrie.
Tarbes : 1875. — Mort en août 1884.

DAMASCO, P. S. Ar.   S.B.F., t. IV. p. 475.
H. N.
Gr. 1867. — Orient.
Villeneuve-sur-Lot : 1874. — Castré en septembre 1880.

DAMERET, P. S. Ar.   S.B.F. t. V. p. 556.
H. N.
Gr. 1876. — Haras de Pompadour.
Par *Harami* et *Noure*.
Pau : 1880. — Vendu en août 1892.

DAMIER, P. S. Ar.   S.B.F., t. V, p. 556.
Ro. 1876. — Haras de Pompadour.
Par *Derviche* et *Bakaloum*.
Perpignan : 1884. — Réformé en août 1884.

DAMOISEAU, P. S. Ar.   S.B.F., t. XII, p. 95.
H. N.
Al. 1892. — Haras de Pompadour.
Par *Corrézien* et *Adriane*, par Merkham.
Sa grand'mère : Parizade, par Romani.
Pau : depuis 1896.

DANDACHLI, P. S. Ar.   S.B.F, t. X. p. 398.
H. N.
B. 1884. — Orient.
Ajaccio : 1892. — Réformé en août 1897.

DANDY, P. S. A.-A.   S.B.F., t. XII, p. 64.
H. N.
Al. 1892. — Haras de Pompadour.
Par *Echereau*, an.-ar., et *Omphale*, par Bariolet et Idole,
par Vulcan.
Villeneuve-sur-Lot : depuis 1896.

DANDY, P. S. A.-A.   S. B. F., t. II, p. 38.
H. N.
B. 1856. — Haras de Pompadour,
Par *Xénocrate*, an.-ar., et *Quarantaine*, par Brocardo.
Pau : 1861. — Mort en mai 1861.

DANKALI, P. S. Ar.   S.B.F., t. II, p. 1101.
H. N.
Gr. 1876. — Haras de Pompadour.
Par *Bagdadli* et *Parade*, par Hadjar.
Tarbes : 1860. — Mort en octobre 1880.

DANKALIO, P. S. A.-A.   S.B.F., t. IV, p 51.
H. N.
B. 1873. — France.
Par *Dankali*, arabe, et *Arlette*, par Sting.
Perpignan : 1879. — Réformé en août 1887.

DANSEUR, P. S. A.-A.   S.B.F., t. II, p. 38.
H. N.
B. 1856. — Haras de Pompadour.
Par *Commodore-Napier*, P. S. A., et *Nymphœa*, an.-ar.,
par Massoud., arabe.
Pompadour : 1860. — Mort en 1869.

DANTÈS, P. S. A.-A.   S.B.F., t. II, p. 38.
M. Lafforest.
Bb. 1852. — Haras de Pompadour.
Par *Kohel*, an.-ar., et *Mercédès*, par Hussein, arabe.
Libourne : 1856. — Castré en 1862.

DAOUD, P. S. Ar.   S.B.F., t. II, p. 1101.
H. N.
Al. 1861. — Arabie.
Villeneuve-sur-Lot : 1868. — Réformé en 1874.

DAOUD, P. S. Ar.   S.B.F., t. V, p. 522.
H. N.
Al. 1866. — Orient.
Pau : 1877-1879. — Pompadour : 1880. — Abattu en août 1883.

DARDANUS, P. S. A.   S.B.F., t. II, p. 39.
H. N.
B. 1857. — France.
Par *Strongbow* et *Phrygia*, par Phlegon.
Aurillac : 1862. — Réformé en octobre 1863.

DARDANUS, P. S. A.   S.B.F., t. 1, p. 24.
H. N.
Al. 1883. — Haras du Pin.
Par *Tigris* et *Évelina*.
Tarbes : 1838. — Mort en novembre 1848.

DARFOUR, P. S. Ar.   S.B.F., t. II, p. 1101.
H. N.
Gr. 1856. — Haras de Pompadour.
Par *Bagdadli* et *Guen-Ghisa*.
Perpignan : 1861. — Réformé en août 1869.

DARFOUR, P. S. A.-A.   S.B.F., t. XII, p. 64.
H. N.
Al. 1892. — Haras de Pompadour.
Par *Gaëtan*, an.-ar., et *Korrigane*, par Daoud, arabe, et Chance,
par Adventurer.
Aurillac : depuis 1896.

DARIUS, P. S. A.   S.B.F., t. VI, p. 7.
H. N.
. Bb. 1873. — France.
Par *Sylvain* et *Pepita*, par Strongbow.
Libourne : 1879. — Castré en août 1885.

DARRIEN, P. S. A.   S.B.F., t. IX, p. 74.
H. N.
Bb. 1876. — Angleterre.
Par *The Miner* et *Light-Heart*, par De Clare.
Aurillac : 1887. — Abattu en août 1895.

D'ARTAGNAN, P. S. A.   S.B.F., t. IX, p. 11.
H. N.
B. 1874. — France.
Par *Bon-Vivant* et *Lorette*, par Womersley.
Perpignan : 1879. — Réformé en août 1891.

— 403 —

D'ARTAGNAN, P. S. A.   S.B.F.. t. II, p. 39.
H. N.
B. 1853. — France.
Par *Schamyl* et *Clara-Fontaine*, par Royal-Oak.
Tarbes : 1859. — Réformé en août 1868.

DASH, ex-**DARK**, P. S. A.   S.B.F., t. I, p. 195.
H. N.
Par *Ibrahim* (sultan) et *Eglé*, par Rainbow.
Pau : 1844. — Mort en mars 1845.

DASSIM, P. S. A.-A.   S.B.F., t. XII, p. 64.
H. N.
B. 1892. — Haras de Pompadour.
Par *Echeveau*, an.-ar., et *Givre*, par Foxhall.
Sa grand'mère : Winter-Queen, par King-Tom.
Pau : 1896. — Au Pin en août 1896.

DATAN, P. S. Ar.   S.B.F., t. II, p. 1101.
H. N.
Gr. 1856. — Haras de Pompadour.
Par *Rabdan* et *Sobhah*.
Rodez : 1860. — Passé à Annecy en février 186

DAUNTLESS, P. S. A.-A.   S.B.F., t. II, p. 39.
H. N.
B. 1856. — France.
Par *Commodore-Napier* et *Iris*, an.-ar., par Napoléon.
Tarbes : 1860. — Eéformé en août 1862.

DAUPHIN, P. S. A.   S.B.F., t. XII, p. 14.
H. N.
B. 1885. — Chez M. H. Cartier.
Par *Dallar* et *Schooner*, par Father-Thames et Admiralty,
par Collingwood.
Tarbes : depuis 1892.

DAWI, P. S. Ar. S.B.F., t. p.
H. N.
Gr. 1860. — Orient.
Libourne : 1878. — Abattu en août 1879.

DAZIR, P. S. Ar. S.B.F.. t. XII, p. 95.
H. N.
Al. 1892. — Pompadour.
Par *Ramsès II* et *Djeroua*.
Ajaccio : depuis 1896.

DECADI, P. S. A.-A. S.B.F., t. XII, p. 64.
H. N.
B. 1892. — Haras de Pompadour.
Par *Corrézien*, arabe, et *Marmalade*, par King-O'Scots.
Sa grand'mère : Séville, par Saint-Albans.
Pompadour : depuis 1896.

DÉCIMO, P. S. A.-A. S.B.F., t. XII, p. 64.
H. N.
Gr. 1892. — Haras de Pompadour.
Par *Corrézien*, arabe, et *Sweet-Bite*, par Mac-Gregor.
Sa grand'mère : The Quail, par Thunderbolt.
Pompadour : depuis 1896.

DECORUM, P. S. A.-A. S.B.F., t. XII, p. 65.
H. N.
Al. 1892. — Haras de Pompadour.
Par *Corrézien*, arabe, et *Miller's-Maid*, par Craig-Millar.
Sa grand'mère : Rodel, par John-Davis.
Pau : depuis 1896.

DÉFI, P. S. Ar. S.B.F., t. XII, p. 95.
H. N.
B. 1892. — Haras de Pompadour.
Par *Ramsès II* et *Cœlesyria*, par Al-Harfoudi.
Pau : depuis 1896.

DÉFILÉ, P. S. A.   S.B.F., t. XII, p. 14.
H. N.
B. 1882. — Chez M. le Cte de Lagrange.
Par *Saint-Christophe* ou *Rayon-d'Or* et *Dotation*,
par Ventre-Saint-Gris et Dordogne, par Hospodar.
Villeneuve-sur-Lot : depuis 1897.

DEFTERDAR, P. S. Ar.   S.B.F., t. IV, p. 475.
1872. — H. N.
B. 1866. — Orient.
Son père : de race Saklawi.
Perpignan : 1873. — Mort en avril 1881.

DÉJA-FAIT, P. S. A.   S.B.F., t. IX, p. 11.
H. N.
B. 1879. — France.
Par *Patricien* et *Déjanire*, par West-Australian.
Aurillac : 1884. — Ecole du Pin en août 1891.

DÉLOS, P. S. A.-A.   S.B.F., t. II, p. 1102.
H. N.
Al. 1856. — Pompadour.
Par *Xénocrate*, an.-ar., et *Kébira*, arabe, par Mesrur.
Aurillac : 1860. — Réformé en août 1861.

DELTA, P. S. A.-A.   S.B.F., t. II, p. 1102.
H. N.
Gr. 1856. — Haras de Pompadour.
Par *Romagnesi*, an.-ar., et *Marquise-de-Pompadour*, arabe,
par Hussein, arabe.
Pau : 1860. — Mort en septembre 1881.

DELTA, P. S. A.-A.   S.B.F., t. XII, p. 65.
H. N.
Al. 1893. — Chez M. B. Carmouze.
Par *Vernet* ou *Sycomore* et *Delphine*, par Amrar, arabe,
et Drumonde, par Drummond.
Perpignan : depuis 1897.

DEMA, P. S. A.-A.   S.B.F., t. II. p. 370.
M. Detcheverry.
Al. 1855. — France.
Par *Shérif*, arabe, et *Dahra*, an.-ar., par Frigian, arabe.
Pau : 1860-1861.

DÉMOCRATE, P. S. A.-A. S.B.F.. t. II, p. 41.
H. N.
B. 1852. — Haras de Pompadour.
Par *Xénocrate*, an.-ar., et *Mnaceb*, an.-ar, par Hussein, arabe.
Pompadour : 1856. — Réformé en juillet 1857.

S.B.F., t. VIII, p. 914.
DENDESCHLI, P. S. Ar.
H. N.
Ro. 1884. — Orient.
Son père : de race Kebeylan.
Sa mère : de race Abou-Genamb.
Pau : 1888. — Réformé en août 1889.

DENIS, P. S. Ar.   S.B.F., t. XII. p. 95.
H. N.
B. 1892. — Haras de Pompadour.
Par *Emir-Sélim* et *Lia*, par Edhen et Gaudriole, par Harami.
Aurillac : depuis 1896.

DERBY, P. S. A.-A.   S.B.F., t. XII, p. 65.
H. N.
B. 1881. — Chez Mme Prat.
Par *Aouladj*, arabe, et *Nérina*, an.-ar., par Strongbow et Dora,
par Shériff, arabe.
Aurillac : 1885. — Mort le 17 avril 1898.

DERVICH, P. S. Ar.   S.B.F., t. IV, p. 476.
H. N.
Al. 1863. — Orient.
De famille : Saklawi-Djedran.
Pompadour : 1872. — Réformé en septembre 1883.

DERVICHE, P. S. Ar.   S.B.F., t. I, p. 435.
H. N. en 1850.
Gr. 1842. — Orient.
Aurillac : 1850. — Mort en novembre 1855,

DERVICHE, P. S. Ar.   S.B.F., t. II, p. 1102.
H. N
Al. 1859. — Arabie.
Villeneuve-sur-Lot : 1867. — Mort en août 1883.

DERVICHE, P. S. A.   S.B.F., t. XII, p. 15.
H. N.
B. 1887. — Chez M. J.-M. Rambeau.
Par *Bay-Archer* et *Deer-Filly II*, par Fitz-Gladiator et Mize,
par Sting.
Aurillac : depuis 1892.

DERVICHE, P. S. A.   S.B.F., t. II, p. 41.
H. N.
B. 1854. — France.
Par *Sting* et *Deer-Filly*.
Tarbes : 1860. — Mort en avril 1860.

DERVICHE II, P. S. A.-A. S B.F., t., I, p., 25.
H. N.
B. 1825.
Par *Massoud*, P. S. Ar., et *Selim-mare*.
Aurillac 1831. — Réformé en novembre 1841.

DÉSERT, P. S. Ar.   S.B.F., t. II, p. 1102.
M. Madrières.
Gr. 1853. — France.
Par *Hamdani-Blanc* et *Zarifé*.
Villeneuve-sur-Lot : 1859-1863.

DÉSIR, P. S. Ar.   S. B. F., t. III, p. 432.
H. N.
Gr. 1870. — France.
Par *Zouave* et *Bagdadline*, par Bagdadli.
Aurillac : 1872. — Mort en septembre 1886

DÉSIRÉ, P. S. A.　　　S.B.F., t. II, p. 41
M. Belloc.
B. 1857. — France.
Par *Ethelwoolf* et *Bassiléa*, par Y. Emilius.
Tarbes : 1861. — Castré en 1866.

DESTIN, P. S. Ar.　　S.B.F., t. IV, p. 475.
H. N.
Al. 1870. — France.
Par *Merkham* et *Florette*, par Bagdadli.
Libourne : 1874. — Castré en septembre 1881.

DEY, P. S. A.　　　S.B.F., t. XII, p. 15
H. N.
Al. 1894. — Chez M. de Juge.
Par *Alger* et *Epone*, par Apollon et Epopée, par Marksman.
Pau : depuis 1898.

DIABLERET, P. S. A.　S.B.F., t. XII, p. 15.
H. N.
Al. 1891. — Chez M. le Bon de Rothschild.
Par *Fra-Diavolo* et *Aveline*, par Doncaster.
Sa grand'mère : Hazledean, par Cathedral.
Libourne : depuis 1898.

DIABLOTIN, P. S. A.　S.B.F., t. II, p. 378.
M. Richier ; M. Bert ; M. de Erragu.
B. 1865. — France.
Par *Black-Eyes* et *Darling*, par Gladiator.
Pompadour : 1870. — Passé à Libourne : 1872.
Réformé en 1887.

DIAMANT, P. S. A.　　S.B.F., t. I, p. 367.
M. Latapie.
B. 1847. — France.
Par *Beggarman* et *Rubis*, par Sylvio.
Pau : 1853. — Vendu en 1854.

DIAZ, P. S. A.-A.   S.B.F.. t. II, p. 42.
H. N.
B. 1856. — Haras de Pompadour.

Par *Commodore-Napier*, P. S. A., et *Quadrille*, an.-ar.,
par Brocardo, P. S. A.

Perpignan : 1860. — Mort en février 1866.

DIAZ, P. S. A.   S.B.F., t. II, p. 42.
H. N.
Al. 1860. — France.

Par *Pyrrhus-the-First* et *Miss-Malton*, par Malton.

Pau : 1866-1869. — Libourne : 1870. — Castré en septembre 1871.

DIBADJ, P. S. Ar.   S.B.F., t. IX, p. 415.
H. N.
Al. 1875. — Orient.

Pau : 1881-1885. — Pompadour : 1886-1890. — Aurillac : 1891.
Réformé en août 1893.

DIES-IRŒ, P. S. A.-A.   .B.F., t. II, p. 48.
H. N.
Al. 1856. — Haras de Pompadour.

Par *Mohanna* et *Héléis*, par Abou-Arkoub, arabe.

Libourne : 1860. — Castré en juillet 1863

DIVAN, P. S. Ar.   S.B.F., t. V, п 542.
H. N.
Gr. 1876. — Haras de Pompadour.

Par *Kélif* et *Fatime*, par Kouléli.

Pompadour : 1880. — Réformé en novembre 1889,

S.B.F., t. XII, p. 15.
DIX-HUIT, ex-**VALSEUR**, P. S. A.
H. N.
B. 1885. — Chez M. le C^le de Meeüs.

Par *Fontainebleau* et *Wilhelmine*, par Revolver
Sa grand'mère : Willis, par Pyrrhas-the-First.
Libourne : depuis 1891.

S.B.F., t. I, p. 435.

DJDAAN, ex-**FÉDAAM**, P. S. Ar.
H. N. — Importé en 1850.
Gr. 1847. — Orient.
Pompadour : 1851. — Mort en mars 1860.

DJÉBAIL, P. S. Ar.   S.B.F., t. VI, p. 674.
H. N.
N. 1873. — Orient.
De race Maanaki.
Tarbes : 1881. — Mort en août 1887.

DJEBEL, P. S. Ar.   S.B.F., t. XI. p. 63.
·H. N.
Gr. 1885. — Orient.
Perpignan : 1894. — Réformé en novembre 1895.

DJEDDI, P. S. Ar.   S.B.F., t. II, p. 1103.
H. N. — Importé en 1865.
Al. 1860. — Syrie.
Pau : 1865. — Réformé en août 1882.

DJEDRAN, P. S. Ar   S.B.F., t. II. p. 1103
H. N.
Gr. 1846. — Syrie.
Pau : 1856. — Vendu en octobre 1863.

S.B.F., t. XII, p. 95.

DJEDRANI, ex-**BENFADOUAN**, P. S. Ar.
H. N.
Gr. 1883. — Chez M. Souberbielle.
Par *Djerasch* et *Kalifa*, par Kerbéla et Case, par Shériff.
Tarbes : depuis 1887.

DJEFFÉE, P. S. Ar.   S.B.F., t. II, p. 1103.
H. N.
Al. 1860. — Orient.
Tarbes : 1866. — Mort en mai 1875.

DJEMEL, P. S. Ar. S.B.F., t. III, p. 420.

H. N. — Importé en 1868.

Al. 1864. — Orient.

Pau : 1869. — Vendu en juillet 1870.

DJERASCH, P. S. Ar. S.B.F., t. IV, p 476.

H. N.

Gr. 1864. — Orient.

De race : Saklawi-Gédran,

Pau : 1874. — Mort en août 1887.

DJÉROUD, P. S. Ar. S.B.F., t. XII, p. 96.

H. N.

B. 1887. — Orient. — Importé en 1893.

De la tribu des Es-Roalla,

Tarbes : depuis 1894.

DJEYLAN, P. S. Ar. S.B.F., t. IV, p. 476.

H. N. — 1873.

Gr. Né à Bagdad en 1868.

Son père : Aubayan ; sa mère : Sadry.

Libourne : 1874. — Castré en août 1888.

DJEMEL, P. S. Ar. S.B.F., t. VI. p. 675.

H. N.

N. 1876. — Orient.

Libourne : 1881. — Mort en juillet 1883.

DJEYPOOR, P.S.A.-A. S.B.F., t. VII, p. 590.

H. N.

Al. 1881. — France.

Par *Dahabi*, P. S. Ar., et *Palestrine*, an.-ar., par Ali-Baba.

Pau : 1884. — Réformé en août 1890.

S.B.F., t. XII, p. 65.

DJINN, ex-**DJAÏNE**, P. S. A.-A.

M. Ruinant (Landes).

Al. 1894. — Chez M. Déjeanne.

Par *Fil-en-Quatre* et *Djali*, ex-*Djalie*, an.-ar., par Boxeur
et Mathilda, arabe.

Pau : depuis 1898.

DJINN, P. S. A. S.B.F., t. I, p. 415.
H. N.
B. 1836. — France.
Par *Spectre* et *Worry*, par Woful.
Tarbes : 1842. — Mort en octobre 1842.

DOLIMAN, P. S. A. S.B.F., t. XII, p. 65.
H. N.
Gr. 1889. — Tarn.
Par *El-Nimr*, arabe, et *Dolly*, an.-ar.
Aurillac : 1893-1894. — Ecole des Haras du Pin en octobre 1894.

DOMINGO, P. S. A.-A. S.B.F., t. IX, p. 11.
H. N.
Gr. 1877. — France.
Par *Chourbra*, arabe, et *Addu*, par Sting.
Tarbes : 1881. — Mort en février 1897.

DON-JUAN, P. S. A. S.B.F., t. I, p. 28.
H. N.
B. 1835. — Haras du Pin.
Par *Captain-Candid* et *Mouche*.
Rodez : 1839. — Réformé en novembre 1845.

DON-JUAN, P. S. A. S.B.F.. t. I, p. 153.
H. N.
Al. 1848. — France.
Par *Skirmisher* et *Chercheuse-d'Esprit*, par Tigris.
Villeneuve-sur-Lot : 1853. — Réformé en décembre 1855.

DONZENAC, P. S. A.-A. S.B.F., t. II, p. 43.
H. N.
B. 1856. — Haras de Pompadour.
Par *Commodore-Napier*, P. S. A., et *Malzzia*, an.-ar.,
par Hussein, P. S. Ar.
Pompadour : 1860. — Mort en août 1874.

S.B.F., t. II, p. 1103.
DORU-PACHA, P. S. Ar.
H. N. — Importé en 1854.
B. 1850. — Orient.
Pau : 1855. — Abattu en juillet 1874.

DOUBLON, P. S. A.   S.B.F., t. IX, p. 11.
H. N.
B. 1874. — France.
Par *Dollar* et *Maiden's-Blush*, par Newminster.
Pompadour : 1882. — Passé à l'Ecole du Pin en août 1888.

DOUDJA, P. S. Ar.   S.B.F., t. V, p. 523.
H. N. — Importé en 1879.
N. 1869. — Orient.
Son père : de race Mamghi-Slalgi.
Perpignan : 1880-1881. — Pompadour : 1882.
Réformé en septembre 1885.

DOUGLAS, P. S. A.   S.B.F., t. IV, p. 470.
H. N.
B. 1873. — France.
Par *Glaïeul* et *Zizi*, par Pyrrhus-the-First.
Rodez : 1877. — Mort en mars 1878.

DRIVER, P. S. A.   S.B.F., t. I, p. 27.
H. N.
B. 1841. — Gironde.
Par *Crispin* et *Vénus*, par Smolensko.
Libourne : 1846. — Castré en juillet 1848.

DRUIDE, P. S. Ar.   S.B.F., t. IX, p. 415.
H. N.
Gr. 1876. — Haras de Pompadour.
Par *Kélif* et *Saâda*, syrienne.
Pompadour : 1880-1890. — Passé au Pin en octobre 1890.

DRUMMOND, P. S. A.   S.B.F., t. V, p. 7
H. N. — Importé en 1876.
Al. 1869. — Angleterre.
Par *Rataplan* et *Eglantine*.
Tarbes : 1877-1880. — Passé au Pin en 1881. — Mort en 1885

DUBLIN, P. S. A.   S.B.F., t. VI, p. 191.
Ctesse de Luetkens.
B. 1878. — France.
Par *Gabier* et *Dordogne*, par Hospodar.
Libourne : 1884. — Réformé en 1888.

DUCAT, P. S. A.-A.   S.B.F.. t. XI, p. 523.
H. N.
Al. 1892. — Pompadour.
Par *Fligny* et *Falbala*, an.-ar.
Tarbes : 1896. — Réformé en août 1897.

DUCKY-BEY, P. S. Ar.   S.B.F., t. II, p. 1103.
H. N.
B. 1858. — Orient.
Pau : 1869. — Mort en juillet 1876.

DUGUESCLIN, P. S. A.   S.B.F., t. XII, p. 16.
M. Ruinaut (Landes).
Al. 1887. — Chez M. de Nexon.
Par *Prométhée* et *Ginevra*, par Marengo et Snalla, par Zouave.
Pau : depuis 1894.

DURZI, P. S. Ar.   S.B.F., t. I, p 436.
H. N. — Importé en 1842.
Gr. 1828. — Orient.
Pompadour : 1851-1852. — Passé à Tarbes en 1853.
Mort en décembre 1856.

DUVET, P. S. A.-A.   S.B.F., t. II, p. 816.
M. de Lapeyrouse (Haute-Garonne).
B. 1864. — Haute-Garonne.
Par *Evénement*, P. S. A., et *Nymphea*, an.-ar.,
par Ben-Massoud, arabe.
Tarbes : 1869. — Mort en 1883.

EAQUE, P. S. A.-A.   S. B. F., t. XII, p. 65.
H. N.
Al. 1886. — Chez M. Goursaud.
Par *Volontaire* et *Hébé*, par Harami, arabe, et Mantoura, arabe.
Villeneuve-sur-Lot : depuis 1891.

EBLIS, P. S. A.-A.   S.B.F., t. IX, p. 12.
M. Doris.
B. 1880. — Basses-Pyrénées.
Par *Dahabi*, arabe, et *Clorinde*, par Souvenir.
Pau : 1884. — Réformé en 1885.

EBRON, P. S. Ar.   S.B.F., t. V, p. 561.
H. N.
B. 1877. — Haras de Pompadour.
Par *Harami* et *Validé*.
Pau : 1881. — Abattu en août 1896.

ECHEVEAU, P. S. A.-A. S.B.F., t. XII, p. 65.
H. N.
Al. 1877. — Haras de Pompadour.
Par *Blinkhoolie*, P. S. A., et *Ariane*, arabe, par Merkham
et Parizade, par Romani, arabe.
Pompadour : depuis 1881.

ÉCLAIR, P. S. A.-A.   S.B.F., t. V, p. 160.
H. N.
Gr. 1875. — France.
Par *Abou-Farès*, arabe, et *Estelle*, an.-ar., par Totleben, arabe,
ou Broussa, arabe.
Perpignan : 1879. — Réformé en août 1896.

ÉCLAIR, P. S. A.-A.   S.B.F., t. XII, p. 65.
H. N.
Al. 1893. — Haras de Pompadour.
Par *Fligny* et *Kibitka*, par Daoud, arabe.
Sa grand'mère : Novice, par Marsyas.
Pompadour : depuis 1897.

ÉCLAIR, P. S. A.-A.   S.B.F., t. V, p. 468.
M. de Goulard.
Al. 1876. — Mautes-Pyrénées.
Par *Nassim*, arabe, et Stella, an.-ar., par Azis, arabe.
Tarbes : 1880. — Castré en 1883.

ÉCLAIR, P. S. A.-A.   S.B F., t. XII. p. 66.
H. N.
Al. 1894. — Chez M. Senmartin.
Par *Prix-Fixe*, P. S. A., et *Roxelane*, par Adham, arabe,
et Nostalgie, par Djerasch, arabe.
Aurillac : 1898. — Réformé en août 1898.

ÉCLAIR, P. S. A   S.B.F., t. II, p. 45.
H. N.
B. 1849. — France.
Par *Worthless* et *Bella-Dona*.
Tarbes : 1854. — Réformé en septembre 1854.

S.B.F., t. II p. 383.
ÉCLAIREUR II, ex-**DELTA**, P. S. A.
H. N.
B. 1864. — Hautes-Pyrénées.
Par *Sting* et *Deer-Aquila*, par Ethelwolf.
Tarbes : 1869. — Réformé en septembre 1886.

S.B.F., t. I, p. 484.
ÉCLIPSE, ex-**XYSTE**, P. S. A.-A.
H. N.
Al. 1848. — France.
Par *Romagnési*, an.-ar., et *Gourbette*, par Abou-Arkoub, arabe.

Villeneuve-sur-Lot : 1852. — Mort en juin 1854.

ÉCRIN, P. S. Ar.   S.B.F., t. XII, p. 96.
H. N.
B. 1893. — Chez M. Rousseau.
Par *Corrézien* et *Kova*, par Daoud et Astarté.
Villeneuve-sur-Lot : depuis 1897.

EDDIN, ex-**MÉDOR**, P. S. A.-A. S.B.F., t. XII, p.66.
H. N.
B. 1880. — Chez M. Mouremble.
Par *Eyran*, arabe, et *Florine*, an.-ar., par Ceylon et Fauvette,
par Dankali, arabe.
Libourne : depuis 1884.

ÉDEN, P. S. Ar. S.B.F., t. VI, p. 675.
H. N.
B. 1877. — Corrèze.
Par *El Harmel* et *Florette*, par Bagdadli.
Rodez : 1880-1881. — Passé au Pin en janvier 1882.
Tarbes : 1883. — Réformé en août 1384.

EDGAR, P. S. A. S.B.F., t. I, p. 27.
M. de Morin.
B. 1844. — France.
Par *Bizarre*, et *Circé*, par Dangerous.
Libourne : 1850. — Réformé en 1852.

EDGARD, P. S. A. S.B.F., t. I, p. 27.
H. N.
B. 1840. — Gironde.
Par *Telotum* et *Vénus*.
Villeneuve-sur-Lot : 1850. — Réformé en juillet 1859.

EDHEN, P. S. Ar. S.B.F., t. IX, p. 416.
H. N.
Gr, 1873. — Syrie.
Race Saklawi-Sébaa.
Tarbes : 1880. — Pompadour : 1881-1887. — Tarbes : 1888.
Réformé en août 1896.

ÉDILE, P. S. A.-A. S.B.F., t. XII, p. 66.
H. N.
Gr. 1882. — Chez M. Laffitte-Moulian.
Par *Narghilé*, arabe, et *Valentine*, an.-ar.,
par Strongbow et Mascate, par Ibrahim II, arabe.
Pau : depuis 1886.

EDMUND, P. S. A.   S.B.F., t. I, p. 27.

H. N. 1835.

B. 1824. — Angleterre.

Par *Orville* et *Emmeline*, par Waxy.

Pompadour : 1834-1843. — Passé à Angers en février 1844.

EDRISSE, P. S. Ar.   S.B.F., t. XII, p. 96.

M. de Monda (Hautes-Pyrénées).

Bb. 1883. — Orient. — Importé en 1890.

De la tribu des Beni-Sáhr.

Tarbes : depuis 1892.

EDWIN, P. S. A.   S.B.F., t. I, p. 28.

H. N.

Bb. 1841. — Haras de la Morlaye.

Par *Royal-Oak* et *Beguine*.

Tarbes : 1849-1851. — Parti pour le dépôt des Remontes de Paris
en octobre 1851.

EFFENDI, P. S. Ar.   S.B.F., t. IV, p. 476.

H. N.

Gr. 1866. — Syrie.

Pau : 1875. — Mort en mai 1883.

S.B.F., t. XII, p. 66.

EFFENDI III, P. S. A.-A.

H. N.

Al. 1894. — Chez M. Cambot.

Par *San-Stefano* et *Ephraïme*, an.-ar., par Ephraïm, arabe,
et Aline, par Ali-Baba.

Tarbes : depuis 1898.

S B.F., t. XII, p. 66.

EFFENDI IV, P. S. A.-A.

H. N.

Al. 1894. — Hautes-Pyrénées.

Par *Vernet* et *Emeraude*, par Nassim, arabe, et Eurydice,
par Rémus.

Villeneuve-sur-Lot : depuis 1898.

EGAL, P. S. A.-A.   S.B.F., t. XII, p. 66.
H. N. 1890. — M. Soulignac.

Al. 1885. — Mme la Mise de Cugnac.

Par *Amrar*, arabe, et *Egalité*, par Trombone, par Eglantine II,
par Orphelin.

Tarbes : 1889. — Pau : depuis 1890.

S.B.F., t. XII, p. 66.
EGLANTIER, P. S. A.-A.
H. N.

Al. 1891. — Chez M. Dizac,

Par *Fil-en-Quatre* et *Espérance*, an.-ar., par Souedj, arabe,
et Delphina, par Prospectus ou Emilio.

Tarbes : depuis 1895.

EGLANTIER, P. S. A.   S.B.F., t. VI, p. 199.
M. L. Congot.

B. 1879. — France.

Par *Salmigondis* et *Eglantine II*, par Orphelin.

Tarbes : 1883. — Réformé en 1890.

S.B.F., t. XII, p. 66
EGLANTIER II, P. S. A.-A.
H. N.

Al. 1892. — Chez M. Lascassies.

Par *Méké*, arabe, et *Edile-Riquier*, an.-ar., par Courtois et Enfida,
par Dahabi, arabe.
Tarbes : depuis 1896.

EITCHINE, P. S. Ar.   S.B.F., t. II, p. 1104
H. N. 1868. — M. Fould.
B. 1857. — Syrie.
Tarbes : 1865-1867. — Pau : 1868. — Abattu en 1879.

EKKY, P. S. Ar.   S.B.F., t. XII, p
H. N.
Gr. 1891. — Chez M. Fourcade-Peyraube.
Par *Amrar* et *Aurore*, par Dibadj et Zénale.
Tarbes : depuis 1895.

EL ABTAR, P. S. Ar.   S.B F.. t. p.
Approuvé. — M. Mazères 1885. — M. Montbaglet 1886.
Al. 1879.
Tarbes : 1885. — Mort en 1888.

EL AIN, P. S. Ar.   S.B.F., t. VII, p. 785.
H. N.
Al. 1875. — Orient.
Tarbes : 1882. — Réformé en septembre 1885.

ELAN, P. S. A.-A.   S.B.F., t. XII. p. 66.
H. N.
B. 1886. — Chez M. Lambert des Granges.
Par *Arif*, arabe, et *Espérance*, par Cymbal et Mize, par Sting.
Rodez : depuis 1890.

EL ARED, P. S. Ar.   S.B.F., t. I, p. 437
H. N. — Importé en 1846.
Gr. 1838. — Arabie.
Pau : 1848. —Vendu en juillet 1857.

EL BEDAVY, P. S. Ar.   S.B.F., t. I, p. 4
H. N. — 1833.
B. 1821. — Orient.
Tarbes : 1835. — Réformé en juillet 1848.

EL BEY, P. S. Ar.   S.B.F., t.   ., p.
H. N.
Al. 1858. — Arabie.
Perpignan : 1865. — Réformé en août 1867.

EL BIAR, P. S. Ar.   S.B.F., t. XII, p. 97.
H. N.
Al. 1893. — Haras de Pompadour.
Par *N.* et *Zarta.*
Ajaccio : depuis 1897.

ELBORAK, P. S. Ar.   S.B.F., t. II, p. 116i
H. N.
Gr. 1857. — Haras de Pompadour.
Par *Bagdadli* et *Gueusghisa.*
Tarbes : 1861. — Mort en août 1862.

EL BOTHORI, P. S. Ar. S.B.F., t. II, p. 1104.
H. N.
B. 1863. — Orient.
Libourne : 1868. — Castré en août 1868.

EL CHARA, P. S. Ar. S.B.F., t. IV, p. 476.
H. N. — 1872.
Al. 1861. — Orient.
Tarbes : 1875. — Mort en 1878.

EL DIB, P. S. Ar. S.B.F.. t. XII, p. 97
H. N.
Al. 1884. — Orient. — Importé en 1887.
Pau : depuis 1888.

S.B.F., t. XII, p. 66.
ELDORADO, P. S. A.-A.
M. Abadie (Gers).
Al. 1889. — Chez M. U. Sempé.
Par *Vernet* et *Emeraude*, par Nassim, arabe, et Eurydice,
par Remus.
Tarbes : depuis 1893.

EL DURZI, P. S. Ar. S.B.F., t. IV, p. 476.
H. N.
Gr. 1866. — Orient.
Pau : 1874. — Mort en mars 1881.

S.B.F., t. V, p. 148.
ÉLÉAZAR, P. S. A.-A.
Approuvé. — M. Serres.
Al. 1877. — France.
Par *Nassim*, arabe, et *Elisabeth*.
Tarbes : 1881. — Réformé en 1881.

S.B.F.. t. XI, p. 181.
ELECTROPHORE, P. S. A.
H. N.
B. 1892. — Oise.
Par *Balzan* et *Electrique*.
Villeneuve-sur-Lot : depuis 1898.
(Blessé ; n'a pas fait la monte de 1898).

ELF, P. S. A.-A. S.B.F., t. XII, p. 67.
H. N.
B. 1889. — Chez M. Cambot.
Par *Courtois* et *Ephraïme*, an.-ar., par Ephraïm, arabe, et Aline,
par Ali-Baba.
Tarbes : depuis 1893.

EL GOUB, P. S. Ar. S.B.F., t. II, p. 1104.
H. N. -- Importé en 1864.
N. 1858. — Orient.
Pau : 1865. — Vendu en juillet 1867.

S.B.F., t. IX, p. 416.
EL GUÉTRAN, P. S. Ar.
H. N.
N. 1872. — Orient.
Tarbes : 1877. — Réformé en août 1884.

S.B.F., t. XII. p. 67.
EL HADGI, ex-**RÉVÉREND-PÈRE**, P. S. A.-A.
H. N.
B. 1889. — Chez M. Tomas.
Par *Jupin* et *Haïti*, par Harami, arabe.
Sa grand'mère : Light-Heart, par The Cure.
Pompadour : depuis 1893.

EL HAIFFI, P. S. Ar. S.B.F., t. XII, p. 97
H. N.
B. 1890. — Orient. — Importé en 1897.
Rodez : depuis 1897.

EL HASSAN, P. S. Ar. S.B.F., t. XII, p. 97.
H. N.
Al. 1891. — Orient. — Importé en 1897.
Pau : depuis 1897.

EL HERMEL, P. S. Ar. S.B.F., t. IV. p. 477.
H. N.
Gr. 1861. — Orient.
Rodez : 1874-1881. — Pau ; 1882. — Mort en août 1883.

— 423 —

ELIEZER, P. S. A.   S.B.F., t. I, p. 354.
H. N.
B. 1839. — France.
Par *Lottery* et *Rachel*, par Whalebone.
Pau : 1844. — Pompadour : décembre 1849.

ELIS, P. S. A.-A,   S.B.F., t. XII, p. 67.
H. N.
B. 1890. — Chez M. Fauquier.
Par *Castillon* et *Emira*, an.-ar., par Emir, arabe, et Alerte,
par Prétendant.
Tarbes ; depuis 1894.

ELIZONDO, P. S. A.-A.   S.B.F., t. XII, p. 67.
H. N.
Al. 1891. — Chez M. Montauzé (Landes).
Par *Villageois* et *Elvina*, par Dahabi, arabe, et Rabeline,
par Ambassadeur.
Libourne : depuis 1895.

EL KAIM, P. S. Ar.   S.B.F., t. IX, p. 459.
H. N.
Al. 1886. — Haute-Garonne.
Par *El Yahoudi* et *Kraïma*.
Villeneuve-sur-Lot : 1890. — Castré en juillet 1890.

EL KÉBIR, P. S. Ar.   S.B.F., t. VII, p. 828.
M. Castaing.
Al. 1882. — France.
Par *Ephraïm* et *Fatoum*.
Tarbes : en 1887.

EL KÉBIR, P. S. A.-A.   S.B.F., t. II, p. 1105.
H. N.
B. 1851. — Haras de Pompadour.
Pa *Kohel*, an.-ar., et *Kébira*, arabe, par Massoud.
Perpignan : 1855. — Réformé en septembre 1870.

EL KHABIL, P. S. Ar.   S.B.F., t. IV, p. 477.
H. N.
Gr. 1863. — Orient.
Pau : 1874. — Mort en avril 1880.

ELLAND, P. S. A.   S.B.F., t. IV, p. 10.
H. N. — Importé en 1874.
B. 1862. — Angleterre.
Par *Rataplan* et *Ellermire*, par Chanticleer.
Pau : 1875-1879. — Perpignan : 1880. — Libourne : 1881.
Tarbes : 1882.

ELLIOT, P. S. A.-A.   S.B.F., t. XII, p. 78.
H. N.
B. 1888. — Chez M. Estiron.
Par *Courtois*, P. S. A., et *Ephraïme*, par Ephraïm, arabe,
et Kérime, par Kérim, arabe.
Rodez : depuis 1892.

ELLIOT, P. S. A.-A.   S.B.F., t. V, p. 148.
H. N.
Al. 1877. — Haras de Pompadour.
Par *Harami*, P. S. Ar., et *Electricity*, par Thunderbolt.
Pompadour : 1881. — Réformé en septembre 1885.

EL MAHDI, P. S. Ar.   S.B.F., t. IX, p. 416.
H. N.
Al. 1877. — Orient.
Par *Meshoud* et *El Assia*.
Tarbes : 1885. — Réformé en juillet 1894.

EL MAKMEL, P. S. Ar.   S.B.F., t. XII, p. 7.
H. N.
Al. 1883. — Orient. — Importé en 1893.
Tarbes : depuis 1894.

EL MAS, P. S. Ar.   S.B.F..
H. N.
Al. 1848. — Orient.
Tarbes : 1861. — Mort en décembre 1864.

EL MÉDIN, P. S. Ar.   S.B.F..
H. N.
Al. 1862. — Orient.
Tarbes : 1868. — Réformé en décembre 1874.

EL MERS, P. S. Ar.   S.B.F., t. IX, p. 416.

H. N.

Al. 1877. — Haras de Pompadour.

Par *Harami* et *Mafrousa*.

Pompadour : 1881. — Réformé en septembre 1891.

EL MODDI, P. S. Ar.   S.B.F., t. V, p. 523.

H. N.

Gr. 1866. — Orient.

Pau : 1877. — Réformé en septembre 1884.

EL NACÉRI, P. S. Ar.   S.B.F., t. V, p. 523.

H. N.

Gr. 1862. — Orient.

Villeneuve-sur-Lot : 1877. — Mort en novembre 1886.

EL NIMR, P. S. Ar.   S.B.F., t. XII, p. 97.

H. N.

Gr. 1880. — Orient. — Importé en 1887.

Tarbes : depuis 1888.

EL RAD, P. S. Ar.   S.B.F., t. V, p. 524.

H. N. — Importé en 1877.

Gr. 1868. — Orient.

Tarbes : 1881. — Réformé en août 1886.

EL RAMAM, P. S. Ar.   S.B.F., t. V, p. 524.

H. N.

B. 1871. — Orient.

Perpignan : 1878. — Réformé en septembre 1882.

EL RIM, P. S. Ar.   S.B.F., t. I, p. 427.

H. N.

Gr. 1835. — Orient.

Aurillac : 1844. — Réformé en octobre 1844.

ELTHIRON, P. S. A.   S.B.F., t. II, p. 45.

H. N. — Importé en 1853.

B. 1846. — Angleterre.

Par *Pantaloon* et *Phryné*, par Touchstone.

Pompadour : 1860. — Réformé en août 1863.

EL YAOUDI, P. S. Ar. S.B.F., t. IX, p. 416.
H. N.

Al, 1865. — Orient.

Tarbes ; 1874. — Mort en août 1890.

EMILE, P. S. A. S.B.F., t. I, p. 29.
H. N.

B. 1828. — France.

Par *Captain-Candid* et *Delphine*.

Aurillac : 1833. — Abattu en avril 1841.

EMILE, P. S. A. S.B.F., t. X, p. 11.
H. N.

B. 1882. — France.

Par *Eckmuhl* et *Epave*.

Tarbes : 1892. — Mort en octobre 1892.

EMILE, P. S. A. S.B.F., t. IV, p. 10.
H. N.

Al, 1870. — France.

Par *Orphelin* et *Majesté*, par Monarque.

Perpignan : 1875. — Réformé en août 1890.

EMILIO, P. S. A.-A. S.B.F., t. I, p. 29.
H. N.

B. 1838. — Haras du Pin.

Par *Y Emilius* et *Delphine*, an.-ar., par Massoud, arabe.

Tarbes : 1842. — Mort en avril 1852.

EMILIUS, P. S. A.-A. S.B.F., t. XII, p. 67.
H. N.

Al. — 1891. — Chez M. J. Lansac.

Par *El Nimr*, arabe, et *Emiliette*, par Saint-Léger et Emilie,
par Emir, arabe.

Libourne : depuis 1895.

EMIR, P. S. Ar. S.B.F., t. II, p. 1105.
H. N.

N. 1851. — Orient.

Villeneuve-sur-Lot ; 1859. — Réformé en 1878.

— 427 —

EMIR, P. S. Ar.   S.B.F., t. II, p. 1105.
H. N.
B. 1854. — Orient.
Tarbes : 1863. — Le Pin : 1864. — Tarbes : 1865.
Mort en juillet 1876.

ÉMIR III, P. S. Ar.   S.B.F., t.   , p.
H. N.
Gr. 1875. — Orient.
Aurillac : 1888. — Réformé la même année.

ÉMIR, P. S. A.-A.   S.B.F., t. II. p. 46.
H. N.
Gr. 1851. — Haras de Pompadour.
Par *Bagdadli*, arabe, et *Léana*, an.-ar., par Massoud, arabe.
Pompadour : 1854. — Réformé en août 1866.

ÉMIR, P. S. Ar.   S.B.F., t. I, p. 476
H. N.
B. 1844. — France.
Par *Benny* et *Cin*, par Antar.
Perpignan : 1848. — Réformé en août 1867.

S.B.F., t. I, p. 507.
ÉMIR-ABOU-ARQUOUB, P. S. Ar.
H. N.
Gr. 1837. — Orient.
Tarbes : 1853. — Mort en février 1854.

ÉMIR-SÉLIM, P. S. Ar.   S.B.F., t. IX, p. 416.
H. N.
B. 1876. — Orient.
Pompadour : 1882. — Réformé en août 1895.

S.B.F., t. I, p. 316.
EMPEREUR-SOULOUQUE, P. S. A.
H. N.
B. 1850. — France.
Par *Beggarman* et *Mulokine*.
Tarbes : 1856. — Passé à Saintes en 1858.

EN AVANT, P. S. A.   S. B. F., t. II, p. 47.
M. Garreau : M. M. Avy, 1865.
B. 1859. — Hautes-Pyrénées.
Par *Sting* et *Deer-Chase*, par Venison.
ompadour : 1864-1865. — Villeneuve-sur-Lot : 1866.
Vendu en 1869.

ENCORE, P. S. A.-A.   S.B.F., t. XII, p. 67.
H. N.
Al. 1891. — Chez M. Fauquier.
Par *Castillon* et *Emira*, par Emir, arabe.
Sa grand'mère : Alerte, par Prétendant.
Pau : depuis 1896.

ENDYMION, P. S. Ar.   S.B.F..t. V, p. 538.
H. N.
Gr. 1877. —- Haras de Pompadour.
Par *Kélif* et *Dair-el-Balah*.
Villeneuve-sur-Lot : 1881. — Mort en avril 1888.

EOLE II, P. S. A.   S.B.F., t. VI. p. 808.
H. N.
Al. 1868. — France.
Par *West-Australian* et *Noélie*, par The Baron.
Pau : 1886. — Mort en janvier 1892.

ÉPERON, P. S. A.-A.   S.B.F., t. XII, p. 67.
H. N.
B. 1893. — Haras de Pompadour.
Par *Gaëtan*, an.-ar., et *Idole*, par Vulcan et Charlotte,
par Nabr-el-Kebir, arabe.
Villeneuve-sur-Lot : depuis 1897.

EPERVIER, P. S. A.   S.B.F., t. II, p. 74.
H. N.
B. 1850. — France.
Par *Caravan* et *Emilia*, par Y. Emilius.
Villeneuve-sur-Lot : 1858. — Réformé en juillet 1871.

ÉPHRAIM, P. S. Ar.   S.B.F., t. IV, p
H. N.
Al. 1866. — Orient.
Pau : 1874. — Mort en août 1885.

ÉPI, P. S. A.-A.   S.B.F., t. XII, p 67
H. N.
Al. 1893. — Haras de Pompadour.
Par *Gaëtan*, an.-ar., et *Sybille*, par Flageolet.
Sa grand'mère : Sycée, par Marsyas.
Pau : depuis 1897.

ÉPI, P. S. A.-A.   S.B.F. t. IX, p.
H. N.
B. 1877. — Haras de Pompadour.
Par *Harami*, arabe, et *Plantago*, par Newsminster.
Pompadour : 1881. — Réformé en septembre 1890.

ÉPROUVÉ, P. S. A.-A.   S.B.F., t. I, p.
H. N.
Al. 1829. — Haras du Pin.
Par *Eastham* et *Hirondelle*, an.-ar., par Haleby.
Tarbes : 1837. — Mort en juillet 1856.

EPSOM, P. S. A.-A.   S.B.F., t. XII. p. 68.
H. N.
Al. 1893. — Haras de Pompadour.
Par *Echeveau*, an.-ar., et *Miller's-Maid*, par Craig-Millar.
Sa grand'mère : Rodel, par John-Davis.
Pompadour : depuis 1897.

S.B.F., t. IX, p. 463.
ÉQUATEUR, P. S. A.-A.
M. Dupont.
Al. 1886. — France.
Par *Kilt* et *Mirza*, an.-ar.
Pau : 1892. — Réformé en 1897.

ÉQUINOXE, P. S. A.   S.B.F., t. XII. p. 17.
M. Clossman, 1877. — H. N. en 1884.
B. 1877. — Chez M. Th. Régis.
Par *Baydad* et *Equation*, par Malton et Sylvina, par Fra-Diavolo.
Libourne : 1883. — Aurillac ; depuis 1884.

ÉRABLE, P. S. A.-A.   S.B.F., t. XII, p. 68.
H. N.

B. 1892. — Chez M. Cambot.

Par *Courtois* et *Ephraïme*, an.-ar., par Ephraïm, arabe, et Aline,
par Ali-Baba.

Tarbes : depuis 1896.

EROS, P. S. A.-A.   S.B.F., t. XII. p. 68.
H. N.

Al. 1885. — Haras de Saint-Georges (Allier).

Par *Silvio* et *Emérite*, an.-ar., par Emir, arabe, et Babiole,
par Fitz-Gladiator.

Aurillac : depuis 1889.

ERMAK, P. S. A.   S.B.F., t. XII, p. 17.
M. de Monbel.

B. 1888. — Chez M. de Monbel.

Par *Farfadel* et *Energetic*, par Lord-Lyon et Perseverance,
par Voltigeur.

Tarbes : depuis 1893.

S.B.F., t. II, p. 49.

ESPAGNAC, P. S. A.-A.
H. N.

B. 1857. — Haras de Pompadour.

Par *Commodore-Napier* et *Bénédicta*, an.-ar.,
par Romagnési, an.-ar.

Pompadour : 1861. — Abattu en juillet 1874.

ESPION, P. S. A.   S.B.F., t. XII, p. 17.
H. N.

Al. 1888. — Chez M. de Beauchamps.

Par *Manoël* et *Eusébia*, par Trocadéro et Esmeralda, par Nuncio.

Tarbes : depuis 1894.

ESPOIR, P. S. Ar.   S.B.F., t. XII, p. 97.
H. N.

B. 1893. — Haras de Pompadour.

Par *Assad* et *Berthe*, par Nahr-El-Kebir et Merjané,

Tarbes : depuis 1897.

ESPOIR, P. S. A.-A.   S.B.F., t. XII, p. 68.
H. N.
Al. 1890. — Chez M. Dizac.
Par *Fil-en-Quatre* et *Espérance*, par Souedj, arabe.
Sa grand'mère : Delphina, par Prospectus ou Emilio.
Pau : depuis 1894.

S.B.F., t. XII. p. 17.
ESPOIR-DE-ROUVRES, ex-**OUARGLA**, P. S. A.
H. N.
B. 1894. — Chez M. le B^{on} d'Hauteserve.
Par *Mourle* et *Diligence*, par Gabier et Diaprée, par Rayon-d'Or.
Perpignan : depuis 1898.

ESQUIULE, P. S. A.-A.   S.B.F., t. IX, p. 408.
H. N.
Gr. 1887. — Basses-Pyrénées.
Par *Nicklause* et *Zibeline*, an.-ar.
Perpignan : 1891. — Réformé en août 1896.

ES-SALT. P. S. Ar.   S.B.F., t. XII, p. 97.
H. N.
Gr. 1883. — Orient. — Importé en 1893.
Pompadour : depuis 1894.

S.B.F., t. XII, p. 68.
ESTÉFANE, P. S. A.-A.
H. N.
Al. 1893. — Chez M. Lascassies.
Par *San-Stéfano* et *Enfida*, par Dahabi, arabe.
Sa grand'mère : Contrebande, par Flibustier.
Pau : depuis 1897.

ESTRAC, P. S. A.-A.   S.B.F., t. XII, p. 68.
H. N.
Gr. 1882. — Chez M. Clérino.
Par *Djerasch*, P. S. Ar., et *Souvenance*, P. S. A.-A., par Souvenir
et Bernerette, par Kerbela, arabe.
Pau : depuis 1886.

ÉTENDARD, P. S. A.-A. | S.B.F., t. XII, p. 68.
H. N.
Al. 1893. — Haras de Pompadour.
Par *Fligny* et *Korrigane*, par Daoud, arabe, et Chance,
par Adventurer.
Aurillac : depuis 1897.

ÉTENDARD, P. S. A.-A. S.B.F., t. XII, p. 68.
H. N.
Al. 1891. — Chez M. U. Sempé.
Par *Vernet* et *Emeraude*, par Nassim, arabe.
Sa grand'mère : Eurydice, par Rémus.
Pau : depuis 1895.

ÉTÉOCLE, P. S. A. S. B. F., t. XII, p. 17
H. N.
B. 1883. — Chez M. le Bᵒⁿ de Ruble.
Par *Bay-Archer* ou *Vignemale* et *Etoile-du-Matin*, par Cymbal
et Gaëte, par Collingwood.
Tarbes : depuis 1889.

ÉTHELWOLF, P. S. A. S.B.F., t. II, p. 49.
H. N.
Bb. 1849. — Angleterre.
Par *Faugh-a-Ballagh* et *Espoir*, par Liverpool.
Tarbes : 1856-1858. — Pau : 1859. — Mort en août 1867.

ETNA, P. S. Ar. S B.F., t. XII, p. 97.
H. N.
Gr. 1893. — Haras de Pompadour.
Par *Assad* et *Lisa*, par Edhen.
Sa grand'mère : Gaudriole, par Harami.
Pau : depuis 1897.

ÉTOILÉ, P. S. A.-A. S. B. F., t. XI, p. 43.
H. N.
Al. 1890. — Hautes-Pyrénées.
Par *Etoilé* et *Emirza*, par Emir, arabe.
Pau : 1894. — Réformé en septembre 1895.

ÉTOILÉ, P. S. A. S.B.F., t. XII, p. 18.

M. A. Fould. — Hautes-Pyrénées.

Al. 1882. — Chez M. le Bon de Ruble.

Par *Vignemale* ou *Bay-Archer* et *Etoile-du-Matin*, par Cymbal
et Gaëte, par Collingwood.

Tarbes : depuis 1888.

S.B.F., t. XII, p. 68.

EUCALYPTUS, P. S. A.-A.
H. N.

B. 1890. — Chez M: Cambot.

Par *Courtois* et *Ephraïme*, par Ephraïm, arabe.
Sa grand'mère : Aline, par Ali-Baba.

Pau : depuis 1894.

EUGÈNE, P. S. A. S. B. F , t. 1, p. 31.
H. N.

B. 1847. — France.

Par *Royal-Oak* et *Pecora*.

Perpignan : 1851. — Réformé en janvier 1852.

EUPHRATE, P. S. A.-A. S.B.F., t. XI, p. 43.
H. N.

B. 1888. — Basses-Pyrénées.

Par *Courtois* et *Ephraïme*, an.-ar.

Tarbes : 1882. — Réformé en août 1895.

ÉVÈNEMENT, P.S. A.-A. S.B.F., t. II, p. 50.

M. de Lapeyrouse. — H. N. en 1869.

B. 1857. — Haras de Pompadour.

Par *Commodore-Napier* et *Médicis*, an.-ar., par Hussein, arabe.

Tarbes : 1861-1868. — Pau : 1869. — Réformé en septembre 1872.

EXILI, P. S. A. S.B.F., t. II, p. 50.
H. N.

B. 1852. — France.

Par *Brandy-Face* et *Phénice*, par Deucalion.

Aurillac : 1857. — Réformé en août 1858.

EXTRA, P. S. A. S. B. F., t. II, p. 51
H. N.
B. 1847. — Haras de Meudon.
Par *Y. Emilius* et *Eva*, par Sultan.
Rodez : 1852. — Réformé en décembre 1854.

EYLAU, P. S. A. S. B. F., t. XI, p. 347.
H. N.
B. 1892. — France.
Par *Claymore* et *Mistress-Gamp*, par Général-Peel.
Perpignan : 1897. — Mort en août 1897.

EYLAU, P. S. A.-A. S. B. F., t. I, p. 31.
H. N.
B. 1835. — Haras du Pin.
Par *Napoléon* et *Delphine*, an.-ar., par Massoud, arabe.
Pompadour : 1842. — Le Pin : 1843-1851.
Saint-Lô : 1852-1860.

EYOUB, P. S. Ar. S. B. F., t. VI, p. 676.
H. N. — Importé en 1878.
Gr. 1867. — Orient.
Villeneuve-sur-Lot : 1884. — Mort en août 1885.

EYRAN, P. S. Ar. S. B. F., t. IX, p. 416.
H. N.
Al. 1866. — Orient.
Tarbes : 1875. — Réformé en août 1891.

FABIUS, P. S. Ar. S. B. F., t.   , p.
H. N.
B. 1821. — Dépôt de Rodez.
Par *Gor*, persan, et *Zulmée*, P. S. Ar.
Rodez : 1826-1839.

FACHIANI, P. S. Ar. S. B. F., t.   p.
H. N.
Gr. — Orient.
Tarbes : 1846-47. — Paris : 1848.

FA-DIÈZE, P. S. A.   S.B.F., t. II, p. 51

M. Guestier.

B. 1851. — Haute-Vienne.

Par *Commodore-Napier* et *Sylvina*, par Fra-Diavolo.

Libourne : 1859-1873.

FAISAN, P. S. A.-A.   S.B.F., t. XII, p. 69.

H. N.

Gr. 1894. — Haras de Pompadour.

Par *Corrézien*, arabe, et *Outarde*, par Bariolet.

Sa grand'mère : Falbala, par Blinkhoolie.

Pau : depuis 1898.

S.B.F., t. II, p. 52.

FAKAR-EL-DIN, P. S. A.-A.

H. N.

Gr. 1851. — Haras de Pompadour.

Par *Bagdadli*, arabe, et *Betzy*, par Napoléon.

Perpignan : 1855-1860. — Aurillac : 1861.

Réformé en octobre 1867.

FAKIR, P. S. A.-A.   S. B. F., t. XII, p. 60.

H. N.

B. 1894. — Haras de Pompadour.

Par *Gaëtan*, an.-ar., et *Laïs*, par Vulcan et Berthe, par
Nahr-El-Kébir, arabe.

Libourne : depuis 1898.

S. B. F., t. XII, p. 69.

FALSACAPPA, P. S. A.-A.

H. N.

Gr. 1894. — Haras de Pompadour.

Par *Abou-Arabi*, arabe, et *Napata*, an.-ar., par Edhen, arabe,
et Delight mare.

Tarbes : depuis 1898.

FANA, P. S. Ar.   S. B. F., t. II. p. 1106.

Gr. 1849. — Orient.

Perpignan : 1854-1864. — Tarbes : 1865. — Mort en novembre 1874.

FANAL, P. S. A.-Ar.   S.B.F., t. VI, p. 685.
H. N.
Gr. 1878. — Haras de Pompadour.
Par *Blinkhoolie* et *Badoure*, arabe.
Pau : 1883. — Vendu en septembre 1884.

FANDANGO, P. S. A.   S.B.F., t. XII, p. 9.
H. N.
B. 1878. — Haras de Pompadour.
Par *Blinkhoolie* et *Noure*, arabe.
Villeneuve-sur-Lot : depuis 1882.

FANFARON, P. S. A.-A.   S.B.F., t. II, p. 69.
H. N.
B. 1878. — Haras de Pompadour.
Par *Blinkhoolie* et *Chéria*, arabe.
Pau : depuis 1882.

FANTAISIE, P. S. A.   S.B.F., II, p. 52.
M. Régis.
B. 1858. — France.
Par *Nuncio* et *Désirée*, par Mameluke.
Libourne : 1864-1872.

FARAH, P. S. Ar.   S. B. F., t. II, p. 1106.
H. N.
B. 1858. — Orient.
erpignan : 1868. — Réformé en août 1869.

FARAOUN, P. S. Ar.   S.B.F., t. V, p. 524.
H. N.
Gr. 1868. — Orient.
Libourne : 1876. — Mort en mai 1878.

FARCEUR, P. S. A.-A.   S.B.F., t. XII, p. 63.
H. N.
Al. 1894. — Haras de Pompadour.
Par *Echeveau*, an.-ar., et *Sybille*, par Flageolet.
Sa grand'mère : Sycée, par Marsyas.
Pompadour : depuis 1898.

FARCEUR II, P. S. A. S. B. F., t. IX, p. 13.
H. N.
N. 1881. — France.
Par *Bagdad* et *Frédégonde*, par Skirmisher.
Tarbes : 1886. — Réformé en août 1891.

FARFADET, P. S. A. S.B.F., t. II, p. 53.
Mis de Fayolles.
Al. 1853. — Haute-Vienne.
Par *Malton* et *Rosabelle*, par Terror ou Prémium.
Libourne : 1858. — Mort en 1861.

FARFADET, P. S. A. S.B.F., t. II, p. 53.
H. N.
B. 1847. — France.
Par *Saint-Francis* et *Samphire*, par Slane.
Tarbes : 1852. — Réformé en août 1862.

FARHAM, P. S. Ar. S.B.F., t. IX, p. 417.
H. N.
B. 1884. — Syrie.
Ajaccio : 1890. — Réformé en septembre 1894.

FARIBOULET, P. S. A.-A. S.B.F., t. XII, p. 6.
H. N.
B. 1894. — Chez M. Labourdette.
Par *Courtois* et *Fellahine*, an.-ar., par Djerasch, arabe, et May,
par Magenta.
Tarbes : depuis 1898.

FARKAN, P. S. Ar. S.B.F., t. II, p. 1106.
H. N.
B. 1855. — Orient.
Pau : 1865-janvier 1870. — Passé à Perpignan : 1870-1873.

FAROUCHE, P. S. A. S.B.F., t. XII, p. 18.
H. N.
B. 1891. — Chez M. E. de la Charme.
Par *Palais-Royal* et *Fusion*, par The Peer et Ronzina,
par Womersley.
Perpignan : depuis 1896.

FAUNUS, P. S. A.   S.B.F .l. p. 32.
H. N.
B. 1831. — Angleterre.
Par *Whalebone* et *Harpalice*.
Aurillac : 1848. — Réformé en octobre 1851.

FAUST, P. S. A.-A.   S.B.F., t. XII, p. 69.
H. N.
Al. 1894. — Haras de Pompadour.
Par *Gaëtan*, an.-ar., et *Vestale*, par Ruy-Blas.
Sa grand'mère : Vestment, par Saint-Albans.
Pau : 1898. — Réformé en août 1898.

FAVEROLLES, P. S. A.   S.B.F., t. II, p. 51.
H. N.
B. 1855. — Indre.
ar *Master-Wags* et *Xénodice*, par Commodor-Napier.
Pompadour : 1866. — Abattu en novembre 1873.

S.B.F., t. XII, p. 19.
FÉLICIEN, ex-**FINANCIER**, P. S. A.
M. Bourdettes (Hautes-Pyrénées).
Al. 1880. — Chez M. J. Prat.
ar *Plutus* et *Félicité*, par Le Petit-Caporal et Fragola,
par Gladiator.
Tarbes : depuis 1887.

FELIX, P. S. A.   S.B.F.. t. I, p. 38.
H. N.
B. 1843. — Angleterre.
Par *Accident* et *Mameluck mare*.
Libourne : 1848. — Castré en août 1858.

FÉLIX, P. S. A.-A.   S.B.F., t. II, p. 180.
H. N.
B. 1865. — France.
Par *Kerbela*, arabe, et *Alba*, par Napier.
Rodez : 1869. — Mort en septembre 1883.

FÉLIX, P. S. A.   S.B.F., t. I, p. 33.
H. N.
B. 1828. — Angleterre.
Par *Rainbow* et *Y. Jolly*.
Aurillac : 1845. — Réformé en juillet 1848.

FÉLIX, P. S. A.   S.B.., t. I, p. 33.
H. N.
B. 1839. — France.
Par *Royal-Georges* et *Syréne*, par Mustachio.
Rodez : 1845. — Villeneuve-sur-Lot : 1846-1847.
Passé à l'Ecole du Pin en septembre 1847.

FÉLIX, P. S. A.   S.B.F., t. II, p. 54.
H. N.
B. 1856. — Gers.
Par *Sting* et *Yebra*, par Gladiator.
Perpignan ; 1860. — Réformé en septembre 1861.

FÉNELON, P. S. A.   S.B.F., t. XII, p. 19.
H. N.
Al. 1889. — Chez M. P. Desclos.
Par *John-Day* ou *Chelsea* et *Frantic*, par Monitor Il et Frenzy,
par Alarm.
Aurillac : depuis 1895.

S.B.F., t. VII, p. 850.

FER-DE-LANCE, P. S. A.-A.
M. Féral ; M. Millet en 1887.
B. 1882. — Basses-Pyrénées.
Par *Dibadj*, arabe, et *Nérina*, par Strongbow.
Rodez : 1882. — Tarbes : 1887. — Réformé en 1889.

FEREDJÉ, P. S. Ar.   S.B.S., t. VI, p. 699.
H. N.
Gr. 1879. — Haras de Pompadour.
Par *Wahab* et *Farah*.
Perpignan : 1883 — Mort en mars 1891.

S.B.F.. t. XII. p. 69.

FERRÈRE, ex-**FRONTOMEU**, ex-**TIR**. P. S. A.-A.

MM. Lavat, 1891 ; M. Souville, 1893 (Gers).

Al. 1887. — Chez M. J. Senmartin.

Par *El Yahoudi*, arabe, et *Fugitive*, par Imaël, arabe, et Rouelle,
par Womersley.

Tarbes : depuis 1891.

FERUK-KHAN, P. S. A. S.B. F., t. II, p. 55.

H. N.

Al. 1857. — France.

Par *The Baron* et *Annetta*, par Ibrahim (Sultan).

Libourne : 1864-1868. — Saintes : 1869-1870.

S.B.F. t. XII. p. 70.

FEU-D'ARTIFICE, P. S. A.-A.

H. N.

B. 1888. — Chéz M. Sainte-Cluque.

Par *Fanfaron*, an.-ar., et *Feu-de-Paille*, par Abdel, arabe,
et Antigone, par Strongbow.

Pau : depuis 1892.

S.B.F., t. XII., p. 70.

FEU-FOLLET, P. S. A.-A.

H. N.

Al. 1894. — Haras de Pompadour.

Par *Gaëtan*, an.-ar., et *Korrigane*, par Daoud, arabe, et Chance,
par Adventurer.

Villeneuve-sur-Lot: depuis 1898.

FEZ, P. S. Ar. S.B.F., t. XII, p. 98.

H. N.

Gr. 1887. — Chez M. Belin.

Par *Saklawy-Djedran* et *Fatouma*, par Cheïtan et Aïssa.

Tarbes: depuis 1891.

FEZ, P. S. Ar. S.B.F.. t. XII. p. 98.

H. N.

Al. 1894. — Chez M. Belin-Rectou.

Par *Saklawy-Djedran* et *Fatima*, par Dahabi.

Sa grand'mère : Fatouma, par Cheïtam.

Pau : depuis 1898.

FEZ, P. S. Ar. S.B.F., t. VI, p. 711.
H. N.
Al. 1878. — Haras de Pompadour.
Par *Wahab* et *Mantoura*.
Pompadour : 1882. — Abattu en février 1892.

S B.F., t. XII, p. 70.
FIDÈLE-AU-MALHEUR, P. S. A.-A.
M. Tormou ; M. Durroux, 1888 (Landes).
B. 1879. — Chez M. J.-M. Carmouze.
Par *Bon-Vivant* et *Infortunée*, an.-ar., par Djeffée, arabe,
et Arabella, par Weatherbit.
Pau : depuis 1883.

FIGHT-AWAY, P. S. A. S.B.F., t. I. p. 220.
H. N.
B. 1848. — Haras de la Morlaye.
Par *Gladiator* et *Flighty*, par Y. Phantom.
Tarbes : 1853-1863. — La Roche-sur-Yon : 1864-1865.

S.B.F., t. XII, p. 19.
FIL-EN-QUATRE, P. S. A.
H. N.
Al. 1877. — Chez M. Delamarre.
Par *Plutus* et *Fidélité*, par Monarque et Constance, par Gladiator.
Tarbes : depuis 1884.

FIN-BOIS, P. S. A. S.B.F., t. XII, p. 19.
H. N.
Al. 1887. — Chez M. Descours-Desacres.
Par *Réussi* et *Fine-Chartreuse*, par Carrouges et Fine Champagne,
par Aviceps.
Villeneuve-sur-Lot : depuis 1894.

FINGAL, P. S. A. S.B.F., t. I, p. 39.
H. N.
Al. 1834. — Haras du Pin.
Par *Emilius* et *Worry*.
Tarbes : 1839-1851. — Au Pin en 1852.

FINGAL, P. S. A.-A.   S.B.F., t. IX, p. 14.
H. N.
Al. 1876. — Hautes-Pyrénées.
Par *Emir*, P. S. Ar., et *Chloé*, an.-ar., par Othello, arabe.
Tarbes : 1880. — Réformé en juillet 1894.

FIORD, P. S. A.   S.B.F., t. XII, p. 19.
M. le B⁰ⁿ du Theil ; en 1897, M. Magne (Dordogne).
Al. 1887. — Chez M. le C⁰ Foy.
Par *Moorlands* et *Feuille-de-Frêne*, par Gontran.
Sa grand'mère : Ivresse, ex-Marguerite, par Buckthorn.
Libourne : depuis 1896.

FIORI, P. S. A.-A.   S.B.F., t. VII, p. 830.
H. N.
Al. 1883. — France.
Par *Le Drôle* ou *Berryer* et *Fiorella*, an.-ar., par Pelgrim.
Villeneuve-sur-Lot : 1888. — Passé à l'Ecole du Pin en 1892.

FIRMAMENT, P. S. A.   S.B.F., t. IX. p. 14.
H. N.
B. 1883. — France.
Par *Sylvio* et *Astrée*, par Dollar.
Tarbes : 1888. — Mort en juillet 1893.

FIRST-BORN, P. S. A.   S.B.F., t. II, p. 55.
H. N.
Bb. 1848. — France.
Par *Nuncio* et *Bienséance*, par Friedland.
Libourne : 1853-1857. — Braisne : 1858-1867. — Pau : 1868.
Mort en janvier 1869.

S.B.F., t. XII, p. 70.
FIRST-DECIMUS, P. S. A.-A.
H. N.
B. 1887. — Chez M. Dutheillet de la Mothe.
Par *Bariolet* et *Harmonie*, par Harami, arabe.
Sa grand'mère : Poetry, par Stockwell.
Libourne : depuis 1892.

— 443 —

FITZ-CAROLUS, P. S. A. S.B.F., t. , p.   .
H. N.
B. 1848. — France.
Par *Charles XII* et *Revival*, par Pantaloon.
Pau : 1853. — Envoyé à Alfort en mars 1858.

FITZ-EMILIUS, P. S. A. S.B.F., t. I, p. 34.
H. N.
B. 1842. — France.
Par *Y. Emilius* et *Miss-Sophia*.
Tarbes : 1849. — Mort en juillet 1852.

S.B.F., t. II, p. 56.
FITZ-GLADIATOR, P. S. A.
H. N.
Al. 1850. — France.
Par *Gladiator* et *Zarah*, par Reveller.
Tarbes : 1865. — Mort en octobre 1873.

S.B.F., t. XII, p. 70.
FITZ-RÉUSSI, P. S. A.-A.
H. N.
Gr. 1894. — Haras de Pompadour.
Par *Réussi* et *Kosiki*, par Edhen, arabe.
Sa grand'mère : Electricity, par Thunderbolt.
Pompadour : depuis 1898.

S.B.F., t. II, p. 57.
FITZ-RICHMOND, P. S. A.
H. N.
Al. 1855. — France.
Par *Richmond* et *Mimie*.
Tarbes : 1859. — Réformé en février 1861.

S.B.F., t. I, p. 363.
FITZ-TOUCHSTONE, P. S. A.
H. N.
Bb. 1848. — France.
Par *Touchstone* et *Rose-of-Sharon*, par Pantaloon.
Perpignan : 1861. — Réformé en août 1867.

FLA-FLA, P. S. A.-A.   S. B. F., t. VI, p. 493.
H. N.
Gr. 1878. — Haras de Pompadour.
Par *Sadrazam*, arabe, et *Novice*, par Marsyas.
Pau : 1885 — Réformé en septembre 1886.

         S. B. F., t. XII, p.
FLAGEOLET, P. S. A.-A.
H. N.
Gr. 1890. — Chez M. Nogaro.
Par *El-Nimr*, arabe, et *Pyrénéenne*, par Aviso, an.-ar., et
La Bergère-des-Pyrénées, par Memphis ou Quohilet-Oudjous, arabes.
Pau : depuis 1894.

FLAVIO, P. S. A.   S. B. F., t. IX, p. 1
M. Achille Fould.
Al. 1876. — France.
Par *Consul* et *Fille-de-l'Air*, par Faugh-a-Ballah.
Tarbes : 1884. — Non approuvé en 1898.

FLEURI, P. S. A.   S. B. F., t. XI, p.
H. N.
B. 1887. — Gers.
Par *Florentin* et *La Violette*, par Le Petit-Caporal.
Pau : 1892. — Vendu le 18 février 1895.

FLEURY, P. S. A.   S. B. F., t. II, p. 58.
M. Junca.
Al. 1846. — France.
Par *Beggarman* ou *Paillasse* et *Emma*, par Napoléon.
Tarbes : 1856. — S. r. après 1856.

FLEURON, P. S. A.-A.   S. B. F., t. VI, p. 246
H. N.
Gr. 1879. — Gers.
Par *Drummond* et *Fleurange*, an.-ar., par Y. Karchane, arabe.
Perpignan : 1883. — Réformé en août 1889.

S. B. F., t. II. p. 9.

FLIBUSTIER, P. S. A.-A.

M. Pérès, 1862 ; M. Ducot, 1863.

Al. 1858. — France.

Par *Nuncio* et *Aurélie*, an.-ar., par Brocardo.

Villeneuve-sur-Lot : 1862-67 — Passé dans une autre circonscription.

FLIBUSTIER, P. S. A.   S. B. F., t. II. p. 59.

H. N.

B. 1860. — France.

Par *Nuncio* et *Forest-du-Lys*, par Pyrrhus-the-First.

Pau : 1873. — Mort en septembre 1881.

FLIC-FLAC, P. S. A.-A.   S. B. F., t. II, p. 59.

H. N.

Bb. 1858. — Haras de Pompadour.

Par *Commodor-Napier* et *Nymphœa*, an.-ar.,
par Ben-Massoud, arabe.

Pompadour : 1862-65. — A Blois en janvier 1867.

FLIGNY, P. S. A.   S. B. F., t. XII. p. 20

H. N.

Al. 1886. — Chez M. L. Grégoire.

Par *Zut* et *Mademoiselle-de-Fligny*, par Bois-Roussel.

Sa grand'mère : Milwood, par Sir-Hercules.

Pompadour : depuis 1891.

FLORÉAL, P. S. A.   S. B. F., t. XII, p. 20.

H. N.

Al. 1888. — Chez M. P. Aumont.

Par *Border-Minstrel* et *Fleur-de-Mai*, par Saxifrage.

Sa grand'mère : Fleur-de-Lin, par Monarque.

Libourne : depuis 1893.

FLORENTIN, P. S. A.   S. B. F., t. II, p. 491.

M. Dufour ; M. de Compaigno.

B. 1866. — France.

Par *Cobnut* et *Florence*, par Collingwood.

Tarbes : 1880. — Réformé en 1890.

FLORESTAN, P. S. A.-A. S.B.F., t. XII, p. 70
H. N.

Gr. 1878. — Haras de Pompadour.

Par *Blinkhoolie* et *Fatime*, par Kouleli, arabe, et Moheleda,
par Hussein, arabe.

Pau : depuis 1882.

FLORIAN, P. S. Ar. S.B.F., t. XII, p. 98.
H. N.

Al. 1894. — Haras de Pompadour.

Par *Assad* et *Charlotte*, par Nahr-El-Kébir et Merjané.

Pompadour : depuis 1898.

FLORIAN, P. S. A.-A. S.B.F., t. XII, p. 70.
H. N.

Gr. 1894. — Chez M. Mouremble.

Par *El Nimr*, arabe, et *Florine*, par Ceylon et Fauvette,
par Dankali, arabe.

Rodez : depuis 1898.

FLORIAN, P. S. A.-A. S.B.F., t. VII, p. 295.
M. de Monda.

N. 1882. — France.

Par *Ispahan*, arabe, et *Javeline*.

Tarbes : 1897. — Réformé en 1891.

FLORIN, P. S. A.-A. S.B.F., t. XI, p. 520
H. N.

Al. 1893. — France.

Par *El Mahdi*, arabe, et *Follette*, an.-ar.

Rodez : 1897. — Castré en août 1897.

S.B.F., t. V, p. 188

FOLLEMBRAY, P. S. A.
H. N.

B. 1876. — Eure.

Par *Consul* et *Fleurette*, par Ventre-Saint-Gris.

Pau : 1880. — Abattu en août 1893.

S.B.F., t. IX, p. 15.

FONTARABIE, P. S. A.-A.

H. N.

B. 1886. — France.

Par *Gingembre*, an.-ar., et *Fleur-d'Avril*, an.-ar.

Rodez : 1890-1894. — Passé à Saintes en octobre 1894.

S.B.F., t. VI, p. 11.

FOOG, ex-**FRUGEZ**, P. S. A.-A.

H. N.

Gr. 1877. — France.

Par *Y. Karchane*, arabe, et *Marie-Antoinette*.

Tarbes : 1881. — Réformé en août 1884.

FORBAN, P. S. A.-A.   S.B.F., t. VI, p. 686.

H. N.

B. 1878. — Haras de Pompadour.

Par *Blinkoolie* et *Bakiré*, arabe.

Perpignan : 1882-1892. — Ajaccio : 1893. — Réformé en août 1896.

FORBAN, P. S. A.   S.B.F., t. II, p. 61.

H. N.

Bb. 1855. — France.

Par *Womersley* et *Phénice*, par Deucalion.

Pompadour : 1860. — Réformé en septembre 1871.

S.B.F., t. II, p. 61.

FORTUNATUS, P. S. A.

H. N. en 1853.

B. 1850. — Angleterre.

Par *Picaroon* et *Granby mare* (Lucia)

Pau : 1854-1857. — Perpignan : 1858. — Réformé en août 1858.

S.B.F., t. IX, p. 15.

FORTUNIO, P. S. A.-A.

H. N.

B. 1878. — Haras de Pompadour.

Par *Harami*, arabe, et *Plantago*, par Westminster.

Pompadour : 1882. — Réformé en septembre 1890.

FOSCARINI, P. S. A.   S.B.F., t. I, p. 170.
H. N.
B. 1828. — France.
Par *Captain-Candid* et *Crystal*, par Triumvir.
Pau : 1840. — Vendu en juillet 1852.

S.B.F., t. III, p. 153.
FOUDRE-DE-GUERRE, P. S. A.
M. de Breteuil; M. Souliguac, en 1885.
B. 1870. — France.
Par *Muscovite* et *Fantaisie*, par Serious.
Tarbes : 1880. — Réformé en 1888.

FOUKARA, P. S. Ar.   S.B.F., t. II, p. 1166.
H. N.
Gr. 1851. — Orient.
Villeneuve-sur-Lot : 1855. — Réformé en août 1868.

FOUKARA, P. S. Ar.   S.B.F., t. V, p. 524.
H. N.
Bb. 1864. — Orient.
Pau : 1878. — Mort en août 1883.

FRA-DIAVOLO, P. S. A.   S.B.F., t. I, p. 31.
H. N.
Bb. 1830. — France.
Par *Filho-da-Puta* et *Ténériffe*, par Blackloch.
Libourne : 1842. — Castré en juillet 1849.

FRAGILE, P. S. A.   S.B.F., t. II, p. 62.
H. N.
Bb. 1851. — France.
Par *Y. Emilius* et *Eola*, par Royal-Oak ou Terror.
Tarbes : 1855. — Réformé en janvier 1858.

FRANC, P. S. A.   S.B.F., t. XII, p. 21.
H. N.
B. 1885. — Chez M. Saint-Martin.
Par *Bay-Archer* et *Flamme*, par Bertram et Feuille-d'Or,
par Fitz-Gladiator.
Villeneuve-sur-Lot : depuis 1890.

FRANC-TIREUR, P. S. A.   S.B.F., t. V.,p. 9.
H. N.
B. 1870. — France.
Par *Tournament* et *Fleur-des-Bois*.
Tarbes 1876-1877. — Rodez : 1878-1881.
Villeneuve-sur-Lot : 1882. — Abattu en août 1896

FRAMIQUEL, P. S. A.-A.   S.B.F., . IX, p. 167.
H. N.
B. 1886. — France.
Par *Amrar*, arabe, et *Foudrette*, anglais.
Tarbes : 1890. — Réformé en août 1894.

FREGIAN, P. S. Ar.   S.B.F., t. IX, p. 417.
H. N.
Gr. 1878. — France.
Par *Sadrazam* et *Sultane*, par Rabdan.
Villeneuve-sur-Lot: 1883. — Castré en novembre 1896.

FRIDOLIN, P. S. A.-A.   S.B.F., t. I p. 504.
H. N.
B. 1847. — France.
Par *Emilio* et *Zillah*, an.-ar., par Général-Mina.
Tarbes : 1852. — Mort en octobre 1854.

S.B.F., t. XII, p. 71.
FRIEDLAND, P. S. A.-A.
H. N.
Gr. 1894. — Haras de Pompadour.
Par *Corrézien*, arabe, et *Sweet-Bite*, par Mac-Gregor et The Quail,
par Thunderbolt.
Tarbes : depuis 1898.

FRIMAS, P. S. A.-A.   S.B.F., t. XII, p. 71.
H. N.
B. 1894. — Haras de Pompadour.
Par *Echeveau*, an.-ar., et *Givre*, par Foxhall et Winter-Queen,
par King-Tom.
Aurillac : depuis 1898.

— 450 —

FRIPON, P. S. Ar. S.B.F., t. , p.
H. N.
B. 1863. — Orient.
Tarbes : 1875. — Réformé en septembre 1880.

FRIVOLE, P. S. A.-A. S.B.F., t. I, p. 498.
H. N.
Gr. 1828. — France.
Par *Tigris* et *Nichab*, arabe (Orient).
Pau : 1833. — Mort en mars 1849.

FROHSDORFF, P. S. A. S.B.F., t. II, p. 62.
H. N.
Al. 1851. — France.
Par *Copper-Captain* et *Almée*, par Mameluk ou Paradox.
Rodez : 1868. — Le Pin en août 1868.

FROISSART, P. S. Ar. S.B.F., t. XII, p. 98.
H. N.
Gr. 1894. — Haras de Pompadour.
Par *Assad* et *Berthe*, par Nahr-el-Kébir et Merjané.
Pompadour : depuis 1898.

FRONSAC, P. S. Ar. S.B.F., t. XII p. 98.
H. N.
B. 1894. — Haras de Pompadour.
Par *Assad* et *La Moabite*, par Djerasch et Kalifa, par Kerbela.
Pompadour : depuis 1898.

FULGUR, P. S. A. S.B.F., t. II, p. 63.
H. N.
B. 1853. — Hautes-Pyrénées.
Par *Y. Emilius* et *Candida*, par Prospectus.
Tarbes : 1858. — Réformé en août 1875.

S.B.F., t. XII, p. 71.
FUSAIN, ex-**VIGILANT**, P. S. A.-A.
H. N.
B. 1883. — Chez M. Cénac-Lagrave.
Par *Bay-Archer* et *Véronica*, an.-ar., pas Nassim, arabe, et Viola,
par Le Petit-Caporal.
Libourne : depuis 1887.

FUSAIN, P. S. Ar.   S.B.F.,t.VI, p.497.
H. N.
Al. 1878. — Haras de Pompadour.
Par *Harami* et *El-Guetrané*.
Pau: 1882. — Réformé en août 1888.

GABIER, P. S. A.-A.   G.D.F., t. VI, p. 000.
H. N.
B. 1879. — Haras de Pompadour.
Par *Suffolk* et *Bakiré*, arabe.
Pau : 1883. — Réformé en août 1890.

GAËTAN, P. S. A.-A.   S. B. F., t. XII, p. 71.
B. 1879. — Haras de Pompadour.
Par *Suffolk* et *Ariane*, arabe, par Merkham, arabe, et Parizade,
par Romani, arabe.
Pompadour : depuis 1883.

S.B.F., t. II, p. 707.
GAGE-D'AMOUR, P. S. A.
M. Guestier ; Mme Heine.
N. 1866. — Gironde.
Par *Fitz-Gladiator* et *Mariage*, par Ion.
Libourne : 1874. — Mort en juin 1877.

GALAAD, P. S. A.   S.B.F., t. IV, p. 478.
H. N.
B. 1870. — Orient.
Pompadour : 1874-1875. — Libourne : 1876.
Castré en septembre 1879.

GALAOR, P. S. Ar.   S. B. F., t. VII, p. 790.
H. N.
B. 1879. — Haras de Pompadour.
Par *Harami* et *Angèle*, par Dervich.
Pompadour : 1882. — Réformé en septembre 1892.

GALAOR, P. S. A.   S.B.F., t. XI, p. 530.
H. N.
B. 1892. — France.
Par *Tamerlan* et *Gabine*, par Chasseur.
Perpignan : 1896. — Mort en septembre 1897.

S. B. F., t. II, p. 1107.

GALIMATIAS, P. S. A.-A.

H. N.

B. 1859. — Haras de Pompadour.

Par *Commodor-Napier* et *Nazareth*, arabe, par Hussein.

Pau : 1863. — Mort en avril 1864.

GANIMET, A.-Ar.

S. B. F., t. X, p. 19.

H. N.

Al. 1887. — France.

Par *Ganymède* et *Jujube*, P. S. A.-A.

Rodez : 1891. — Réformé en août 1891.

GANYMÈDE, P. S. A.

S.B.F., t. XII, p. 22.

H. N.

Bb. 1880. — Chez M. P. Anmont.

Par *Saxifrage* et *Good-Night*, par Orphelin et Belle-de-Nuit,
par Y. Émilius.

Villeneuve-sur-Lot : depuis 1886.

S.B.F., t. VI, p. 707.

GARDE-NOBLE, ex-GAZAN, P. S. A.-A.

H. N.

Al. 1878. — France.

Par *Samari*, arabe, et *Ida*, an.-ar., par Magenta.

Pau : 1882. — Réformé le 21 août 1897.

S.B.F., t. I, p. 36.

GARGANTUA, P. S. A.

H. N.

B. 1839. — Haras du Pin.

Par *Lottery* et *Vesta*.

Rodez : 1843. — Réformé en février 1844.

S.B.F., t. I, p. 37.

GARRY-OWEN, P. S. A.

H. N. — Importé en 1849.

Al. 1837. — Angleterre.

Par *Saint-Patrick* et *Excitement*, par Emilius.

Tarbes : 1850-1857. — Pompadour : 1858. — Abattu en février 1861.

GASCON, P. S. A.   S.B.F., t. XII, p. 71.
H. N.
B. 1891. — Chez M. Barthe.
Par *Amrar*, arabe, et *Archère*, par Bay-Archer.
Sa grand'mère : Espérance, par Souedj, arabe.
Pau : depuis 1895.

GASPARD, P. S. A.-A.   S.B.F., t. VII, p. 549.
H. N.
B. 1881. — France.
Par *El-Yahoudi*, arabe, et *Makoline*, an.-ar., par Noël.
Pau : 1885. — Vendu en août 1894.

GAY-BOY, P. S. A.   S. B. F., t. I, p. 37.
H. N.
B. 1846. — Haras de la Morlaye.
Par *Brabant* et *Flirtation*, par Rococo.
Libourne : 1851. — Mort en avril 1855.

GAZLAN II, P. S. Ar.   S.B.F., t. VII, p. 790.
H. N. en 1882.
Gr. 1872. — Autriche.
Par *Gazlan* et *Mersucha*, par Ben-Azat.
Libourne : 1883. — Tarbes : 1884. — Réformé en août 1888.

GÉDÉON, P. S. Ar.   S.B.F., t. II, p. 1107.
H. N.
Gr. 1859. — Haras de Pompadour.
Par *Rabdan* et *Marquise-de-Pompadour*, par Hussein.
Pau · 1863. — Réformé en juillet 1866.

GÉLOS, P. S. A.-A.   S.B.F., t. I. p. 476.
H. N.
Al. 1845. — Basses-Pyrénées.
Par *Alt-Baba* et *Célina*, an.-ar., par Foscarini.
Pau : 1849. — Vendu en décembre 1868.

S.B.F., t V, p. 524.

GENGIS-KHAN, ex-**EFFENDI**, P. S. Ar

H. N.

Al. 1874. — France.

Par *Adham* et *Kalifa*, par Kerbela.

·Pau : 1878. — Abattu en août 1895.

S.B.F., t. II. p. 64.

GENTIL-BERNARD, P. S. A.

H. N.

B. 1846. — France.

Par *Napoléon* et *Mid-Summer*.

Tarbes : 1853. — Mort en août 1860.

S. B. F., t. XII, p.

GÉRANIUM, P. S. A.-A.

H. N.

B. 1879. — Haras de Pompadour.

Par *Suffolk* et *Zahr-el-Naufar*, arabe.

Aurillac : depuis 1883.

GERBERT, P. S. A.-A.   S.B.F., t. II, p.   .

H. N.

B. 1859. — France.

Par *Commodor-Napier* et *Mercédès*, an.-ar.

Perpignan : 1863. — Réformé en août 1869.

GERFAUT, P. S. A.-A. S.B.F.,   , p. 74.

M. Brun (Hautes-Pyrénées).

Bb. 1892. — Chez M. Peyrot-Barbé.

Pa *Castillon* et *Gambie*, par Israël, arabe, et Gergovie
par Wolfram.

Tarbes ; depuis 1896.

GERICAULT, P. S. A.-A.   S.B.F., t. XII, p. 71.
H. N.
Al. 1893. — Chez M. J.-M. Bégué.
Par *Vernet* et *Minerve*, par Nassim ou Ispahan, arabes.
Sa grand'mère : Mauresque, par Theodoros.
Pau : depuis 1897.

GÉRICAULT, P. S. A.   S.B.F., t. I, p. 139.
H. N.
Bb. 1837. — France.
Par *Y. Vandike* et *Brunette*, par Clavileno.
Pompadour : 1842. — Cluny : 1843-1848.
Villeneuve-sur-Lot : 1849-1853. — Passé à l'Ecole vétérinaire
de Toulouse en novembre 1853.

S.B.F., t. II, p. 66 et 460.
GERMAIN, P. S. A.
H. N.
B. 1860. — France.
Par *Remus* et *Fabula*, par Beaucens.
Tarbes : 1864. — Réformé en juillet 1865.

GHAREB, P. S. Ar.   S.B.F., t. II, p. 1164.
H. N.
Gr. 1859. — France.
Par *Rabdan* et *Guensghisa* (née en Orient).
Tarbes : 1863-1866.

GIAFFARD, P. S. Ar.   S.B.F., t. V, p. 524.
H. N.
B. 1867. — Orient.
Tarbes : 1878. — Réformé en octobre 1879.

GIBBON, P. S. A.   S.B.F., t. II, p. 66.
H. N.
B. 1851. — France.
Par *Skirmisher* et *Mademoiselle-de-Brie*, par Ali-Baba.
Pau : 1855. — Réformé en août 1863.

GIGÈS, P. S. A.   S.B.F., t. I, p. 37.
H. N.
Al. 1837. — France.
Par *Priam* et *Eva*, par Sultan.
Libourne : 1848. — Passé au Haras de Meudon en novembre 1848.

GILBERT, P. S. A.   S.B.F., t. IX, p. 16.
H. N.
B. 1872. — Angleterre.
Par *Lord-Clifden* et *Toxophilite mare*.
Pompadour : 1877-1884. — Libourne : 1885-1891.
Villeneuve-sur-Lot : 1892. — Mort en février 1894.

GIL-BLAS, P. S. Ar.   S.B.F., t. XII, p. 98.
M. de Sevin (Lot-et-Garonne).
Gr. 1879. — Chez M. A. de Sevin.
Par *Derviche* et *Camille*, par Nahr-el-Kébir et Farha.
Villeneuve-sur-Lot : depuis 1883.
En 1895, a fait la monte dans la circonscription de Tarbes.

GILFA, P. S. Ar.   S.B.F., t. IX, p. 418.
H. N.
Al. 1886. — Orient.
Villeneuve-sur-Lot : 1890. — Castré en février 1897.

GIL-PÉRÈS, P. S. A.   S.B.F., t. XII, p. 22.
H. N.
Al. 1889. — Chez M. le Mis de Castelbajac.
Par *Vignemale* et *Gipsy*, par Vespasian et Brown-Agnès,
par Gladiateur.
Libourne : depuis 1894.

S.B.F., t. VI, p. 275.
GINGEMBRE, P. S. A.-A.
H. N.
Al. 1879. — Haras de Pompadour.
Par *Wahab*, arabe, et *Gentian*, par Warlock.
Pau : 1883. — Mort en juillet 1897.

S.B.F., t. V, p. 524.

GIRON, ex-**MYSTRE**, P. S. A.-A.
H. N. en 1877.
Al. 1873. — France.
Par *Duvet*, an.-ar., et *Fiammina*, par Bagdadli, arabe.
Tarbes : 1878. — Perpignan : 1879-1885. — Ajaccio : 1886.
Réformé en août 1890.

GITANO, P. S. Ar.   S.B.F., t. VI, p. 686.
H. N.
Gr. 1879. — Haras de Pompadour.
Par *Sadrazam* et *Ballade*, par Nahr-el-Kébir.
Pau : 1883. — Abattu en août 1895.

GITANO, P. S. A.   S.B.F., t. II, p. 532.
H. N.
B. 1866. — France.
Par *Tournament* et *Gisa*.
Tarbes : 1883. — Réformé en septembre 1886.

GLAIEUL, P. S. A.   S.B.F., t. II, p. 330.
Bon de Nexon.
B. 1866. — France.
Par *Zouave* et *Auréole*, par Malton.
Pompadour : 1872. — Réformé en 1880.

GLANEUR, P. S. A.-A.   S.B.F., t. IX, p. 16.
H. N.
B. 1883. — Hautes-Pyrénées.
Par *Nassim*, arabe, et *Gergovie*, an.-ar., par Wolfram.
Aurillac : 1887-1890. — Passé au Pin en août 1890.

S.B.F., . XII, p. 71.

GLORIEUX, P. S. A.-A.
M. Bayle-Barradat (Gers).
Al. 1883. — Chez M. Salles.
Par *Bay-Archer* et *Glycine*, an.-ar., par Othello, arabe,
et Quid-Novi, par Collingwood.
Tarbes : depuis 1888.

GOBE-MOUCHE, P. S. Ar. S.B.F., t. VI, p. 712.
H. N.
Gr. 1879. — Haras de Pompadour.
Par *Brunet* et *Meryem* (née en Orient).
Perpignan : 1883. — Réformé en septembre 1885.

GOELAND, P. S. Ar. S.B.F., t. VI, p. 699.
M. Roque.
Gr. 1879. — Haras de Pompadour.
Par *Sedrazam* et *Fatime*, par Kouléli.
Pompadour : 1883. — Vendu pour l'Algérie en 1883,

GOER, P. S. A. S.B.F., t. II, p.68, 436.
M. Guestier; M. Richier.
B. 1860. — Haute-Vienne.
Par *Pyrrhus-the-First* et *Emmy*, par Slane.
Libourne : 1865. — S. R. en 1870.

GOGO, P. S. A. S.B.F., t. II, p. 68.
H. N.
B. 1848. — France.
Par *Terror* et *Kate-Nickleby*, par Paradox.
Libourne : 1854. — Mort en mars 1860.

GONDOLIER, P. S. A.-A. S.B.F.. t. V, p. 209.
H. N.
B. 1877. — France.
Par *Abou-Farès*, arabe, et *Gergovie*, par Wolfram.
Pau : 1881. — Mort en juin 1893.

GOOD-BOY, P. S. A. S.B.F., t. II, p.69, 698.
Bᵒⁿ de Nexon, 1861-1862. — Mⁱˢ de Fayolles, 1863-1867.
H. N. 1868.
B. 1857. — Chez M. J. Reisset.
Par *Pyrrhus-the-First* et *Malice*, par Iago.
Pompadour : 1861-1862. — Libourne : 1863. — Réformé en 1872.

— 459 —

GOOD-DEER, P. S. A.   S.B.F., t. II, p. 69.
H. N.
B. 1860. — France.
Par *Collingwood* et *Deer-Silly*.
Villeneuve-sur-Lot : 1865. — Réformé en janvier 1866.

GOODMANN, P. S. A. S.B.F., t. II. p. 70. 906.
Bon de Nexon. — H. N. en 1859.
B. 1855. — France.
Par *Admandale* et *Simoom-Mare*.
Pompadour : 1859. — Saintes : 1860-1862.

GOURBI, P. S. A.-A·   S.B.F., t. VI, p. 3489
H. N.!
Gr. 1879. — Haras de Pompadour.
Par *Harami* ou *Sadrazam*, arabe et, *Lady-Lyon*, par Skirmisher.
Pompadour : 1883. — Réformé septembre 1895.

S.B.F., t. XII, p. 23.
GOURGANDIN, P. S. A.
H. N.
B. 1878. — Chez M. le Bon de Bray.
Par *Beau-Merle* et *Galante*, par Jarnicoton
et Gentille-Dame, par Monarque.
Pau : depuis 1883.

GOUVERNAIL, P. S. A. S.B.F., t. XII, p. 23.
M. E. Blanc (Hautes-Pyrénées).
Al. 1891. — Chez M. E. Blanc.
Par *The-Bard* et *Gladia*, par Tournament et Garenne
par Gladiator, Elthiron ou Freystrop.
Tarbes : depuis 1895.

GRABUGE, P. S. A.-A. S.B.F., t. XII, p. 72.
H. N.
Al. 1879. — Haras de Pompadour.
Par *Harami*, arabe, et *Electricity*, par Thunderbolt et Lady-
Kingston, par Kingston.
Pompadour : depuis 1883.

GRACIEUX, P. S. A.   S.B.F., t. I, p. 39.
H. N.
B. 1847. — France.
Par *Prospectus* et *Bella-Dona*, par Harlequin.
Libourne : 1851. — Castré en novembre 1852.

GRAIN-DE-SEL, P. S. A.-A.   S.B.F., t. IV, p. 158.
H. N.
Gr. 1872. — France.
Par *Neptune*, P. S. Ar., et *Désirée*, par Ethelwolf.
Pau : 1876. — Réformé en août 1882.

GRAND-MANDARIN, P. S. A.   S.B.F., t. XII, p. 23.
H. N.
B. 1879. — Chez M. Baduel.
Par *Bon-Vivant* ou *Mandrake* et *Gertrude*, par The Baron.
Libourne : 1884. — Abattu en juillet 1898.

S.B.F., t. XII, p. 23.
S.B.A., t. XIV, p. 381.
GRANDMASTER, P. S. A.
M. Achille Fould. — Hautes-Pyrénées. — Importé en 1884.
Al. 1880. — Angleterre. — Chez Lord Falmouth.
Par *Kingcraft* et *Queen-Bertha*, par Kingston et Flax, par Surplice.
Tarbes : depuis 1887.

GRAPPIN, P. S. A.-A.   S B.F., t. VI, p. 437.
H. N.
Al. 1879. — Haras de Pompadour.
Par *Wahab*, arabe, et *Memento*, par Stockwell.
Pau : 1883. — Réformé en août 1887.

GRENADIER, P. S. A.   S.B.F., t. III, p. 262.
M. Sabatier-d'Espeyran.
Al. 1869. — France.
Par *Monarque* et *Magenta*, par Fitz-Gladiator.
Perpignan : 1879. — S. r. en 1880.

S.B.A., t. VI, p. 74.

GREY-TOMMY, P. S. A.
H. N.
Gr. 1849. — Angleterre.
Par *Sleight-of-Hand* et *Comus mare.*
Tarbes : 1857. — Mort en juillet 1871.

GRINGALET, P. S. A.   S.B.F., t. II, p. 71.
H. N.
Al. 1848. — France.
Par *Mr.-Wags* et *Marcella,* par Zinganee.
Perpignan : 1853. — Mort en juin 1871.

GRISOLET, P. S. A.   S.B.F., t. XII, p. 23.
H. N.
Al. 1886. — Chez M. Fasquel.
Par *Flageolet* et *Oulgouriska,* par Patricien et Olga,
par Tonnerre-des-Indes.
Tarbes : depuis 1895.

GRIVOIS, P. S. Ar.   S.B.F., t. VI, p. 749.
M. Duhart.
Gr. 1879. — France.
Par *Sadrazam* et *Suhulie.*
Villeneuve-sur-Lot : 1883. — Vendu en 1887.

GROG, P. S. A.-A.   S.B.F., t. XII, p. 72.
H. N.
B. 1879. — Haras de Pompadour.
Par *Wahab,* arabe, et *Light-Heart,* par The Cure
et Gaiety, par Touchstone.
Pau : depuis 1886.

S.B.F., t. XII, p. 72.

GROGNARD, P. S. A.-A.
H. N.
B. 1879. — Haras de Pompadour.
Par *Harami,* arabe, et *Poëtry,* par Stockwell et Leila,
par Melbourne.
Pompadour : depuis 1883.

GUHRAN, ex-**TÉHÉRAN**, P. S. Ar. S.B.F., t. IV, p. 478.
H. N.
B. 1869. — Orient.
Tarbes : 1874. — Mort en juin 1887.

GUILLAUME-LE-TACITURNE, P. S. A. S.B.F., t. II, p. 72.
H. N.
B. 1860. — France.
Par *The Flying-Dutchman* et *Strawberry-Hill*, par Old-England.
Pompadour : 1865. — Passé au Pin en janvier 1866.

GUISE, P. S. A. S.B.F., t. XII, p. 34.
H. N.
B. 1888. — Chez M. Dauger.
Par *Mourle* et *Giboulée*, par Suzerain et Belle-Dupré, par Womersley
Pau : depuis 1893.

GULISTAN, P. S. A. T. XII, 1er supplément.
S.B.A., t. XVIII, p.145
H. N.
B. 1893. — Angleterre. — Chez M. de Rothschild.
Importé en 1898.
Par *Brag* et *Guinevra*, par Kisber et Hippia, par King-Tom.
Tarbes : depuis 1898.

GUMUCH, P. S. Ar. S.B.F., t. IV, p. 478.
H. N.
Gr. 1865. — Orient.
Tarbes : 1874. — Mort en juin 1881.

GUSMAN, P. S. A.-A. S.B.F., t. VII, p. 792.
H. N.
B. 1879. — Haras de Pompadour.
Par *Suffolk* et *Merzané*, arabe (née en Orient).
Pompadour : 1883. — Réformé en septembre 1892.

S.B.F., t. VI, p. 12.

GUY-DAYRELL, P. S. A.
H. N.

B. 1867. — Angleterre.

Par *Wild-Dayrell* et *Reginella*.

Villeneuve-sur-Lot : 1866. — Mort en août 1888.

GYGÈS, P. S. Ar.   S.B.F., t. XII, p. 98.
H. N.

Al. 1879. — Haras de Pompadour.

Par *Harami* et *Dolma-Batché*.

Pompadour : depuis 1883.

GYP, P. S. A.-A.   S.B.F., t. XII, p. 72.
H. N.

Al. 1884. — Chez M. Dejeanne.

Par *Tourlourou* et *Djalie*, an.-ar., par Boxeur et Mathilda, arabe.

Pau : depuis 1888.

HABIAN, P. S. Ar.   S.B.F., t.   ; p.
H. N.

Gr. 1835. — France.

Par *Kalfontès*, arabe, et *Gelfi*, arabe.

Tarbes : 1844. — Mort en septembre 1855.

HABLEUR, P. S. A.-A.   S.B.F., t. I, p. 440.
H. N.

B. 1834. — Haras de Pompadour.

Par *Belmont* et *Validé*, arabe.

Rodez : 1843. — Mort en mai 1855.

HAÇAM, P. S. Ar.   S.B.F., t. II, p. 1108.
H. N.

B. 1860. — Orient.

Rodez : 1868. — Réformé en août 1880.

HADEBAN, P. S. Ar. S.B.F., t. II, p. 1108.
H. N.
B. 1851. — Orient.
Tarbes : 1855-1857. — Aurillac : 1858.
Réformé en novembre 1858.

HADIDI, P. S. Ar. S.B.F., t. IV, p. 478.
H. N.
Gr. 1866. — Orient.
Aurillac : 1873. — Mort en janvier 1887.

HADJAR, P. S. Ar. S.B.F., t. I, p. 440.
H. N.
B. 1839. — Orient.
Pompadour : 1848. — Haras de Saint-Cloud : 1849-1851.
Tarbes : 1852. — Mort en octobre 1863.

HADJI, P. S. Ar. S.B.F., t. II, p. 1108.
H. N.
B.   . — Orient.
Tarbes : 1868. — Mort en novembre 1873.

HADJI-BABA, P. S. Ar. S.B.F., t. V, p. 525.
H. N.
Bl. 1866. — Orient.
Tarbes : 1877-1882. — Perpignan : 1883. — Réformé en août 1883.

S.B.F., t. IV, p. 478.
HADJI-HASSAM, P. S. Ar.
H. N.
B. 1866. — Orient.
Pau : 1874. — Mort en août 1883.

HADJY, P. S. A.-A. S.B.F., t. IV, p. 400.
H. N.
Ro. 1872. — France.
Par *Zouave*, arabe, et *Réveille-Matin*, an.-ar., par Bagdadli, arabe.
Pompadour : 1876-1877. — Perpignan : 1878.
Mort en avril 1882.

HAÏDAR-PACHA, P. S. Ar. S.B.F., t. VI, p. 676.
H. N.
Al. 1870. — Orient.
Perpignan : 1879. — A Tarbes : en septembre 1879.

HALAB, P S Ar   S.B.F., t. XII, p. 98.
H. N.
Gr. 1886. Orient. — Importé en 1893.
Tarbes : depuis 1894.

HALBRAN, P. S. A.-A. S. B. F., t. VI, p. 721
H. N.
B. 1880. — France.
Par *Suffolk* et *Zahr-el-Naufar*, arabe.
Pau : 1884. — Réformé en août 1889.

HALEB, P. S. Ar.   S. B. F., t. II, p. 1108.
H. N.
Gr. 1847. — Orient.
Tarbes : 1853. — Mort en novembre 1863.

S.B.F., t. VI, p. 676 et 706.
HALI, P. S. A.
H. N.
Gr. 1877. — Basses-Pyrénées.
Par *Baïracktar* et *Hamidah*, par Attali.
Libourne : 1881. — Abattu en août 1883.

HALIM, P. S. Ar.   S.B.F., t. II, p. 1109.
H. N.
Gr. 1859. — Orient.
Aurillac : 1862. — Réformé en décembre 1865.

HALIM, P. S. Ar.   S.B.F., t. XII, p. 99.
H. N.
Gr. 1885. — Chez M. Castel.
Par *Adham* et *Adjemi*, par Hadji-Baba et Flore, par Rabdan.
Villeneuve-sur-Lot : depuis 1889.

HALNADJI, P. S. Ar.   S.B.F., t.   , p.   .
Approuvé. — M. Mazères, 1885 ; M. Montbaylet, 1887.
Al. 1879.
Tarbes : 1885. — Mort en 1894.

HAMAC, P. S. Ar.   S.B.F., t. XII, p. 99.
H. N.
Gr. 1880. — Haras de Pompadour.
Par *Harami* et *Berthe*, par Nahr-el-Kébir et Merjané.
Pompadour : depuis 1884.

HAMDAN, P. S. Ar.   S.B.F., t. I, p. 441
H. N. en 1843.
B. 1833. — Né dans le Banal (Hongrie).
Par *El Bedawi* et *Hamdanie* (née en Orient).
Pompadour : 1843. — Castré en décembre 1844.

HAMDANI, P. S. Ar. S.B.F., t. II, p. 1109.
H. N.
Gr. 1851. — Orient.
Son père : de race Koheïlan ; sa mère : de race Emeradi.
Pau : 1855. — Mort en juillet 1856.

S B.F., t., I, p., 441
HAMDANI-BLANC, P. S. Ar.
H. N.
Bl. 1835. — Orient.
Pompadour : 1852. — Abattu en novembre 1855.

S.B.F.. t. XII, p. 90.
HAMDANI-SEMRI, P. S. Ar.
M. Nouaillac (Tarn-et-Garonne).
Al. 1883. — Syrie. — Importé en 1888.
Villeneuve-sur-Lot : depuis 1890.

HAMMAL, P. S. Ar.   S.B.F., t. V, p. 525.
H. N.
Al. 1867. — Orient.
Tarbes : 1876. — Mort en août 1876.

HANNETON, P. S. Ar. S.B.F., t. IX, p. 419.
H. N.
N. 1880. — Haras de Pompadour.
Par *Arkoub* et *Astarté*.
Villeneuve-sur-Lot : 1884. — Réformé en juillet 1894

HARAMI, P. S. Ar. S.B.F., t. IV, p. 178.
H. N.
Al. 1864. — Orient.
Tarbes : 1874. — Pompadour : 1875-1882.
Villeneuve-sur-Lot : 1883. — Mort en 1891.

HAREM, P. S. Ar. S.B.F., t. V, p. 525.
H. N.
Bl. 1867. — Orient.
Tarbes : 1877. — Réformé en 1885.

HARFOUCH, P. S. Ar. S.B.F., t. XII, p. 99.
H. N.
B. 1882. — Syrie. — Importé en 1887.
Tarbes : depuis 1888.

HARLEQUIN, P. S. A. S.B.F., t. I, p. 39.
H. N. en 1831.
Al. 1825. — Angleterre.
Par *Cervantès* et *Flora*, par Camillus.
Pompadour : 1831-1843. — Le Pin : 1844-1845. — Paris : en 1846.

HARMONICA, P. S. Ar. S.B.F., t. XII, p. 90.
H. N.
Al. 1889. — Haras de Pompadour.
Par *Harami* et *Bulbul* (née en Orient).
Pompadour : depuis 1884.

HARPAGON, P. S. Ar. S.B.F., t. VI, p. 705
H. N.
Al. 1880. — Haras de Pompadour.
Par *Harami* et *Hamamah* (née en Orient).
Pompadour : 1884. — Réformé en septembre 1896.

HARPAGON, P. S. A.
S.B.F., t. II, p. 72 et 659.
H. N.
B. 1862. — France.
Par *Remus* et *Lilla*, par Sting.
Villeneuve-sur-Lot : 1866. — Rodez : 1867.
Aurillac : 1868. — Réformé en juillet 1868.

HASSAM-CHEIK, P. S. Ar.
S.B.F., t.   , p.
H. N.
B. 1883. — Orient.
Pau : 1888. — Réformé en novembre 1889.

HASTINGS, P. S. A.-A.
S.B.F., t. VI, p. 196.
H. N.
Al. 1880. — Haras de Pompadour.
Par *Sadrazam* ou *Harami*, arabes, et *Durham*, par Lifeboat.
Pompadour : 1884. — Réformé en septembre 1893.

HAURAM, P. S. Ar.
S.B.F., t. V, p 525.
H. N.
Gr. 1866. — Orient.
Pau : 1877. — Mort en août 1880.

HECHRI, P. S. Ar.
S.B.F., t. IV, p. 479.
H. N.
Al. 1866. — Orient.
Rodez : 1884. — Mort en juillet 1888.

HECTOR, P. S. Ar.
S.B.F., t. I, p. 441.
H. N.
Gr. 1834. — Haras de Pompadour.
Par *Massoud* et *Nichab*.
Pompadour : 1838-1840. — Rosières : en février 1841.

HEDJAZ, P. S. Ar.
S.B.F., t. V, p. 525.
H. N.
Gr. 1863. — Orient.
Tarbes : 1876. — Mort en août 1887.

HÉLAS, ex-**HIDALGO**, ex-**HONFLEUR**.   S.B.F., t. XI, p. 47.
H. N.
Al. 1890. — France.
Par *Vernet* et *Hirondelle*, an.-ar., par Tarbouck, arabe.
Pompadour : 1894. — Réformé en décembre 1895.

HÉLÉNUS, P. S. Ar.   S.B.F., t. I, p. 442.
H. N.
B. 1823. — Dépôt de Rodez.
Par *Abufar* et *Zaïre*.
Rodez : 1828-1847.

HÉMON, P. S. A.-A.   S.B.F., t. I, p. 442.
H. N.
Al. 1834. — France.
Par *Premium* et *Java*, arabe.
Pompadour : 1838-1840. — Passé à Langonnet en février 1841.
Lamballe : 1843-1844.

HENRY, P. S. A.   S.B.F., t. IV, p. 12.
H. N.
B. 1868. — France.
Par *Monarque* et *Miss-Ion*, par Ion.
Libourne : 1880. — Passé à Blois en décembre 1880.

HÉRISSON, P. S. A.-A.   S.B.F., t. VII, p. 15.
H. N.
Gr. 1880. — France.
Par *Sadrazam*, arabe, et *Lady-Lynn*, par Skirmisher.
Libourne : 1884. — Abattu en juillet 1886.

HÉRODE, P. S. Ar.   S.B.F., t. VI, p. 712.
H. N.
Gr. 1880. — Haras de Pompadour.
Par *Brunet* et *Meryem* (née en Orient).
Pau ; 1884. — Vendu en août 1888.   15

HÉROS, P. S. A. S.B.F., t. IX, p. 18.
H. N.
B. 1881. — France.
Par *Fontainebleau* et *Heurtebise*, par Optimist ou Honesty.
Tarbes : 1886. — Réformé en août 1895.

HERR-BÉBÉ, P. S. A.-A. S.B.F., t. XII, p. 72
H. N.
Al. 1893. — Chez M. le Bon de Ruble.
Par *Firmament* et *Gemma*, arabe, par Harami et Berthe,
par Nahr-el-Kébir.
Tarbes : 1897. — Rodez : depuis 1898.

HEURTELOUP. S.B.F., t. XII. p. 25.
H. N.
Al. 1886. — Chez M. de Juigné.
Par *San-Stefano* et *Heurtebise*, par Optimist ou Honesty.
Sa grand'mère : Styria, par Stockwell.
Pompadour : depuis 1892.

HIDALGO, P. S. A.-A. S.B.F., t. VI, p. 599.
H. N.
Al. 1880. — Haras de Pompadour.
Par *Harami*, arabe, et *Séville*, par Saint-Albans.
Pompadour : 1884. — Réformé en novembre 1896.

HIGHLANDER, P. S. A. S.B.F., t. II, p. 510.
H. N.
B. 1858. — Haras de Pompadour.
Par *Commodore-Napier* et *Fringante*, par Terror.
Libourne : 1863-1864. — Le Pin : 1865. — Pau : 1866.
Réformé en septembre 1872.

HIIS, P. S. A.-A. S.B.F., t. IX, p. 13.
H. N.
Al. 1883. — France.
Par *Bay-Archer* et *Marquise-de-Hiis*, an.-ar., par Nassim, arabe.
Tarbes : 1888. — Mort en septembre 1893.

S.B.F., t. II, p. 1109.

HILMIH-PACHA, P. S. Ar.

H. N.

Al. 1868. — Chez M. le Bon de Nexon.

Par *Rabdan* et *Mohéléda* (*bis*), par Hussein.

Pompadour : 1864. — Perpignan : 1865.

HIPPOMÈNE, P. S. A.   S.B.F., t. IV, p. 54.

H. N.

Bb. 1871. — France.

Par *Marksman* et *Atalante*, par Ventre-Saint-Gris.

Pau : 1877. — Réformé en octobre 1879.

HIRUND, P. S. A.-A.   S.B.F., t. I, p. 40.

H. N.

Bb. 1847. — France.

Par *Koheil*, arabe, et *Eglantine*, par Dangerous.

Libourne : 1851. — Castré en juillet 1853.

HISTRION, P. S. A.-A. S.B. F., t. VIII, p. 16.

H. N.

B. 1880. — Haras de Pompadour.

Par *Harami*, arabe, et *Marmalade*, par King-O'Scots.

Pompadour ; 1884-1885. — Perpignan : 1886 — Ajaccio : 1887.

Réformé en août 1893.

HLAVIE, P. S. Ar.   S.B.F., t. I, p. 443.

H. N.

B. 1837. — Hongrie.

Par *Bedavie-1er* et *Hlavie-la-Vieille*.

Tarbes : 1843. — Réformé en juillet 1850.

HOCHE, P. S. A.   S.B.F., t. XII, p. 25.

H. N.

B. 1889. — Chez M. E. Blanc.

Par *Robert-the-Devil* et *Hermita*, par Hermit et Affection,
par Lifeboat.

Rodez : depuis 1895.

HŒMUS, P. S. A.   S.B.F., t. I, p. 40.
H. N.
B. 1828. — Angleterre.
Par *Sultay* et *Bess*, par Waxy.
Libourne : 1842. — Mort en juillet 1843.

HOMÈRE, P. S. Ar.   S.B.F., t. I, p. 443.
H. N.
B. 1834. — Haras de Pompadour.
Par *El Bedavy* et *Warda*.
Tarbes : 1838. — Réformé en juillet 1857.

HONFLEUR, P. S. A.   S.B.F., t. XII, p. 25.
H. N.
B. 1889. — Chez M. E. de la Charme.
Par *Don-Carlos* et *Volage II*, par The Peer et Nichette II.
par Beauvais.
Tarbes : depuis 1896.

HORAMI, P. S. Ar.   S.B.F., t.   , p.   .
M. Carsalade.
Gr. 1885. — Orient.
Tarbes : 1892. — Passé dans une autre circonscription en 1894.

HORMELLE, P. S. Ar.   S.B.F., t. XII, p. 100.
M. Carsalade, 1892 ; M. A. Caussou, 1893 (Ariège).
B. 1885. — Orient. — Importé en 1891.
De la tribu Hanadi.
Tarbes : depuis 1892.

HOSPITALITY, P. S. A.   S.B.F., t. I, p. 122.
H. N.
Bb. 1849. — Haras de la Morlaye.
Par *Inheritor* et *Aspasie*, par Royal-Oak.
Libourne : 1853. — Mort en 1854.

HOSPODAR, P. S. A.-A.   S.B.F., t. XII, p. 72.
H. N.
Gr. 1894. — Chez M. Lavigne.
Par *Clément* et *Hirondelle*, par Tarbouch, arabe.
Sa grand'mère : Amaranthe, par Lattakié, arabe, ou Ceylon.
Pau : depuis 1898.

HUESCA, P. S. A.-A.   S.B.F., t. IX, p. 107.
M. de Lalambie ; M. Bayonnet, 1889 ; M. Pons, 1892.
B. 1884. — France.
Par *Castillon* et *Houri*, par Dankali, arabe.
Aurillac : 1889. — Tarbes : 1890. — Réformé en 1894.

HUNTSMAN, P. S. A.   S.B.F., t. II, p. 74.
H. N.
B. 1853. — Irlande.
Par *Tupsley* et *The Abbess*, par Y. Augustus.
Pau : 1862-1863. — Passé au Pin en janvier 1864.
Pau : 1865. — Mort en juillet 1870.

HURRAH, P. S. A.-A.   S.B.F., t. VIII, p. 918.
H. N.
B. 1880. — Haras de Pompadour.
Par *Suffolk* et *Bravade*, arabe, par Derviche, arabe.
Pompadour : 1884. — Réformé en août 1897.

HUSSEIN, P. S. Ar.   S.B.F., t. I, p. 443.
H. N.
Gr. 1829. — Orient.
Pompadour : 1845-1851. — Tarbes : 1852.
Mort en novembre 1855.

HYMEN, P. S. A.-A.   S.B.F., t. IX p. 420.
H. N.
B. 1880. — Haras de Pompadour.
Par *Suffolk* et *Chéria*, arabe.
Tarbes : 1884. — Réformé en août 1897.

IABEL, P. S. Ar.   S.B.F., t.   , p.
H. N.
Gr. 1837. — Angleterre.
Tarbes : 1848. — Réformé en janvier 1853.

IAGO, P. S. A.   S.B.F., t. II, p. 75.
H. N.
B. 1843. — Angleterre.
Par *Don-John* et *Scandal*, par Selim.
Libourne : 1881. — Mort en mai 1865.

IAGO, P. S. A.-A.   S.B.F., t. XII. p.72.
H. N.

B. 1881. — Haras de Pompadour.

Par *Harami*, arabe, et *Pill-Box*, par Van-Galen et Rance.
par John'O-Gaunt.

Perpignan : depuis 1885.

IBIS, P. S. Ar.   S.B.F., t. XII, p. 100.
H. N.

Gr. 1881. — Haras de Pompadour.
Par *Mouzaffar* et *Yamouna*.

Aurillac : depuis 1885.

S.B.F., t. II, p. 1109.

IBN-AL-MOKAFFA, P. S. Ar.
H. N.

Gr. 1861. — Haras de Pompadour.
Par *Kerbela* et *Parade*.

Villeneuve-sur-Lot : 1866-1875.

IBRAHIM I, P. S. Ar.   S.B.F., t. I, p. 443.
H. N.

N. 1835. — Haras de Pompadour.
Par *Haleby* et *Fedawie*.

Pau : 1839. — Mort en juillet 1856.

IBRAHIM II, P. S. Ar.   S.B.F., t. I, p. 444.
H. N. — 1845. — Importé en 1834.
Gr. 1832. — Orient.

Pau : 1845. — Mort en janvier 1850.

ICARE, P. S. A.-Al   S.B.F., t. IX, p. 19.
H. N.

B. 1881. — Haras de Pompadour.

Par *Abou-Farès*, arabe, et *Marmalade*, par King-O'Scots.

Tarbes : 1885. — Réformé en août 1894.

IÇARRA, P. S. Ar.   S.B.F., t. XII. p. 100.
H. N.

Al. 1891. — Chez M. Fourcade-Peyraube.

Par *Amrar* et *Ghezala*, par Gengiskhan, et Djerada, par Dahabi.

Tarbes : depuis 1895.

ICOGLAN, P. S. A.-A. S.B.F., t. XII, p. 72.
H. N.

B. 1883. — Chez MM. Barère.

Par *Bay-Archer*, *Mandrake* ou *Saint Cyr* et *Iris*, an.-ar.
par Emir, arabe, et Marionnette, par The Heir-of-Linne.

Tarbes : 1889-1897. — Pau : depuis 1898.

ICOGLAN, P. S. A.-A. S.B.F., t. XII, p. 73.
H. N.

Al. 1894. — Chez M. L. Dutrouilh.

Par *Castillon* ou *Vernet* et *Illusion*, par Ramsès-II, arabe,
et Ilda, par Consul.

Tarbes : depuis 1898.

IDÉAL, P. S. A.-A. S. B. F., t. **XII**, p. 73.
H. N.

Al. 1893. — Chez M. L. Dutrouilh.

Par *Castillon* et *Illusion*, par Ramsès-II, arabe.

Sa grand'mère : Ilda, par Consul.

Pau : depuis 1897.

IDIOT, P. S. A.-A. S. B. F., t. XII, p. 73.
H. N.

Al. 1885. — Chez M. de Soyres.

Par *Canotier* et *Idumée*, par Haram, arabe, et Asie,
par Abdel-el-Malek, arabe.

Villeneuve-sur-Lot : depuis 1889.

IÉMEN, P. S. Ar. S. B.F., t. V, p. 526.
H. N.

Al. 1867. — Orient.

Tarbes : 1877. — Réformé en octobre 1878.

IF, P. S. A.-A. S. B. F., t. IX, p. 19.
H. N.

B. 1881. — France.

Par *Harami*, arabe, et *Lady-Lyon*, par Skirmisher.

Perpignan : 1885-1890. — Ajaccio : 1891.
Réformé en septembre 1892.

IFTAR, P. S. Ar.　　S. B. F., t. **XII, p. 100.**
H. N.

Gr. 1885. — Orient. — Importé en 1893.
De la tribu de Khamouran.
Pau : depuis 1894.

IKINGI, P. S. Ar.　　S. B. F., t. II. p. **1110.**
H. N.

Gr. 1852. — Orient.
Pau : 1863-1867. — Tarbes : en janvier 1868.

IL-Y-VA, P. S. A.　　S.B.F., t. XII, p. **26.**
H. N.

Al. 1890. — Chez M. P. Donon.
Par *Le Destrier* et *Infidèle*, par See-Saw.
Sa grand'mère : Incognita, par Voltigeur.
Pau : depuis 1896.

IMAN, P. S. A.-A.　　S. B. F., t. II, p. **716.**
M. Trouilh ; M. Muthular, 1870.
Gr. 1864. — France.

Par *Huntsman*, P. S. A., et *Mascate*, an.-ar.,
par Ibrahim II, arabe.
Pau : 1868. — Réformé en 1889.

IMAN, P. S. A.-A.　　S.B.F., t. XII, p. **73.**
H. N.

B. 1888. — Chez M. M. Barrère.
Par *Ladislas* ou *Milan* et *Iris*, par Emir, arabe, et Marionnette,
par The Heir-of-Linne.
Pau : depuis 1893.

IMED, P. S. A.-A.　　S.B.F., t. XII. p. **73.**
H. N.

B. 1889. — Chez M. Dufau.
Par *Trablousi*, arabe, et *Image*, an.-ar., par Vulcan et Oda, arabe.
Aurillac : depuis 1893,

IMPOSANT, P. S. A.-A. S.B.F., t. XII, p. 73.

H. N.

B. 1889. — Chez M. Forgue-Peyat.

Par *Saint-James* et *Silhouette*, par Kir-Hadji, arabe.

Sa grand'mère : Syria, par Drummond.

Pompadour : depuis 1894.

INACHUS, P. S. A.-A. S.B.F., t. XII, p.73.

H. N.

Al. 1881. — Haras de Pompadour.

Par *Brunet* ou *Borami*, P. S. Ar., et *Callipolis*, par Charleston
et Kalipyge, par Bay-Middleton.

Aurillac : 1885. — Réformé en août 1898.

S.B.F., t. VIII, p. 949.

INCA, ex-**CAMPANOIR**, P. S. A.-A.

H. N.

Al. 1886. — Hautes-Pyrénées.

Par *Tourlourou* et *Djalie*, par Boxeur.

Libourne : 1890. — Castré en août 1891.

INCAS, P. S. A.-A. S.B.F., t. IX, p. 19.

H. N.

Al. 1881. — Haras de Pompadour.

Par *Daoud*, arabe, et *Renée*, par Carnival.

Aurillac : 1885. — Réformé en décembre 1891.

INDIGO, P. S. A.-A. S.B.F., t. IX, p. 19.

H. N.

B. 1881. — Haras de Pompadour.

Par *Abou-Farès*, arabe, et *Gentian*, par Warlock.

Pompadour : 1885. — Abattu en octobre 1894.

INDRA, P. S. A.-A. S.B.F., t. XII, p. 73.

M. Laplace (Basses-Pyrénées).

Bb. 1892. — Chez M. Dallier.

Par *Peregrine* et *Infortunée*, par Djeffée, arabe, et Arabella,
par Weatherbit.

Pau : depuis 1897.

INFANT, P. S. A.-A. S.B.F., t. II, p. 75.
H. N.
B. 1851. — Haras de Pompadour.
Par *Kohel*, an.-ar., et *Isabelle*, par Harlequin.
Pau : 1872. — Mort en septembre 1875.

IN-FOLIO, P. S. A. S.B.F., t. XII, p. 26.
H. N.
Al. 1886. — Chez M. Guestier.
Par *Paladin* et *Invocation*, par Zouave.
Sa grand'mère : Infortune, par West-Australiau.
Pau : depuis 1891.

S.B.F., t. IX, p. 19.
INNOCENT, ex-**INCERTAIN**, P. S. A.
H. N.
Al. 1877. — Chez M. de Gouy.
Par *Dutch-Skater* ou *Mirliflor* et *Ilda*, par Consul.
Pau : 1890. — Réformé en août 1897.

S.B.F., t. XI, p. 48.
INSULAIRE, P. S. A.-A.
H. N.
B. 1888. — France.
Par *Estrac*, arabe, et *Ilda*, an.-ar.
Tarbes : 1892. — Réformé en août 1894.

INTÉRIM, P. S. A.-A. S.B.F., t. IX, p. 19.
H. N.
B. 1881. — Haras de Pompadour.
Par *Daoud*, arabe, et *Light-Heart*, par The Cure.
Rodez : 1885-1890. — Passé au Pin en août 1890.

INVINCIBLE, P. S. A. S.B.F., t. I, p. 42.
H. N.
Bb. 1839. — France.
Par *Hœmus* et *Regatta*, par Camel.
Libourne : 1850-1852. — Villeneuve-sur-Lot : 1853.
Réformé en octobre 1853.

IONIAN, P. S. A.   S.B.F., t. I, p. 42.
H. N. — Importé en 1847.
B. 1841. — Angleterre. — Chez le Cnel Peel.
Par *Ion* et *Malibran*, par Whisker.
Pompadour : 1848. — Aurillac : 1849. — Libourne : 1850.
Pompadour : 1851. — Libourne : 1852-1853.
Pompadour : 1854-1856. — Libourne : 1862. — Castré en juillet 1862.

IONICK, P. S. A.   S.B.F. t. II, p. 76 et 789.
H. N.
Bb. 1855. — Haute-Vienne.
Par *Ionian* et *Misadventure*, ex-*Miss-Adventure*, par Sting.
Pompadour : 1859. — Réformé en mars 1861.

IRAC, P. S. Ar.   S.B.F., t. I, p. 444.
H. N.
Gr. 1835. — Haras de Pompadour.
Par *Antar* et *Monaghie*.
Pompadour : 1839-1849. — Saintes : 1850-1855.

IRAM, P. S. Ar.   S.B.F., t. XII, p. 100.
H. N.
Al. 1885. — Haras de Pompadour.
Par *Daoud* et *Touraïa* (née en Orient).
Pompadour : 1885. — Mort en juillet 1893.

IRATI, P. S. A.-A.   S.B.F.. t. XII. p. 73.
H. N.
Gr. 1892. — Chez M. Prat-Marchand.
Par *Estrac*, an.-ar., et *Ida*, par Magenta.
Sa grand'mère : Dora, par Sheriff, arabe.
Pau : depuis 1896.

IRON, P. S. A.   S.B.F., t. II, p. 76.
H. N.
B. 1851. — Haras de la Morlaye.
Par *Sting* et *Margaret*, par Edmund.
Pau : 1855. — Vendu en octobre 1858.

IRUN, ex-**RIVAL**, P. S. A.-A.   S.B.F., t. XII, p. 74.
H. N.

Al. 1885. — Chez M. Prat-Marchand.

Par *Dibadj*, arabe, et *Ida*, an.-ar., par Magenta et Dora,
par Sheriff, arabe.

Pau : depuis 1889.

ISIDORE, P. S. A.   S.B.F., t. XII, p. 26.
H. N.

Al. 1885. — Chez M. C.-J. Lefèvre.

Par *Flageolet* et *Iris*, par Mortemer et Isoline, par Ethelbert.

Tarbes : depuis 1890.

ISIS, P. S. A.-A.   S.B.F., t. II, p. 1110.
H. N.

B. 1857. — Chez M. E. Prat.

Par *Papillon* et *Alice*, arabe, par Ali-Baba.

Pau : 1861. — Vendu en octobre 1863.

ISKENDER, P. S. Ar.   S.B.F., t. IV, p. 479.
H. N.

Al. 1870. — Orient.

Rodez : 1874. — Mort en février 1877.

ISLAM, P. S. A.-A.   S.B.F., t. XII, p. 74.
H. N.

Al. 1888. — Chez M. Lapeyre.

Par *Israël*, arabe, et *Cora*, an.-ar., par Mandrake et Lisa,
par Coran, arabe.

Villeneuve-sur-Lot : depuis 1892.

ISLY, P. S. A.-A.   S.B.F., t. XII, p. 74.
H. N.

Al. 1881. — Haras de Pompadour.

Par *Brunet* ou *Abou-Farès*, arabe, et *Pas-de-Charge*,
par Rataplan.

Pompadour : 1885. — Réformé en septembre 1898.

ISMAËL, P. S. Ar. S.B.F . t. II, p. 1110.
H. N.
B. 1857. — Orient.
Pau : 1863. — Abattu en 1877.

ISMAËL, P. S A.-A. S.B.F.. t VI, p 233.
H. N.
Gr. 1880. — France.
Par *Arba*, an.-ar., et *Fatima*, an.-ar., par Dankali, arabe.
Perpignan : 1884. — Réformé en août 1888.

ISMAËL, P. S. A.-A. S.B.F., t. IV, p. 217.
H. N.
Gr. 1872. — France.
Par *Coran*, arabe, et *Guirlande*.
Tarbes : 1877. — Castré en septembre 1883.

ISMAËL, P. S. A.-A. S.B.F., t. II, p. 76 et 234.
H. N.
B. 1855. — France.
Par *Lodin* et *Neyronaise*, an.-ar.
Rodez : 1859. — Réformé en février 1861.

ISPANAN, P. S. A.-A. S B.F., t. XII. p. 74.
H. N.
Al. 1893. — Chez M. A. Fourtet.
Par *Cléodore* et *Ispanette*, par Ispahan, arabe.
Sa grand'mère : Pauvre-Petite, par Trent ou Valérien
Libourne : depuis 1897.

ISPAHAN, P. S. Ar. S.B.F., t. IX, p. 420.
H. N.
Al. 1873. — Orient.
Tarbes : 1881. — Réformé en juillet 1893.

ISRAËL, P. S. Ar. S.B.F., t. VII, p. 823.
H. N.
Al. 1881. — Haras de Pompadour.
Par *Mouzaffar* et *El Vard*.
Tarbes : 1885. — Mort en avril 1889.

ISRAÉLI, P. S. A.-A.   S.B.F., t. XII, p. 74.
M. Lacay (Gers).
B. 1888. — France.
Par *Israël*, arabe, et *La Juive*, par Ceylon et Aramis, par Sting.
Tarbes : depuis 1892.

S.B.F., t. I, p. 243.
ITER-EMILIUS, P. S. A.-A.
H. N.
Al. 1850. — France.
Par *Fitz-Emilius* et *Héro*, an.-ar.
Aurillac : 1854. — Réformé en août 1854.

ITHOBAL, P. S. A.-A.   S B.F., t. V, p. 31.
H. N.
Gr. 1876. — France.
Par *Djerasch*, arabe, et *Algérie*, an.-ar.
Tarbes : 1880. — Réformé en août 1892.

IVAN, P. S. A.-A.   S.B.F., t. XII, p. 74.
H. N.
Al. 1881. — Haras de Pompadour.
Par *Abou-Farès*, arabe, et *Memento*, par Stockwell.
Pompadour : 1885. — Cheval de service en septembre 1898.

S.B.F., t. XII, p. 74.
IVAN, ex-**ÉTOILÉ**, P. S. A.-A.
H. N.
Al. 1892. — Chez M. A. Fourtet.
Par *Cléodore* et *Ispanette*, par Ispahan, arabe.
Sa grand'mère : Pauvre-Petite, par Trent ou Valérien.
Pau : depuis 1896.

IVAN, P. S. Ar.   S. B. F., t. II, p. 1173.
M. Deumié.
Gr. 1853. — France.
Par *Kouléli* et *Kalifa*.
Tarbes : en 1858.

JABALI, P. S. Ar.   S.B.F., t. IV, p 479.
H. N.
B. 1868. — Orient.
Pau : 1873. — Réformé en août 1876.

JABEL, P. S. Ar.
H. N

Gr. 1837. — Orient.
Tarbes : 1848. — Réformé en 1853.

JACCIO, P. S. A.-A.   S.B.F., t. XII, p. 74.
H. N.

Al. 1894. — Chez M. Rébeillé-Lay.
Par *Gyp*, an.-ar., et *Gergovia*, par Gingembre, an.-ar.
Sa grand'mère : Gauloise, par Dahabi, arabe.
Pau : depuis 1898.

JACK, P. S. A.-A.   S.B.F., t. VII, p. 514.
H. N.

Al. 1882. — Corrèze.
Par *Daoud*, arabe, et *Memento*, par Stockwell.
Villeneuve-sur-Lot : 1886. — Réformé en novembre 1889.

JACQUES, P. S. A.-A.   S.B.F., t. IX, p. 209.
H. N.

Al. 1887. — France.
Par *Fil-en-Quatre* et *Joliette*, an.-ar.
Tarbes : 1891. — Mort en septembre 1893.

JAMANOUR, P. S. Ar.   S.B.F., t. I, p. 489.
H. N.

Gr. 1846. — Haras de Saint-Cloud.
Par *Hamdani-Blanc* et *Kenhlan-Yemani*.
Pau : 1852. — Mort en avril 1854.

S.B.F., t. XII, p. 75.
JAMBES-D'ARGENT, P. S. A.-A.
H. N.

Al. 1894. — Chez M. Cazaux-Burret.
Par *Fil-en-Quatre* et *Joliette*, par Choubrah, arabe.
Sa grand'mère : Noémi, par The Heir-of-Linne.
Libourne : depuis 1898.

JANISSAIRE, P. S. A.-A. S.B.F., t. V, p. 309.
H. N.
Gr. 1876. — France.
Par *Dankali*, arabe, et *Mademoiselle-Vercingétorix*,
par West-Australian.
Pau : 1880. — Mort en janvier 1885.

JANISSAIRE, P. S. A.-A. S.B.F., t. XII, p. 75.
H. N.
Al. 1891. — Chez M. de Duffau.
Par *Innocent* et *Junon*, par Vulcan.
Sa grand'mère : Charlotte, par Nahr-el-Kébir, arabe.
Libourne : depuis 1896.

JANUS, P. S. A.-A. S.B.F., t. XI, p. 49.
H. N.
Al. 1890. — France.
Par *Israël*, arabe, et *Jarretière*, an.-ar.
Tarbes : 1894. — Réformé en août 1895.

JAPHET, P. S. A.-A. S.B.F., t. IX, p. 80.
H. N.
B. 1882. — Haras de Pompadour.
Par *Edhen*, arabe, et *Lady-Lyon*, par Skirmisher.
Pompadour : 1886. — Abattu en janvier 1892.

JARDINIER, P. S. A.-A. S.B.F., t. IX, p. 39.
M. Brunet-Castille.
B. 1885. — France.
Par *Ispahan*, arabe, et *Jardinière*.
Tarbes : 1889. — Réformé en 1891.

JARNAC, P. S. A. S.B.F., t. VII, p. 17.
H. N.
B. 1878. — France.
Par *Le Petit-Caporal* et *Jardinière*.
Tarbes : 1882. — Mort en mars 1886.

JASON, P. S. A.   S.B.F., t. I, p. 43.
H. N.

B. 1830. — Angleterre.

Par *Centaur* et *Merlin mare*.

Tarbes : 1836. — Réformé en juillet 1850.

JASON, P. S. A.   S.B.F.. t. I, p. 274.
H. N.

B. 1832. — France.

Par *Rainbow* et *Leopoldina*, par Hedley.

Villeneuve-sur-Lot : 1848. — Réformé en août 1849.

JASON, P. S. A.   S.B.F., t. XII. p. 27.
H. N.

Al. 1888. — Chez M. le Bon de Soubeyran.

Par *Silvio* et *Jocosa*, par Fitz-Roland et Madame-Eglentine,
par Cocol.

Tarbes : depuis 1893.

JÉHU, P. S. Ar.   S.B.F., t. VII, p. 804.
H. N.

B. 1882. — Haras de Pompadour.

Par *Daoud* et *Astarté* (née en Orient).

Pompadour : 1886. — Réformé en août 1897.

JEPH, P. S. A.   S.B.F., t. XII, p. 27.
H. N.

Al. 1885. — Chez M. de Vanteaux.

Par *Gift* et *Hélas*, par Zouave.
Sa grand'mère : Péniche, par Collingwood.
Libourne : depuis 1890.

JOB, P. S. Ar.   S.B.F., t. XII, p. 100
H. N.

Al. 1882. — Haras de Pompadour.

Par *Daoud* et *Dolma-Batché* (née en Orient).

Pompadour : depuis 1886.

JOCKO, P. S. A. S.B.F., t. I, p. 44 et 348.
H. N.

B. 1834. — France.

Par *Hurlequin* et *Priestess*, par Vandyke-Junior.

Pompadour : 1841-1847. — Saint-Lô : 1848-1859.

JONAS, P. S. Ar. S.B.F., t. VII, p. 837.
H. N.

Gr. 1882. — Haras de Pompadour.

Par *Amrani* et *Hamah*.

Pau : 1886. — Mort en mai 1887.

JONAS, P. S. A.-A. S.B.F., t. XII, p. 75.

M. Haurigot (Basses-Pyrénées).

Al. 1893. — Chez M. Cazaux.

Par *Sycomore* et *Judith*, par Israël, arabe, et Zaalé,
par Abou-Arkoub, arabe.

Pau : depuis 1897.

JONAS, P. S. A. S.B.F., t. I, p. 44.
H. N.

B. 1831. — Angleterre.

Par *Whalebone* et *Rectory*.

Tarbes : 1845. — Réformé en juillet 1851.

JONGLEUR, P. S. A.-A. S.B.F., t. XI, p. 24.
H. N.

Al. 1834. — France.

Par *Nassim*, arabe, et *Jeannette*, par Comte-Oscar.

Tarbes : 1888. — Réformé en août 1893.

JOUJOU, P. S. A.-A. S.B.F., t. XII, p. 75.
H. N.

Al. 1887. — Chez M. Bentayou.

Par *Tarbouch*, arabe, et *Falbala*, par Trombone et Fair-Helen,
par Prétendant.

Tarbes : depuis 1891.

JOVIAL, P. S. A.   S.B.F., t. IV, p. 299.
H. N.

B. 1872. — France.

Par *Flibustier* et *Margot*, par Lantara.

Perpignan : 1877. — Réformé en octobre 1886.

JUILLAC, P. S. A.-A.   S.B.F., t. XII, p. 75.
P. N.

Al. 1882. — Haras de Pompadour.

Par *Harami*, arabe, et *Poëtry*, par Stockwell et Seila,
par Melbourne.

Tarbes : depuis 1895.

JUMEAU, P. S. A.-A.   S.B.F., t. I, p. 275.
H. N.

B. 1843. — Haras de Pompadour.

Par *Terror*, anglais, ou *Eylau*, an.-ar., et *Lilly*, par Partisan.

Pau : 1848. — Mort en juillet 1869.

JUPIN, P. S. A.   S.B.F., t. IX, p. 21.
H. N.

B. 1883. — France.

Par *Silvio* et *Juliana*, par Julius.

Pompadour : 1888. — Passé à Saintes en 1894.

JUTLAND, P. S. A.-A. S.B.F., t. VII, p. 850.
H. N.

B. 1882. — Haras de Pompadour.

Par *Vulcan*, anglais, et *Oda*, arabe.

Perpignan : 1886. — Réformé en septembre 1897.

JUVÉNAL, P. S. A.-A.   S.B.F., t. XII, p. 75.
H. N.

B. 1882. — Haras de Pompadour.

Par *Edhen*, arabe, et *Pill-Box*, par Van-Galen et Ranel,
par Jonn-O'Gaunt,

Villeneuve-sur-Lot : depuis 1886.

JUXON, P. S. A.   S.B.F.. t. I, p. 103.
H. N.
B. 1845. — France.
Par *Quonian* ou *Y. Emilius* et *Abjer mare*.
Pau : 1849. — Réformé en décembre 1853.

KABATACH, P. S. Ar.   S.B.F.. t. VI. p. 676.
H. N.
Gr. 1869. — Orient.
Tarbes : 1879. — Réformé en septembre 1883.

                               S.B.F.. t. III, p. 430.
KABEL, P. S. A.-A.   S.B.F., t. II, p. 1130.
M. Lafforest.
Al. 1865. — France.
Par *Caprera* et *Aixa*, an.-ar., par Dantès, an.-ar.
Libourne : 1870. — Réformé en 1885.

KABIN, P. S. Ar.   S.B.F., t. I. p. 445.
H. N.
Al. 1836. — Haras de Pompadour.
Par *Antar* et *Validé*.
Perpignan : 1840. — Réformé en juillet 1857.

KADER, P. S. Ar.   S.B.F., t. I, p. 445.
H. N.
Al. 1840. — Orient.
Pau : 1845. — Vendu en juillet 1860.

KADI, P. S. Ar.   S.B.F.. t. II. p. 1111.
H. N.
B. 1861. — Orient.
Aurillac : 1868. — Réformé en août 1878.

KADICH, P. S. Ar.   S.B.F., t. II, p. 1112.
H. N.
B. 1860. — Orient.
Pau : 1868. — Mort en août 1880.

KADIKENI, P. S. Ar.   S.B.F., t. VI, p. 677.
H. N.
B. 1871. — Orient.
Aurillac : 1879. — Mort en septembre 1887.

KAHEL, P. S. Ar.   S.B.F., t. II, p. 1112.
H. N. — Importé en 1867.
B. 1861. — Orient.
Pau : 1868-1869. — Perpignan : 1870.
Réformé en novembre 1873.

S.B.F.. t. VII, p. 793.
KALATH-EL-NEUS'N, P. S. Ar.
H. N. — Importé en 1882.
Al. 1876. — Syrie.
Pau : 1882. — Passé à Besançon en novembre 1882.

KALAM, P. S. Ar.   S.B.F., t. XI, p. 67.
H. N.
Al. 1882. — Orient.
Rodez : 1891. — Mort en août 1896.

KALIFF, P. S. Ar.   S.B.F., t.   , p.
H. N.
Gr. 1867. — Orient.
Tarbes : en 1874.

KAM, P. S. A.   S.B.F., t. I, p. 45.
H. N.
B. 1838. — Haras du Pin.
Par *Y. Emilius* et *Ondine*.
Tarbes : 1845. — Mort en mai 1853.

S.B.F., t. X, p. 404.
KANAK (écrit par erreur **KARRAK**), P. S. A.-A.
H. N.
B. 1883. — Haras de Pompadour.
Par *Vulcan* et *Datura*, arabe, par Harami, arabe.
Pompadour : 1887. — Réformé en septembre 1890.

KANDILLI, P. S. Ar.   S.B.F., t. VI, p 677.
H. N.
Gr. 1871. — Orient.
Tarbes : 1879. — Mort en octobre 1882.

KARAGHEUS, P. S. Ar.   S.B.F., t. V. p. 526.
H. N.
Al. 1861. — Orient.
Pau : 1877. — Mort en mars 1883.

KARAM, P. S. Ar.   S.B.F., t. IV, p. 479.
H. N.
Gr. 1859. — Orient.
Pau : 1873. — Mort en juillet 1880.

KARAM, P. S. Ar.   S.B.F., t. XII, p. 101.
H. N.
Gr. 1890. — Orient. — Importé en 1897.
Pau : depuis 1897.

KARCHANE, P. S. Ar.   S.B.F., t. I, p. 45.
H. N. -- Importé en 1842.
Gr. 1833. — Orient.
Tarbes : 1853. — Réformé en janvier 1862.

KARIGAN, P. S. Ar.   S.B.F., t. V, p. 165.
H. N.
Al. 1877. — France.
Par *Suzerain* et *Euréka*, par Womersley.
Pau : 1882. — La Roche sur-Yon : 1883-1890.

S.B.F., t. XII, p. 101.
KARS, ex-**MONSIEUR-KARS**, P. S. Ar.
H. N.
Gr. 1877. — Chez M. Castel.
Par *Khédive* et *Flore*, par Rabdan et Gamba, par Bédouin.
Pau : 1881. — Mort en juillet 1898.

KARTOUM, P. S. Ar. S.B.F., t. VIII, p. 921
H. N.
B. 1877. — Orient.
Pau : 1885. — août 1888.

KASEM, P. S. Ar. S.B.F., t. X, p. 401.
H. N.
Al. 1883. — Palestine.
Pau : 1891. — Réformé en août 1892.

KATIBAH, P. S. Ar. S.B.F., t. II, p. 1112.
H. N. — Importé en 1867.
B. 1863. — Orient.
Pau : 1868. — Vendu en décembre 1868.

KBÉCHAN, P. S. Ar. S.B.F., t. XII, p. 101.
H. N.
Al. 1879. — Syrie. — Importé en 1883.
De la tribu des Annézés.
Pau : depuis 1884.

KÉBLAH, P. S. Ar. S.B.F., t. XII, p. 101.
H. N.
Al. 1892. — Chez M. Souberbielle.
Par *Scutari* et *Kébira*, par Cheïtan et Kalifa, par Kerbela.
Tarbes : depuis 1896.

KÉDIVE, P. S. Ar. S.B.F., t. III, p. 444.
Bon de Nexon.
Al. 1870. — France.
Par *Nadir* et *Léda*, par Ramdan.
Pompadour : 1874-1877. — Vendu à l'Ecole de Saumur en 1877.

KEHELAN, P. S. Ar. S.B.F., t. I, p. 445.
H. N. — Importé en 1850.
B. 1837. — Arabie.
Pau : 1851. — Vendu en septembre 1854.

KEHEYLENE-ADJOUZ, P. S. Ar. S.B.F., t. X, p. 404.
M. Nouaillac.
Al. 1882. — Syrie.
Villeneuve-sur-Lot : 1890. — S. r. en 1891.

KEISS, P. S. Ar. S.B.F., t. XII, p. 101.
H. N.
B. 1887. — Orient. — Importé en 1893.
Aurillac : depuis 1894.

KÉLAT, P. S. Ar. S.B.F., t. XII, p. 101.
H. N.
Al. 1890. — Cnez M. Souberbielle.
Par *Akhar* ou *Kbéchan* et *Kébira*, par Cheïtan et Kalifa,
par Kerbela.
Ajaccio : depuis 1894.

KELB, P. S. Ar. S.B.F., t. II. p. 1113
H. N.
B. 1861. — Arabie.
Villeneuve-sur-Lot : 1868. — Réformé en août 1872.

KÉLIF, P. S. Ar. S.B.F., t. IV, p. 480.
H. N. — Importé en 1873.
Gr. 1838. — Orient.
Pompadour : 1875. — Mort en avril 1889.

KENDJ, P. S. Ar. S.B.F., t. XII. p. 102.
H. N.
B. 1882. — Syrie. — Importé en 1887.
Perpignan : depuis 1888.

KÉRAUNOS, P. S. A. S.B.F., t. XII. p. 27.
H. N. — Importé en 1896.
B. 1884. — Angleterre. — Chez M. H. Chaplin.
Par *Galopin* et *Lightming*, par Thunderbolt et May-Queen,
par Newminster.
Tarbes : depuis 1896.

KERBELA, P. S. A:. S.B.F.. t. II, p. 1113.
H. N.
Gr. 1849. — Orient.
Pau : 1854-1858. — Pompadour : 1859-1862.
Pau : 1863. — Mort en juillet 1870.

KERGUIGNON, P. S. A. S.B.F., t. XII, p. 27.
M. J. Chabagno (Basses-Pyrénées).
B. 1887. — Chez M. J.-B. Lestrade.
Par *Florentin* et *Rose-Noble*, par The Peer et Rose-Leaf,
par Gunboat.
Pau : depuis 1886.

KIBÉCHAN, P. S. Ar. S.B.F., t. XII, p. 103.
M. Bonnefoi (Haute-Garonne).
B. 1888. — Orient. — Importé en 1894.
De la tribu de Karake.
Tarbes : depuis 1894.

KÉRIM, P. S. Ar. S.B.F., t. II, p. 1113.
H. N.
B. 1854. — France.
Par *Bagdadli* et *Amine*, par Laïsum.
Pau : 1871. — Abattu en novembre 1874.

KERMÈS, P. S. A. S.B.F., t. I, p. 45
H. N.
B. 1836. — Haras de Pompadour.
Par *Y. Vandyke* et *Crotchet*, par Partisan.
Pompadour : 1841-1842. — Tarbes : 1843. — Réformé en août 1851.

KHAIBAR, P. S. A.-A. S.B.F., t. I, p. 476.
H. N.
Al. 1848. — Haras de Pompadour.
Par *Frigian*, arabe, et *Celina*, an.-ar.
Tarbes : 1851. — Aurillac : 1852.

KIAMIL, P. S. Ar.   S.B.F., t. IV, p. 480.
H. N.
Gr. 1868. — Orient.
Pompadour : 1875. — Mort en juillet 1889.

KILT, P. S. A.   S.B.F., t. IV, p. 512.
H. N.
Al. 1873. — France.
Par *Consul* et *Highland-Sister*, par Stockwell.
Pompadour : 1885. — Abattu en août 1893.

KING, P. S. A.-A.   S.B.F., t. . ., p.
M. Montané.
B. 1888. — France.
Par *Urou* et *Bellone*, par Nedji, arabe.
Tarbes : 1892. — Vendu en 1894.

KIR-HADJI, P. S. Ar. S.B.F., t. IV, p. 480.
B. 1864. — Orient.
Tarbes : 1875. — Mort en septembre 1884.

S.B.F., t. VI, p. 14.
KING-OF-THE-CASTLE, P. S. A.
H. N.
Bb. 1875. — Angleterre.
Par *King-Victor* et *Dame-Alice*.
Villeneuve-sur-Lot : 1881. — Réformé en août 1883.

S.B.F., t. V, p. 526.
KIRTAS et **ZAHABI**, P. S. Ar.
H. N.
Al. 1871. — Orient.
Pau : 1878. — Mort en juin 1896.

S.B.F., t. V, p. 526.
KISLAR-AGA, P. S. Ar.
H. N.
Gr. 1866. — Orient.
Pau : 1876. — Mort en janvier 1880.

KITAB, P. S. Ar.   S.B.F., t. XII, p. 102.
H. N.
Al. 1884. — Orient. — Importé en 1890.
De la tribu El-Fadle.
Villeneuve-sur-Lot : depuis 1891.

KNOUT, P. S. Ar.   S.B.F., t. I, p. 446 et 471
H. N.
Gr. 1836. — Haras de Pompadour.
Par *Phrigian* et *Asfoura.*
Pompadour : 1841. — Castré en octobre 1846.

KOHEL, P. S. Ar.   S.B.F., t. VI, p. 677.
H. N. — Importé en 1880.
B. 1873. — Orient.
Pau : 1881. — Vendu en août 1891.

KOHEL, P. S. A.-A.   S.B.F., t. I, p. 46 et 134.
H. N.
Bb. 1837. — France.
Par *Napoléon* et *Biche*, par Eastham et Galatée,
par Massoud, arabe.
Pompadour : 1848. — Mort en juillet 1856.

S.B.F., t. I, p. 446.
KOHEIL-HABBAS, P. S. Ar.
H. N.
Bb. 1831. — Orient.
Tarbes : 1844. — Réformé en juillet 1850.

S.B.F., t. I, p. 447.
KOHEIL-HAMDANI, P. S. Ar.
H. N.
Gr. 1836. — Orient.
Tarbes : 1844. — Mort en mars 1852.

S.B.F., t. I, p. 447.
KOHEIL-HAMDANI-ARBI.
H. N. — 1844.
Al. 1832. — Orient.
Pau : 1844. — Vendu en juillet 1853.

KOHEIL-OBAYAN-SEDEREI, P. S. Ar.   S.B.F., t. I, p. 447.

H. N.

Gr. 1835. — Orient.

Son père : Koheil-Obayan ;
Sa mère : Koheila-Obayana.

Pompadour : 1844-1850. — Tarbes : 1851. — Mort en février 1856.

KOHEIL-SAADAN, P. S. Ar.   S. B. F., t. I, p. 447.

H. N.

Gr. 1835. — Orient.

Aurillac : 1845. — Réformé en mars 1847.

KOHINOOR, P. S. Ar.   S.B.F., t. VII, p. 947.

H. N.

Gr. 1883. — Haras de Pompadour.

Par *Edhen* et *Hamamah*.

Rodez : 1887. — Le Pin : décembre 1888.

KORSABAD, P. S. Ar.   S.B.F., t. II, p. 1113.

H. N.

Al. 1848. — Orient.

Villeneuve-sur-Lot : 1857. — Réformé en juillet 1858.

KORSAC, P. S. Ar.   S.B.F., t. I, p. 16.

H. N.

B. 1836. — Haras de Pompadour.

Par *Napoléon* et *Miss-Ann*, par Figaro.

Pompadour : 1841. — Passé à Blois en juillet 1841.

Rodez : 1842-1845. — Villeneuve-sur-Lot : 1846.

Réformé en juillet 1859.

KOULÉLI, P. S. Ar.   S.B.F., t. I, p. 447.

H. N. — Importé en 1850.

Gr. 1839. — Arabie.

Pompadour : 1857-1858. — Passé à Pau en 1859.

Vendu en août 1863.

S.B.F., t. I, p. 46 et 173.

KREMLIN, P. S. Ar.
H. N.
B. 1839. — France.
Par *Napoléon* et *Danaé*, an.-ar., par Massoud, arabe.
Tarbes : 1843. — Mort en mars 1860.

S.B.F., t. XII, p. 76.

KREMLIN, ex-**KROUMIR**, P. S. A.-A.
M. Nouguès-Bru (Basses-Pyrénées)
Al. 1881. — Chez M. Lagrolet.
Par *Sir Régis* et *Fougère*, par Djerasch et Speedy, par Souvenir.
Pau : depuis 1886.

KROUMIR, P. S. A.-A. S.B.F.. t. XII, p. 76.
M. Montané (Haute-Garonne).
B. 1888. — Chez M. E. Maignac.
Par *Castillon* et *Valette*, par Nassim, arabe, et Valentine,
par Womersley.
Tarbes : depuis 1892.

KROUMIR, P. S. Ar. S.B.F.; t. XII, p. 103.
H. N.
Al. Né en 1894. — Chez M. Fourcade-Peyraube.
Par *Méké* et *Kioumi*, par Kbéchan et Kalifa, par Kerbela.
Libourne : depuis 1898.

KUSMAT, P. S. Ar. S.B.F., t. XII, p. 103.
H. N.
Gr. 1893. — Orient. — Importé en 1897.
Son père : de race Saklaouie ; sa mère : de race Gelfa.
Villeneuve-sur-Lot : depuis 1897.

KYNOPS, P. S. A.-A. S.B.F., t. XII, p. 76.
H. N.
Gr. 1894. — Chez M. de Beauvallon.
Par *Oderzo*, an.-ar., et *Kaline*, par Satrape.
Sa grand'mère : Fougère, par Djerasch, arabe.
Pau : depuis 1898.

LABAN, P. S. A.-A.   S.B.F., t. XII, p. 76.
H. N.
Gr. 1884. — Haras de Pompadour.
Par *Vulcan* et *Dryade*, par Kélif, arabe, et Mantoura, arabe.
Tarbes : depuis 1888.

LA CLOTURE, P. S. A.   S.B.F., t. II, p. 80.
H. N.
Al. 1847. — France.
Par *Mr. Wags* et *Clorinde*, par Holbein.
Pompadour : 1853. — Réformé en novembre 1854.

LADOUR, P. S. A.   S.B.F., t. II, p. 650.
H. N.
Bb. 1868. — France.
Par *Fitz-Gladiator* et *Laurentine*, par Sting.
Libourne : 1873. — Castré en novembre 1873.

LADISLAS, P. S. A.   S.B.F., t. VIII, p. 21.
H. N.
B. 1880. — Angleterre.
Par *Hampton* et *Lady-Superior*.
Tarbes : 1885. — Mort en 1888.

LA FLEUR, P. S. A.   S.B.F., t. XII. p. 28.
M. Duffour, 1891 ; M. Abadie, 1893 (Gers).
B. 1883. — Chez MM. Duffour et de Campaigno.
Par *Florentin* et *La Violette*, par Le Petit-Caporal et
Brauch, par Sting.
Tarbes : depuis 1891.

LAGRANGE, P. S. A.   S.B.F., t. XII. p. 29.
M. E. Blanc (Hautes-Pyrénées).
B. 1890. — Chez M. E. Blanc.
Par *Energy* et *La Noue*, par Le Petit-Caporal et Gertrude,
par The Baron.
Tarbes : depuis 1894.

— 499 —

LAISUM, P. S. Ar.   S.B.F., t. I, p. 447.
M. Guestier.
Al. 1837. — Haras de Pompadour.
Par *Emmon* et *Jara*, par Raz-el-Fedawe.
Pompadour : 1842-1849. — Libourne : 1850.
Mort en décembre 1857.

LAMARTINE, P. S. A.   S.B.F., t. II, p. 80
H. N.
Al. 1848. — Angleterre.
Par *Epirus* et *Grace-Darling*.
Villeneuve-sur-Lot : 1856-1865. — Passé à Tarbes : 1866.
Réformé en juillet 1866.

LAMBRO, P. S. Ar.   S.B.F., t. II, p. 1114.
H. N.
Gr. 1852. — France.
Par *Hussein* et *Amine*, par Laïsum.
Pau : 1864. — Mort en juillet 1877.
Pompadour : 1856-1857. — La Roche-sur-Yon : 1858-1863.

LAMPION, P. S. A.   S.B.F., t. I, p. 46.
H. N.
Al. 1838. — France.
Par *Mameluck* et *Lucette*.
Tarbes : 1843. — Réformé en septembre 1856.

LANCASTRE, P. S. A.-A.   S.B.F., t. XII, p. 76.
M. A. de Sevin (Lot-et-Garonne).
Al. 1884. — Chez M. A. de Sevin.
Par *Harami*, arabe, et *Marjolaine*, par Zouave et Véga,
par The Flying-Dutchman.
Villeneuve-sur-Lot : depuis 1888.

LANCASTRE, P. S. A.   S.B.F., t. I, p. 47.
H. N.
Al. 1837. — France.
Par *Harlequin* et *Lady*, par Seymour.
Pompadour : 1842-1848. — Ecole du Pin en septembre 1848.

LAPIS, P. S. A. S.B.F., t. IX, p. 322.
H. N.
Al. 1886. — France.
Par *Xaintrailles* et *Perla*.
Tarbes : 1895. — Mort en avril 1895.

LA RAMÉE, P. S. A. S.B.F., t. XII, p. 291.
H. N.
Al. 1892. — Chez M. A. Fould.
Par *Grandmaster* et *La Rosière*, par Consul et la Reine-Berthe,
par The Baron.
Villeneuve-sur-Lot : depuis 1897.

LARIDON, P. S. A.-A. S B.F., t. XII, p. 77.
H. N.
Al. 1890. — Chez M. Lescassies.
Par *Blenheim* et *La Perle*, par Dahabi, arabe.
Sa grand'mère : Alerte, par Mandrake.
Pau : depuis 1894.

LASCAR, P. S. A.-A. S.B.F., t. VIII, p. 952.
H. N.
B. 1884. — Haras de Pompadour.
Par *Vulcan* et *El Guetrane*, arabe.
Perpignan : 1888. — Réformé en août 1890.

LATA, P. S. A.-A. S.B.F., t. XII, p. 76.
H. N.
Al. 1893. — Chez M. J.-F. Laporte.
Par *Artois* et *Lana*, an.-ar., par Hedjaz, Nassim ou Ispahan, arabes,
et La Taupe, par Drummond.
Perpignan : depuis 1898.

LATTAKIÉ, P. S. Ar. S.B.F., t. IV, p. 480.
H. N.
Al. 1868. — Orient.
Tarbes : 1873. — Mort en novembre 1881.

LAURIER, P. S. A.-A. S.B.F., t. IX, p. 22.
H. N.
Gr. 1873. — France.
Par *Ceylon* et *Lorette*, an.-ar., par Dankali, arabe.
Tarbes : 1878. — Réformé en 1883.

LE BASILIC, P. S. A. S.B.F., t. XII, p. 29.
M. Arnaud (Gard).
Gr. 1893. — M. le Bon de Schickler.
Par *Le Sancy* et *La Dauphine*, par Doncaster et Sly,
par Strathconan.
Perpignan : depuis 1898.

LÉBÉROU, P. S. A. S.B.F., t. IX, p. 22.
H. N.
Al. 1872. — France.
Par *Marengo* et *Fleur-d'Alizier*, par Zouave.
Pompadour : 1876. — Abattu en juillet 1892.

S.B.F., t. XI, p. 541.
L'ECHANLEUIL, P. S. A.-A.
H. N.
Gr. 1892. — France.
Par *Don-Fulano* et *Jaguarita*, an.-ar.
Tarbes : 1896. — Réformé en août 1897.

LÉCHEZ, P. S. A.-A. S.B.F., t. XII, p. 76.
MM. Sudreau, 1897; M. B. Mathieu (Dordogne).
B. 1891. — Chez M. Lansac-Fatte.
Par *El Yahoudi*, arabe, et *Castillonne*, par Castillon et Vivacité,
par Fana, arabe.
Libourne : depuis 1895.

LE DROLE, P. S. A. S.B.F., t. IX, p. 23.
M. Dutar; M. H. Montané, 1889.
B. 1873. — France.
Par *Hospodar* et *La Dheune*, par Black-Eyes.
Tarbes : 1880-1887. — Cluny : 1888. — Perpignan : 1889.
Mort en 1891.

LE DUC, P. S. A.-A.   S.B.F., t. V. p. 379.
H. N.
Bb. 1876. — France.
Par *Ceylon* et *Orpheline*, an.-ar., par Emir, arabe.
Perpignan : 1880. — Mort en août 1882.

LE GAMIN, P. S. A.   S.B.F., t. XII. p. 29.
M. Régis ; M. B. Mathieu, 1894 (Dordogne).
Bb. 1876. — Chez M. Th. Régis.
Par *Diablotin* et *Harmonie*, par Fa-Dièze et Mariage, par Ion.
Libourne : depuis 1881.

LE GERS, P. S. A.   S.B.F., t. III, p. 257.
M. Souville.
Al. 1871. — France.
Par *Fitz-Gladiator* et *Mademoiselle-de-Roquelaure*.
Tarbes : 1875. — Réformé en 1881.

S.B.F., t. XII, p. 29.
LE GLORIEUX, P. S. A.
M. A. Menier (Hautes-Pyrénées).
Al. 1887. — Chez M. le Bon de Soubeyran.
Par *Frontin* et *The Garry*, par Breadalbane et Restless,
par Burgundy.
Tarbes : depuis 1894.

S.B.F., t. XI. p. 18.
LE JAPONAIS, P. S. A.
M. le Cte de Poudenx.
Bb. 1879. — France.
Par *The Peer* et *Miss-Sheperd*.
Pau : 1887. — Mort en 1894.

LE MAJOR, P. S. A.   S.B.F., t. III. p. 121.
Mme Heine.
B. 1869. — France.
Par *Gladiateur* et *Deliane*, par The Flying-Dutchman.
Libourne : 1876. — Réformé en 1878.

S. B. F., t. II, p. 83.

LE MANDARIN, P. S. A.
M. Ad. Fould.
B. 1862. — Eure.
Par *Monarque* et *Liouba*.
Tarbes : 1872. — Mort en 1874.

LE MARQUIS, P. S. A.   S.B.F., t. V, p. 303
H. N.
B. 1875. — France.
Par *Plutus* et *Mademoiselle-de-la-Seiglière*.
Tarbes : 1881. — Réformé en 1889.

LE MAS, P. S. A.-A.   S.B.F., t. XII, p. 77
Mme V. Dario (Haute-Garonne).
B. 1890. — Chez M. le comte de Villeneuve.
Par *Alger* et *Médine*, par Vertugadin et La Mekke,
par Merkham, arabe.
Tarbes : depuis 1894.

LE MAZARIN, P. S. A.   S.B.F., t. XII, p. 29.
M. le Bon de Bray (Gers).
B. 1887. — Chez M. le Bon Schickler.
Par *King-Lud* et *Gem-of-Gems*, par Strathconan et Poinsettia,
par Y. Melbourne.
Tarbes : depuis 1892.

S.B.F., t. IX, p. 23,

LE MONT-VALÉRIEN, P. S. A.
H. N.
Al. 1871. — France.
Par *Light* et *Memphis*, par Warrior.
Villeneuve-sur-Lot : 1877. — Abattu en août 1897.

LE MORMON, P. S. A.   S.B.F., t. IV, p 47,
H. N.
B. 1874. — France.
Par *Ragdad* et *Apollonia*, par Ellington.
Pau : 1880. — Abattu en août 1896.

LE NOTAIRE, P. S. A.-A. S.B.F., t. V, p. 498.
H. N.

Gr. 1875. — Hautes-Pyrénées.

Par *Choubrah*, arabe, et *Véturie*.

Aurillac : 1879. — Réformé en août 1887.

LE NOUVION, ex-**DOUBLE-SIX II**, P. S. A. S.B.F., t. XII, p. 30.
H. N.

B. 1888. — Chez M. Hurst.

Par *Nougat* et *Champêtre*, par Flageolet.

Sa grand'mère : Contract, par Stockwell.

Pau : depuis 1894.

LÉON, P. S. A. S.B.F., t. I, p. 146.
H. N.

Bb. 1839. — France.

Par *Lottery* et *Camlet*.

Perpignan : 1843. — Réformé en décembre 1844.

LÉONIDAS, P. S. Ar. S.B.F., t. I, p. 448.
H. N.

Al. 1839. — Haras de Pompadour.

Par *Massoud* et *Validé*.

Perpignan : 1842. — Réformé en octobre 1853.

LE PÉROU, P. S. A. S.B.F., t. V. p. 12.
H. N.

B. 1873. — Gironde.

Par *Zouave* et *Lima*, par Ionian.

Libourne : 1878. — Abattu en août 1878.

LE PETIT-CAPORAL, P. S. A. S.B.F., t. II, p. 685.

M. Ad. Fould ; M. le comte de Robien en 1882.

B. 1864. — France.

Par *Marignan* et *Mademoiselle-Désirée*, par Caravan.

Tarbes : 1869-1881. — Perpignan : 1882. — S. r. depuis.

LE POMPON, P. S. A.   S.B.F., t. XII, p. 30.

M. E. Blanc (Hautes-Pyrénées).

B. 1891. — Chez M. E. Blanc.

Par *Fripon* et *La Foudre*, par The-Scothish-Chief et La Noue,
par Le Petit-Caporal.

Tarbes : depuis 1896.

S.B.F.. t. IV, p. 66.

LE ROI-DES-LANDES, P. S. A.

H. N.

Al. 1872. — France.

Par *Le Mandarin* et *Barbe-d'Or*, par Womersley.

Libourne : 1876. — Castré en août 1883.

S.B.F., t. V, p. 510.

LE SAMARITAIN, P. S. A.-A.

H. N.

Gr. 1877. — France.

Par *Samari*, arabe, et *Dora*, an.-ar., par Shérif, arabe.

Villeneuve-sur-Lot : 1881. — Abattu en juillet 1894.

LESBOS, P. S. A.   S.B.F., t. II, p. 381.

H. N.

B. 1863. — France.

Par *Pédagogue* et *Débutante*, par Pyrrhus-the-First.

Pau : 1869. — Réformé en juillet 1870.

LESCOT, P. S. A.-A.   S.B.F., t. XII, p. 77.

M. Lacay (Hautes-Pyrénées).

B. 1891. — Chez M. Fauquier.

Par *Firmament* et *Lélia*, par Tarbouch, an.-ar., et Drumonde,
par Drummond.

Tarbes : depuis 1895.

LE TARN, P. S. A.-A.   S.B.F., t. XII, p. 77.

H. N.

Al. 1892. — Chez M. Lapierre.

Par *Harami*, arabe, et *Espérance*, par Marksman et La Parisienne,
par Mortemer.

Villeneuve-sur-Lot : depuis 1896.

LIBAN, P. S. A.-A. S.B.F., t. XII, p. 77.

H. N.

B. 1885. — Chez M. Lapeyre.

Par *Bay-Archer* ou *Castillon* et *Lisa*, an.-ar., par Coran, arabe,
et Viola, par Rémus.

Pau : depuis 1890.

LIBANAIS, P. S. A.-A. S. B. F., t. VI, p. 155.

M. Ruinaut.

Gr. 1878. — Basses-Pyrénées.

Par *Djerasch*, arabe, et *Clorinde*, an.-ar., par Souvenir.

Pau : 1883. — Non approuvé en 1898.

LIBERTINE, P. S. A. S.B.F., t. I, p. 48.

H. N.

B. 1820. — Angleterre.

Par *Filho-da-Puta* et *Sancho mare*.

Libourne : 1832. — Abattu en octobre 1844.

LIGHTBEAM, P. S. A.-A. S.B.F., t. II, p. 84.

H. N.

B. 1853. — France.

Par *Xénocrate*, an.-ar., et *Echo*.

Aurillac : 1857. — Réformé en août 1860.

LIGNARD, P. S. A.-A. S.B.F., t. XII p. 77.

M. Montané (Haute-Garonne).

B. 1892. — Chez M. Barthe.

Par *Amrar*, arabe, et *Archère*, par Bay-Archer et Espérance,
par Souedj, arabe.

Tarbes : depuis 1896.

LILLIPUT, P. S. A. S.B.F., t. II, p. 85.

H. N.

B. 1852. — France.

Par *Sting* et *Miss-Lot*.

Villeneuve-sur-Lot : 1857-1874.

LIMOGES, P. S. A.-A. S. B. F., t. XII, p. 77.
H. N.

Gr. 1892. — Chez M. Lapeyre.

Par *Vernet* et *Lisa*, par Coran, arabe, et Viola, par Rémus.

Villeneuve-sur-Lot : depuis 1896.

LINDOR, P. S. A. S. B. F., t. II, p. 85.
H. N.

B. 1852. — France.

Par *The Emperor* et *Suavita*, par Napoléon,

Tarbes : 1857. — Réformé en août 1861.

LINGOT, P. S. A.-A. S. B. F., t. IX, p. 24.
H. N.

Gr. 1884. — Haras de Pompadour.

Par *Edhen*, arabe, et *La Hague*, P. S. A.

Rodez : 1888. — Réformé la même année.

LIONEL, P. S. A.-A. S. B. F., t. XII, p. 77.
H. N.

Gr. 1890. — Chez M. Lapeyre.

Par *Bay-Archer* et *Lisa*, an.-ar., par Cora, arabe. et Viola,
par Rémus.

Tarbes : depuis 1895.

LIONEL, ex-**LION**, P. S. A.-A. S. B. F., t. VIII, p. 509,
H. N.

B. 1886. — Hautes-Pyrénées.

Par *Castillon* et *Lisa*, an.-ar., par Coran, arabe.

Libourne : 1890. — Castré en août 1893.

LIONEL II, P. S. A.-A. S. B. F., t. XII, p. 77.
H. N.

B. 1892. — Chez M. Lamarque.

Par *Harfouch*, arabe, et *Lionne*, an.-ar., par Bay-Archer et Médée,
par El Yahoudi, arabe, ou Quid-Novi.

Tarbes : depuis 1896.

LITTLE-ROVER, P. S. A.   S.B.F., t. 1, p. 48.
H. N. — Importé en 1837.
B. 1831. — Angleterre.
Par *Cydnus* et *Skim mare*.
Tarbes : 1837-1849.

LITTLE-WOFUL, P. S. A.   S.B.F., t. II, p. 86.
M. de Nexon.
Al. 1851. — Chez M. de Nexon.
Par *Gladiator* et *Eyebrow*, par Whisker.
Pompadour : 1856. — Castré en fin 1857.

LIVERPOOL, P. S. A.   S.B.F., t. II, p. 86.
H. N.
B. 1854. — Angleterre.
Par *Springy-Jack* et *Anne-Page*, par Touchstone.
Pompadour : 1858-1859. — Passé à Rosières en janvier 1860.

LOADSTONE, P. S. A.   S.B.F., t. II, p. 87.
Mis Dulau.
Bb. 1845. — Angleterre.
Par *Touchstone* et *Latitude*, par Langar.
Libourne : 1862-1865.

LODIN, P. S. A.   S.B.F., t. I, p. 49.
H. N.
B. 1841. — France.
Par *Terror* et *Eugenia*, par Trance.
Pompadour : 1846. — Rodez : 1847. — Mort en mai 1858.

LONGCHAMPS, P. S. A.   S.B.F., t. II, p. 449.
M. Exshaw.
Al. 1864. — France.
Par *Monarque* et *Etoile-du-Nord*, par The Baron.
Libourne : 1870-1874.

LORIOT, P..S. A.-A.   S.B.F., t. XII, p. 77.

M. Mirmande (Haute-Garonne).
Al. 1891. — Chez M. Abeilhe.
Par *Ben-Amrar*, an.-ar., et *Bérengère*, par Ladislas
et Belle-des-Prés, par Hedjaz, arabe.
Tarbes : depuis 1895.

LOTO, P. S. A.-A.   S.B.F., t. IX, p. 24.
H. N.
Gr. 1884. — Haras de Pompadour.
Par *Edhen*, arabe, et *Renée*, par Carnival.
Perpignan : 1888. — Réformé en mars 1897.

LOTO, P. S. A.   S.B.F., t. I, p. 49.
H. N.
B. 1841. — France.
Par *Lottery* et *Huraca*, par Pick-Pocket.
Pompadour : 1849. — Saintes : 1850-1851.

LOTO, P. S. A.   S.B.F , t. I, p. 120.
H. N.
Bb. 1841. — Hautes-Pyrénées.
Pau : 1849. — Réformé en octobre 1851.

LOTO, P. S. A.-A.   S. B. F., t. XII, p. 78.
H. N.
Al. 1894. — Chez M. Lascassies.
Par *Méké*, arabe, et *Loza*, ex-*Rachel*, par Mandrake ou Bay-Archer,
et Lorette, par Djeffé, arabe.
Tarbes : depuis 1898.

LOTUS, P. S. A.-A.   S.B.F., t. XII, p. 78.
H. N.
B. 1884. — Haras de Pompadour.
Par *Vulcan*, P. S. A., et *Mantoura*, arabe.
Villeneuve-sur-Lot : depuis 1888.

LOUIS, P. S. A.   S. B. F., t. XII, p. 32.
H. N.
Al. 1884. — France.
Par *Saint-Louis* et *Razzia*, par Zouave.
Rodez : 1889-1892. — Passé au Pin en janvier 1893.

LUCULLUS, P. S. A.   S.B.F., t. I, p. 50.
H. N.
Al. 1837. — Haras de Pompadour.
Par *Harlequin* et *Crotchet*.
Aurillac : 1841. — Passé au Pin en 1843.

LUGARTO, P. S. A.   S.B.F., t. I, p. 50.
H. N.
B. 1842. — Gironde.
Par *Crispin* et *Vénus*, par Smolensko.
Libourne : 1848. — Castré en juillet 1859.

LULLY, P. S. A.   S.B.F., t. II, p. 87.
H. N.
Al. 1850. — Haras du Pin.
Par *Tipple-Cider* et *Pecora*.
Rodez : 1862. — Mort en août 1873.

LURBE, P. S. A.-A.   S.B.F., t. XII, p. 78.
M. Abadie (Gers).
B. 1888. — Chez M. Souberbielle.
Par *Courtois* et *Lucine*, par Mérovée et Astarté, par Dahabi, arabe.
Tarbes : depuis 1892.

                    S.B.F., t. II, p. 448 et 500.
LUSCOQUE, P. S. Ar.
H. N.
Al. 1841. — Haras de Rosières.
Par *Nasser* et *Pomponia*.
Tarbes : 1845. — Réformé en juillet 1851.

LYNCÉE, P. S. A.   S.B.F., t. 1, p. 346.
H. N.

B. 1836. — Haras du Pin.

Par *Ægyptus* et *Poosy*.

Aurillac : 1840. — Réformé en octobre 1850.

LYNX, P. S. Ar.   S.B.F., t. I, p. 448.
H. N.

Gr. 1837. — Arabie.

Son père : Massoud.
Sa mère : Monaghie.

Aurillac : 1842. — Mort en 1855.

MAAROUF, P. S. Ar.   S.B.F., t. IV, p. 481.
H. N. — Importé en 1875.

Gr. 1868. — Syrie.

Pau : 1875. — Réformé en septembre 1886.

MACHAON, P. S. A.-A.   S.B.F., t. XII, p. 78.
H. N.

B. 1892. — Chez M. Pouylaud.

Par *Méké*, arabe, et *Mademoiselle-Lucie*, par Patricien
et Amorce, par Ephraïm, arabe.

Tarbes : depuis 1896.

S.B.F., t. II, p. 1111.

MACHOUK-PACHA, P. S. Ar.
H. N.

B. 1848. — Orient.

Perpignan : 1854. — Mort en juin 1867.

MAGENTA, P. S. A.-A.   S.B.F., t. XII, p. 78.
H. N.

Al. 1891. — Chez M. H. Courtade.

Par *Grandmaster* et *Emirsa*, an.-ar., par Emir, arabe, et Balbine,
par Womersley.

Tarbes : depuis 1895.

MAGENTA, P. S. A.   S.B.F. t. II. p. 359.
H. N.
B. 1859. — France.
Par *Lanerscot* et *Corysandre*, par Schamyl.
Pau : 1870-1874. — A Cluny en janvier 1875.

MAGISTER, P. S. A.   S.B.F., t. V. p. 332.
H. N.
Bb. 1877. — France.
Par *Uhlan* et *Merry-Christian*.
Tarbes : 1882. — Réformé en septembre 1885.

MAHBOULE, P. S. Ar.   S.B.F., t. I. p 448.
H. N.
Gr. 1846. — Orient.
Aurillac : 1851. — Passé à Rosières en septembre 1854.

S.B.F., t. II, p. 1114.
MAHI-EDDIN, P. S. A.-A. S.B.F., t. I, p. 483.
H. N.
B. 1849. — Haute-Vienne.
Par *Kohel* ou *Gladiator*, P. S. A., et *Garba*, arabe, par Bédouin.
Libourne : 1853. — Castré en août 1859.

S.B.F., t. I, p. 448 et 471.
MAHMOUTH, P. S. Ar.
H. N.
Gr. 1838. — Haras de Pompadour.
Par *Bédouin* et *Asfoura* (née en Orient).
Pompadour : 1843-1849. — Saintes : 1850-1859.

MAJOR, P. S. A.   S.B.F., t. I, p. 222
H. N.
Al. 1838. — Haras de Rosières.
Par *Général-Mina* et *Folla*, par Premium.
Tarbes : 1843-1844. — Pau : 1845. — Vendu en juillet 1850.

MAK, P. S. A.-A.   S.B.F., t. II, p. 89.
H. N.
Gr. 1853. — France.
Par *Bagdadli*, arabe, et *Juventa*, par Massoud, arabe.
Rodez : 1857. — Réformé en janvier 1868.

MAKE-HASTE, P. S. A.   S. B. F., t. II, p. 89.
H. N.
Bb. 1853. — France.
Par *Ionian* et *Mademoiselle-Béjart*, par Ali-Baba.
Pau : 1857. — Abattu en juillet 1876.

MAKSOUDE, P. S. Ar.   S. B. F., t. XII, p. 103.
H. N.
Gr. 1884. — Orient. — Importé en 1891.
De la tribu des Beni-Saker.
Tarbes : depuis 1892.

MALACARA, P. S. Ar.   S. B. F., t.   , p.
H. N.
Al.   . — Orient.
Orient : 1865. — Mort en mai 1867.

MALAHIDE, P. S. A.   S. B. F., t. IV, p. 14.
H. N. — Importé en 1873.
Al. 1869. — Angleterre.
Par *Trumpeter* et *Chocolate*, par Sweetmeat.
Rodez : 1873. — Castré en février 1877.

MALEK-ADEL, P. S. A.   S. B. F., t. IV, p. 481.
H. N.
Al. 1862. — Orient.
Tarbes : 1875. — Réformé en décembre 1882.

MALGACHE, P. S. A.   S. B. F., t. XII, p. 32.
M. Petit Le Roy (Hautes-Pyrénées).
B. 1886. — Chez M. Maurice Ephrussi.
Par *Bariolet* et *Miss-Bowstring*, par Strafford et Miss-Bowman,
par Toxophilite.
Tarbes :   depuis 1890.

MALTON, P. S. A.   S. B. F., t. II, p. 90.
M. le Bᵒⁿ de Nexon (1852). — H. N. en 1853.
B. 1845. — Angleterre.
Par *Sheet-Anchor* et *Fair-Helen*, par Priam.
Pompadour : 1852. — Mort en février 1859.

MAMELŪK, P. S. A.-A.   S. B. F., t. V, p. 118.
M. Desbons.

Gr. 1876. — Hautes-Pyrénées.

Par *Abou-Farès* ou *Dankali*, arabes, et *Conciliation*,
par Fitz-Gladiator.

Pau : 1880. — Vendu pour l'Algérie en 1882.

MAMELUK, P. S. A.-A.   S. B. F., t. V. p. 347.
M. Roux.

Al. 1877. — Var.

Par *Eyran*, arabe, ou *Hammal*, arabe, et *Marée-Montante*, P. S. A.
par Fitz-Gladiator.

Perpignan : 1881. — Parti pour la Tunisie en 1882.

MAMELUK, P. S. A.   S. B. F., t. I, p. 52.
H. N.

B. 1824. — Angleterre.

Par *Partisan* et *Miss-Sophia*.

Aurillac : 1843. — A Paris en février 1845.

MANDRAKE, P. S. A.   S. B. F., t. V, p. 13.
H. N.

Al. 1864. — Angleterre.

Par *Wheatherbit* et *Mandragora*, issue de Rataplan.

Tarbes : 1878. — Mort en septembre 1883.

MANDRIN, P. S. A.   S. B. F., t. II, p. 90.
H. N.

B. 1856. — France.

Par *Nathaniel* et *Nelly*.

Aurillac : 1860. — Réformé en janvier 1861.

MANSOUR, P. S. Ar.   S. B. F., t. IV, p. 481.
H. N.

Gr. 1866. — Orient.

Tarbes : 1875. — Réformé en septembre 1883.

MANSOUR, P. S. Ar.   S.B.F., t. IX, p. 436.
H. N.
Al. 1884. — Basses-Pyrénées.
Par *Abou-Arabi* et *Belle-Petite*.
Tarbes : 1888. — Réformé en juillet 1891.

S.B.F., t. XII, p. 78.
MANSOUR, P. S. A.-A.
H. N.
B. 1885. — Haras de Pompadour.
Par *Eden*, arabe, et *Héloïse*, an.-ar., par Harami, arabe,
et Memento, par Stockwell.
Pau : depuis 1889.

S.B.F., t. I, p. 449.
MANSOURAH (BAY-ARABIAN) P. S. Ar.
H. N. — Importé en 1837.
B. 1826. — Orient.
Pompadour : 1838-1840. — Tarbes : 1841.
Mort en septembre 1851.

MARABOUT, P. S. A.   S.B.F., t. XI, p. 20.
M. Lebaudy.
B. 1880. — France.
Par *Little-Duck* et *Moll-Davis*, par John-Davis.
Pompadour : 1894. — A quitté la région en 1895.

MARBORÉ, P. S. A.   S.B.F., t. VII, p. 610.
H. N.
B. 1883. — Hautes-Pyrénées.
Par *Maubourguet* et *Pergola*, par Cobnut.
Libourne : 1888. — Castré en août 1892.

S.B.F., t. IX, p. 275.
MARCADEAU, P. S. A.-A.
H. N.
Bb. 1888. — Hautes-Pyrénées.
Par *Castillon* et *Médine*, an.-ar., par Emir, arabe.
Libourne : 1892. — Castré en août 1897.

S.B.F.. t. I, p. 160.

MARC-ANTOINE, P. S. A.-A.

H. N.

Al. 1838. — Haras du Pin.

Par *Mameluke* et *Cléopâtre*, an.-ar., par Captain-Candid.

Pau : 1842. — Vendu en juillet 1860.

S.B.F., t. IX, p. 25.

MARCELLUS, P. S. A.-A.

H. N.

Al. 1885. — France.

Par *Bay-Archer* ou *Castillon* et *Marquise-d'Hiis*, an.-ar.

Aurillac : 1889-1890. — Passé à l'Ecole du Pin en août 1890.

MARDAIN, P. S. A.-A. S.B.F., t. II, p. 1409.

H. N.

B. 1848. — Hautes-Pyrénées.

Par *Slane*, P. S. A., et *Misère*, an.-ar.

Tarbes : 1854. — Réformé en juillet 1858.

MARENGO, P. S. A. S.B.F., t. I, p. 52.

H. N.

B. 1838. — Seine.

Par *Alter-Uter* et *Urganda*.

Aurillac : 1844. — Réformé en 1861.

MARENGO, P. S. A. S.B.F., t. II, p. 91.

M. de Nexon.

Al. 1863. — France (à Dangu, Cte de Lagrange).

Par *Monarque* et *Liouba*. par Nuncio.

Pompadour : 1868. — Mort en 1882.

MARENGO, P. S. A.-A. S. B.F., t. XII, p. 78.

M. E. Dabes (Hautes-Pyrénées).

B. 1894. — Chez M. Saux.

Par *Jason* et *Othelline*, par Merdjanhami, arabe, et Radegonde,

par Triboulet.

Tarbes : depuis 1898.

MARIGNAN, P. S. A.-A.   S. B. F., t. V, p. 513.
H. N.
Gr. 1877. — Hautes-Pyrénées.
Par *Ceylon*, P. S. A., et *Fauvette*, an.-ar.
Tarbes : 1882. — Réformé en août 1895.

MARIGNAN, P. S. A.   S.B.F., t. II, p. 91.
H. N.
B. 1859. — Angleterre.
Par *Womersley* et *Margaret*, par Drayton.
Pompadour : 1863. — Braisne : 1864. — Aurillac : 1865-1867.
Montier-en-Der : 1868.

MARINER, P. S. A.   S.B.F., t. I, p. 52.
H. N.
Bb. 1825. — Angleterre.
Par *Merlin* et *Goosander*, par Hambletonian.
Libourne : 1834. — Vendu en septembre 1843 (non castré).

MARKSMAN, P. S. A.   S.B.F., t. IV, p. 14.
H. N.
Al. 1864. — Angleterre.
Par *Dundee* et *Shot*.
Villeneuve-sur-Lot : 1876. — Mort en août 1885.

MARLY, P. S. A.   S.B.F., t. I, p. 291.
H. N.
Bb. 1847. — France.
Par *Attila* et *Maria* (sœur d'Emma).
Tarbes : 1852. — Mort en juillet 1871.

MARMION, P. S. A.-A.   S.B.F., t. I, p. 73.
H. N.
B. 1838. — Haras du Pin.
Par *Mameluke*, anglais, et *Danaë*, an.-ar., par Massoud, arabe.
Pau : 1842. — Vendu en juillet 1852.

MAROC II, P. S. A.   S.B.F., t. V, p. 217.
M. Trouilh ; M. Laplace, 1886.
B. 1875. — France.
Par *Cymbal* et *Gourmande*, par Sting.
Pau : 1885. — Réformé en 1887.

MARQUIS, P. S. A.   S.B.F., t. IV, p. 160.
M. le Bon de Nexon. — H. N. en 1877.
B. 1872. — Haute-Vienne.
Par *Zouave* et *Espérance*, par Weathergage.
Pompadour : 1877. — Saintes : 1878-1887.

S. B. F., t. II, p. 1114 et 1183.
MARQUIS-DE-POMPADOUR, P. S. Ar.
H. N.
Gr. 1861. — Haras de Pompadour.
Par *Kerbela* et *Marquise-de-Pompadour*.
Rodez : 1865 — Réformé en septembre 1883.

MARSYAS, P. S. A.-A.   S.B.F., t. XII, p. 78.
H. N.
B. 1887. — Chez M. M. Barrère.
Par *Ladislas* et *Marquise-de-Hiis*, par Nassim, arabe,
et Marionnette, par The Heir-of-Linne.
Pau : depuis 1891.

MARZOUK, P. S. Ar.   S.B.F., t. VIII, p. 922.
H. N.
B. 1881. — Syrie.
Ajaccio : 1887 - 1889.

MASCARA, P. S. Ar.   S.B.F., t. I, p. 449.
H. N.
Gr. 1876. — Arabie.
Aurillac : 1837. — Réformé en novembre 1841.

S.B.F., t. IV, p. 291.
MASCARILLE, P. S. A.-A.
H. N.
Al. 1842. — Haras de Rosières.
Par *Général-Mina*, P. S. A., et *Mascara*, arabe.
Perpignan : 1847. — Réformé en juillet 1851.

— 519 —

MASCATE, P. S. Ar.   S.B.F., t.   , p.   .
H. N.
Al. 1830. — Orient.
Tarbes : 1853. — Réformé la même année.

                              S.B.F., t. IV. p. 481.
MASLAK, ex-**KÉBIR**, P. S. Ar.
H. N.
B. 1865. — Orient.
Libourne : 1874. — Mort en juin 1876.

MASSAOUD, P. S. Ar.   S.B.F., t. XII, p. 103.
H. N.
B. 1889. — Orient. — Importé en 1894.
Pau : depuis 1895.

MASSOUD, P. S. Ar.   S.B.F., t. I, p. 449.
H. N.
B. 1815. — Syrie.
Pompadour : 1836. — Mort en mai 1843.

MASSOUD, P. S. Ar.   S.B.F., t. 1, p. 450.
H. N. — 1844.
Al. 1835. — Orient.
Pau : 1844. — Vendu en juillet 1852.

MASTRILLO, P. S. A.   S.B.F., t. II, p. 93.
H. N.
Bb. 1850. — Haras du Pin.
Par *Sylvio* et *Miss-Ann*, par Figaro.
Le Pin : 1854-1859. — Perpignan : 1860-1866. — Le Pin : 1867.

MASTROQUET, P. S. A. S.B.F., t. V, p. 384.
H. N.
B. 1874. — France.
Par *Souvenir* et *Paralytique*, par Aquila.
Perpignan : 1881. — Réformé en août 1889.

MATOUR, P. S. A.   S.B.F., t. IV, p. 350.
H. N.
B. 1874. — France.
Par *Plutus* et *Normandie*, par Fitz-Gladiator.
Pau: 1881. — Réformé en novembre 1882.

S.B.F., t. IX, p. 25.
MAUBOURGUET, P. S. A.
M. Desbons.
B. 1874. — France.
Par *Fitz-Gladiator* et *Florence*, par Collingwood.
Tarbes : 1882. — Vendu en Amérique en 1891.

MAZEPPA, P. S. A.   S. B. F., t. XII, p. 33.
H. N.
B. 1891. — Chez M. le Bon de Nexon.
Par *Albion* et *Loterie*, par Gilbert et Lutine, par Zouave.
Rodez : depuis 1897.

MAZÈRES, P. S. A.-A.   S.B.F., t. V, p. 44.
H. N.
B. 1873. — France.
Par *Infant*, an.-ar., et *Bernerette*, an.-ar., par Kerbela, arabe.
Pau : 1877. — Réformé en août 1882.

S.B.F., t. X. p. 201.
MÉCRÉANT, P. S. A.-A.
M. Mombaylet.
B. 1890. — France.
Par *El Dib*, arabe, et *Nuit-de-Mai*.
Tarbes : 1894. — Mort en 1895.

S. B. F., t. XII, p. 33
MÉDAILLON-D'OR, P. S. A.
M. J.-B. Peyré (Landes).
Al. 1889. — Angleterre. — Chez M. J. Snarry.
Importé en 1894.
Par *Bend'Or* et *Eastern-Lily*, par Speculum et Lily-Agnès,
par Macaroni.
Pau : depuis 1894.

MÉDOCAIN, P. S. A. S.B.F., t. I, p. 54.
H. N.
B. 1839. — France.
Par *Crispin* et *Médéa*,
Tarbes : 1843. — Réformé en juillet 1848.

MÉHÉDI, P. S. Ar. S.B.F., t. I, p. 450.
H. N.
Gr. 1846. — Orient.
Tarbes : 1851-1858. — Passé à Lamballe en 1859.

MÉKÉ, P. S. Ar. S.B.F., t. XII. p. 493.
H. N.
Al. 1883. — Arabie. — Importé en 1890.
Pau : depuis 1891.

MELCHIOR, P. S. A. S.B.F., t. XII, p. 31.
H. N.
Al. 1891. — Chez M. Lupin.
Par *Xaintrailles* et *Yvrande*, par Montargis et Emeline,
par Dollar.
Tarbes : depuis 1896.

MELHÉAN, P. S. Ar. S.B.F., t. I, p. 450.
H. N.
Gr. — Orient.
Rodez : 1822-1841.

MEMORY, P. S. A. S.B.F., t. I, p. 334.
H. N.
Al. 1848. — Haras du Pin.
Par *Nuncio* et *Paméla*, par Tigris.
Pau : 1852. — Réformé en octobre 1863.

MEMPHIS, P. S. A.-A. S.B.F., t. II, p. 93.
H. N.
B. 1851. — Gers.
Par *Rajah*, arabe, et *Skirmish*, anglais.
Tarbes : 1855. — Réformé en août 1873.

MENDICANT, P. S. A. S.B.F., t. I, p. 54.
H. N.
Al. 1833. — Angleterre.
Par *Tramp* et *Lunacy*, par Blacklock.
Tarbes : 1840. — Mort en septembre 1841.

MENTOR, P. S. A.-A. S.B.F., t. X., p. 30.
H. N.
Al. 1888. — France.
Par *Amrar*, arabe, et *Mirza*, an.-ar.
Tarbes : 1892. — Mort en août 1892.

MENTOR, P. S. A.-A. S.B.F., t. I, p. 430.
H. N.
B. 1838. — Haras de Pompadour.
Par *Sylvio*, anglais, et *Moïna*, an.-ar., par Tigris, anglais.
Pompadour : 1843-1845. — Rodez : en février 1846.
Castré en octobre 1847.

S. B. F., t. XII, p. 78.
MENUET, ex-**SECRÉTAN**, P. S. A.-A.
H. N.
Al. 1890. — Chez M. Turon.
Par *Scutari*, arabe, et *Stora*, par Adham, arabe, et Praline,
par Ethelwolf.
Pau : depuis 1894.

S.B.F., t. XII, p. 79.
MERCADER, P. S. A.-A.
H. N.
B. 1889. — France.
Par *Aradus*, arabe, et *Médine*, an.-ar., par Vertugadin et La Mekke,
par Merkham, arabe.
Perpignan : depuis 1893.

S.B.F., t. XII, p. 79.
MERCURE, ex-**INSOLENT**, P. S. A.-A.
H. N.
Al. 1890. — Chez M. Toulet.
Par *Kbéchan*, arabe, et *Inbertaine*, an.-ar., par Gingembre, an.-ar.,
et Activité, par Elland.
Tarbes : depuis 1894.

MERCURE, P. S. A. S.B.F., t. II, p. 725.
M. Bertrand.
B. 1858. — Hautes-Pyrénées.
Par *Sting* et *Ménalippe*, par Merchant.
Villeneuve-sur-Lot: 1865. — Vendu en décembre 1868.

MERDJANAMI, P. S. Ar. S.B.F., t. V, p. 526
H. N.
Gr. 1867. — Orient.
Tarbes : 1876. — Mort en août 1890.

MERKHAM, P. S. Ar. S.B.F., t. II, p. 1115.
H. N. — Importé en 1867.
Gr. — Père et mère arabes.
Pompadour : 1868. — Mort en novembre 1873.

MÉROVÉE, P. S. A. S.B.F., t. V. p. 95.
H. N.
B. 1876. — France.
Par *Bagdad* et *Cantinière*, par Zonave.
Pau : 1882. — Mort en juillet 1896.

MERRIMAC, P. S. A. S.B.F., t. II, p. 94.
H. N.
Al. 1862. — France.
Par *Royal-Quand-Même* et *Achaïa*, par Elis.
Pau : 1866-1870. — Pompadour : 1871. — Réformé en août 1873.

MESCHOUD, P. S. Ar. S.B.F., t. , p. .
H. N.
B. 1865. — Syrie.
Aurillac : 1874. — Mort en août 1888.

MESHED, P. S. Ar. S.B.F., t. II, p. 1115.
H. N.
Al. 1847. — Orient.
Tarbes : 1854-1857. — Parti pour l'Ecole d'Alfort en mars 1858.

MESLEK, P. S. Ar.   S.B.F., t. XII, p. 109.
H. N.
B. 1887. — Haras Impérial de Kiahat-Hané (Turquie).
Importé en 1896.
Son père et sa mère : de race Kehilet-El-Adjouz.
Pompadour : depuis 1897.

MESROOR, P. S. Ar.   S. B. F., t. I, p. 450.
H. N.
Gr. 1832. — Orient.
Pompadour : 1847-1848. — Villeneuve-sur-Lot : 1849-1852.
Pompadour : 1853. — Vendu en août 1853.

MESROUR, P. S. Ar.   S.B.F., t. IV, p. 482.
H. N.
Gr. 1866. — Syrie.
Pau : 1875. — Réformé en septembre 1881.

MESRUR, P. S. Ar.   S.B.F., t. I, p. 451.
H. N.
B. 1831. — Syrie.
Pompadour : 1841-1843. — Tarbes : 1844.
Réformé en octobre 1849.

MÉTÉORE, P. S. A.   S.B.F., t. V, p. 517.
Bon de Nexon.
Al. 1877. — Haute-Vienne.
Par *Glaïeul* et *Zizi*, par Pyrrhus-the-First.
Pompadour : 1881. — Réformé en 1882.

MÉTÉORE, P. S. A.   S.B.F., t. I, p. 257.
H. N.
B. 1849. — France.
Par *Jocko* et *Jessica*, par Bizarre.
Pau : 1853. — Abattu en novembre 1873.

S B.F., t. VI, p. 677.
MÉZARBOURNOU, P. S. Ar.
H. N.
Gr. 1867. — Orient.
Aurillac : 1879. — Mort en juillet 1889.

MÉZAROUM, P. S. Ar.   S.B.F., t. I, p. 451.
H. N.
Al. 1838. — Haras de Pompadour.
Par *Massoud* et *Java*, par Raz-El-Fedawe.
Pompadour : 1843. — Castré en juillet 1849.

MIGNON, P. S. A.   S.B.F., t. II, p. 95.
H. N.
N. 1862. — Hautes-Pyrénées.
Par *Sting* et *Médina*, par Assassin.
Aurillac : 1868-1870. — Rodez : 1871-1872. — Pompadour : 1873.
Mort en août 1882.

MILAN, P. S. A.   S.B.F., t. II, p. 95.
H. N.
B. 1859. — France.
Par *Sting* et *Owenia*, par Garry-Owen.
Perpignan : 1863. — Réformé en août 1867.

MILAN Ier, P. S. A.   S.B.F., t. V, p. 300.
H. N.
B. 1877. — France.
Par *Le Sarrazin* et *Mademoiselle-de-Champigny*,
par Faug-a-Ballah.
Tarbes : 1887-1888. — Saintes : 1889. — Abattu en août 1896.

MILAN II, P. S. A.   S.B.F., t. IX, p. 26.
M. Girardin.
H. N.
Al. 1877. — France.
Par *Don-Carlos* et *Sée*, par Orphelin.
Tarbes : 1882. — A quitté la circonscription de Tarbes en 1885.

MILICIEN, P. S. A.-A.   S.B.F., t. XII, p. 79.
M. Bergeroo (Basses-Pyrénées).
B. 1892. — Chez M. Dubarry.
Par *Etoilé* et *Brillante*, par Gazlan II ou El Yahoudi, arabes,
et Million, ex-Milicienne, par Saint-Cyr ou Mandrake.
Pau : depuis 1897.

MILLARIS, P. S. A.-A.   S. B. F., t. XII, p. 79.
H. N.

B. 1891. — Chez M. Pugens.

Par *Sacklawy-Djedran*, arabe, et *Monomanie*, par Satrape
ou Mérovée et Nostalgie, par Djerasch, arabe.

Rodez : 1895. — Mort le 21 mai 1898.

MILO, P. S. A.-A.   S. B. F., t. IX, p. 223.
H. N.

Gr. 1885. — Haras de Pompadour.

Par *Edhen*, P. S. Ar., et *Lady-Lyon*, P. S. A., par Skirmisher.

Perpignan : 1889. — Réformé en novembre 1895.

MILON, P. S. A.-A.   S. B. F., t. II, p. 1140.
M. David ; Mme Ve Dario.

B. 1864. — France.

Par *Kerbela*, arabe, et *Dora*, an.-ar.

Tarbes : 1872. — Réformé en 1887.

A fait la monte dans la Haute-Garonne.

MINARET, P. S. Ar.   S. B. F., t. IX, p. 423.
H. N.

Gr. 1885. — Haras de Pompadour.

Par *Edhen* et *Zulma*.

Rodez : 1888. — Réformé en 1890.

S. B. F., t. IV, p. 235.
MINOFAUVE, P. S. A.-A.
H. N.

Gr. 1879. — France.

Par *Minotaure*, P. S. A., et *Fauvette*, an.-ar., par Djeffée.

Pau : 1883. — Réformé en septembre 1884.

MINONICK, P. S. A.   S. B. F., t. I, p. 56.
H. N.

B. 1838. — Gironde.

Par *Y. Whisher* et *Vénus*, par Smolensko.

Libourne : 1843. — Castré en juillet 1857.

— 527 —

MINOTAURE, P. S. A.   S.B.F., t. II, p. 707.
H. N.
Al. 1867. — France.
Par *Fitz-Gladiator* et *Marianne*, par Sting.
Aurillac : 1874-1879. — Le Pin : 1880-1886.

MINOTAURE, P. S. A.   S.B.F., t. I, p. 56.
H. N.
Al. 1838. - Haras de Rosières.
Par *General-Mina* et *Pulheva*.
Aurillac : 1843. — Réformé en 1858.

MINSTER, P. S. A.   S.B.F., t. I, p. 56.
H. N.
B. 1829. — Angleterre.
Par *Cutton* et *Orville mare*.
Tarbes : 1845. — Mort en mars 1855.

MIRABEAU, P. S. A.   S.B.F., t. XII, p. 35.
M. A. Menier (Hautes-Pyrénées).
Al. 1887. — Chez M. P. Aumont.
Par *Saxifrage* et *Mariannette*, par Ruy-Blas et Marianne,
par Sting.
Tarbes : depuis 1893.

MIRACLE, P. S. A.   S.B.F., t. IV, p. 345.
H. N.
B. 1873. — Gironde.
Par *Fa-Dièze* et *Miraculeuse*, par Fitz-Gladiator.
Perpignan : 1877. — Réformé en août 1891.

MIRALAÏ, P. S. Ar.   S.B.F., t. II, p. 1115.
H. N.
B. 1856. — Orient.
Tarbes : 1861. — Mort en 1875.

MIRLIFLOR, P. S. A.   S.B.F., t.   , p.
M. Lefèvre.
B. 1872. — France.
Par *Soasplone* et *Beauty*, par Knowsley.
Tarbes : 1881. — A quitté la circonscription en 1882.

MIRLITON, P. S. A.   S.B.F., t. II, p. 98.
H. N.
B. 1861. — Orne.
Par *The Flying-Dutchman* et *Milwood*, par Sir-Hercules.
Pompadour : 1865-1867. — Perpignan : 1868-1879.
Tarbes : 1880. — Mort en août 1884.

MISSY, P. S. A.   S.B.F., t. I, p. 289.
H. N.
B. 1843. — France.
Par *Y. Emilius* et *Marcella*, par Zinganee.
Pau : 1849. — Mort en septembre 1853.

MOAB, P. S. Ar.   S.B.F., t. XII, p. 103.
H. N.
Al. 1885. — Haras de Pompadour.
Par *Edhen* et *Yamouna*.
Libourne : 1889. — Mort en juin 1898.

MŒRIS, P. S. A.-A.   S.B.F., t. IX, p. 26
H. N.
B. 1885. — Haras de Pompadour.
Par *Edhen*, P. S. Ar., et *Renée*, P. S. A.
Tarbes : 1888. — Mort en juillet 1890.

MOGADOR, P. S. Ar.   S.B.F., t. I, p. 473.
H. N.
Ro. 1845. — France.
Par *Benny* et *Bédouine*, par Antar.
Perpignan : 1849. — Réformé en juillet 1850.

S.B.F., t. VII, p. 795.
MOHAMMED, P. S. Ar.
H. N.
Al. 1877. — Syrie.
Pau : 1882-1883. — Perpignan : 1884-1885.
Ajaccio : 1886. — Réformé en octobre 1889.

MOHICAN, P. S. A.   S. B. F., t. IV, p. 311.
H. N.
Al. 1873. — France.
Par *Marengo* et *Mico.*
Tarbes : 1877-1879. —. Perpignan : 1880.

MOKA, P. S. A.-A.   S. B. F., t. I, p. 57.
H. N.
B. 1848. — France.
Par *Frivole*, an.-ar., et *Médine*, an.-ar.
Tarbes : 1851. — Aurillac : 1852. — Rodez : 1855-1865.

MOKA, P. S. Ar.   S. B. F., t. II, p. 1116.
Bon de Nexon. — H. N. en 1867.
Al. 1861. — Haute-Vienne.
Par *Rabdan* et *Bagdadlina,* par Bagdadli.
Pompadour : 1866-1869. — Passé au Pin en août 1869.

MOKANNA, P. S. A.   S. B. F., t. II, p. 97.
H. N.
Al. 1847. — Angleterre.
Par *Gladiator* et *Zénobia,* par Whalebone.
Pompadour. : 1855. — Mort en juillet 1861.

MOLLAH, P. S. Ar.   S. B. F., t. V, p. 527.
H. N.
Gr. 1862. — Orient.
Aurillac : 1878. — Mort en 1834.

S. B. F., t. I, p. 57 et 165.
MOMUS, P. S. A.
H. N.
. Al. 1837. — Haras du Pin.
Par *Dangerous* et *Comus mare.*
Aurillac : 1843. — Rodez : 1844-1845. — Villeneuve-sur-Lot : 1846.
Réformé en novembre 1851.

S. B. F., t. I, p. 451.
MONAGHÉ-ZAHÉ, P S. Ar.
H. N.
Al. 1837. — Hongrie.
Par *Bédawie* et *Monaghé-Zahé* Ier
Perpignan : 1843. — Réformé en août 1849.

MONEIN, P. S. A.-A. S.B.F., t. XII, p. 79.
H. N.

Gr. 1886. — Chez M. P. Dabos.

Par *Abdel*, arabe, et *Mignonne*, an.-ar., par Adham, arabe,
et Zayda, par Tippo-Saëb, arabe.

Aurillac : depuis 1890.

S.B.F., t. XI p. 52.
MONLAUBRE, P. S. A.-A.
H. N.

B. 1888. — France.

Par *Beaumesnil et Médine*, an.-ar., par Vertugadin, anglais.

Pompadour : 1893. — Réformé en novembre 1896.

S.B.F., t. XII, p. 35.
MON-PREMIER, ex-**ARSACE**, P. S. A.
H. N.

Al. 1880. — Chez M. le Mis de Caumont la Force.

Par *Mars* et *Arsinoë*, par Dollar et Queen-of-the-May,
par Sir-Hercules.

Perpignan : depuis 1887.

S.B.F., t. XII, p. 79.
MONSIEUR-BETSY, P. S. A.-A.
H. N.

Al. 1892. — Chez M. de Saint-Martin-Lacaze.

Par *Fanfaron*, an.-ar., et *Bellina*, an.-ar.,
par Blenheim et Bethsabée, par Dahabi, arabe.

Tarbes : depuis 1896.

S.B.F., t. IV, p. 130.
MONSIEUR-DE-CARPIQUET, P. S. A.
H. N.

B. 1872. — France.

Par *Auguste* et *Dalilah*, par Rabelais.

Libourne : 1877. — Castré en août 1897.

S.B.F., t. I, p. 58.
MONSIEUR-D'ÉCOVILLE, P. S. A.
H. N.

B. 1841. — France.

Par *Tarrare* et *Princess-Edwis*, par Emilius.

Pompadour : 1847. — Mort en avril 1857.

S.B.F., t. V, p. 45.
S.B.F., t. VI, p. 17.

MONSIEUR-DE-TOURNY, P. S. A.
H. N.
Bb. 1877. — Gironde.
Par *Bagdad* et *Apollonia*, par Ellington.
Libourne : 1881. — Castré en août 1883.

S.B.F., t. XII. p. 35.

MONSIEUR-GABRIEL, P. S. A.
M. A. Fould (Hautes-Pyrénées).
B. 1891. — Chez M. J. Saint-Martin.
Par *Grandmaster* et *Lolle*, par Bay-Archer et Lorette,
par Balagny.
Tarbes : depuis 1895.

S.B.F., t. II, p. 98.

MONSIEUR-MONDOR, P. S. A.
M. Guestier.
Bb. 1861. — Gironde.
Par *Saucebox* et *Demi-Fortune*, par Ibrahim.
Libourne : 1866. — Mort en 1869.

S.B.F., t. V, p. 347.

MONSIEUR-PHILIPPE, P. S. A.
H. N.
B. 1876. — France.
Par *Plutus* et *Miss-Lucy*, par Gladiateur.
Libourne : 1882. — Castré en août 1897.

S.B.F., t. XII, p. 79.

MONSIEUR-SAMUEL, P. S. A.-A.
M. Daudon (Landes).
B. 1890. — Chez M. Duran.
Par *Pilgrim* et *Guitare*, par Derviche, arabe, et Musicienne,
par Pace.
Pau : depuis 1896.

S.B.F., t. V, p. 564.

MONTANER, ex-**BISMARK**, P. S. A.-A.
H. N.
Al. 1877. — Hautes-Pyrénées.
Par *Abou-Farès*, P. S. Ar., et *Eucharis*, an.-ar., par Othello, arabe.
Pompadour : 1881. — Réformé en septembre 1891.

S.B.F., t. II, p. 99.

MONT-DE-MARSAN, P. S. A.-A.

H. N.

B. 1853. — France.

Par *Brocardo*, anglais, et *Némée*, an.-ar., par Hussein, arabe.

Pau : 1857. — Mort en novembre 1857.

S.B.F., t. XII. p. 79.

MONTJOIE, ex-ISSOR, P. S. A.-A.

H. N.

Al. 1890. — Chez M. Prat-Marchand.

Par *Gyp*, an.-ar., et *Isoline*, an.-ar., par Dibadj, arabe,
et Ida, par Magenta.

Tarbes : depuis 1894.

S.B.F., t. XII, p. 80.

MONT-PERDU, P. S. A.-A.

M. Lanussol (Hautes-Pyrénées).

Al. 1889. — Chez M. J. Cazenave.

Par *Saklawy-Djedran* ou *Cheitan*, arabes, et Monomanie, an.-ar.,
par Satrape ou Mérovée et Nostalgie, par Djerasch, arabe.

Tarbes : depuis 1893.

MOOR, P. S. Ar. S.B.F., t. II, p. 1116.

H. N.

Al. 1857. — Orient.

Aurillac : 1862. — Mort en mars 1873.

MORBAL, P. S. Ar. S.B.F., t. I, p. 452.

H. N.

B. 1846. — Haras de Saint-Cloud.

Par *Hamdani-Blanc* et *Kenhlam-Hamdani*.

Pau : 1851. — Mort en novembre 1853.

MORILLO, P. S. A.-A. S.B.F., t. XII, p. 80.

M. le Cte de Virieu (Aude).

Al. 1890. — Chez M. Claverie.

Par *Seutari*, arabe, et *Mirala*, an.-ar., par Garde-Noble, an.ar.,
et Aura, par Aouladj, arabe.

Perpignan : depuis 1894.

MOROK, P. S. A.   S.B.F., t. 1, p. 58.
H. N.
B. 1844. — France.
Par *Beggarman* et *Vanda*.
Tarbes : 1849. — Mort en juillet 1869.

S.B.F., t. II, p. 100.
MORS-AUX-DENTS, P. S. A.
H. N.
Al. 1853. — Basses-Pyrénées.
Par *Napier* et *Curl*, par Confederate.
Libourne : 1857. — Réformé en 1870.

S.B.F., t. XII. p. 80.
MORTIMER, P. S. A.-A.
H. N.
Al. 1890. — Chez M. E. Maignac.
Par *Vernet* et *Valette*, an.-ar., par Nassim, arabe, et Valentine,
par Womersley.
Tarbes : depuis 1894.

MOSSOUL, P. S. Ar.   S.B.F., t. XII, p. 103.
H. N.
Gr. 1886. — Orient. — Importé en 1893.
De la tribu des Annézés.
Pompadour : depuis 1894.

MOUBAREK, P. S. Ar.   S.B.F., t. IV, p. 482.
H. N.
Gr. 1868. — Orient.
Pompadour : 1875. — Abattu en juillet 1891.

MOUDIR, P. S. Ar.   S.B.F., t. XII, p. 104.
H. N.
N. 1891. — Orient. — Importé en 1897.
De race Hamdani-Semri.
Pompadour : depuis 1897.

S.B.F., t. VI, p. 678.
MOUDJALLA, P. S. Ar.
H. N.
Gr. 1863. — Orient.
Pau : 1879. — Mort en août 1882.

MOUGTAKI, P. S. Ar. S.B.F., t. XII, p. 104.
H. N. — Importé en 1881.
B. 1877. — Algérie.
De race Bourcat-Solaïman.
Pau : depuis 1883.

MOULINOIS, P. S. A. S.B.F., t. XII, p. 36.
H. N.
Al. 1890. — Chez M. P. Desclos.
Par *John-Day* et *Miss-Catherine*, par Saxifrage et Miss-Capucine,
par The Ranger.
Tarbes : depuis 1897.

S.B.F., t. XII, p. 104.
MOURGADEK, P. S. A.
H. N.
Al. 1893. — Orient. — Importé en 1897.
Tarbes : depuis 1897.

S.B.F., t. I, p. 200.
MOURRAHD, ex-**Y. MAMELUKE**, P. S. A.
H. N.
B. 1847. — France.
Par *Mameluke* et *Elvire*, par Vampyre.
Pau : 1852. — Vendu en novembre 1852.

MOUSTIQUE, P. S. A. S.B.F., t. II, p. 100.
H. N.
Bb. 1850. — France.
Par *Sting* et *Euler*, par Cadland.
Villeneuve-sur-Lot : 1856. — Tarbes : 1857-1860.
Le Pin : 1861-1867. — Strasbourg : en 1868.

S.B.F., t. IV, p. 527.
MOUTCHAMIR, P. S. Ar.
H. N.
B. 1871. — Orient.
Perpignan : 1878. — Réformé en septembre 1879.

MOUZAFFAR, P. S. Ar.   S.B.F., t. VI, p. 578.
H. N.

B. 1873. — Orient.

Tarbes : 1879. — Pompadour : 1880. — Mort en mars 1880.

MOYLA, P. S. Ar.   S.B.F., t. XII, p. 104.
H. N.

Al. 1890. — Orient. — Importé en 1895.

De la tribu de Akkar.

Tarbes : depuis 1898.

MUEZZIN, ex-**SAID**, P. S. Ar.   S.B.F., t. IV, p. 483.
H. N.

B. 1867. — Orient.

Pau : 1874. — Mort en juillet 1887.

MUFTI, P. S. Ar.   S.B.F., t. IX, p. 424.
H. N.

Par *Edhen* et *Bravade*.

1885. — Haras de Pompadour.

Aurillac : 1889. — Réformé en août 1897.

MUGUET, P. S. A.-A.   S.B.F., t. XII, p. 80.
M. Caussou (Ariège).

B. 1891. — Chez M. Ville de Teynier.

Par *Harfouch*, arabe, et *Gabine*, par Chasseur, ex-Diamant,
et Mesquine, par Othello, arabe.

Tarbes : depuis 1895.

MUPHTY, P. S. Ar.   S.B.F., t. I, p. 504.
H. N.

B. 1838. — Haras de Pompadour.

Par *Massoud* et *Zaraïde*, par Hyder-Aly.

Tarbes : 1842. — Réformé en août 1858.

S. B. F., t. II, p. 101 et 678.

MUSCADIN, P. S. A.
H. N.
Bb. 1855. — Basses-Pyrénées.
Par *Sting* et *Mademoiselle-Béjart*.
Rodez : 1859. — Abattu en septembre 1880.

MUSQUÉ, P. S. A.   S.B.F., t. II, p. 101.
Approuvé. — M. Dartigaux, 1862 ; H. N., 1863.
B. 1857. — France.
Par *Napier* et *Mademoiselle-Béjart*, par Ali-Baba.
Pau : 1863. — Abattu en juillet 1874.

MUSTAREFF, P. S. Ar.   S.B.F., t. XI, p. 70.
H. N.
B. 1866. — Orient.
Libourne : 1873. — Abattu en août 1896.

S.B.F., t. VI, p. 68.

MUSULMAN, P. S. A.-A.
H. N.
B. 1879. — France.
Par *Drummond*, anglais, et *Atala*, an.-ar., par Emir.
Pau : 1884. — Réformé en août 1888.

S.B.F., t. IV, p. 482.

MUTZÉLIM, ex-**ÉMIR**, P. S. Ar.
H. N.
Al. 1861. — Orient.
Tarbes : 1881. — Réformé en août 1883.

MZÉRIB, P. S. Ar.   S.B.F., t. XII, p. 104.
H. N.
N. 1893. — Orient. — Importé en 1897.
De la tribu des Beni-Saker.
Pompadour : depuis 1897.

S.B.F., t. XII, p. 80.

NABAB, ex-**VICOMTE**, P. S. A.-A.
H. N.
B. 1891. — Chez M. Thierry.
Par *Kbéchan* ou *Scutari*, arabes, et *Violette*, par Kérim, arabe.
Sa grand'mère : Aline, par Ali-Baba.
Pau : depuis 1895.

.NABI, P. S. A.-A.   S.B.F., t. III, p. 443.
H. N.
Gr. 1871. — Haute-Vienne.
Par *Tourlourou* et *Kadidjah*, arabe, par Kerbela.
Pompadour : 1876. — Réformé en septembre 1884.

S.B.F., t. XII, p. 825.
NABU, ex-**NABUCHODONOSOR**, P. S. A.-A.
H. N.
Gr. 1894. — Chez M. G. Descat.
Par *Bay-Archer* et *Nathalie*, an.-ar., par Mandrake et Namouna,
par Coran.
Rodez : depuis 1898.

NABUCO, P. S. A.-A.   S.B.F., t. XII. p. 80.
H. N.
B. 1888. — Chez M. le Vte de Jousselin.
Par *Grabuge* et *Hallebarde*, an.-ar., par Gilbert et Snalla,
par Zouave.
Tarbes : depuis 1893.

NACHIVAN, P. S. Ar. S.B.F.. t. VI, p. 678.
H. N.
B. 1873. — Orient.
Pau : 1879. — Réformé en août 1882.

NADAL, P. S. A.-A.   S.B.F.. t. XII, p. 80.
H. N.
Al. 1886. — Haras de Pompadour.
Par *Bariolet*, anglais, et *Illusion*, an.-ar., par Harami, arabe.
Pompadour : 1890.
Passé à l'Ecole des Haras du Pin en août 1898.

NADAR, P. S. Ar.   S.B.F., t. I, p. 452.
H. N
Al. 1828. — Orient.
Tarbes : 1844. — Réformé en juillet 1851.

NADIR, P. S. Ar.   S B.F., t II, p. 467.
M. le Bon de Nexon.
Gr. 1866. — Haute-Vienne
Par *Bagdadli* et *Hémonie*, par Kerbela.
Pompadour : 1869. — Vendu en 1870.

NAGHALI, P. S. A.-A. S.B.F., t. XII, p. 80.
M. Mirmande (Haute-Garonne).
Gr. 1886. — Chez M. Saboulard.
Par *Ben-Hadji*, arabe, et *La Béarnaise*, par Ceylon et La Mecque,
par Emir, arabe.
Tarbes : depuis 1894.

S.B.F., t. IV, p. 482.
NAHR-EL-KÉBIR, P. S. Ar.
H. N.
Gr. 1860. — Orient.
Pompadour : 1873-1874. — Tarbes : 1875. — Mort en août 1878.

S.B.F., t. XII, p. 104.
NAHR-IBRAHIM, P. S. Ar.
H. N.
Al. 1889. —Orient. — Importé en 1893.
Tarbes : depuis 1894.

NANAN, P. S. A.-A. S.B.F., t. XII, p. 80.
H. N.
Gr. 1892. — Chez M. G. Descat.
Par *Peregrine* et *Nathalie*, par Mandrake.
Sa grand'mère : Namouna, par Coran, arabe.
Pau : depuis 1897.

NANKIN, P. S. A.-A. S.B.F., t. XII, p. 81.
H. N.
B. 1891. — Chez M. Gassédat.
Par *Scutari*, arabe, et *Nana*, an.-ar., par Ambassadeur et Adana,
par Djerasch, arabe.
Aurillac : depuis 1895.

NAPIER, P. S. A. S.B.F., t. I, p. 60.
H. N.
B. 1840. — Angleterre.
Par *Gladiator* et *Marion*, par Tramp.
Pau : 1851-1858. — Pompadour : 1859. — Mort en juillet 1862.

NAPOLÉON, P. S. A. S.B.A., t. III, p. 533. S.B.F., t. I, p. 60.
H. N.
B. 1824. — Irlande.
Par *Bob-Booty* et *Pope mare*, par Waxy-Pope.
Pompadour : 1835. — Le Pin : 1836. — Pompadour : 1837.
Le Pin : 1838.

NARCISSE, P. S. A.-A. S.B.F., t. XII, p. 81.
H. N.
Gr. 1885. — Chez M. G. Descat.
Par *Flavio* et *Nathalie*, an.-ar., par Mandrake et Namouna,
par Coran, arabe.
Villeneuve-sur-Lot : depuis 1890.

NARGHILÉ, P. S. Ar. S.B.F., t. V, p. 527.
H. N.
Gr. 1868. — Orient.
Pau : 1877. — Abattu en août 1893.

S.B.F., t. IV, p. 483.
NASSER-EDDIN, P. S. Ar.
H. N.
Gr. 1865. — Orient.
Tarbes : 1873. — Mort en août 1888.

NASSIM, P. S. Ar. S.B.F., t. IV, p. 483.
H. N.
Al. 1873. — Orient.
Tarbes : 1867. — Mort en juin 1884.

NAUTILUS, P. S. Ar. S.B.F., t. IX, p. 464.
H. N.
Gr. 1889. — France.
Par *Aradus* et *Namouna*.
Villeneuve-sur-Lot : 1893. — Mort en juillet 1895.

NAUTILUS, P. S. A. S.B.F., t. I, p. 60.
H. N.
Bb. 1835. — Haras de Meudon.
Par *Cadland* et *Victoria*, par Milton.
Tarbes : 1844. — Le Pin : 1845-1846. — Saint-Lô : 1847.
Tarbes : 1848. — Angers : 1849-1852. — Libourne : 1853-1854.
Lamballe : 1855.

NAUTILUS, P. S. A.   S.B.F., t. XII, p. 37.
M. J. Arnaud (Gard).
Al. 1883. — Chez M. P. Aumont.
Par *Nougat* et *Musette*, par Flageolet et Gomera, par Marsyas.
Perpignan : depuis 1895.

NAVALA, P. S. A.-A.   S.B.F., t. XI, p. 563.
H. N.
Gr. 1892. — France.
Par *Méké*, arabe, et *Nana*, an.-ar., par Ambassadeur.
Perpignan : 1896. — Mort en juillet 1896.

S.B.F., t. VII, p. 780.
NAVARREUX, P. S. A.-A.
H. N.
Gr. 1881. — Basses-Pyrénées.
Par *Karaghcus*, arabe, et *Zibeline*, an.-ar
Pau : 1885. — Le Pin : 1886. (Réserve.)

NAWACK, P. S. Ar.   S.B.F., t. II, p. 1106.
H. N.
B. 1851. — Orient.
Libourne : 1855. — Castré en novembre 1860.

NAY, P. S. Ar.   S.B.F., t. XII, p. 104.
M. A. de Sevin (Lot-et-Garonne).
Al. 1886. — Haras de Pompadour.
Par *Nasser-Eddin* et *Datura*, par Harami et Oda.
Villeneuve-sur-Lot : depuis 1890.

S.B.F., t. IX, p. 306.
NÉAUVILLE, P. S. A.-A.
H. N.
Gr. 1888. — Basses-Pyrénées.
Par *Djcrasch*, arabe, et *Numide*, an.-ar., par Patricien.
Villeneuve-sur-Lot : 1892. — Mort en avril 1895.

NEDJDI, P. S. Ar.   S.B.F., t. IX, p. 424.
H. N.
Gr. 1884. — Orient.
Perpignan : 1889. — Réformé en novembre 1894.

NEDJDI, P. S. Ar.   S.B.F., t. I, p. 453.
H. N.
Al. 1843. — France.
Aurillac : 1849. — Réformé en février 1856.

NEDJEM, P. S. Ar.   S.B.F., t. XII, p. 104.
M. Laplace (Basses-Pyrénées).
B. 1885. — Orient.
Tarbes : 1892-1893. — Pau : depuis 1894.

NEDJI, P. S. Ar.   S.B.F., t.   , p.   .
H. N.
Gr. 1849. — Orient.
Rodez : 1862. — Mort en novembre 1867.

NEDJI, P. S. Ar.   S.B.F., t. II, p. 1117.
H. N.
Gr. 1859. — Orient.
Tarbes : 1868. — Réformé 1876.

S.B.F., t. XII, p. 81
NEDJI, ex-**ARDENT**, P. S. Ar.
H. N.
Gr. 1884. — Chez M. D. Sengez.
Par *Hedjaz*, arabe, et *Armide*, an.-ar., par Ismaël, an.-ar.,
et Andromaque, par Fitz-Gladiator.
Villeneuve-sur-Lot : depuis 1888.

NELSON, P. S. A.   S.B.F., t. II, p. 103.
H. N.
Al. 1854. — Hautes-Pyrénées.
Par *Garry-Owen* et *Zamire*, par Skirmisher.
Pau : 1858-60. — Passé à Cluny en février 1861.

NELUMBO, P. S. Ar.   S.B.F., t. XII, p. 105.
H. N.
Gr. 1887. — Chez M. le Cte de Villeneuve.
Par *Souakim* et *Namouna*, par Coran et Eolie, par Bagdadli.
Rodez : depuis 1891.

NÉLUSCO, P. S. A.-A.   S.B.F., t. XII, p. 81.
M. Carsalade (Haute-Garonne).
B. né en 1893. — Chez M. Dupré.
Par *Harfouch*, arabe, et *Pâquerette*, par Mandrake et Cérès,
par Djeffée, arabe.
Tarbes : depuis 1897.

NÉLUSKO, P. S. A.-A.   S.B.F., t. XII, p. 81.
H. N.
Al. 1894. — Chez M. Pérès-Hérau.
Par *Joujou*, an.-ar., et *Philippine*, an.-ar., par Ceylon et Clorinde,
par Eitchine, arabe.
Aurillac : depuis 1898.

NEMERZ, P. S. Ar.   S.B.F., t. I, p. 453.
H. N.
Al. 1849. — Arabie.
Perpignan : 1883. — Réformé en août 1849.

NÉMO, P. S. A.-A.   S.B.F., t. XII, p. 81.
H. N.
Gr. 1892. — Chez le Cte de Villeneuve.
Par *Alger* et *Namouna*, par Coran, arabe, et Eolie,
par Bagdadli, arabe.
Rodez : depuis 1896.

NÉNUPHAR, P. S. A.   S.B.F., t. XII, p. 37.
M. Durroux (Landes).
B. 1893. — France.
Par *Peregrine* et *Nuit-de-Mai*, par Lozenge et La Nuit,
par Argonaut.
Pau : depuis 1898.

— 543 —

NÉOPHITE, P. S. A.   S.B.F., t. VI, p. 484.
M. de Montesquieu; M. Labadie.
B. 1879. — France.
Par *Perplexe* et *Nice*, par Ion.
Libourne : 1885. — Vendu en 1887.

NEPHT, P. S. A.-A.   S.B.F., t. XII, p. 81.
M. Dupouy-Médard (Landes).
B. 1892. — Chez M de Labaudie.
Par *Couvrechef* et *Nephté*, par Edhen, arabe, et Pas-de-Charge,
par Rataplan.
Pau : depuis 1896.

NEPTUNE, P. S. Ar.   S.B.F., t. IV, p. 483.
H. N. — Importé en 1869.
Gr. 1861. — Russie.
Pau : 1870. — Mort en août 1880.

NEPTUNE, P. S. A.-A.   S.B.F., t. I, p. 61.
H. N.
B. 1839. — Haras de Pompadour.
Par *Massoud*, arabe, et *Luna*, arabe, par The-Flyer.
Pompadour : 1843. — Vendu en janvier 1852.

NEPTUNO, P. S. A.-A.   S.B.F., t. XII, p. 81.
H. N.
Gr. 1886. — Haras de Pompadour.
Par *Edhen*, arabe, et *Vestale*, par Ruy-Blas et Vestment,
par Saint-Albans.
Aurillac : depuis 1890.

NÉRO, P. S. A.   S.B.F., t. VII, p. 565.
M. Bédout.
Al. 1883. — France.
Par *Don-Carlos* et *Nérina*.
Tarbes : 1892. — Parti pour l'étranger en 1893.

NÉRON, P. S. A.-A.   S.B.F., t. V, p. 40.
H. N.
Gr. 1877. — Gers.
Par *Kir-Hadji*, arabe, et *Andaé*, an.-ar.
Aurillac : [1881. — Réformé en août 1889.

NERVEUX, P. S. A.-A. S.B.F., t. I. p. 493.
H. N.

B. 1839. — Hautes-Pyrénées.

Par *Frigian*, arabe, et *Massoule*, arabe, par Barelegs.

Pompadour : 1843-1846. — Rodez : 1847. — Réformé en juillet 1851.

NERVEUX, P. S. A.-A. S.B.F., t. II, p. 234.

M. Martin, 1858 ; M. J. Soubies en 1859.

Al. 1853. — France.

Par *The Prime-Warden* et *Aveyronnaise*, an.-ar.,
par Hableur, arabe.

Tarbes : 1857-1858. — Villeneuve-sur-Lot : 1859.

Réformé en 1869.

NERVI, P. S. A.-A. S.B.F., t. XII, p. 82.
H. N.

Al. 1886. — Haras de Pompadour.

Par *Edhen*, arabe, et *Chance*, par Adventurer et Eveline,
par King-Tom.

Pau : depuis 1890.

NESSIR, P. S. A.-A. S.B.F., t. XII. p.82.
H. N.

Al. 1886. — Haras de Pompadour.

Par *Bariolet*, P. S. A., et *Hécate*, an.-ar., par Hamrami, arabe,
et Electricity, par Thunderbolt.

Perpignan : depuis 1890.

S.B.F., t. VII, p. 1052
NICKLAUSE, ex-**PORIUS**, P. S. A.
H. N.

Al. 1879. — France.

Par *Drummond* et *Blondine*, par Cobnut.

Pau : 1885. — Réformé en septembre 1896.

NIZAM, P. S. A.-A.   S.B.F., t. VII, p. 291.
H. N.
Al. 1881. — Hautes-Pyrénées.
Par *Nassim*, arabe, et *Florine*, an.-ar., par Ceylon.
Perpignan : 1885. — Réformé en juillet 1897.

NIZIBIR, P. S. Ar.   S.B.F., t. XI, p. 71.
H. N.
Gr. 1886. — Haras de Pompadour.
Par *Edhen* et *Merjané*.
Rodez : depuis 1890.

NOCEUR, P. S. A.-A.   S.B.F., t. XI, p. 53.
H. N.
Al. 1886. — France.
Par *Castillon* et *Nassime*, par Nassim, arabe.
Pau : 1892. — Mort en janvier 1894.

NOÉ, P. S. A.-A.   S.B.F., t. XII, p. 82.
H. N.
Al. 1892. — Chez M. G. Descat.
Par *Chant-du-Cygne* et *Noémi*, an.-ar., par Castillon et Namouna,
par Coran, arabe.
Tarbes : depuis 1896.

NOËL, P. S. A.   S.B.F., t. II, p. 483
Bon de Nexon. — H. N. en 1866.
Al. 1861. — Haute-Vienne.
Par *Pyrrhus-the-First* et *Finery*, par Malton.
Pompadour : 1866. — Tarbes : 1867.
Mort en juin 1879.

NOUKAZ, P. S. Ar.   S.B.F., t. , p. .
H. N.
Gr. 1855. — Orient.
Villeneuve-sur-Lot : 1869-1877.

NOUR, P. S. Ar.   S.B.F., 11. t, p. 1181.
H. N.
B. 1853. — Basses-Pyrénées.
Par *Acly*, P. S. Ar., et *Mabrouka*, arabe, ex-Kebché.
Villeneuve-sur-Lot : 1857. — Réformé en juillet 1866.

NOUREDDIN, P. S. Ar.   S.B.F., t. V, p. 527.
H. N.

Gr. 1869. — Orient.   *

Aurillac : 1877. — Mort en août 1883.

S.B.F., t. XII, p. 37.
NOUSTE-HENRIC, P. S. A.
M. Durroux (Landes).
Al. 1878. — Chez M. Lagrolet.

Par *Elland* et *La Basquaise*, par Souvenir.

Pau : depuis 1885. — Non approuvé en 1898.

NOVELIST, P. S. A.   S.B.F., t. I, p. 61.
H. N. — Importé en 1835.
B. 1829. — Angleterre.

Par *Waverley* et *Aigrette*, par Rubens.

Tarbes : 1837-1842. — Pau : 1842.

Vendu en juillet 1848.

S. B. F., t. XII, p. 82
NOVI-BAZAR, P. S. A.-A.
H. N.

Gr. 1886. — Haras de Pompadour.

Par *Edhen*, arabe, et *Hop-Blossom*, par Weatherbit et Feodorowna,
par Kingston.

Aurillac : depuis 1890.

NUBIEN, P. S. A.-A.   S.B.F., t. XII, p. 82.
H. N.

Al. 1888. — Chez M. le Cte de Virieu.

Par *Kars*, P. S. Ar., et *Nubia*, P. S. A.-A., par Gingembre, an.-ar.,
et Aglaée, par Ismaël, an.-ar.

Rodez : 1892-1894. — Ajaccio : depuis 1895.

NUMA, P. S. Ar.   S.B.F., t. I, p. 475.
H. N.

Gr. 1839. — Haras de Pompadour.

Par *Hector* et *Candour-Hamdam*, par Shaklawie-Amdam.

Pompadour : 1843. — Mort en avril 1845.

NUMIDE, P. S. Ar.   S.B.F., t. I, p. 453.
H. N.
Gr. 1839. — Haras de Pompadour.
Par *Bédouin* et *Asfoura* (née en Orient).
Pompadour : 1843-1852. — Pau : 1853. — Réformé en août 1856.

NUNCIO, P. S. A.   S.B.F., t. I, p. 61.
H. N.
Bb. 1839. — Angleterre.
Par *Plenipotentiary* et *Ally*, par Partisan.
Aurillac : 1857-1858. — Paris : 1859-1860. — Aurillac : 1863-1864.

NUNNY-KIRK, P. S. A.   S.B.F., t. I, p. 61.
H. N.
N. 1846. — Angleterre. — Importé en 1850.
Par *Touchstone* et *Bee's-Wing*, par Doctor-Syntax.
Pompadour : 1851-1852. — Dépôt des remontes : 1853-1855.
Libourne : 1856-1857. — Pompadour : 1858-1861. — Le Pin : 1862.
Mort en 1863.

OAKAB, P. S. Ar.   S.B.F., t. I, p. 453.
H. N.
B. 1840. — Haras de Pompadour.
Par *Saklawy-Amdani* et *Balsora*, arabe.
Pompadour : 1843-1851. — Passé à Langonnet en septembre 1851.

S.B.F., t. XII, p. 82.
OBERLAND, P. S. A.-A.
H. N.
B. 1887. — Haras de Pompadour.
Par *Edhen*, arabe, et *Chance*, P. S. A., par Adventurer et Eveline,
par King-Tom.
Villeneuve-sur-Lot : depuis 1891.

OBEYAN, P. S. Ar.   S.B.F., t. II, p. 1117.
H. N.
B. 1855. — Orient.
Pau : 1862. — Angers : 1863. — Pau : 1864. — Mort en juin 1873.

OBIER, P. S. Ar.   S.B.F., t. XII. p. 105.
H. N.

Al. 1887. — Haras de Pompadour.

Par *Job* et *Merjané* (née en Orient).

Pompadour : depuis 1892.

OBJAT, P. S. Ar.   S.B.F.. t. XII. p. 105.
H. N.

Al. 1887. — Haras de Pompadour.

Par *Dibadj* et *Berthe*, par Nahr-el-Kébir et Merjané.

Ajaccio : depuis 1891.

ODERZO, P. S. A.-A.   S.B.F., t. XII. p. 82.
H. N.

Gr. 1887. — Haras de Pompadour.

Par *Edhen*, arabe, et *Electricity*, par Thunderbolt et Lady-Kingston,
par Kingston.

Libourne : depuis 1891.

ODESSA, P. S. A.   S.B.F., t. I, p. 62.
H. N.

Al. 1833. — Angleterre.

Par *Adroit* et *Vocabulary*.

Tarbes : 1838-1847. — Perpignan : 1848.
Réformé en octobre 1851.

S.B.F., t. V, p. 527.
OKAB, ex-**CHAB**, P. S. Ar.
H. N.

B. 1871. — Orient.

Son père : Miliah-Charban.
Sa mère : arabe.

Rodez : 1877. — Réformé en août 1880.

OLD-GUARD, P. S. A.   S.B.F., t. XII, p. 38.
H. N.

B. 1890. — Chez M. T. Robinson.

Par *Chelsea* et *Madrilena*, par Blair-Athol.

Sa grand'mère : Murcia, par Lord-of-the-Isles.

Pau : depuis 1897.

OLIBRIUS, P. S. Ar.   S.B.F., t.   , p.   .
H. N.

B. 1866. — Orient.

Tarbes : 1875. — Mort en novembre 1880.

OLIM, P. S. A.-A.   S.B.F., t. IX, p. 276.
H. N.

B. 1887. — Haras de Pompadour.

Par *Edhen* et *Memento*, par Stockwell.

Perpignan : 1890-1891. — Au Pin en 1892.

OLIZY, P. S. A.-A.   S.B.F., t. XII, p. 83.
H. N.

Gr. 1887. — Haras de Pompadour.

Par *Edhen*, arabe, et *Gentian*, par Warlock.

Sa grand'mère : Jennala, par Touchstone.

Rodez : depuis 1891.

OLORON, P. S. A.-A.   S.B.F., t. XII, p. 83.
H. N.

Gr. 1881. — Chez M. Lapuyade.

Par *Karagheus*, P. S. Ar., et *Dolorès*, an.-ar.,
par Ali-Baba, P. S. A., et Regina, par Skirmisher.

Villeneuve-sur-Lot : depuis 1885.

OMAR, P. S. Ar.   S.B.F., t. XII, p. 105.
M. Carsalade (Haute-Garonne).

B. 1885. — Orient.

De la tribu Hedoine.

Tarbes : depuis 1893.

ONYX, P. S. A.-A.   S.B.F., t. I, p. 62.
H. N.

B. 1840. — Haras de Pompadour.

Par *Abou-Arkoub*, arabe, et Luna, par The Flyer.

Pompadour : 1844-1849. — Passé à Saintes : 1850-1858.

S.B.F., t. XII, p. 83.

ONZE-MARS, P. S. A.-A.
H. N.
Bb. 1894. — Chez M. le Cte de Virieu.
Par *Kendj*, arabe, et *Ondine*, an.-ar., par Castillon et Djeffine,
par Djeffée, arabe.
Perpignan : depuis 1898.

OPÉRA, P. S. A.   S.B.F., t. I, p. 411.
H. N.
Al. 1840. — France.
Par *Terror* et *Waverley mare*.
Pau : 1845. — Mort en septembre 1860

OPOUL, P. S. A.-A.   S.B.F., t. XII, p. 83.
H. N.
B. 1887. — Haras de Pompadour.
Par *Edhen*, arabe, et *Marmelade*, par King-O'Scots, P. S. A.
Sa grand'mère : Séville, P. S. A., par Saint-Albans.
Pompadour : depuis 1892.

ORDIZAN, P. S. A.-A.   S.B.F., t. XII, p. 83.
H. N.
B. 1892. — Chez M. Duclos.
Par *Vignemale* et *Coquette*, an.-ar., par Ahmar, arabe, et Cornélie,
par Ismaël, an.-ar.
Tarbes : depuis 1897.

ORÉLIE Ier, P. S. A.   S. B. F., t. II, p. 105.
Mis de Lagarde.
B. 1863. — Dordogne.
Par *Zouave* et *Prima-Donna*, par The Emperor.
Libourne : 1868-1869.

ORESTE, P. S. A.-A.   S.B.F., t. XII, p. 83.
M. A. de Sevin (Lot-et-Garonne).
Al. 1887. — Chez M. A. de Sevin.
Par *Harami*, arabe, et *Bluette*, par Blue-Mantle et Amina,
par Saunterer.
Villeneuve-sur-Lot : depuis 1892.

ORIENT, P. S. Ar.   S.B.F.. t. I, p. 453.
H. N.
B. 1840. — Haras de Pompadour.
Par *Mansourah*, arabe, et *Moïna*, an.-ar., par Tigris.
Pompadour : 1844-1846. — Aurillac : 1847.
Réformé en août 1862.

ORIENTAL, P. S. Ar.   S.B.F., t. I, p. 454.
H. N.
B. 1840. — Haras de Pompadour.
Par *Abou-Arkoub* et *Zoraïde*, par Hyder-Aly.
Pompadour : 1844-1852. — Pau : en 1853.
Vendu en juillet 1860.

ORLANDINO, P. S. A.   S.B.F., t. I, p. 569.
H. N.
Al. 1857. — France.
Par *Teddington* et *Hopeless*, par Melbourne.
Villeneuve-sur-Lot : 1863. — Abattu en septembre 1880.

ORONTE, P. S. A.-A.   S.B.F., t. VI, p. 484.
H. N.
Al. 1876. — France.
Par *Djerasch*, arabe, et *May*, par Magenta.
Pau : 1882. — Vendu en août 1894.

S.B.F., t. V, p. 166.
ORPHÉE, ex-**EPHRAIM**, ex-**TRINITAS**.
H. N.
Gr. 1874. — Hautes-Pyrénées.
Par *Dankali*, arabe, et *Eurydice*, an.-ar., par Rémus.
Villeneuve-sur-Lot : 1878. — Abattu en août 1896.

ORPHELIN, P. S. A.   S.B.F., t. II, p. 106.
H. N.
B. 1852. — Pau.
Par *Napier* et *Mademoiselle-du-Parc*.
Aurillac : 1856. — Réformé en novembre 1859.

OSCAR, P. S. A.   S.B.F., t. II, p. 977.
H. N.
Al. 1856. — Basses-Pyrénées.
Par *Météore* et *Stella*, par Count-Porro.
Villeneuve-sur-Lot : 1860. — Mort en mai 1862.

OSCAR, P. S. A.   S.B.F., t. II, p. 106.
M. Bruzeau.
B. 1853. — Hautes-Pyrénées.
Par *Y. Emilius* et *Conquête*.
Tarbes : 1858. — Réformé en 1859.

OSIRIS, P. S. A.   S.B.F., t. I, p. 63.
H. N.
B. 1840. — France.
Par *Fidler* et *Jane*, par Deucalion.
Pompadour : 1846. — Braisne : février 1847.

S.B.F., t. IX, p. 450.
OSMAN-DIGMA, P. S. Ar.
H. N.
Al. 1877. — Orient.
Aurillac : 1885. — Réformé en août 1892.

OSMANLI, P. S. Ar.   S.B.F., t. II, p. 1155.
H. N.
Gr. 1867. — Chez M. le B⁰ⁿ Saillard.
Par *Batma* et *Fatma*.
Rodez : 1874. — Castré en juillet 1888.

OSSIAN, P. S. A.-A.   S.B.F., t. XII, p. 84.
M. Laussinotte (Dordogne).
Al. 1893. — Chez M. le B⁰ⁿ Curial.
Par *Fligny* et *Oziéra*, par Dibadj et Ariane, par Merkham, arabe.
Libourne : depuis 1897.

OTHELLO, P. S. Ar.   S.B.F., t. II, p. 1119.
H. N.
N. 1860. — Orient.
Tarbes : 1865. — Mort en septembre 1880.

OUADI, P. S. Ar.   S.B.F., t. I, p. 454.
H. N.
Gr. 1840. — Haras de Pompadour.
Par *Bédouin* et *Java*, par Raz-el-Fedawe.
Pompadour : 1844-1849. — Passé à Saintes en mars 1850.

OUÉSEL, P. S. Ar.   S.B.F., t. I, p. 454.
H. N.
Gr. 1840. — France.
Par *Bédouin* et *Bédouine*.
Tarbes : 1844. — Réformé en août 1862.

OUM, P. S. Ar.   S.B.F., t. I, p. 454.
H. N.
Gr. 1840. — France.
Par *Bédouin* et *Bédouine*.
Tarbes : 1844. — Réformé en janvier 1859.

OURAL, P. S. A.-A.   S.B.F., t. XII, p. 84.
H. N.
Gr. 1889. — Chez M. Viguerie.
Par *Elnimr*, arabe, et *Outaïa*, an.-ar., par Vendéen et Ourika,
par Nassim, arabe.
Tarbes : depuis 1893.

OURAN, P. S. Ar.   S.B.F.. t. I, p. 455.
H. N.
B. 1840. — Haras de Pompadour.
Par *Abou-Arkoub* et *Asfoura*.
Pompadour : 1844-1848. — Villeneuve-sur-Lot : 1849.
Réformé en août 1863.

OURAY, P. S. Ar.
H. N.
B. 1840. — Haras de Pompadour.
Par *Abou-Arkoub* et *Asfoura*, par Pacha.
Villeneuve-sur-Lot : 1848. — Réformé en août 1863.

PACHA, P. S. A.-A.   S.B.F., t. I, p. 494.
H. N.
Gr. 1846. — Basses-Pyrénées.
Par *Ibrahim II*, arabe, et *Melina*, an.-ar., par Frigian, arabe.
Pau : 1850. — Vendu en 1868.

PAILLASSE, P. S. A.   S.B.F., t. I, p. 63.
H. N.
Al. 1838. — Haras du Pin.
Par *Chance* et *Ipsara*.
Tarbes : 1844-1848. — Pompadour : 1849.

S.B.F., t. I, p. 64.

PALAGRAM, P. S. A.-A.
H. N.
Gr. 1846. — Haras de Saint-Cloud.
Par *Hamdani-Blanc*, arabe, et *Kasba*, anglais.
Tarbes : 1849. — Mort en mars 1851.

PAN, P. S. A.-A.   S.B.F., t. I. p. 498.
H. N.
N. 1827. — Haras du Pin.
Par *Eastham* et *Nichab*, arabe.
Aurillac : 1832. — Réformé en novembre 1840.

S.B.F., t. XII, p. 81.
PANTICOSTE, ex-**FLORIN**, P. S. A.-A.
H. N.
Al. 1885. — Chez M. Larralde.
Par *Garde-Noble*, an.-ar., et *Proserpine*, par Adham, arabe,
et Oloris, par Make-Haste.
Rodez : depuis 1889.

PANTIN, P. S. A.-A.   S.B.F., t. I, p. 260.
H. N.
Gr. 1850. — Hautes-Pyrénées.
Par *Koheil-Hamdani*, arabe, et *Juliette*.
Villeneuve-sur-Lot : 1854. — Abattu en juillet 1874.

— 555 —

PAPHOS, P. S. A.   S.B.F., t. I, p. 64.
H. N.
Al. 1841. — Haras de Pompadour.
Par *Harlequin* et *Citron*, par Centaur.
Pompadour : 1844. — Castré en octobre 1845.

S.B.F., t. II. p. 108
PAPILLON, ex-**GENEROSITY**, P. S. A.
H. N.
Al. 1850. — Chez M. Aumont.
Par *Gladiator* et *Effie-Deans*, par Brabant.
Pau : 1856. — Mort en juin 1871.

PAPILLON, P. S. A.   S.B.F., t. II, p. 256.
M. Bégué.
B. 1855. — France.
Par *Toison-d'Or* et *Bayadère*.
Tarbes : 1861. — Mort en 1873.

PARBLEU, P. S. A.   S.B.F., t. XI, p. 24.
M. A. de Sevin.
B. 1884. — France.
Par *Beau-Minet* et *Parthenia*, par Adventurer.
Villeneuve-sur-Lot : 1894. — Vendu en 1896.

PARIDJATA, P. S. A.   S.B.F., t. VII, p. 453.
H. N.
B. 1881. — France.
Par *Blue-Down* et *Lord-Clifden-Mare*.
Perpignan : 1890. — Réformé en août 1895.

PARLEMENT, P. S. A.   S.B.F., t. III, p. 362.
H. N.
B. 1870. — France.
Par *Beauvais* et *Ronzi*.
Villeneuve-sur-Lot : 1883. — Abattu en février 1889.

PARNASSE, P. S. A.   S.B.F., t. III, p. 76.
Mme Heine.
B. 1869. — France.
Par *Plutus* et *Brow-Mare*, par Weatherbit.
Libourne : 1879. — Réformé en 1890.

PAROS, P. S. A.   S.B.F., t. II, p. 1021.
H. N.
B. 1857. — Chez M. Mounaud-Piot.
Par *Papillon* et *Tyne*, par Ali-Baba.
Pau : 1861. — Abattu en 1881.

PARRY, P. S. A.   S.B.F., t. V, p. 308.
H. N.
Al. 1876. — France.
Par *Malahide* et *Mademoiselle-Patti*.
Tarbes : 1880. — Réformé en juillet 1894.

PARTISAN, P. S. A.-A.   S.B.F., t. I, p. 65.
H. N.
Al. 1833. — France.
Par *Massoud*, P. S. Ar., et *Parasolina*, anglais.
Tarbes : 1838. — Réformé en octobre 1844.

PASCAL, P. S. A.-A.   S.B.F., t. XI, p. 55.
H. N.
Al. 1889. — Hautes-Pyrénées.
Par *Israël* ou *El Yahoudi*, arabes, et *Pascade*, par Fitz-Gladiator.
Pau : 1893. — Réformé en août 1893.

PASQUIN, P. S. A.-A.   S.B.F., t. II, p. 844
M. Bouffard.
Gr. 1851. — France.
Par *Agib*, arabe, et *Y. Pasquinade*, par Paradox.
Tarbes : 1856-1857.

PASTEUR, P. S. A.-A. S.B.F., t. XII, p. 84.
H. N.
B. 1894. — Chez M. le Bon de Saint-Pastou.
Par *Prix-Fixe* et *Désirée*, par Hedjaz, arabe,
et Marie-Stuart, par Ionian.
Perpignan : depuis 1898.

PATRICIEN, P. S. A.   S.B.F., t. IV, p. 17.
H. N.
B. 1864. — France.
Par *Monarque* et *Papillotte*, par Gladiator.
Perpignan : 1876-1879. — Pau : 1880.
Mort en décembre 1895.

PATRICKS, P. S. A.   S.B.F., t. I, p. 65.
H. N.
B. 1838. — Haras de Viroflay.
Par *Felix* et *Léopoldine*, par Hedley.
Libourne : 1848. —Mort en juin 1852.

PATRIOTE II. P. S. A.   S.B.F., t. V, p. 388.
H. N.
B. 1876. — Gers.
Par *Somno* et *Patrie*, par Cobnut.
Villeneuve-sur-Lot : 1880-1882. — Perpignan : 1883.
Réformée en août 1884.

PATROCLE, P. S. Ar.   S.B.F., t. I, p. 455.
H. N.
B. 1841. — France.
Par *Moessoud* et *Zillah*.
Tarbes : 1845. — Réformé en juillet 1864.

S.B.F., t. II, p. 1078.
PAUVRE-ADOLPHE, P. S. A.
H. N.
Al. 1868. — France.
Par *Souvenir* et *Zélia*, par Brocardo.
Aurillac : 1873. — Réformé en juin 1877.

PÉDILEKOS, P. S. A.   S.B.F., t. II, p. 110.
H. N.
B. 1859. — France.
Par *Lanercost* et *Cochléa*.
Aurillac : 1863. — Réformé en octobre 1863.

— 558 —

PÉDRO, P. S. Ar.   S.B.F., t. IX. p. 438.
H. N.
B. 1888. — Pompadour.
Par *Edhen* et *Charlotte*, par Nahr-el-Kébir.
Perpignan : 1892. — Mort en septembre 1897.

PÉRA, P. S. Ar.   S.B.F.. t. II, p. 1119.
H. N.
Gr. 1851. — Orient.
Aurillac : 1863. — Réformé en juillet 1868.

PERDIGAN, P. S. A.   S.B.F., t. XI, p. 34.
H. N.
B.-1889. — France.
Par *Little-Duck* et *Peroration II*, par Pero-Gomez.
Villeneuve-sur-Lot : 1895. — La Roche-sur-Yon : en 1896.

S.B.F., t. XII, p. 40
PEREGRINE, P. S. A.   S.B.A., t. XIV, p. 3.
H. N. — Importé en 1886.
B. 1878. — Angleterre. — Haras de Glasgow.
Par *Pero-Gomes* et *Adélaïde*, par Y. Melbourne et Teddington mare.
Tarbes : depuis 1889.

PERSPICAX, P. S. A.   S.B.F., t. I, p. 183.
H. N.
Bb. 1842. — France.
Par *Mameluke* et *Discrète*.
Villeneuve-sur-Lot : 1849. — Réformé en décembre 1855.

S.B.F., t. I, p. 66.
PETER-LIBERTY, P. S. A.
H. N.
Al. 1822. — Angleterre.
Par *Amadis* et *Juniper mare*.
Tarbes : 1826. — Réformé en septembre 1846.

S.B.F., t. IV, p. 18.
PETIT-MOPPS, ex-**MARMOUSET**, P. S. A.
H. N.
N. 1870. — Angleterre.
Par *Marignan* et *Praxis*.
Rodez : 1875. — Réformé en août 1887.

— 559 —

S.B.F., t. XI, p. 71.

PETIT-POUCET, P. S. Ar.
H. N.
B. 1888. — France.
Par *Nasser-Eddin* et *Datura*.
Aurillac : 1892. — Réformé en août 1897.

S.B.F, t. II, p. 111.

PEU-DE-CHANCE, P. S. A.
H. N.
Al. 1857. — Maine-et-Loire.
Par *Iago* et *Olinga*, ex-*Illusion*, par Napoléon.
Libourne : 1863. — Castré en novembre 1873.

S.B.F., t. XII, . 84.

PEU-POLI, ex-**POPOLI**, P. S. A.-A.
M. Souville (Gers.)
Al 1882. — Chez M. L. Cazères.
Par *Mandrake*, P. S. A., et *Nassime*, par Nassim, arabe,
et Béziade, par Garry-Owen.
Tarbes : depuis 1887.

PHILIP-SHAH, P. S. A. S.B.F., t. I, p. 66.
H. N.
B. 1843. — France.
Par *The Shah* et *Philip's-Dam*, par Catton.
Pompadour : 1849-1851. — Villeneuve-sur-Lot : 1852.
Abattu en juillet 1863.

PHILOSOPHER, P. S. A. S.B.F., t. I, p. .
H. N.
Bb. 1844. — Angleterre.
Par *Voltaire* et *Minx*.
Rodez : 1858. — Castré en août 1861.

PICARS, P. S. A.-A. S.B.F., t. XII, p. 84.
H. N.
B. 1891. — Chez M. Dubarry.
Par *Ben-Amrar*, an.-ar., ou *Etoilé*, et *Brillante*, par Gazlan II
ou El Yahoudi, arabes, et Million, par Saint-Cyr ou Mandrake.
Villeneuve-sur-Lot : depuis 1895.

S.B.F., t. XII, p. 84.

PIERROT, ex-**ALGER**, P. S. A.-A.
H. N
B. 1883. — Chez M. A. Duffour.
Par *Mameluck*, an.-ar., et *Pierrette*, par Atlas et Éva,
par Kingston.
Ajaccio : depuis 1889.

PILE-OU-FACE, P. S. A.   S.B.F., t. I, p. 68.
H. N.
B. 1840. — Haras du Pin;
Par *Lottery* et *Cloton*, par Eastham.
Pompadour : 1845. — Castré en août 1845.

PILGRIM, P. S. A.   S.B.F., t. IX, p. 30.
H. N.
B. 1878. — Angleterre.
Par *Barefoot* et *Matrimony*.
Tarbes : 1884. — Mort en octobre 1890.

PILGRIM, P. S. A.   S.B.F., t. II, p. 113.
H. N.
B. 1856. — France.
Par *Sting* et *Picciola*, par Assassin.
Perpignan : en 1862.

PIMLICO, P. S. A.   S.B.F., t. II, p. 113.
H. N.
B. 1860. — Haute-Vienne.
Par *Pyrrhus-the-First* et *Yorkshire-Lass*.
Rodez : 1865. — Réformé en août 1860.

S.B.F., t. II, p. 1062.

PIPE-EN-BOIS, ex-**LE PREMIER**, P. S. A.
H. N.
B. 1865. — France.
Par *Prétendant* et *Wedding*.
Tarbes : 1870. — Réformé en décembre 1874.

PIRATE, P. S. A.   S.B.F., t. V, p. 210.
H. N.
Bb. 1875. — Chez M. de Nexon.
Par *Mignon* et *Gipsy-Girl*, par Malton.
Pompadour : 1881. — Abattu en novembre 1893.

PLANTAGENET, P. S. A. S.B.F., t. II, p. 113.
H. N.
B. 1857. — Chez M. J. Robin.
Par *Iago* et *Emilia*, par Y. Emilius.
Rodez : 1862-1874. — Pompadour : 1875. — Mort en avril 1879.

PLANTEUR, ex-**RÉMUS**, P. S. A. S.B.F., t. III., p. 432.
H. N.
B. 1871. — France.
Par *Tonnerre-des-Indes* et *Aspasie*.
Aurillac : 1875. — Réformé en août 1889.

PLOWER, P. S. A. S.B.F., t. I, p. 69.
H. N.
B. 1839. — Normandie.
Par *Royal-Oak* et *Destiny*, par Centaur.
Libourne : 1844. — Rodez : 1845. — Réformé en juillet 1850.

POINT-ET-VIRGULE, P. S. A. S.B.F. t. II, p. 114.
H. N.
B. 1853. — Chez M. de Vanteaux.
Par *Brandy-Face* et *Sylvandire*, par Terror.
Pompadour : 1857. — Réformé en août 1858.

POLBERT, P. S. A.-A. S.B.F., t. XII, p. 84.
M. de Juge (Hautes-Pyrénées).
N. 1890. — Chez M. Courtade.
Par *Peregrine* et *Boule-de-Neige*, par Emir, arabe.
Sa grand'mère : Belle-d'Ibos, par Empire.
Tarbes : depuis 1896.

POINT-DE-MIRE, P. S. A. S.B.F., t. II, p. 389.
M. Monda.
B. 1865. — France.
Par *Zouave* et *Demi-Fortune*.
Tarbes : 1875. — Mort en 1886.

POLIDAS, P. S. Ar.   S.B.F., t. 1, p. 455.
H. N.

Al. 1841. — Haras de Pompadour.

Par *Bédouin* et *Célésyrie*, par Antar.

Pompadour : 1844-1852. — Tarbes : 1853.

Mort en décembre 1854.

POLKA, P. S. A.-A.   S.B.F., t. XII, p. 84.
M. Couzot (Gers).

Al. 1888. — Chez M. Fourcade-Peyraube.

Par *Amrar*, arabe, et *Valette*, an.-ar., par Mandrake et Veronica,
par Lattakié, arabe.

Tarbes : depuis 1892.

POLLUX, P. S. A.   S.B.F., t. II, p. 115.
M. Labroquère.

Bb. 1864. — France.

Par *Prétendant* et *Picciola*, par Assassin.

Tarbes : 1868. — S. r. après.

POMPÉE, P. S. A.   S.B.F., t. IV, p. 217.
H. N.

Bb. 1873. — France.

Par *César* et *Guirlande* par Collingwood.

Libourne : 1890. — Abattu en juillet 1893.

POMPIER, P. S. A.   S.B.F., t. II, p. 624.
M. Sabatier-d'Espeyran.

B. 1865. — France.

Par *Royal-Quand-Même* et *Lady-Bird*, par Saint-Simon.

Perpignan : en 1877.

POPE, P. S. A.   S.B.F., t., I, p. 152.
H. N.

B. 1841. — Haras de Pompadour.

Par *Premium* et *Chansonnette*, par Napoléon.

Pau : 1846. — Vendu en octobre 1851.

POURQUOI-PAS, P. S. A.   S.B.F., t. II, p. 115.

M. de Monts, 1866; M. Saint-Arromaut, 1867.

B. 1861. — France.

Par *Collingwood* et *Abigail*.

Tarbes : 1866. — Réformé en 1881.

PRATIQUE, P. S. A.   S.B.F., t. VI, p. 18

H. N.

B. 1860. — Angleterre.

Par *New-Minster* et *Patience*.

Villeneuve-sur-Lot : 1877. — Réformé en décembre 1881.

PRÉFÉRÉ, P. S. A.   S.B.F., t. I, p. 456.

H. N.

B. 1842. — Gers.

Par *Antar* et *Zillah*.

Tarbes : 1846. — Réformé en août 1858.

PREMIER-AOUT, P. S. A.   S.B.F., t. I, p. 70.

H. N.

B. 1843. — France.

Par *Physician* et *Princess-Edwin*.

Tarbes : 1849. — Mort en octobre 1860.

PREMIER-TÉNOR, P. S. A.   S.B.F., t. VI, p. 521.

M. Rességuet (Hautes-Pyrénées).

B. 1880. — France.

Par *Drummond* et *Pergolo*, par Cobnut.

Tarbes : 1889. — Non approuvé en 1898.

PREMIUM, P. S. A.   S.B.F., t. I, p. 70.

H. N.

Al. 1820. — Angleterre.

Par *Aladdin* et *Gohanna mare*.

Pompadour : 1837-1841. — Libourne : 1842.

Abattu en septembre 1843.

S.B.F., t. II, p. 879.

PRÉTENDANT, P. S. A.
M. A. Fould.
B. 1857. — France.
Par *Faugh-a-Ballagh* et *Prédestinée*.
Tarbes : 1862-1864.

S.B.F., t. XII, p. 41.

PRÉTENDANT, P. S. A.
H. N.
Al. 1886. — Chez M. P. Aumont.
Par *Salvator* et *Mademoiselle-de-Juvigny*, par Vermouth
et La Fortune, par Fitz-Gladiator.
Perpignan : depuis 1891.

PREUX, P. S. A. S. B. F., t. XII, p. 41.
H. N.
Al. 1890. — Chez M. H. Delamarre.
Par *Vigilant* et *Princess-Christian*, par Dalesman.
Sa grand'mère : Marmite, par Newcastle.
Pompadour : depuis 1895.

PRIAM, P. S. A.-A. S.B.F., t. XII, p. 85.
H. N.
Al. 1894. — Chez M. E. Vergez.
Par *Prix-Fixe* et *Primevère*, an.-ar., par Nassim, arabe,
et Préférée, par Boxeur.
Tarbes : depuis 1898.

PRIAPE, P. S. A. S.B.F., t. I, p. 313.
H. N.
B. 1844. — France.
Par *Terror* et *Miss-Schneitz-Hoeffer*.
Villeneuve-sur-Lot : 1848-1856. — A Paris en janvier 1857.

PRIM, P. S. A.-A. S.B.F., t. XII, p. 85.
H. N.
Al. 1892. — Chez M. E. Vergez.
Par *Fil-en-Quatre* et *Primevère*, par Nassim, arabe.
Sa grand'mère : Préférée, par Boxeur.
Pau : depuis 1896.

— 565 —

S B.F., t. XII, p. 85.
PRIMESAUTIER, P. S. A.-A.
H. N.
N. 1889. — Chez M. Poury-Nourret.
Par *Bay-Archer* et *Prima*, par Emir, arabe, et Soror,
par Womersley.
Pau : depuis 1894.

S.B.F., t. XII, p. 41.
PRINCE, P. S. A.
H. N.
B. 1889. — Chez M. le Bon de Nexou.
Par *Jupin* et *Royale*, par Zouave.
Sa grand'mère : Auréole, par Malton.
Pompadour : depuis 1894.

S.B.F., t. I, p. 71.
PRINCE-CARADOC, P. S. A.
H. N.
B. 1838. — Angleterre.
Par *The Colonel* et *Queen-of-Trumps*, par Vélocipède.
Pompadour : 1853-1854. — Villeneuve-sur-Lot : 1855.

S.B.F., t. II, p. 610.
PRINCE-DU-PRADO, P. S. A.-A.
H. N.
B. 1855. —- France.
Par *Sting* et *Juventa*, par Massoud, arabe.
Villeneuve-sur-Lot : 1860. — Réformé en juillet 1870.

S.B.F., t. II, p. 169.
PRINCE-EUGÈNE, P. S. A.
H. N.
B. 1851. — France.
Par *Y. Emilius* et *Adamantine*, par Pickpocket.
Pau : 1855. — Vendu en juillet 1866.

S.B.F., t. II, p. 117.
PRINCE-NOIR, P. S. A.
H. N.
B. 1855. — France.
Par *Womersley* et *Arabelle*, par Paradox.
Pompadour : 1861-1863. — La Roche-sur-Yon : 1864-1865.
Rodez : 1866-1867. — A Angers en 1868.

S.B.F., t. IV, p. 19.

PRINCEPS, ex-**COMBOLI**, P. S. A.

H. N.

Al. 1868. — Chez M. de Nexon.

Par *Zouave* et *The Princess*, par Pyrrhus-the-First.

Pompadour : 1874-1884. — Saint-Lô : 1885-1889.

PRISME, P. S. A.-A.   S.B.F., t. XII, p. 85.

H. N.

Bb. 1890. — Chez M. Pouey-Nourret.

Par *Vignemale* et *Prima*, par Emir, arabe.

Sa grand'mère : Soror, par Womersley.

Pau : depuis 1894.

PRIX-FIXE, P. S. A.   S.B.F., t. XII, p. 42.

H. N.

Al. 1886. — Chez M. G. Boschet.

Par *Grandmaster* et *Préface*, par Y. Monarque.

Sa grand'mère : Princesse-de-la-Paix, par Gladiateur.

Libourne : 1892. — Tarbes : depuis 1893.

S.B.F., t. I, p. 182.

PROBLÈME, P. S. A.-A.

H. N.

Al. 1838. — Haras du Pin.

Par *Paradox* et *Dine*, par Eastham.

Sa grand'-mère : Cloris, par Aslan, turc.

Pau : 1842. — Vendu en novembre 1852.

PROMÉTHÉE, P. S. A.   S.B.F., t. VI, p. 537.

H. N.

Al. 1878. — Chez M. Auguste Lupin.

Par *Mars* et *Postérité*, par The-Flying-Dutchman.

Pompadour : 1883-1887. — Perpignan : 1888.

Réformé en août 1889.

PROSCRIT, P. S. A.   S.B.F., t. XII, p. 42.

H. N.

B. 1893. — Chez M. E. Blanc.

Par *Stuart* et *Prenez-Garde*, par Flageolet et Péripétie, par Sting.

Tarbes : depuis 1898.

PROSPECTUS, P. S. A. S.B.F., t. I, p. 71.
H. N.
B. 1839. — Haras de Meudon.
Par *Camel* et *Jenny-Vertpré*.
Tarbes : 1845. — Réformé en juillet 1858.

PROSPÉRO, P. S. A. S.B.F., t. I, p. 72.
H. N.
B. 1840. — France.
Par *Royal-Georges* et *Princess-Edwis*, par Emilius.
Pompadour : 1847-1855. — Tarbes : 1856. — Mort en avril 1857.

S.B.F., t. XII, p. 85.
PRUNELLI, P. S. A.-A.
H. N.
Gr. 1888. — Haras de Pompadour.
Par *Edhen* et *Marmalade*, par King-O'Scots et Séville,
par Saint-Albans.
Rodez : depuis 1892.

S.B.A., t. XVI, p. 379.
S.B.F., t. XI, p. 26.
PULL-TOGETHER, P. S. A.
M. R. Lebaudy.
B. 1885. — Angleterre. — Importé en 1893.
Par *See-Saw* et *Panada*, par Newminster.
Pompadour : 1894-1895. — Passé dans la circonscription
de Compiègne. — Castré en 1897.

PURITAIN, P. S. Ar. S.B.F., t. I, p. 473.
H. N.
B 1841. — Pompadour.
Par *Abou-Arkoub* et *Bédouine*.
Perpignan : 1845. — Réformé en août 1849.

S.B.F., t. XII, p. 42.
PUYLAURENS, P. S. A.
M. Pucheu (Hautes-Pyrénées).
B. 1881. — Chez M. le Cte de Lastours.
Par *Franc-Tireur* et *Pastille*, par Vermouth et Papillotte,
par Gladiator.
Tarbes : depuis 1886.

PYLOS, P. S. A.-A.   S.B.F., t. IX, p. 371.
H. N.
B. 1888. — Haras de Pompadour.
Par *Dibadj*, arabe, et *Stockwell mare*.
Perpignan : 1892. — Mort en août 1897.

S.B.F., t. II, p. 118.
PYRRHUS-THE-FIRST, P. S. A.
M. de Nexon. — Importé en 1859.
Al. 1843. — Angleterre.
Par *Epirus* et *Fortress*, par Defence.
Pompadour : 1859. — Mort en 1862.

PYTHAGORAS, P. S. A. S.B.F., t. XII, p. 42.
Cte de Lastours.
Al. 1884. — Angleterre.
Par *Kingcraft* et *Migration*, par Trumpeter.
Rodez : 1892. — Passé dans le Calvados en 1893.

QUAKER, P. S. A.-A.   S.B.F., t. I, p. 72.
H. N.
B. 1842. — France.
Par *Napoléon* et *Follette*, an.-ar., par Eastham, P. S. A.
Pompadour : 1845. — Castré en août 1848.

QUARTUS, P. S. A.-A. S.B.F., t. XII, p. 85.
H. N.
B. 1882. — Chez M. Dutheillet de la Mothe.
Par *Vulcan* et *Hamdany*, an.-ar., par Zarik et Hamdany,
par Amurah, arabe.
Villeneuve-sur-Lot : depuis 1887.

QUÉLUS, P. S. A.   S.B.F., t. XII, p. 42.
M. A. Menier (Hautes-Pyrénées).
Al. 1892. — Chez M. Michel Ephrussi.
Par *Gamin* et *Quick-Thought*, par Forerunner et Magnolia,
par Lecturer.
Tarbes : depuis 1896.

QUIA, P. S. A.   S.B.F., t. I, p. 72.
H. N.

B. 1846. — Haras de Pompadour.
Par *Quoniam* et *Sylvina*.
Tarbes : 1851. — Réformé en octobre 1851.

QUIBUS, P. S. A.   S.B.F., t. I, p. 72.
H. N.
B. 1842. — France.
Par *Harlequin* et *Jocaste*, par Deucalion.
Pompadour : 1847. — Réformé en juillet 1857.

QUIDAM, P. S. Ar.   S.B.F., t. I, p. 456.
H. N.
B. 1842. — Haras de Pompadour.
Par *Laïsum* et *Candour-Amdam*, par Saklawie-Amdam.
Pompadour : 1845. — Castré en novembre 1854.

QUINE, P. S. A.-A.   S.B.F., t. I. p. 72.
H. N.
B. 1836. — France.
Par *Lottery* et *Galatée*, par Massoud, arabe.
Tarbes : 1842. — Mort en juillet 1842.

QUINOLA, P. S. Ar.   S.B.F., t. I, p. 456.
H. N.
B. 1842. — Haras de Pompadour.
Par *Laïsum* et *Déjanire*, par Massoud.
Pompadour ; 1845. — Tarbes : 1846. — Réformé en septembre 1856.

QUINOLA, P. S. A.   S.B.F., t. I, p. 73.
H. N.
B. 1841. — France.
Par *Terror* et *Rubéna*, par Waxy-Pope.
Pompadour : 1846-1848. — Villeneuve-sur-Lot : 1849.
Passé à Pompadour en juillet 1849.

QUOHILET-OUDJOUS, P. S. Ar.   S.B.F., t. II. p. 1119.
H. N.
Gr. 1851. — Orient.
Tarbes : 1855. — Réformé en octobre 1867.

QUONIAM, P. S. A.   S.B.F.. t. I. p. 73.
H. N.
B. 1837. — France.
Par *Royal-Oak* et *Noéma*, par Rowlston.
Pompadour : 1845-1847. — Passé à Abbeville en août 1847.

RABDAN, P. S. Ar.   S.B.F , t. II. p. 1120.
H. N.
Gr. 1850. — Orient.
Pompadour : 1855. — Mort en 1876.

RADAMAH, P. S. Ar.   S.B.F., t. II. p. 1164.
M. Desbons.
Al. 1863. — France.
Par *Eitchine* et *Haffah*.
Tarbes : 1869. — S. r. depuis.

S.B.F., t. XII, p. 85.
RADHAMÈS, P. S. A.-A.
Mme de Ruble (Tarn-et-Garonne).
B. 1878. — Chez M. le Cte de Villeneuve.

Par *Arif*, arabe, et *Rosine*, par Le Mandarin et Madame-Ristori,
par Annandale.
Villeneuve-sur-Lot : depuis 1882.

RAGOTSKY, P. S. A.   S.B.F., t. XII. p. 43
H. N.
B. 1890. — Chez M. le Bon Schickler.
Par *Perplexe* et *Czardas*, par Kisber et Lady-of-Mercia,
par Blair-Athol.
Tarbes : depuis 1896.

RAIFORT, P. S. A.-A. S.B.F., t. XII, p. 85.
H. N.
B. 1889. — Chez M. Barthe.
Par *Israël*, arabe, et *Archère*, par Bay-Archer et Espérance,
par Souedj, arabe.
Pau : depuis 1893.

RAJAH, P. S. Ar. S.B.F., t. I, p. 457.
H. N.
Al. 1843. — Haras de Pompadour.
Par *Massoud* et *Célésyrie*, par Antar.
Pompadour : 1847-1849. — Tarbes : 1850. — Mort en mai 1852.

RAKIB, P. S. A. S.B.F., t. IV, p. 483.
H. N. — Importé en 1875.
Gr. 1865. — Orient.
Pompadour : 1875. — Réformé en août 1879.

RAKKAS, P. S. Ar. S.B.F., t. V, p. 527.
H. N.
Gr. 1873. — Orient.
Aurillac : 1878. — Réformé en août 1892.

RAKWAN, P. S. Ar. S.B.F., t. VI, p. 679.
H. N.
Gr. 1863. — Orient.
Villeneuve-sur-Lot : 1879. — Abattu en août 1885.

RALEIGH, P. S. A.-A. S.B.F., t. IV, p. 128.
H. N.
B. 1873. — France.
Par *Magenta* et *Dacia*, an.-ar.
Perpignan : 1877. — Réformé en août 1885.

RALLAB, P. S. Ar. S.B.F., t. V, p. 528.
H. N.
Gr. 1869. — Orient.
Aurillac : 1878. — Réformé en août 1879.

RAMADAN, P. S. A.   S.B.F., t. II, p. 120.
H. N.
Al. 1853. — France.
Par *Garry-Owen* et *Rhodanthe*.
Tarbes : 1857. — Mort en août 1859.

RAMEAU, P. S. A.   S.B.F., t. II. p. 120.
H. N.
Al. 1855. — France.
Par *Garry-Owen* et *Flitta*.
Tarbes : 1859. — Réformé en septembre 1876.

RAMSAY, P. S. A.   S.B.F., t. I, p. 201.
H. N.
B. 1845. — France.
Par *Sylvio* et *Emelina*.
Rodez : 1862. — Réformé en août 1866.

RAMSÈS II, P. S. Ar.   S.B.F., t. IX, p. 425.
H. N.
Al. 1887. — Syrie.
Pompadour : 1888. — Réformé en décembre 1891.

RANVILLE, P. S. A.   S.B.F., t. XII, p. 43.
Autorisé. — M. de Saint-Jayme (Basses-Pyrénées).
Al. 1888. — Chez M. le Cte Le Gonidec.
Par *Border-Minstrel* et *Fire-Queen*, par Thunderbolt et Nima,
par Buccaneer.
Pau : depuis 1897.

RAPIDE, P. S. A.   S.B.F., t. I, p. 74.
H. N.
Bb. 1832. — Orne.
Par *Libertine* et *Evelina*.
Tarbes : 1838. — Mort en novembre 1841.

RAPINEUR, P. S. A.-A.   S.B.F., t. **V**, p. 333.
H. N.
B. 1877. — France.
Par *Eyran*, arabe, et *Mesquine*, an.-ar.
Tarbes : 1881. — Réformé en août 1888.

RARBIB, P. S. Ar.   S.B.F., t. V, p. 528.
H. N. — Importé en 1877.
N. 1868. — Orient.
Pau : 1878. — Vendu en septembre 1884.

RAUBA, P. S. Ar.   S.B.F., t. II, p. 1120.
H. N. — Importé en 1867.
B. 1862. — Orient.
Pau : 1868. — Abattu en 1883.

REDJEB, P. S. Ar.   S.B.F., t. V, p. 528.
H. N.
Gr. 1866. — Orient.
Tarbes : 1876. — Réformé en août 1889.

RÉGAL, P. S. A.   S.B.F., t. XII, p. 43.
H. N.
B. 1890. — Chez M. le Cte Dauger.
Par *The Condor* et *Riyodon*, par Kaiser et Faux-Pas,
par Wild-Oats
Villeneuve-sur-Lot : depuis 1896.

RÉGENT, P. S. Ar.   S.B.F., t. I, p. 457.
H. N.
Gr. 1843. — Haras de Pompadour.
Par *Laïsum* et *Elodie*, par Massoud.
Pompadour : 1847. — Réformé en août 1866.

RÉGENT, P. S. A.-A.   S.B.F., t. II, p. 121.
H. N.
Gr. 1855. — Chez M. Lariau.
Par *Shérif*, arabe, et *Topaze*, par Skirmisher.
Pau : 1859. — Mort en octobre 1863.

RÉGENT, P. S. A.-A.   S.B.F., t. XII, p. 85.
H. N.
Al. 1891. — Chez M. Dazayous.
Par *Vernet* et *Reine*, an.-ar., par Israël, arabe, et Espérance.
par Bissextil.
Tarbes : depuis 1895.

REGGIO, P. S. A.   S.B.F., t. V, p. 30.
M. Cornudet (Creuse).
Al. 1876. — France.
Par *Mortemer* et *Alézia*, par The Cossack.
Pompadour : 1883-1888. — Aurillac : 1889-1893.
Pompadour : 1894. — Abattu en 1898.

RÉGULUS, P. S. Ar.   S.B.F., t. 1, p. 457.
H. N.
Al. 1834. — Haras de Pompadour.
Par *Mesrur* et *Eurydice*, par Massoud.
Pompadour : 1847. — Aurillac : 1848. — Réformé en juillet 1851.

RÉMUS, P. S. A.   S.B.F., t. 11, p. 121.
M. A. Fould.
Al. 1852. — France.
Par *Garry-Owen* et *Rhodanthe*.
Tarbes : 1857-1858.

RÉMUS, P. S. Ar.   S.B.F., t. 1, p. 457.
H. N.
Al. 1843. — Haras de Pompadour.
Par *Laisum* et *Candour-Amdam*, par Shaklawie-Amdam.
Pompadour : 1847. — Réformé en août 1865.

RENONCE, P. S. A.   S.B.F., t. I, p. 75.
H. N.
Al. 1840. — France.
Par *Y. Emilius* et *Miss-Tandem*.
Tarbes : 1845. — Mort en mars 1856.

S. B. F., t. IV, p. 484.

RESCHID, ex-**VIZIR**, P. S. Ar.
H. N.
Gr. 1868. — Orient.
Pau : 1874. — Abattu en août 1887.

RÉUSSI, P. S. A.   S.B.F., t. XII, p. 44.
H. N.
Al. 1879. — Chez M. C.-J. Lefèvre.
Par *Flageolet* et *Régalia*, par Stockwell.
Sa grand'mère : The Gem, par Touchstone.
Pompadour : 1893-1894. — La Roche-sur-Yon : 1895-1897.
Pompadour : depuis 1898.

REVOLVER, P. S. A.   S.B.F., t. II, p. 262.
M. de Nexon.
B. 1857. — France.
Par *Weathergage* et *Bénédiction*, par Physician.
Pompadour : 1861. — Castré fin 1831.

RICHAN II, P. S. Ar.   S.B.F., t. I, p. 458.
H. N. — Importé en 1850.
Al. 1846. — Orient.
Pompadour : 1851. — Pau : 1852. — Mort en mai 1864.

RICHMOND, P. S. A.   S.B.F., t. II, p. 422.
H. N.
B. 1849. — Angleterre.
Par *Melbourne* et *La Femme-Sage*.
Tarbes : 1854. — Réformé en janvier 1856.

RIÉGO, P. S. A.-A.   S.B.F., t. I p. 76.
H. N.
B. 1843. — Haras de Pompadour.
Par *Mesrur* P. S. Ar., et *Dulcinée*, an.-ar., par Eastham.
Pompadour : 1847. — Mort en mai 1847.

RIHA, P. S. Ar.   S.B.F., t. X, p. 409.
H. N.
B. 1884. — Orient.
Tarbes : 1890. — Mort en septembre 1893.

RINALDO, P. S. A.   S.B.F., t. II, p. 122.
H. N.
Al. 1855. — Chez M. A. Fould.
Par *Garry-Owen* ou *Richmond* et *Rhodanthe*, par Vélocipède.
Pau : 1858. — Vendu en janvier 1861.

RINGLET, P. S. A.-A.   S.B.F., t. II, p. 123.
H. N.
B. 1855. — Chez M. Bouderon.
Par *Tibi*, an.-ar., et *Alifri*, par Ali-Baba.
Pau : 1860. — Abattu en juillet 1870.

RIO-JANEIRO, P. S. A.-A.   S.B.F., t. I, p. 76.
H. N.
B. 1843. — Haras de Pompadour.
Par *Massoud*, arabe, et *Betzy*, par Napoléon.
Pompadour : 1847-1848. — Aurillac : 1849.
Réformé en juillet 1853.

RITTER, P. S. A.-A.   S.B.F., t. IX, p. 144.
M. Brun.
N. 1888. — France.
Par *Tarbouch*, arabe, et *Espérance*, par Trombone.
Tarbes : 1892. — Réformé en 1895.

ROB-ROY, P. S. A.-A.   S.B.F., t. XII, p. 86.
H. N.
Al. 1885. — Chez M. de la Ferrière.
Par *Vulcan* et *Io*, par Daoud, arabe, et Mafrouza, arabe.
Tarbes : depuis 1890.

ROBUR, P. S. A.-A.   S.B.F., t. II, p 124
M. Boudet.
Gr. 1856. — France.
Par *Kerbela*, arabe, et *Sara*, an.-ar., par Koueli, arabe.
Rodez : 1861. — Mort en 1871.

— 577. —

S.B.F., t. XVII, p. 661

ROCKAMPTON, P. S. A.
Autorisé. — M. Exshaw.
B. 1889. — Angleterre.
Par *Hampton* et *Winifred*, par Broomielaw.
Sa grand'mère : Lampoon, par Teddington.
Libourne : depuis 1898.

ROEBUCK, P. S. A. S.B.F., t. I, p. 77.
H. N. — Importé en 1847.
B. 1842. — Angleterre.
Par *Venison* et *Katherine*.
Tarbes : 1848-1849. — Au Pin en 1850.

ROGER, P. S. A.-A. S.B.F., t. V, p. 544.
H. N.
Al. 1877. — Haute-Garonne.
Par *Duvet* et *Fiammina*, an.-ar.
Perpignan : 1883. — Réformé en 1885.

S.B.F., t. II, p. 124.

ROI-DE-CHYPRE, P. S. A.-A.
H. N.
B. 1851. — Haras de Pompadour.
Par *Romagnési*, an.-ar., et *Reine-de-Chypre*, an.-ar.
Tarbes : 1855. — Réformé en juillet 1874.

ROI-D'YS, P. S. Ar. S.B.F., t. XII, p. 105.
H. N.
Gr. 1890. — Chez M. G. Roque.
Par *Assad* et *Jalézie*, par Edhen et Chandeleur, par Emir.
Tarbes : depuis 1894.

ROITELET, P. S. A. S.B.F., t. XI, p. 414.
H. N.
B. 1892. — Chez M. Ridgway.
Par *Bocage* et *Rosée*, par Mars et Rosita, par Florin.
Tarbes : depuis 1897.

ROLAND, P. S. A.-A.   S.B.F., t. XII, p. 86.
H. N.
Al. 1890. — Chez M. Pépy.
Par *Kilt* et *Nichab*, par Gaëtan, an.-ar.
Sa grand'mère : Devisette, par Vulcan.
Pompadour : 1894-1898. — Passé à l'École des Haras du Pin
en août 1898.

S.B.F., t. XII, p. 44.
ROLAND II, ex-**ROLLA**, P. S. A.
M. Montbaylet (Haute-Garonne).
Bb. 1886. — Chez le Bᵒⁿ de Soubeyran.
Par *Saint-Louis* et *Rival*, par Rosicrucian et Wee-Wee,
par Stockwell.
Tarbes : depuis 1890.

ROMAGER, P. S. A.   S.B.F., t. I, p. 77.
H. N. — Importé en 1847.
Bb. 1842. — Chez M. Sadler. — Angleterre.
Par *Venison* et *Minima*, par Sultan.
Pau : 1848. — Mort en septembre 1853.

ROMAGNÉSI, P. S. A.-A.   S.B.F., t. I, p. 77.
H. N.
B. 1843. — Haras de Pompadour.
Par *Massoud*, arabe, et *Didon*, an.-ar., par Terror.
Pompadour : 1847. — Abattu en février 1862.

ROMANI, P. S. Ar.   S.B.F., t. II, p. 1121.
H. N.
Gr. 1851. — Orient.
Tarbes : 1855-1858. — Pompadour : 1859-1862. — Tarbes : 1864.
Réformé en décembre 1865.

S.B.F., t. I, p. 77.
ROMINAGROBIS, P. S. A.-A.
H. N.
Al. 1843. — Haras de Pompadour.
Par *Mesrur*, arabe, et *Bérénice*, an.-ar., par Eastham.
Pompadour : 1847. — Réformé en octobre 1853.

ROMP, P. S. A.   S.B.F., t. XII, p. 45

M. Massot (Bouches-du-Rhône).

Al. 1888. — Chez le Cte Le Marois.

Par *Energy* et *Ramfage*, par Hermit et Romping-Gril,
par Wild-Dayrell.

Perpignan : depuis 1895.

ROMULUS, P. S. A.   S.B.F., t. II, p. 125.
H. N.

Al. 1860. — Chez M. de Malezieu.

Par *Garry-Owen* et *Zélia*, par Brocardo.

Pau : 1865. — Vendu en septembre 1871.

S.B.F., t. XII, p. 86.

RONCEVAUX, P. S. A.-A.
H. N.

B. 1889. — Chez M. Montauzé.

Par *Dahabi*, arabe, et *Rabeline*, an.-ar., par Ambassadeur
et Barricade, par Sidi, arabe.

Villeneuve-sur-Lot : depuis 1893.

RONCONI, P. S. A.   S.B.F., t. II, p. 126.
H. N.

B. 1850. — France.

Par *Sting* et *Lydia*.

Rodez : 1859. — Réformé en février 1861.

ROSAS, P. S. A.   S.B.F., t. I, p. 326.
H. N.

Al. 1841. — Haras du Pin.

Par *Mameluke* et *Noemi*, par Tigris.

Pau : 1846. — Mort en septembre 1857.

ROWLSTON, P. S. A.   S.B.F., t. I, p. 75.
H. N. — Importé en 1827.

Gr. 1819. — Angleterre.

Par *Camillus* et *Miss-Zilia-Teazle*.

Tarbes : 1835. — Réformé en septembre 1845.

ROYAL-GEORGE, P. S. A.   S.B.F., t. I, p. 78.

H. N.

N. 1833. — Angleterre.

Par *Royal-Oak* et *Destiny*, par Centaur.

Libourne : 1845. — Mort en' août 1845.

ROYAL-MACAIRE, P. S. A.   S.B.F., t. II, p. 127.

H. N.

B. 1856. — France.

Par *Womersley* et *Exquisite*, par Royal-Oak.

Pompadour : 1861. — Réformé en octobre 1861.

ROYAL-QUAND-MÊME, P. S. A.   S.B.F., t. II, p. 187.

H. N. en 1855. — Vendu en 1863. — H. N. en 1866.

Al. 1850. — Chez M. A. Aumont.

Par *Gigès* et *Eusébia*, par Emilius.

Pompadour : 1866-1868. — Montier-en-Der : 1869.

Perpignan : 1870-1871. — La Roche-sur-Yon : 1872.

ROYÉ, P. S. A.-A.   S.B.F., t. V, p. 544.

H. N.

Al. 1877. — Haute-Garonne.

Par *Duvet*, an.-ar., et *Fiammina*, arabe, par Bagdad, arabe.

Villeneuve-sur-Lot : 1881. — Perpignan : 1882.

RUBENS, P. S. A.-A.   S.B.F., t. II, p. 127.

H. N.

B. 1860. — Chez M. Lascassies.

Par *Ali-Baba* et *Mascate*, an.-ar., par Ibrahim II, arabe.

Pau : 1865. — Vendu en juillet 1868.

RUBIS, P. S. A.-A.   S.B.F., t. IV, p. 393.

H. N.

Gr. 1874. — Hautes-Pyrénées.

Par *Fitz-Gladiator* et *Radegonde*, an.-ar.

Tarbes : 1882. — Réformé en décembre 1887.

RUY-BLAS, P. S. A.   S.B.F., t. II, p. 930.
M. Fould.
B. 1864. — France.
Par *West-Australian* et *Rosati*.
Tarbes : 1874. — Réformé la même année.

SAAD, P. S. Ar.   S.B.F., t. IV, p. 481.
H. N.
Gr. 1869. — Syrie.
Perpignan : 1875. — Réformé en août 1878.

S.B.F., t. VII, p. 796.
SAAD-EL-HADJI, P. S. Ar.
H. N.
Al. 1875. — Orient.
Tarbes : 1882. — Réformé en septembre 1386.

SABEUR, P. S. Ar.   S.B.F., t. IV, p. 481.
H. N.
Al. 1866. — Syrie.
Pau : 1875. — Abattu en août 1889.

SABLONVILLE, P. S. A.   S. B. F., t. I, p. 79.
H. N.
B. 1838. — Haras du Pin.
Par *Royal-Oak* et *Anna*.
Aurillac : 1843. — Réformé en décembre 1845.

SACLAOUI, P. S. Ar. S. B. F., t. VII, p. 706.
H. N.
B. 1878. — Orient.
Pau : 1883. — Vendu en août 1893.

S.B.F., t. XII, p. 45.
SACRAMENTO, P. S. A. S.B.A., t. XVI, p. 17.
H. N. — Importé en 1891.
Bb. 1887 au Haras de Yardley (Angleterre).
Par *Sterling* et *America*, par Elland.
Sa grand'mère : Lady Audley, par Wild-Dayrell.
Pompadour : 1892-1897. — Passé à la Roche-sur-Yon en janvier 1898.

SACRIPANT, P. S. A.   S.B.F., t. II, p. 970.
M. le Cte de Paul.
B. 1866. — France.
Par *Light* et *Somnambule*, par Ion.
Perpignan : 1875. — Réformé en 1889.

SADAD, P. S. Ar.   S.B.F., t. XII, p. 105.
H. N.
Gr. 1888. Orient. — Importé en 1893.
De la tribu des Beni-Saker.
Villeneuve-sur-Lot : depuis 1894.

SADIK, P. S. Ar.   S.B.F., t. XII, p. 105.
H. N.
Gr. 1891. Orient. — Importé en 1897.
Tarbes : depuis 1897.

SADRAZAN, P. S. Ar.   S.B.F., t. V, p. 528.
H. N. — Importé en 1875.
Gr. 1865. — Orient.
Tarbes : 1876. — Pompadour : 1877. — Réformé en septembre 1885.

SAHID, P. S. Ar.   S.B.F., t. II, p. 1121.
H. N.
Gr. 1861. — Chez M. Desbons.
Par *Rabdan* et *Thamar*.
Pau : 1866. — Abattu en 1882.

SAÏB, P. S. A.   S.B.F., t. II, p. 128.
H. N.
B. 1858. — France.
Par *Napier* et *Selina*, par Master-Wags.
Perpignan : 1862. — Réformé en août 1882.

S.B.F., t. II, p. 261.
SAÏD-PACHA, P. S. A.-A.
H. N.
B. 1862. — France.
Par *The Flying-Dutchman* et *Bénédicta*, an--ar.
Tarbes : 1869. — Réformé en décembre 1883.

S.B.F., t. XII, p. 86.

SAINT-CHRISTOPHE, P. S. A.-A.

M. Brun (Hautes-Pyrénées).
B. 1884. — Chez M. de Garin.

Par *Harami*, arabe, et *Salada*, par Don-Carlos et Sensisitive,
par Fitz-Gladiator.
Tarbes : depuis 1888.

SAINT-CLAIR, P.S. A. S.B.F., t. II, p. 128.

M. Fabre.
B. 1860. — France.
Par *Father-Thames* et *Junction*.

Perpignan : en 1874.

SAINT-CYR, P. S. A. S.B.F., t. IV. p. 182.

H. N.
B. 1872. — France.
Par *Dollar* et *Finlande*, par Ion.

Tarbes : 1881-1883. — Cluny : 1884-1885. — Perpignan : 1886.
Réformé en juillet 1894.

SAINT-FLOUR, P.S. A. S.B.F., t. V, p. 309.

M. Desbons, 1881-82 ; M. Souville, 1863.
B. 1877. — Hautes-Pyrénées.
Par *Somno* et *Mademoiselle-Vercingétorix*.
Tarbes : 1881. — Réformé en 1883

SAINT-JAMES, P. S. A. S.B.F., t. XII, p. 46.

H. N.
B. 1879. — Chez M. G. Rosenlecker.
Par *Le Petit-Caporal* et *Apparition*, par Monarque et Adulation,
par Newminster.
Tarbes : depuis 1884.

SAINT-JEAN, P. S. A. S.B.F., t. V, p. 177.

H. N.
Al. 1872. — Chez M. Lefèvre.
Par *Flageolet* et *Feu-de-Joie*, par Longbow.
Pau : 1881-1882. — Saintes : en novembre 1882.

SAINT-LÉGER, P. S. A.   S.B F., t. IX, p. 33.
H. N.
Al. 1872. — Angleterre.
Par *Trumpeter* et *Marigold*.
Tarbes : 1884. — Réformé en juillet 1894.

S.B.F., t. VIII. p. 28.
SAINT-LOUIS, P. S. A.
M. Clossmann.
Al. 1878. — Angleterre.
Par *Hermit* et *Lady-Audley*, par Macaroni.
Libourne : 1883. — Mort en 1888.

S.B.F., t. IV, p.221.
SAINT-MESGRIN, P. S. A.
H. N.
B. 1874. — France.
Par *Mignon* et *Hélas*, par Zouave.
Aurillac : 1878. — Réformé en décembre 1882.

S.B.F., t. XII, p. 46.
SAINT-MICHEL, P. S. A.
H. N.
B. 1889. — Chez M. H. Say.
Par *The Bard* et *Saint-Cecilia*, par Hermit et Melody,
par Peppermint.
Perpignan : depuis 1895.

SAKLAWI, P. S. Ar.   S.B.F..t. II, p. 1121.
H. N. — Importé en 1854.
Gr. 1850. — Orient.
Pau : 1855. — Vendu en août 1862.

SAKLAWI, P. S. Ar.   S.B.F., t. , p. .
H. N.
Gr. 1844. — Orne.
Par *Saklawy* et une jument du Nedjd.
Villeneuve-sur-Lot : 1850. — Réformé en septembre 1854.

S.B.F., t. I, p. 459.
SAKLAWI-DJEDRAN, P. S. Ar.
H. N. — Importé en 1850.
Gr. 1834. — Orient.
Pompadour : 1850-1851. — Lamballe : 1852. — Mort en 1860.

SAKLAWY-DJEDRAN, P. S. Ar. S.B.F., t. XII, p. 106.
H. N.
Gr. 1880. — Chez M. Souberbielle.
Par *Djerasch* et *Kalifa*, par Kerbela et Case, par Shériff.
Pau : depuis 1884.

SAKLAWIE, P. S. Ar. S.B.F., t. II, p. 1121.
H. N.
Gr. 1860. — Syrie.
Perpignan : 1868. — Réformé en août 1882.

SALADIN, P. S. Ar. S.B.F., t. II, p. 1121.
H. N. — Importé en 1861.
B. 1852. — Arabie.
Pau : 1862. — Abattu en janvier 1863.

SALEM, P. S. Ar. S.B.F., t. XII, p. 106.
H. N.
Gr. 1882. — Chez M. de Villeneuve.
Par *Alep* et *Fatime*, par Kouléli.
Pau : 1886. — Abattu en août 1898.

SALEP, P. S. Ar. S.B.F., t. V, p. 523.
H. N.
Gr. 1866. — Orient.
Pau : 1878. — Vendu en août 1888.

SALMYEH, P. S. Ar. S.B.F., t. IX, p. 426.
H. N.
B. 1882. — Orient.
Perpignan : 1890-1891. — Ajaccio : 1892.
Réformé en août 1895.

SALOUM, P. S. Ar. S.B.F., t. XII, p. 106.
H. N.
Al. 1891. — Orient. — Importé en 1897.
Villeneuve-sur-Lot : depuis 1897.

SAMARI, P. S. Ar.   S.B.F., t. IV, p. 484.
H. N
Bb., 1869. — Orient.
Pau : 1874. — Abattu en août 1877.

SAMARIÉ, P. S. Ar.   S.B.F., t. IX, p. 426.
H. N.
Al. 1878. — France.
Par *Djedran* et *Zarifé*.
Perpignan : 1884-1885. — Ajaccio : 1886. — Réformé en août 1896.

S.B.F., t. II, p. 129.
SAMPSON, ex-**RAPETOUT**, P. S. A.
H. N.
Al. 1852. — Chez M. Capdevièlle (France).
Par *Y. Emilius* et *Bella-Dona*, par Harlequin.
Pau : 1856. — Mort en juin 1861.

SANCHO, P. S. A.   S.B.F., t. I, p. 153.
H. N.
B. 1834.
Par *Alcaston* et *Chesnut-Filly*. par Grey-Walton.
Pau : 1838. — Vendu en janvier 1843.

SANSOUR, P. S. Ar.   S.B.F., t. XII, p. 106.
Bon de Cellery d'Allens (Ariège).
B. 1884. — Orient. — Importé en 1894.
De la tribu de Karak.
Tarbes : depuis 1894.

SANS-PEUR, P. S. A.-A.   S.B.F., t. VI, p. 34.
H. N.
Gr. 1879. — Hautes-Pyrénées.
Par *Choubra* ou *Nasser-Eddin*, arabes, et *Adda*.
Rodez : 1883. — Castré en août 1896.

SAN-STEFANO, P. S. A. S.B.F., t. XII, p. 47.
H. N.
Al. 1877. — Chez M. A. Desvignes.
Par *Faublas* et *Dauphine*, par Monarque.
Sa grand'mère : Dame-Blanche, ex-Demi-Blanche,
par Fitz-Gladiator.
Libourne : 1890-1892. — Pau : 1892. — Abattu en août 1898.

SAOUD, P. S. Ar. S.B.F., t. I, p. 459.
H. N.
Gr. 1824. — Orient.
Pompadour : 1845. — Abattu en avril 1848.

SASSAFRAS, P. S. A. S.B.F., t. IV, p. 20.
H. N.
Al. 1869. — Manche.
Par *Argonaut* et *Eureka*.
Rodez : 1875. — Abattu en août 1892.

SATAN, P. S. A. S.B.F., t. XII, p. 47.
H. N.
Al. 1892. — Chez M. Lafond.
Par *Fripon* et *Satania*, par Dollar.
Sa grand'mère : La Maladetta, par The Baron.
Pau : depuis 1898.

SATIN, P. S. A. S.B.F., t. XII, p. 47.
M. F. Verdier (Tarn-et-Garonne).
B. 1893. — Chez M. Menvielle.
Par *Tracassin* et *Salomé*, par Saltéador et l'Africaine,
par Trocadéro.
Villeneuve-sur-Lot : depuis 1897.

SATRAPE, P. S. A. S.B.F., t. IV, p. 423.
H. N.
Al. 1873. — France.
Par *Marenyo* et *Snalla*, par Zouave.
Pau : 1879. — Abattu en août 1887.

SATYRE, P. S. A.   S. B. F., t. XII, p. 47.

M. de Monda (Hautes-Pyrénées).

Al. 1890. — Chez M. le Bon de Rothschild.

Par *Welliugtonia* et *Serena*, par Faust et Serenade, par Festival.

Tarbes : depuis 1894.

SAUCE-BOX, P. S. A.   S. B. F., t. II, p. 130.

H. N.

B. 1852. — Angleterre.

Par *Saint-Lawrence* et *Priscilla-Tromb*, par Tomboy.

Libourne : 1858-1871. — Saintes : 1872-1878.

SAUTERET, P. S. A.   S. B. F., t. II, p. 311

M. Lartigaux.

B. 1856. — France.

Par *Napier* et *Céleste*, par Lottery.

Pau : 1862. — Castré en 1865.

SCAPIN, P. S. A.   S. B. F., t. II, p. 476.

M. Exshaw.

Bb. 1868. — France.

Par *Feruk-Kan* et *Féronie*, par Commodor-Napier.

Libourne : 1873. — S. r. en 1876.

SCAPIN, P. S. A.   S. B. F., t. VI, p. 592.

M. Dulart.

B. 1878. — France.

Par *Plutus* et *Scapegrace*, par Saunterer.

Villeneuve-sur-Lot : 1885. — Vendu pour l'Amérique en 1887.

SCHAMI, P. S. A.-A.   S. B. F., t. I, p. 234.

H. N.

Gr. 1841. — France.

Par *Franck*, arabe, et *Girfah*, an.-ar., par Antar.

Pau : 1853. — Abattu en septembre 1858.

SCHAMYL, P. S. A.   S. B. F., t. II, p. 131.

H. N.

B. 1845. — Haras du Pin.

Par *Rough-Robin* et *Katy-Kearney*.

Tarbes : 1863. Mort en juin 1868.

SCHARRIAR, P. S. Ar.   S.B.F., t. V, p. 528.
H. N.
Gr. 1870. — Orient.
Tarbes : 1877. — Réformé en novembre 1887.

S.B.F., t. II, p. 1122.
SCHEIK-ZAADÉ, P. S. Ar.
H. N.
Al. 1844. — Arabie.
Tarbes : 1854. — Réformé en août 1862.

SCHIRAZ, P. S. Ar.   S.B.F., t.   , p.
H. N.
B. 1874. — Orient.
Aurillac : 1881. — Mort en mars 1889.

SCUTARI, P. S. Ar.   S.B.F., t. VI, p. 680.
H. N.
B. 1871. — Orient.
Pau : 1879. — Abattu en août 1891.

S.B.F., t. XII, p. 86.
SECRÉTAIRE, P. S. A.-A.
H. N.
B. 1893. — Chez M. F. Barère.
Par *Artois* et *Célina*, par Hedjaz, arabe.
Sa grand'mère : Biche, par Ceylon.
Pau : depuis 1897.

S.B.F., t. VI, p. 120.
SECUNDUS, P. S. A.-A.
H. N.
B. 1879. — Haute-Vienne.
Par *Harami* et *Caramijeas*, par Zouave.
Libourne : 1883-1884. — Passé à l'Ecole du Pin en octobre 1884.

SÉDÉHAN, P. S. Ar.   S.B.F., t. II, p. 1123.
H. N. — Importé en 1861.
Gr. 1851. — Orient.
Pau : 1861. — Mort en mars 1862.

SÉKLAVI II, P. S. Ar.   S.B.F., t. I, p. 460.
H. N.
Gr. 1838. — Orient.
Tarbes : 1853. — Réformé en octobre 1853.

SÉLIM, P. S. Ar.   S.B.F., t. I, p. 460.
H. N. en 1834.
B. 1824. — Syrie.
Pompadour : 1842-1845. — Pau : 1846. — Mort en février 1848.

SEMILLANT, P. S. A.   S.B.F., t. I, p. 80.
H. N.
B. 1828. — Haras du Pin.
Par *Tigris* et *Deer*.
Tarbes : 1833. — Réformé en juillet 1850.

SENSATION, P. S. A.   S.B.F., t. VI, p. 24.
H. N.
B. 1873. — Angleterre.
Par *Orest* et *Emotion*.
Tarbes : 1879. — Réformé en août 1887.

SENSIBLE, P. S. A.   S.B.F., t. XII, p. 48.
H. N.
B. 1883. — Chez M. Laporte.
Par *Bay-Archer* et *Sensitive*, par Ceylon et Sylvie, par Nunnykirk.
Villeneuve-sur-Lot : depuis 1889.

S.B.F., t. IX, p. 34.
SEPTIMUS, P. S. A.-A.
H. N.
Al. 1884. — Haras de Pompadour.
Par *Gaëtan*, an.-ar., et *Caramijéas*, an.-ar.
Tarbes : 1888. — Réformé en août 1893.

SERBE, P. S. A.-A.   S.B.F., t. IX, p. 426.
H. N.
B. 1885. — Creuse.
Par *Aventurier* et *Helvétie*, an.-ar.
Aurillac : 1889. — Réformé en février 1890.

SERDAR, P. S. Ar.   S.B.F., t. V, p. 520.
H. N.
Gr. 1867. — Syrie.
Rodez : 1878. — Réformé en août 1882.

SÉTIF, P. S. A.-A.   S.B.F., t. II, p. 1131.
M. Avy.
Gr. 1864. — France.
Par *Kerbela*, arabe, et *Alice*, an.-ar.
Villeneuve-sur-Lot : 1868. — Réformé en 1869.

SEYLON II, P. S. A.-A. S.B.F., t. XII, p. 86.
M. Nouguès-Bru (Basses-Pyrénées).
Al. 1888. — Chez M. Dupré.
Par *Fingal*, an.-ar., et *Glorieuse*, par Tourlourou et Gloriette,
par Tchibouk, arabe.
Villeneuve-sur-Lot : 1892. — Pau : depuis 1893.

SEYPAN, P. S. Ar.   S.B.F., t. I, p. 480.
H. N.
B. 1844. — Corrèze.
Par *Mesrur* et *Eurydice*.
Villeneuve-sur-Lot : 1846. — Réformé en février 1861.

SFÉRI, P. S. Ar.   S.B.F., t. I, p. 461.
H. N.
Al. 1840. —Arabie.
Aurillac : 1851-1854. — A Rosière en septembre 1854.

S.B.F., t. II, p. 132.
SGHIR-BEN-ABDEL, P. S. A.-A.
H. N. 1848-1859. — Vendu à M. le général de Montréal en 1859.
Al. 1844. — Haras de Pompadour.
Par *Mézaroum*, arabe, et *Althéa*, par Paradox.
Pompadour : 1848. — Mort en 1864.

S.B.F., t. I, p. 461.
SHAKLAWIE-AMDAM, P. S. Ar.
H. N.
Al. 1812. — Arabie.
Tarbes : 1833. —.Mort en juin 1842.

SHAM, P. S. Ar.   S.B.F., t. XII, p. 106.
H. N.
Gr. 1891. — Orient. — Importé en 1897.
Pompadour : depuis 1897.

SHARED, P. S. Ar.   S.B.F., t. XI, p. 426.
M. Mazères, 1885. — H. N., 1886.
Al. 1876. — Algérie.
Tarbes : 1885. — Pau : 1886. — Réformé en août 1897.

SHÉBAN, P. S. Ar.
H. N.
B. 1836. — Arabie.
De provenance orientale.
Pau : 1848. — Passé au Haras de Monceau en août 1848.

SHERIDAN, P. S. A.   S.B.F., t. IX, p. 34.
H. N.
B. 1876. — France.
Par *Oxford* ou *Sterling* et *Stephanotis*.
Aurillac : 1882. — Mort en avril 1891.

SHÉRIF, P. S. Ar.   S.B.F., t. I, p. 402.
H. N.
Gr. 1835. — Arabie.
Pau : 1853. — Mort en décembre 1861.

SIDI, P. S. Ar.   S.B.F., t. II, p. 1173.
H. N.
Al. 1862. — France.
Par *Shérif* et *Kalifa*, par Koheil-Hamdani-Arbi.
Perpignan : 1866-1869. — Pau : 1870-1876.
Passé à Saint-Lô en décembre 1876.

SIDI-AOUD, P. S. Ar.   S.B.F., t. I, p. 470.
H. N.
Gr. 1841. — Tarn.
Par *Helenus* et *Aouda*.
Villeneuve-sur-Lot : 1845. — Mort en novembre 1850.

SIDI-KALEF, P. S. Ar. S.B.F., t.   , p.
H. N.
Gr. 1832. — Afrique.
Tarbes : 1848. — Réformé en juillet 1850.

SIDI-KHALEP, P. S. Ar. S.B.F., t.   , p.
H. N.
Gr. 1832. — Orient.
Villeneuve-sur-Lot : 1848. — Tarbes : mars 1848.

S.B.F., t. 1, p. 463.
SIDI-MOUSSAH, P. S. Ar.
H. N.
Gr. 1836. — Arabie.
Tarbes : 1849. — Mort en mars 1853.

SIGG, P. S. A.-A. S.B.F., t. I, p. 81.
H. N.
B. 1844. — Haras de Pompadour.
Par *Massoud*, arabe, et *Dulcinée*, an.-ar., par Eastham.
Pompadour : 1848. — Villeneuve-sur-Lot : 1849-1851.
Passé au Pin en novembre 1851.

SILVER, P. S. A. S.B.F., t. XI, p. 29.
M. de Saint-Jayme (Basses-Pyrénées).
B. 1883. — Angleterre. — Importé en 1892.
Par *Sterling* et *Lucetta*, par Tibthorpe.
Pau : 1893. — S. r. en 1898.

SIMOUN, P. S. Ar. S.B.F., t. IV, p. 507.
M. le Bon Curial. — H. N. — Importé en 1878.
Gr. 1873. — Haute-Vienne.
Par *Merkham* et *Parizade*, par Romani.
Libourne : 1878. — Pompadour : 1879. — Abattu août 1893.

SINAN, P. S. Ar. S.B.F., t. I, p. 463.
H. N.
Gr. 1830. — Afrique.
Aurillac : 1842. — Réformé en juillet 1849.

SINGAPORE, P. S. A. S. B. F., t. II, p. 183.
H. N.
B. 1858. — France.
Par *Ballinkeele* et *Zille*, par Friedland.
Perpignan : 1862. — Réformé en août 1875.

SINOPE, P. S. Ar.   S.B.F., t.   , p.   .
H. N.
Gr. 1818. — Syrie.
Villeneuve-sur-Lot : 1856. — Mort en juin 1858.

SIR, P. S. A.-A.   S.B.F., t. II, p. 1186.
M. Lourbu.
B. 1858. — France.
Par *Ali-Baba* et *Mirza*, an.-ar., par Tartare.
Pau : 1862. — Castré en 1863.

SIRE, P. S. A.   S.B.F., t. IX, p. 34.
H. N.
N. 1870. — France.
Par *Y. Monarque* et *Sérénade*, par Festival.
Perpignan : 1881. — Réformé en août 1890.

S.B.F., t. IX, p. 426.
SIRE-DE-GRANOUX, P. S. A.-A.
H. N.
Al. 1886. — Chez M. le Vte de la Guéronnière.
Par *Volontaire* et *Bagnères*, an.-ar., par Fulgur.
Pau : 1890. — Réformé en septembre 1896.

SIRIUS, P. S. A.   S.B.F., t. VI, p. 25.
H. N.
Al. 1877. — France.
Par *Zouave* et *The Princess*.
Tarbes : 1881. — Réformé en août 1897.

S.B.F., t. IV, p. 316
SIR-RÉGIS, ex-**RABAUD**, P. S. A.
H. N.
Al. 1872. — Gironde.
Par *Bagdad* et *Mireille*, ex-*Eva*, par Zouave.
Pau : 1878. — Vendu en septembre 1881.

SIR-ROLAND-DE-BOIS, P. S. A.   S.B.F., t. II, p. 134.

H. N.

B. 1845. — Angleterre.

Par *Touchstone* et *Falerina*.

Tarbes : 1854-1856. — Villeneuve-sur-Lot : 1857.

Réformé en juillet 1858.

SKAVOUP, P. S. A.   S.B.F., t. V, p. 462.

M. Montané.

B. 1874. — France.

Par *Tournament* et *Somnambule*, par Ion.

Tarbes : 1886. — Perpignan : 1881. — Vendu en 1888.

SKIRMISHER, P. S. A.   S.B.F., t. I, p. 82.

H. N. — Importé en 1837.

B. 1833. — Angleterre.

Par *The-Colonel* et *Luna*, par Wanderer.

Tarbes : 1838-1847. — Pau : 1848. — Vendu en juillet 1853.

SLANE, P. S. A.   S.B.F., t. I, p. 82.

H. N.

B. 1839. — Blois.

Par *Royal-Oak* et *Naïad*.

Tarbes : 1847. — Réformé en janvier 1861.

SLEDMÈRE, P. S. A.   S.B.F., t. II, p. 134.

H. N.

B. 1848. — Augleterre.

Par *Sleight-of-Hand* et *Hamptonia*.

Perpignan : 1859. — Réformé en novembre 1859.

SLOOP, P. S. A.-A.   S.B.F., t. I, p. 82.

H. N.

Al. 1844. — Haras de Pompadour.

Par *Terror*, P. S. A., et *Lœtitia*, an.-ar., par Napoléon.

Pompadour : 1848. — Mort en avril 1849.

SLY, P. S. A.   S.B.F., t. I, p. 162.
H. N.
Bb. 1845. — France.
Par *The Juggler* et *Cloton*, par Eastham.
Pau : 1849. — Vendu en juillet 1851.

S.B.F., t. II, p. 134.
SMALL-MONEY, P. S. A.
H. N.
B. 1860. — France.
Par *Pyrrhus-the-First* et *Plumstead*, par Chatham.
Pompadour : 1864. — Réformé en août 1865.

SMOULL, P. S. A.-A.   S.B.F., t. I, p. 83.
H. N.
B. 1844. — Haras de Pompadour.
Par *Massoud*, arabe, et *Folette*, an.-ar.
Aurillac : 1848. — Réformé en julllet 1866.

SOLIMAN, P. S. A.   S.B.F., t. V. p. 471.
M. le Mis de Mauléon.
Al. 1876. — France.
Par *Zouave* et *Sultane*.
Tarbes : 1881. — Vendu en 1882 hors de la circonscription.

SOLO, P. S. A.   S.B.F., t. IV, p. 425.
H. N.
B. 1872. — Angleterre.
Par *Tournament* et *Somnambule*, par Ion.
Pau : 1877. — Abattu en août 1891.

SOMNO, P. S. A.   S.B.F., t. II, p. 970.
H. N.
B. 1868. — France.
Par *Tournament* et *Somnambule*.
Tarbes : 1874-1879. — A Cluny en 1880.

SON-EXCELLENCE, P. S. A.
S.B.F., t. IX, p. 35

H. N.

B. 1880. — France.

Par *Stracchino* et *La Dheune*.

Tarbes : 1885. — Mort en avril 1894.

SOPHISTE, P. S. A.
S.B.F., t. I. p. 84.

H. N.

B. 1841. — France.

Par *Tarrare* et *Miss-Sophia*.

Perpignan : 1849. — Réformé en décembre 1860.

SOUAKIM, P. S. Ar.
S.B.F., t. VIII. p. 17.

H. N.

B. 1874. — Syrie.

Rodez : 1885. — Réformé en août 1893.

SOUDAN, P. S. A.
S.B.F., t. III, p. 268.

H. N.

B. 1869. — France.

Par *Saucebox* et *Mariage*.

Tarbes : en 1875.

SOUEDJ, P. S. Ar.
S.B.F., t. II, p. 1124.

H. N.

Gr. 1849. — Arabie.

Tarbes : 1854. — Mort en novembre 1872.

SOUK-EL-CHOUK, P. S. Ar.
S.B.F., t. II, p. 1124.

H. N. — Importé en 1854.

B. 1850. — Orient.

Pau : 1855. — Vendu en septembre 1857.

SOUVENIR, P. S. A.
S.B.F., t. II, p. 430.

H. N.

B. 1859.

Par *Caravan* et *Emilia*, par Y. Emilius.

Pau : 1866-1872. — Passé à Angers en décembre 1872.

SOUVENIR, P. S. A.-A. S.B.F., t. XII, p. 86.

H. N.

Gr. 1880. — Chez M. de Juge.

Par *Franc-Tireur* et *Belle-de-Nuit*, par Karchane, arabe,
et Misère, par Bagdadli, arabe.

Tarbes : depuis 1884.

SPAHIS, P. S. Ar. S.B.F., t. II, p. 1188.

M. de Nexon.

Al. 1863. — Chez le Bon de Nexon.

Par *Kerbela* et *Mohéléda* (Bis), par Hussein.

Pompadour : 1867-1868. — Vendu en 1869 à l'Ecole de Saumur.

SPATTERDASH, P. S. A. S.B.F., t. I, p. 84.

H. N.

B. 1835. — Angleterre.

Par *Sir-Benjamin* et *Andrew mare*.

Perpignan : 1843. — Aurillac : 1844. — Réformé en octobre 1846.

STAMBOUL, P. S. Ar. S.B.F., t. IV, p. 485.

H. N.

Gr. 1870. — Orient.

Aurillac : 1874. — Réformé en septembre 1877.

STANISLAS, P. S. A.-A. S.B.F., t. XII, p. 86.

H. N.

Gr. 1890. — Chez M. de Juge.

Par *Aradus*, arabe, et *Maïa*, an.-ar., par Angus et Belle-de-Nuit,
par Karchane, arabe.

Tarbes : depuis 1894.

STENWORDE, P. S. A. S.B.F., t. II, p. 137.

H. N. en 1858.

Bb. 1854. — Chez M. de Nexon.

Par *Malton* et *Gipsy*, par Sir-Hercules.

Pompadour : 1858. — La Roche-sur-Yon : 1859.

Rosières en 1860.

STING, P. S. A.   S.B.F., t. II, p. 777.
M. Lozet.
B. 1858. — France.
Par *Coueron* et *Molokine*.
Tarbes : 1862. — S. r. en 1863.

STING, P. S. A.   S.B.F., t. I, p. 85.
H. N.
B. 1843. — Angleterre.
Par *Slane* et *Echo*.
Tarbes : 1853-1864. — Au Pin en 1865.

STROMBOLI, P. S. A.   S.B.F., t. XII, p. 50.
H. N.
B. 1883. — Chez M. P. Donon.
Par *Le Destrier* et *Stockhausen*, par Stockwell et Ernestine,
par Touchstone.
Aurillac : depuis 1893.

STRONGBOW, P. S. A.   S.B.F., t. II, p. 138.
H. N. — Importé en 1852.
B. 1846. — Angleterre.
Par *Touchstone* et *Miss-Bow*, par Catton.
Pau : 1864. — Mort en juin 1868.

STUART, P. S. A.   S.B.F., t. VI, p. 26.
H. N.
Al. 1876. — Chez M. de Nexon.
Par *Zouave* et *Auréole*, par Malton.
Pompadour : 1880. — Abattu en juillet 1896.

SUFFOLK, P. S. A.   S.B.F., t V, p. 20.
H. N. — Importé en 1877.
Bb. 1865. — Angleterre.
Par *North-Lincoln* et *Protection*, par Defence.
Pompadour : 1878-1880. — Le Pin : 1881-1882.

SULLY, P. S. A.-A.   S.B.F., t. VI, p. 155.
M. Muthular.
Al. 1879. — France.

Par *Dahabi*, P. S. Ar., et *Clorinde*, an.-ar.
Pau : 1885. — Réformé en 1887.

SULPHUR, P. S. A.   S.B.F., t. I, p. 86.
H. N.
B. 1843. — France.

Par *Terror* et *Enchanteresse*, par Abron.
Pompadour : 1848. — Villeneuve-sur-Lot: 1849.
Réformé en 1851

SULTAN, P. S. Ar.   S.B.F., t. IV, p. 485
H. N.
B. 1863. — Orient.
Perpignan : 1876. — Réformé en août 1885.

SULTAN, P. S. A.-A.   S. B. F., t. XII, p. 87.
M. Dupont (Landes).

B. 1894. — Chez M. Camentron.

Par *Baretous*, an.-ar., et *Nacelle*, an.-ar., par Castillon
et Nassime, par Nassim, arabe.
Pau : depuis 1898.

SULTAN, P. S. A.-A.   S.B.F., t. XII, p. 86.
H. N.
Gr. 1889. — Chez M. Dupré.

Par *El Nimr*, arabe, et *Glorieuse*, an.-ar., par Tourlourou,
et Gloriette, par Tchibouk, ar.
Tarbes : depuis 1893.

SYCOMORE, P. S. A.   S.B.F., t. I, p. 151.
H. N.
B. 1842. — France.
Par *Little-Rover* et *Céleste*, par Lottery.
Pau : 1846. — Mort en juillet 1848.

SYCOMORE, P. S. A.   S.B.F., t. XII, p. 50.
H. N.
B. 1883. — Chez M. le Bᵒⁿ de Schickler.
Par *Perplexe* et *Minosa*, par King-Tom et Giraffe, par Melbourne.
Tarbes : depuis 1891.

SYLPHE, P. S. A.-A.   S.B.F., t. II, p. 139.
H. N.
Par *Karchane*, an.-ar., et *Bergère*, par Eastham.
Pompadour : 1857. — Réformé en septembre 1861.

SYLPHE, P. S. A.   S.B.F., t. II, p. 139.
M. Capdevielle.
Al. 1857. — France.
Par *Napier* et *Stella*, par Count-Porto.
Pau : 1862. — Castré en 1863.

SYLVAIN, P. S. A.   S.B.F., t. II, p. 139.
H. N.
B. 1854. — France.
Par *Malton* et *Sylvia*, par Commodore-Napier.
Pompadour : 1861-1864. — Rodez : 1865. — Le Pin : 1866.
Tarbes : 1867.

SYLVIO, P. S. A.   S.B.F., t. II, p. 696.
M. Beyria.
B. 1857. — France.
Par *Garry-Owen* et *Mainada*.
Tarbes : 1862. — Réformé en 1863.

SYNDIC, P. S. A.-A.   S.B.F., t. VII, p. 726.
H. N.
B. 1881. — Gers.
Par *Mirliton* et *Syndérèse*, an.-ar., par Kerbela.
Pau : 1885. — Réformé en août 1890.

SYRIEN, P. S. Ar.   S.B.F., t. II, p. 1124.
H. N.
Gr. 1853. — France.
Par *Hussein* et *Schammare*.
Perpignan : en 1857.

SYRIUS, P. S. Ar.   S.B.F., t. XII, p. 106.
H. N.
Al. 1894. — Chez M. Cuillé.
Par *Amrar* et *Naciriah*, par Amouchi et Mesaouda.
Villeneuve-sur-Lot : depuis 1898.

SYSTÉME, P. S. A.   S.B.F., t. IV, p. 456.
H. N.
B. 1874. — France.
Par *Ruy-Blas* et *Sentence*.
Villeneuve-sur-Lot : 1881. — Castré en septembre 1897.

TABLEUR, P. S. A.-A.   S.B.F., t. XII, p. 87.
H. N.
Gr. 1894. — Chez M. Barthe.
Par *El Nimr*, arabe, et *Archère*, an.-ar., par Bay-Archer
et Espérance, par Souedj, arabe.
Villeneuve-sur-Lot : depuis 1898.

TACHIANI, P. S. Ar.   S. B. F., t. I, p. 463.
H. N.
Gr. 1839. — Orient.
Tarbes : 1853. — Réformé en juillet 1864.

TAFSIR, P. S. Ar.   S. B. F., t. XII, p. 106.
H. N.
Al. 1882. — Orient. — Importé en 1890.
De race Obeyan.
Tarbes : 1891. — Mort en juin 1898.

TAHIR, P. S. A.-A.   S.B.F., t. I, p. 205.
H. N.
Al. 1846. — Haras de Saint-Cloud.
Par *Dahmani*, arabe, et *Error*, par Napoléon ou Harlequin.
Pau : 1850. — Vendu en août 1862.

TAKRIB, P. S. Ar.   S.B.F., t. VI, p. 680.
H. N. — Importé en 1878.
Gr. 1877. — Orient.
Pau : 1879. — Abattu en janvier 1889.

TALARI, P. S. A.   S.B.F., t. XII, p. 50.
H. N.

B. 1889. — Chez M. le Bon de Soubeyran.

Par *Galliard* et *Tabor*, par Adventurer.

Sa grand'mère : Rub-à-Dub, par Rataplan.

Pompadour : depuis 1894.

TALAUS, P. S. A.   S.B.F., t.   , p. .
H. N.

B. 1831. — Orne.

Par *Eastham* et *Fanny*.

Tarbes : 1836. — Réformé en août 1844.

TAMBEKI, P. S. Ar.   S. B. F., t. V, p. 530.
H. N.

Al. 1870. — Orient.

Perpignan : 1877. — Mort en septembre 1882.

S.B.F., t. XII, p. 51.

TAMBOUR-DE-BASQUE, ex-**TURBIN**, P. S. A.
H. N.

B. 1882. — Chez M. Saint-Martin Antoinat.

Par *Trent* ou *Beaurepaire* et *Turbulente*, par Le Petit-Caporal.

Sa grand'mère : Tamise, par Garry-Owen.

Pompadour : depuis 1888.

S.B.F., t. XII, p. 87.

TAMERLAN, P. S. A.-A.
H. N.

Al. 1885. — Chez M. Laporte.

Par *Tarbouch*, arabe, et *Salette*, par Mandrake et Sylvie,
par Nunnykirk.

Tarbes : 1889-1894. — Rodez : depuis 1895.

TAMPICO, P. S. Ar.   S.B.F , t. II, p. 1207.
H. N.

Gr. 1863. — Chez M. le Bon de Nexon.

Par *Y. Karchan* et *Thamar*, par Bagdadli.

Tarbes : 1867-1871. — Pau : 1872. — Vendu en 1882.

TANAIL, P. S. Ar.   S.B.F., t. XII, p. 106.
H. N.
Al. 1886. — Syrie. — Importé en 1893.
Villeneuve-sur-Lot : depuis 1894.

TANTALE, P. S. A.   S.B.F., t. XII, p. 51.
H. N.
B. 1886. — Chez M. le Cte de Juigné.
Par *San-Stefano* et *Tartane*, par Dollar et Lady-Tartufe, par Ion.
Perpignan : 1894. — Tarbes : depuis 1895.

TAOUK, P. S. Ar.   S B.F., t. II, p. 1125.
H. N. — Importé en 1852.
Aub. 1849. — Orient.
Pau : 1853. — Réformé en 1856.

TARBOU, P. S. A.-A.   S.B.F., t. VIII, p. 751.
M. Castaing.
Al. 1885. — France.
Par *Tarbouch*, arabe, et *Querelline*.
Tarbes : 1889. — Réformé la même année.

TARBOUCK, P. S. Ar.   S.B.F., t. V, p. 529.
H. N.
Al. 1873. — Orient.
Tarbes : 1877. — Mort en décembre 1888.

TARDIF, P. S. A.   S.B.F., t. XII, p. 51.
H. N.
Al. 1882. — Chez M. le Cte de Juigné.
Par *Montargis* et *Tartane*, par Dollar et Lady-Tartufe, par Ion.
Tarbes : depuis 1887.

TARQUIN, P. S. A.   S.B.F., t. XII, p. 51.
H. N.
B. 1891. — Chez M. le Mis de Tracy.
Par *Farfadet* et *Tombola*, par Joskin et Mistress-Acton,
par Buccaneer.
Perpignan : depuis 1895.

TARTARE, P. S. A.   S.B.F., t. I, p. 414.
H. N.
Al. 1831. — France.
Par *Eastham* et *Witch*, par Sorcerer.
Pau : 1835. — Vendu en juillet 1848.

TAURUS, P. S. A.-A.   S.B.F., t. II, p. 141.
H. N.
Al. 1857. — France.
Par *Ali-Baba* et *Régina*, an.-ar.
Tarbes : 1861. — Mort en septembre 1868.

TAYFOUR, P. S. Ar.   S. B. F., t. V, p. 529.
H. N.
Gr. 1866. —. Orient.
Perpignan : 1876. — Réformé en juillet 1877.

TAYMOUTH, P. S. A.   S.B.F., t. V, p. 20.
H. N.
B. 1869. — Angleterre.
Par *Breadalbane* et *Canaretta*, par Lord-of-the-Isles.
Libourne : 1884. — Abattu en juillet 1889.

S.B.F., t. I, p. 88.
T.-BEN-TURKMAN, P. S. A.-A.
H. N.
Gr. 1845. — Haras de Pompadour.
Par *Turkman*, arabe, et *Didon*, an.-ar., par Terror.
Pompadour : 1849. — Aurillac : 1850. — Réformé en juillet 1852.

TCHÉLABI. P. S. Ar.   S.B.F., t. V, p. 530.
H. N.
Gr. 1864. — Orient.
Tarbes : 1876. — Réformé en août 1887.

TCHIBOUK, P. S. Ar.   S.B.F., t. XII. p. 107.
H. N.
Gr. 1883. — Chez M. le Vte d'Abbadie.
Par *Narghilé* et *Em-Arkoub* (née en Orient).
Pau : depuis 1887.

TÉKÉ, P. S. Ar.　　S.B.F., t. V, p. 530.
H. N.
Gr. 1866 — Orient.
Perpignan : 1880. — Réformé en août 1887.

TÉLÉMAQUE, P. S. A.　S.B.F., t. I, p. 88.
H. N.
B. 1844. — Gironde.
Par *Ali-Baba* et *Calypso*, par Milton.
Libourne : 1850. — Castré en août 1859.

TÉLÉPHONE, P. S. A.　S.B.F., t. VI, p. 626.
M. de Sayres.
B. 1878. — France.
Par *Mirliflor* et *Timbale*, par Le Sarrazin.
Libourne : 1883. — Réformé en 1884.

TEMPLIER, P. S. A.　S.B.F., t. XII, p. 51.
H. N.
B. 1891. — Chez M. de Soubeyran.
Par *Frontin* et *Tabor*, par Adventurer.
Sa grand'mère : Rub-a-Dub, par Rataplan.
Pau : 1896. — Le Pin en août 1896.

S.B.F., t. XII, p. 87.
TER-DECIMUS, P. S. A.-A.
M. Dupouy-Médard (Landes).
B. 1887. — Chez M. Dutheillet de la Mothe.
Par *Gaëton*, an.-ar., et *Tertia*, par Harami, arabe, et Caramijeas,
par Zouave.
Pau : depuis 1893.

TERMUTI, P. S. A.-A.　S.B.F., t. II, p. 474.
M. Beyria.
B. 1858. — France.
Par *Ethelwolf* et *Félicie*, an.-ar.
Tarbes : 1862. — S. r. en 1863.

— 607 —

TERNE, P. S. A.   S.B.F., t.   , p.   .
H. N.
Al. 1838. — Haras du Pin.
Par *Chance* et *Melkine*, par General-Mina.
Libourne : 1842. — Castré en novembre 1850.

TERROR, P. S. A.-A.   S.B.F., t. II, p. 472.
M. de Larroque.
B. 1853. — France.
Par *Garry-Owen* et *Fauvette*, par Quine, an.-ar.
Tarbes : 1857-1858.

TERROR, P. S. A.   S.B.F., t. I, p. 89.
H. N.
Bb. 1825. — Angleterre.
Par *Magistrate* et *Torelli*, par Cerberus.
Pompadour : 1838-1845. — Libourne : 1846. — Mort en juillet 1850.

TETOTUM, P. S. A.   S.B.F., t. I, p. 28.
H. N.
B. 1828. — Angleterre.
Par *Lottery* et *Smolensko mare*.
Libourne : 1837. — Passé à Angers en février 1842.

TEUTATÈS, P. S. A.-A.   S.B.F., t. II, p. 143.
H. N.
Al. 1858. — France.
Par *Collingwood* et *Flicca*, par Paradox.
Perpignan : 1862. — Réformé en août 1866.

THE BAN, P. S. A.   S.B.F., t. II, p. 14.
H. N. — Importé en 1852.
Al. 1848. — Angleterre.
Par *Don-John* et *Y. Defiance*, par Saracen.
Tarbes : 1853-1858. — Aurillac : 1859-1860.
Pompadour : 1861-1862. — Pau : 1863. — Vendu en août 1863.

S.B.F., t. II, p.

THE COSSACK, P. S. A.
H. N.

Al. 1844. — Angleterre.

Par *Hetman-Platoff* et *Joannina*, par Priam.

Pompadour : 1863-1867. — Passé à Angers en janvier 1868.

S.B.F., t. II, p. 73.

THE HEIR-OF-LINNE, P. S. A.
H. N.

Al. 1853. — Angleterre.

Par *Galaor* et *M{rs}-Walker*.

Tarbes : 1859-1862. — Au Pin en 1863.

S.B.F., t. I, p. 79.

THE SCAVENGER, P. S. A.
H. N.

Al. 1840. — Angers.

Par *Slane* et *Vulture*.

Tarbes : 1847-1853. — A Charleville en 1854.

TIBI, P. S. A.-A.   S.B.F., t. I, p. 384.
H. N.

B. 1844. — Basses-Pyrénées.

Par *Eylau*, an.-ar., et *Sylvie*, par Sylvio.

Pau : 1849. — Abattu en novembre 1860.

TIBURCE, P. S. A.-A.   S.B.F., t. I, p. 90.
H. N.

B. 1845. — Pompadour.

Par *Turkman*, arabe, et *Betsy*.

Tarbes : 1849. — Réformé en juillet 1871.

TIC-TAC, P. S. A.   S.B.F., t. II, p. 143.
H. N.

B. 1850. — Chez M. L. Leclerc.

Par *Caravan* et *Miss-Rainbow*, par Rainbow.

Pau : 1859. — Abattu en novembre 1873.

TILHAC, ex-**APOLLON**, P. S. A. S.B.F., t. V, p. 33.
H. N.
B. 1875. — France.
Par *Bon-Vivant* et *Alma.*
Tarbes : 1879. — Réformé en septembre 1885.

TIM, P. S. A. S.B.F., t. 1, p. 90.
H. N.
Al. 1830. — Angleterre.
Par *Middleton* et *Merlin-Mare.*
Tarbes : 1837. — Réformé en octobre 1851.

S.B.F., t. 1, p. 90.
TINKER-JUNIOR, P. S. A.
M. Guestier.
B. 1841. — Haute-Vienne.
Par *Lottery* et *Flora*, par Partisan.
Libourne : 1849. — Réformé en 1862.

TIPPLER, P. S. A. S.B.F., t. II, p. 144.
H. N.
Al. 1855. — France.
Par *Tipple-Cider* et *Boutique.*
Perpignan : 1867. — Réformé en août 1882.

TIPPO, P. S. A.-A. S.B.F., t. V, p. 515.
H. N.
Al. 1876. — Hautes-Pyrénées.
Par *Ephraïm*, arabe, et *Zaïda*, an.-ar.
Perpignan : 1880. — Réformé en décembre 1882.

S.B.F., t. I, p. 464.
TIPPO-SAEB, P. S. Ar.
H. N.
Al. 1845. — Haras de Pompadour.
Par *Koheil-Obayan-Sederéi* et *Célésyrie*, par Antar.
Pompadour : 1849. — Pau : 1850. — Vendu en 1868.

TIRAILLEUR, P. S. A.   S.B.F., t. IV, p. 21.
H. N.
B. 1867. — France.
Par *Zouave* et *Péniche*, par Collingwood.
Pompadour : 1874. — Réformé la même année.

TITANO, P. S. A.-A.   S.B.F., t. II, p. 1125.
M. le Bon de Ruble.
B. 1857. — France.
Par *Morok*, an.-ar., et *Briséis*, par Rajah, arabe.
Tarbes : 1861. — S. r. en 1862.

S.B.F., t. I, p. 91.
TOBIE, ex-**LÉMOVIX**, P. S. A.
H. N.
B. 1836. — France.
Par *Napoléon* et *Desdemona*, par Premium.
Pompadour : 1844. — Passé au Pin en octobre 1844.

TOBY, P. S. Ar.   S.B.F., t. XII, p. 107.
H. N.
Al. 1883. — Chez M. le Bon de Ruble.
Par *Nassini* et *Gemma*, par Harami et Berthe, par Nahr-el-Kébir.
Villeneuve-sur-Lot : depuis 1887.

S.B.F., t. II, p. 144.
TOISON-D'OR, P. S. A.
H. N.
Al. 1850. — Haras du Pin.
Par *Prince-Curadoc* et *Honey-Moon*.
Tarbes : 1854. — Mort en juillet 1858.

TOM-POUCE, P. S. Ar.   S.B.F., t. I, p. 482.
H. N.
Al. 1845. — Haras de Pompadour.
Par *Numide* et *Furette*, par Massoud.
Perpignan : 1849. — Pau : 1850. — Vendu en septembre 1854.

TOPCAPOU, P. S. Ar.   S.B.F., t. IV, p. 680.
H. N.
Gr. 1872. — Orient.
Perpignan : 1879. — Réformé en décembre 1882.

TOTLÉBEN, P. S. A.   S.B.F.. t. II, p. 145.
H. N.

B. 1856. — Pompadour.

Par *Commodor-Napier* et *Bénédiction*.

Tarbes : 1860. — Réformé en août 1861.

S.B.F., t. II. p. 418.

TOT-OU-TARD, P. S. A.
M. de Nexon.

B. 1855. — France.

Par *Ionan* et *Egeste*, par Royal-Oak.

Pompadour : 1861. — Réformé fin 1861.

TOUBAR, P. S. A.-A.   S.B.F., t. XII, p. 87.
H. N.

Bb. 1891. — Chez M. de Juge.

Par *Aradus*, arabe, et *Valse*, an.-ar., par Commandant
et Belle-de-Nuit, par Karchane, arabe.

Tarbes : depuis 1895.

TOUBLI, P. S. Ar.   S.B.F., t. IX, p. 427.
M. Mazères : 1882-1885. — H. N. 1886.

Gr. 1877. — France.

Père et mère arabes.

Tarbes : 1882-1885. — Pau : 1886. — Réformé en août 1891.

TOURAYAZI, P. S. Ar.   S.B.F., t. IV, p. 425.
H. N. — Importé en 1873.

Gr. 1864. — Orient.

Pompadour : 1883. — Réformé en août 1888.

TOURISTE, P. S. A.   S.B.F., t. II, p. 998.
M. Sainte-Colombe.

B. 1861. — France.

Par *Sting* et *Tamise*.

Tarbes : 1870. — Réformé en 1881.

S.B.F., t. II, p. 739.

TOURLOUROU, P. S. A.

M. de Nexon. — H. N. en 1873.

Al. 1864. — Chez M. le Bon de Nexon.

Par *Zouave* et *Misadventure*, ex-*Miss-Adventure*, par Sting.

Pompadour : 1869-1872. — Passé à Besançon en 1873.

Tarbes : 1880, — Réformé en août 1888.

TOURMALET, P. S. A.   S.B.F., t. II. p. 145.

H. N.

B. 1864. — France.

Par *The-Flying-Dutchman* et *La Maladetta*.

Perpignan : 1873-1875. — Cluny :1876-1879. — Tarbes : 1880.

Mort en mars 1883.

S.B.F., t. IV, p. 485.

TOUSSOUMZIG, P. S. Ar.

H. N.

Gr. 1862. — Orient.

Pau : 1875. — Mort en mai 1879.

TRABLOUSI, P. S. Ar. S.B.F., t. XII, p. 107.

H. N.

Al. 1883. — Orient. — Importé en 1887.

Tarbes : depuis 1888.

TRACASSIN, P. S. A.   S.B.F., t. XI p. 73.

M. Minvielle.

B. 1885. — France.

Par *Plutus* et *Bellah*, par Dollar.

Pau : 1892. — S. r. en 1895.

TRAGEDIAN, P. S. A.   S.B.F., t. I, p. 92.

H. N.

B. 1845. — Angleterre.

Par *Sir-Isaac* et *Fanny-Kemble*.

Aurillac : 1849-1856. — Cluny : 1857-1860. — Aurillac : 1861.

Réformé en juillet 1863.

TRÈFLE, P. S. A.   S.B.F., t. XI, p. 32.
H. N.
Al. 1889. — France.
Par *Fripon* et *Tarlatane*.
Tarbes : 1893 — Réformé en août 1897.

TREIFI, P. S. Ar.   S.B.F., t. I, p. 465.
H. N. en 1844. — Importé en 1842.
Gr. — Orient.
Pompadour : 1844. — Tarbes : 1845. — Mort en octobre 1851.

S.B.F., t. XII, p. 87.
TRESPOUEY, P. S. A.-A.
H. N.
Al. 1892. — Chez M. Lacassagne,
Par *Gingembre*, an.-ar., et *Tertulia*, an.-ar., par Dahabi, arabe.
et Palestrine, par Ali-Baba.
Tarbes : depuis 1896.

TRIBOULET, P. S. A.   S.B.F., t. IX, p. 37.
H. N.
Al. 1872. — France.
Par *Marengo* et *Mico*.
Tarbes : 1880. — Réformé en juillet 1892.

TRIPOLIEN, P. S. Ar.   S.B.F., t. II, p. 146.
H. N.
Gr. 1846. — France.
Par *Karchane* et *Thalie*.
Aurillac : 1862. — Réformé en juillet 1869.

TRISTAN, P. S. Ar.   S.B.F., t. I, p. 477.
H. N.
Gr. 1845. — Haras de Pompadour.
Par *Koheil-Obayan* et *Dalila*, par Massoud.
Villeneuve-sur-Lot : 1849. — Réformé en octobre 1851.

TRITI, P. S. Ar.   S.B.F., t. V, p. 530.
H. N.
Al. 1865. — Orient.
Tarbes : 1878. — Réformé en septembre 1880.

S.B.F., t. II, p. 117.

TROMPE-LA-MORT, P. S. A.

H. N.

B. 1848. — France.

Par *Master-Waggs* et *Miss-Exile*, par Exile.

Pompadour : 1853. — Réformé en novembre 1855.

TU-AUTEM, P. S. A.-A.   S.B.F., t. I, p. 93.

H. N.

B. 1845. — Haras de Pompadour.

Par *Numide*, arabe, et *Hœma*, an.-ar., par Hœmus.

Pompadour : 1849-1850. — Villeneuve-sur-Lot : 1851.

Réformé en décembre 1853.

TURKMAN, P. S. Ar.   S.B.F., t. I, p. 165.

H. N.

Gr. 1830. — Turquie.

Pompadour : 1841-1849. — La Roche-sur-Yon : 1850-1857.

TYPHON, P. S. A.   S.B.F., t. II, p. 148.

H. N.

Al. 1853. — Angleterre.

Par *The Hydra* et *Blue-Bell*, par Ion.

Libourne : 1859. — Castré en août 1859.

UHLAND, P. S. A.-A.   S.B.F., t. I, p. 261.

H. N.

Gr. 1846. — Haras de Pompadour.

Par *Koheil-Obayan*, arabe, et *Kalouga*, par Napoléon.

Villeneuve-sur-Lot : 1850-1856. — A Montier-en-Der en janvier 1857.

ULLOA, P. S. A.-A.   S.B.F., t. I, p. 94.

H. N.

Al. 1846. — Haras de Pompadour.

Par *Hussein*, arabe, et *Didon*, an.-ar., par Terror.

Pompadour : 1850. — Réformé en août 1865.

ULYSSE, P. S. A.-A.   S.B.F., t. II, p. 474.
M. Duffau, 1866 ; M. B. Dore, 1867.
B. 1861. — France.
Par *Sting* et *Félicie*, an-ar.
Tarbes : 1866. — S. r. depuis 1867.

URANUS, P. S. Ar.   S.B.F., t. XII. p. 107.
H. N.
B. 1893, — Chez M. A. de Sevin.
Par *Hanneton* et *Linotte*, par Harami, et Berthe par Nahr-el-Kebir.
Perpignan : depuis 1897.

URIEL, P. S. A.   S.B.F., t. II, p. 149.
H. N.
Bb. 1852. — Chez M. Reculès.
Par *Nunnykirk* et *Opale*, par Terror ou Quoniam.
Pompadour : 1856. — Castré en octobre 1861.

USBEKYEH, P. S. Ar.   S.B.F.. t. II, p. 1125.
H. N. — Importé en 1861.
Bb. 1850. — Orient.
Pau : 1862. — Perpignan : 1863. — Réformé en août 1866.

USSON, P. S. A.-A.   S.B.F., t. II, p. 149.
H. N.
Gr. 1847. — France.
Par *Karchane* et *Félicia*, par Rainbow.
Pompadour : 1857. — Abattu en juin 1870.

S.B.F., t. I, p. 456.
USTUBERLU, P. S. Ar.
H. N.
Gr. 1846. — Haras de Pompadour.
Par *Koheil-Obayan-Sédéréi* et *Fortunée*.
Perpignan : 1850. — Réformé en octobre 1853.

UTETUR, P. S. A.-A.   S.B.F., t. I, p. 94.
H. N.
Al. 1846. — Haras de Pompadour.
Par *Koheil-Abayan-Sédéréi*, arabe, et *Bérénice*, anglais.
Tarbes : 1850. — Réformé en août 1867.

UTINAM, P. S. A.   S.B.F., t. II, p. 140.
M. de Nexon.
Bb. né en 1857. — Chez M. A. de Montbron.
Par *Weathergage* et *Fringante*, par Terror.
Pompadour : 1861. - - Réformé en juin 1867.

UT-RÉ-MI, P. S. Ar.   S.B.F., t. I, p. 405.
H. N.
Gr. 1846. — Haras de Pompadour.
Par *Hussein* et *Dioméda*.
Aurillac : 1850. — Réformé en août 1861.

UZERCHE, P. S Ar.   S.B.F., t. I, p. 466.
H. N.
Gr. 1846. — Haras de Pompadour.
Par *Hussein* et *Gamba*.
Tarbes : 1850. — Mort en mars 1852.

S.B.F., t. I, p. 95.
VAL-DE-SAIR, P. S. A.
H. N.
B. 1847. — France.
Par *Adolphus* et *Ida*.
Perpignan : 1851. — Réformé en avril 1857.

VALENCAY, P. S. Ar.   S.B.F., t. I, p. 477.
M. de Fayolles.
Gr. 1847. — Pompadour.
Par *Koheil-Obayan-Sédéréi* et *Dalila*, par Massoud.
Libourne : 1852-1857. — S. r.

VALENT, P. S. A.-A. [S. B. F., t. XII, p. 87.
H. N.
Al. 1894. — Chez M. Capmartin.
Par *Sycomore* et *Bichette*, par Tarbouch, arabe.
Ajaccio : depuis 1898.

VALENTIN, P, S. A.   S.B.F., t. II, p. 150.
H. N.
B. 1856. — Hautes-Pyrénées.
Par *Beaucens* et *Valentine*.
Aurillac : 1860. — Réformé en décembre 1860.

VALENTINO, P. S. A.   S.B.F., t. IX, p. 401.

H. N.

B. 1877. — Angleterre.

Par *Suffolk* et *Mabille*.

Tarbes : 1884. — Réformé en août 1887.

VALY, P. S. Ar.   S.B.F., t. XII, p. 107.

H. N.

B. 1891. — Orient. — Importé en 1897.

Pau : depuis 1897.

VARUS, P. S. A.-A.   S.B.F., t. I p. 96.

H. N.

Gr. 1847. — Haras de Pompadour.

Par *Hussein*, arabe, et *Césarine*, par Napoléon.

Libourne : 1851. — Castré en juillet 1863.

VASCO, P. S. A.-A.   S.B.F., t. I. p. 96.

H. N.

Al. 1847. — Haras de Pompadour.

Par *Hussein*, arabe, et *Belle-Poule*, an.-ar.

Aurillac : 1851. — Réformé en juillet 1853.

VATEL, P. S. A.-A.   S.B.F., t. I, p. 230.

H. N.

Gr. 1847. — Corrèze.

Par *Hussein*, arabe, et *Iris*, an.-ar., par Napoléon.

Villeneuve-sur-Lot ; 1851. — Réformé en septembre 1854.

VAUBAN, P. S. Ar.   S.B.F., t. I, p. 485.

M. de Segonzac.

Al. 1847. — Haras de Pompadour.

Par *Hussein* et *Hermine*, par Bédouin.

Libourne : 1852. — S. r. en 1871.

VAUQUELIN, P. S. A.-A. S.B.F., t. I, p. 112.

H. N.

Al. 1847. — Corrèze.

Par *Saoud*, arabe, et *Althéa*, par Paradox.

Villeneuve-sur-Lot : 1851. — Réformé en septembre 1854.

VAUTRIN, P. S. A.   S.B.F., t. I, p. 96.
H. N.
Al. 1840. — Haras du Pin.
Par *Pick-Pocket* et *Odine.*
Tarbes : 1846-1851. — Le Pin : 1852.

VAYVOL, P. S. A.-A.   S.B.F., t. XI, p. 585.
H. N.
R. 1892. — Basses-Pyrénées.
Par *Courtois* et *Valentine*, an.-ar., par Adham.
Perpignan : 1896. — Réformé en août 1897.

VÉLY-PACHA, P. S. Ar.   S.B.F., t. II, p. 1126.
H. N.
Al. 1840. — Orient.
Tarbes : 1855. — Mort en mai 1860.

VENDÉEN, P. S. A.-A.   S.B.F., t. XII, p. 87.
H. N.
Al. 1894. — Chez M. J.-L. Senmartin.
Par *El Nimr* ou *Bérak*, arabe, et *Vintimille*, an.-ar., par Vernet
et Vesta, par Nassim, arabe.
Perpignan : depuis 1898.

VENDÉEN, P. S. A.   S.B.F., t. V, p. 356.
H. N.
Gr. 1874. — France.
Par *Suzerain* et *Moorhen*, par Chanticleer.
Tarbes : 1879-1884. — Le Pin : 1885-1886. — Aurillac : 1887.
Réformé en août 1887.

VENDOME, P. S. A.   S.B.F., t. XII, p. 53.
H. N.
B. 1893. — Chez M. Duffour.
Par *Vignemale* et *La Violette*, par Le Petit-Caporal et Branch,
par Sting.
Tarbes : depuis 1898.

VENDREDI, P. S. A. S.B.F., t. I, p. 97.
H. N.
B. 1835. — Angleterre.
Par *Caïn* et *Naïad.*
Tarbes : 1843. — Réformé en octobre 1859.

VENDREDI, P. S. A.-A. S.B.F., t. XII, p. 87.
H. N.
Gr. 1888. — Chez M. le Mis d'Ambelle.
Par *Raymond* et *Jaguarita,* par Vulcan et Eve, par Zouave, arabe.
Villeneuve-sur-Lot : depuis 1895.

VERDUN, P. S. A.-A. S.B.F., t. XI, p. 57.
H. N.
B. 1889. — Aude.
Par *Aradus*, arabe, et *Verveine*, par Nassim, arabe.
Pau : 1893-1894. — Le Pin : décembre 1894.

VERDURON, P. S. A. S.B.F., t. VI, p. 642.
H. N.
Al. 1878. — France.
Par *Plutus* et *Verte-Allure*, par Patricien.
Villeneuve-sur-Lot : 1884-1886. — Perpignan : en 1887.

VERMEIL, P. S. A.-A. S.B.F., t. III, p. 352.
H. N.
Gr. 1871. — France.
Par *Womersley* et *Radegonde*, par Coran, arabe.
Villeneuve-sur-Lot : Abattu en juillet 1886.

VERNET, P. S. A. S.B.F., t. XI, p. 33.
H. N.
Al. 1880. — France.
Par *Kincraft* et *Vérone,*
Tarbes : 1887. — Mort en décembre 1897.

S.B.F., t. II, p. 152.

VERT-GALANT, P. S. A.
H. N.
Al. 1855. — France.
Par *The Prime-Warden* et *Fanny-Hill*,
Rodez : 1860. — Réformé en août 1866.

VERTIGE, P. S. A. S. B. F., t. XII, p. 54.
H. N.
B. 1889. — Chez M. E. de la Charme.
Par *Farfadet* et *Gastonnette*, par Don-Carlos.
Pompadour : 1894-1897.
Passé à la Roche-sur-Yon en septembre 1898.

VESPER, P. S. A.-A. S.B.F., t. XII, p. 88.
M. Chanteaud (Tarn-et-Garonne).
B. 1889. — Chez M. Lavigne-Romain.
Par *Castillon* et *Verfeille*, an.-ar., par Gazlan II, arabe,
et Valentine, par Womersley.
Villeneuve-sur-Lot : depuis 1893.

S.B.F., t. XII, p. 88.

VESPÉTRO, P. S. A.-A.
H. N.
Al. 1885. — Chez M. Lacassagne.
Par *Blenheim* et *Bethsabée*, par Dahabi, arabe, et Palestrine,
par Ali-Baba.
Villeneuve-sur-Lot : depuis 1889.

VÉSUVE, P. S. A.-A. S.B.F., t. I, p. 223.
H. N.
Gr. 1847. — Corrèze.
Par *Hussein*, arabe, et *Follette*, an.-ar., par Eastham.
Villeneuve-sur-Lot : 1851. — Mort en mai 1864.

VÉTO, P. S. Ar. S.B.F., t. XII, p. 107.
M. Daudou (Landes).
Gr. 1894. — Chez M. A. de Sevin.
Par *Nay* et *Khiva*, par Bebeck et Camille, par Nahr-el-Kebir.
Pau : depuis 1898.

VEUIL, P. S. A.   S.B.F., t. XII, p. 54.
H. N.

Bb. 1890. — Chez M. le Bon Finot.

Par *Lusignan* et *Vénus*, par Saltéador et La Reine,
par Ventre-Saint-Gris.

Villeneuve-sur-Lot : depuis 1895.

VICOMTE, P. S. A.-A. S.B.F., t. XII, p. 58.
H. N.

B. 1894. — Chez M. Serp-Biou.

Par *Joujou*, an.-ar., et *Vigilante*, par Magister et Bertha,
par Mouzaffar, arabe.

Perpignan : depuis 1898.

S.B.F., t. XII, p. 88.

VICQ-D'AZYR, P. S. A.-A.
H. N.

Gr. 1892. — Chez M. Forgue-Puyat.

Par *Cœdra* et *Silhouette*, an.-ar., par Kir-Hadji et Syria,
par Drummond.

Tarbes : depuis 1896.

VICTOT, P. S. A.   S.B.F., t. I, p. 97.
H. N.

B. 1846. — France.

Par *Master-Wags* et *Destiny*, par Centaur.

Pompadour : 1851-1859. — Saint-Maixent : 1860-1861.

VIDAME, P. S. Ar.   S.B.F., t. XII, p. 108.
M. Dupouy-Médard.

Gr. 1894. — Chez M. A. de Sevin.

Par *Hanneton* et *Camille*, par Nahr-el-Kébir et Fahra.

Pau : depuis 1898.

VIENNOIS, P. S. A.-A. S.B.F., t. IX, p. 383.
H. N.

B. 1887. — France.

Par *Blenheim* et *Violette*, an.-ar., par Kérim.

Perpignan : 1887. — Réformé en août 1892.

VIGNEMALE, P. S. A. S.B.F., t. XII, p. 51.
H. N.

B. 1876. — Chez M. Lupin.

Par *Dollar* et *La Maladetta*, par The Baron et Réfraction,
par Glaucus.

Tarbes : depuis 1881.

VIGNERON, P. S. A.-A. S.B.F., t. XII, p. 88.
H. N.

B. 1894. — Chez M. J. Tapie.

Par *Vignemale* et *Héroïne*, an.-ar., par Ispahan, araabe,
et Hirondelle, par Ambassadeur.

Perpignan : depuis 1898.

VILLAGEOIS, P. S. A. S.B.F., t. XII, p. 51.
H. N.

Al. 1877. — Chez M. le Cte de Lagrange.

Par *Gabier* et *Villageoise*, par Ventre-Saint-Gris
et Mademoiselle-du-Bourg, par Faugh-a-Ballah.

Pau : 1887. — Mort en avril 1898.

VINDEX, P. S. A.-A. S.B.F., t. V, p. 200.
H. N.

B. 1875. — France.

Par *Emir*, arabe, et *Lionne*, anglais.

Tarbes : 1885. — Réformé en août 1892.

VIOLENS, P. S. A. S. B. F., t. II, p. 361.
H. N.

B. 1851. — France.

Par *Fitz-Emilius* et *Coquette*, par Paillasse.

Pau : 1855. — Vendu en juillet 1857.

VIOTTI, P. S. A.-A. S.B.F., t. XII, p. 88.
H. N.

B. 1889. — Chez M. Batguzère.

Par *Kbécham*, arabe, et *Violente*, par Foudre-de-Guerre et Pascade,
par Fitz-Gladiator.

Perpignan : depuis 1893.

— 628 —

VIRE-VOLTE, P. S. A. S.B.F., t. II, p. 166.
M. Courtade; M. Junca; M. Prunet.
B. 1860. — Hautes-Pyrénées.
Par *Collingwood* et *Acerrime*.
Tarbes : 1864. — Mort en 1873.

VIRTUS, P. S. A. S.B.F., t. XII, p. 54.
H. N.
B. 1893. — Chez M. D. Senmartin.
Par *Grandmaster* et *Vestale*, par Ladislas.
Sa grand'mère : Viskotine, par Bay-Archer.
Libourne : depuis 1898.

VISIR, P. S. Ar. S.B.F., t. II, p. 1126.
H. N. — Importé en 1865.
Gr. 1854. — Orient.
Pau : 1865. — Abattu en 1879.

VIZIR, P. S. Ar. S.B.F., t. XII, p. 108.
M. A. de Sévin.
B. 1894. — Chez M. de Sévin.
Par *Hanneton* et *Linotte*, par Harami et Domina, par Zouave.
Villeneuve-sur-Lot : depuis 1898.

VOLCAN, P. S. Ar. S.B.F., t. XII, p. 108.
M. Bru (Ariège).
Al. 1894. — Chez M. A. de Sévin.
Par *Nay* et *Inès*, par Wahab et Colombe, par Tajar II.
Tarbes : depuis 1898.

VOLONTAIRE, P. S. A. S.B.F., t. II, p. 154.
H. N.
B. 1856. — Indre.
Par *Elthiron* et *Naphta*, par Slane.
Libourne : 1860. — Castré en janvier 1860.

S.B.F., t. III, p. 383.

VOLONTAIRE, P. S. A.
H. N.
Al. 1870. — Chez M. de Nexon.
Par *Marengo* et *Snalla*, par Zouave.
Pompadour : 1876. — Mort en février 1891.

S.B.F.. t. XII, p. 88.

VRAI-BASQUE, P. S. A.-A.
M. Dario (Haute-Garonne).
B. 1892. — Chez M. de Saint-Jayme.
Par *Méhé* et *Violente*, par Foudre-de-Guerre et Pascale,
par Fitz-Gladiator.
Tarbes : depuis 1896.

VULCAIN, P. S. A.-A.   S.B.F.. t. XI, p. 57.
M. Courrèges.
B. 1888.
Par *Gingembre*, an.-ar., et *Violente*, par Foudre-de-Guerre.
Libourne : depuis 1893.

VULCAIN, P. S. A.-A.   S.B.F., t. I, p. 245.
H. N.
Gr. 1847. — Haras de Pompadour.
Par *Hussein*, arabe, et *Hœma*, an.-ar., par Hœmus.
Pau : 1851. — Abattu en juillet 1874.

VULCAN, P. S. A.   S.B.F., t. V, p. 22.
H. N. — Importé en 1877.
B. 1864. — Angleterre.
Par *Thunderbolt* et *Alarum*, par Alarm.
Pompadour : 1880. — Abattu en août 1889.

WADJIH, P. S. Ar.   S. B. F., t. V, p. 531.
H. N.
B. 1863. — Orient.
Libourne : 1878. — Abattu en août 1880.

WAHAB, P. S. Ar.   S. B. F., t. V, p. 531.
H. N. — Importé en 1876.
Al. 1868. — Egypte.
Pompadour : 1877-1879. — Villeneuve-sur-Lot : 1880.
Abattu en juillet 1891.

WALAD, P. S. Ar.   S.B.F., t. III, p. 485.
H. N.
Al. 1869. — Arabie.
Villeneuve-sur-Lot : 1873. — Réformé en août 1896.

WALID, P. S. A.-A.   S.B.F., t. VII, p. 34.
H. N.
B. 1878. — Midi.
Par *Dervich*, arabe, et *Haydée*, par Le Petit-Caporal.
Aurillac : 1882. — Réformé en août 1884.

WARDA, P. S. Ar.   S.B.F., t. I, p. 466.
H. N.
Bb. 1835. — Hongrie.
Par *Hlavie Ier* et *Warda Ier*.
Perpignan : 1843. — Mort en mai 1843.

S.B.F., t. XII, p. 64.
WASHINGTON, P. S. A.
H. N.
Al. 1891. — Chez M. Lupin.
Par *Xaintrailles* et *Pensacola*, par Dollar.
Sa grand'mère : Pergola, par The Baron.
Libourne : depuis 1896.

WAXY, P. S. A.   S.B.F., t. I, p. 280.
H. N.
B. 1831. — France.
Par *Milton* et *Luna*, par The Flyer.
Pau : 1841. — Vendu en novembre 1842.

S.B.F., t. II, p. 155.
WEATHERDEN, P. S. A.
H. N.
B. 1859. — Angleterre.
Par *Weatherbit* et *Birdcatcher mare*.
Tarbes : 1869. — Réformé en décembre 1881.

S.B.F., t. II, p. 155.
WEATHERGAGE, P. S. A.
M. de Nexon. — H. N. en 1858.
B. 1849. — Angleterre.
Par *Weatherbit* et *Taurina*, par Taurus.
Pompadour : 1856. — Mort en juillet 1860.

WELL-DONE, P. S. A.   S.B.F., t. I, p. 99.
H. N. en 1844.

Al. 1839. — Chez M. de Blangy.

Par *Paradox* et *Ida*, par Whalebone.

Pompadour : 1845. — Pau : 1846. — Mort en février 1853.

WILD-DEER, P. S. A.   S.B.F., t. II, p. 984.
H. N.

B. 1859. — Hautes-Pyrénées.

Par *Sting* et *Deer-Filly*.

Villeneuve-sur-Lot : 1864. — Réformé en janvier 1866.

WILFRID, P. S. A.-A.   S.B.F., t. VI, p. 332
H. N.

B. 1878. — France.

Par *Derviche* et *Kerbéline*, par Kerbela.

Perpignan : 1882. — Mort en décembre 1882.

S.B.F., t. I, p. 201.

WILLIAM-THE-CONQUEROR, P. S. A.
H. N.

B. 1848. — France.

Par *Charles XII* et *Emerald*.

Rodez : 1852. — Castré en septembre 1861.

WINDCLIFFE, P. S. A.   S.B.F., t. I, p. 100.
H. N. — Importé en 1836.

Bb. 1827. — Angleterre.

Par *Waverley* et *Catton mare*.

Tarbes : 1841-1845. — Pau : 1846. — Réformé en juillet 1852.

S.B.F., t. XII, p. 55.
WITNESS, P. S. A.   S.B.A.. t. XVIII, p. 795.
H. N. — Importé en 1897.

Al. 1893. — Chez M. J. Corbally (Angleterre).

Par *Winkfield* et *Mauricette*, par Arbitrator.

Sa grand'mère : Hollyleaf, par Hollywood.

Pau : depuis 1898.

— 627 —

WOLFRAM, P. S. A.   S.B.F., t. II, p. 156.
M. Fould ; M. Desbons.
Bb. 1859. — France.
Par *Weathergage* et *Benediction*, par Physician.
Pau : 1863-1869. — Tarbes : 1870.

WOMERSLEY, P. S. A.   S.B.F., t. II, p. 157.
H. N.
B. 1849. — Angleterre.
Par *Irish-Bircatcher* et *Cinizelle*, par Touchstone.
Pompadour : 1854-1857.
Passé au dépôt des remontes en novembre 1857.
Tarbes : 1867. — Réformé en novembre 1873.

WORTHLESS, P. S. A.   S.B.F., t. I, p. 100.
H. N.
B. 1842. — Angleterre.
Par *Camel* et *Mouche*, par Emilius.
Tarbes : 1847-1849. — Pau : 1850. — Libourne : 1851.
Mort en juin 1857.

WRAYSBURY, P. S. A.   S.B.F., t. XII, p. 55.
H. N.
B. 1888. — Angleterre.
Par *Hampton* et *Radiancy*, par Tibthorpe.
Perpignan : depuis 1896.

XANTIPPE, P. S. A.-A.   S.B.F., t. II, p. 157.
H. N.
B. 1848. — Haras de Pompadour.
Par *Romagnési*, an.-ar., et *Césarine*, an.-ar., par Napoléon.
Villeneuve-sur-Lot : 1852-1860. — Perpignan : 1861.
Réformé en mars 1862.

XÉNOCRATE, P. S. A.-A.   S.B.F., t. I, p. 157.
H. N.
B. 1848. — Haras de Pompadour.
Par *Rajah*, arabe, et *Reine-de-Chypre*, an.-ar., par Eylau, an.-ar.
Pompadour : 1851. — Abattu en août 1868.

XÉRÈS, P. S. A.-A. S.B.F., t. I, p. 475.
H. N.
Gr. 1848. — Haras de Pompadour.
Par *Romagnési*, an.-ar., et *Candour-Amdam*, arabe.
Tarbes : 1852. — Réformé en juillet 1866.

XERXÈS, P. S. A.-A. S.B.F., t. I, p. 240.
H. N.
Gr. 1848. — Haras de Pompadour.
Par *Hussein*, arabe, et *Héléis*, an.-ar., par Abou-Arkoub, arabe.
Pau : 1852. — Mort en janvier 1859.

XIMÉNÈS, P. S. A.-A. S.B.F., t. I, p. 277.
H. N.
Gr. 1848. — Haras de Pompadour.
Par *Koheil-Obayan-Sédéréi*, arabe, et *Lœtitia*, par Napoléon.
Libourne : 1852. — Mort en juillet 1854.

Y. P. S. A.-A. S B.F., t. I, p. 244.
H. N.
Bb. 1849. — Corrèze.
Par *Hussein*, arabe, et *Herminie*, par Massoud, arabe.
Villeneuve-sur-Lot : 1853. — Réformé en septembre 1854.

YATAGAN, P. S. A.-A. S.B.F., t. V. p. 516.
H. N.
B. 1875. — Hautes-Pyrénées.
Par *Emir*, arabe, et *Zibeline*, anglais.
Tarbes : 1879. — Réformé en août 1890.

YATAGAN, P. S. A.-A. S.B.F., t. I, p. 251.
H. N.
B. 1849. — Haras de Pompadour.
Par *Koheil-Obayan-Sédéréi*, arabe, et *Isabelle*, par Harlequin.
Pompadour : 1852. — Pau : 1853. — Vendu en août 1863.

YCOMAN, P. S. A.-A. S.B.F., t. XII, p. 83.
M. Nouaillac (Tarn-et-Garonne).
B. 1889. — Chez M. F. Cazeaux.
Par *Zoulou* et *Asperge*, par Othello, arabe, et Satisfaction,
par Renonce.
Villeneuve-sur-Lot : depuis 1893.

YÉDO, P. S. A. S. B. F., t. II, p. 159.
H. N.
B. 1849. — Haras de Pompadour.
Par *Commodor-Napier* et *Vénésia*, par Belmont.
Pompadour : 1852. — Mort en octobre 1863.

YELLOW, P. S. A.-A. S.B.F., t. II, p. 159.
H. N.
Gr. 1849. — Haras de Pompadour.
Par *Hussein*, arabe, et *Dine*, par Eastham.
Pompadour : 1852. — Abattu en novembre 1874.

YERYILLE, P. S. Ar. S.B.F., t. I, p. 482.
H. N.
Gr. 1849. — Haras de Pompadour.
Par *Hussein* et *Gamba*, par Bédouin.
Pau : 1853. — Abattu en 1870.

YO, P. S. Ar. S.B.F., t. I, p. 485.
H. N.
B. 1849. — Haras de Pompadour.
Par *Hussein* et *Hermine*, par Bédouin.
Pompadour : 1852. — Villeneuve-sur-Lot : 1853.
Réformé en septembre 1854.

YORICK, P. S. A.-A. S.B.F., t. I, p. 262.
H. N.
B. 1849. — Haras de Pompadour.
Par *Commodor-Napier* et *Katinka*, par Terror.
Pompadour : 1852. — Libourne : 1853. — Castré en août 1859.

YOUNG, P. S. A.-A.   S.B.F., t. II, p. 160.
H. N.
B. 1849. — Haras de Pompadour.
Par *Prospero* et *Fortification*, an.-ar., par Eylau, an.-ar.
Pompadour : 1853. — Réformé en novembre 1854.

Y. ANTAR, P. S. A.-A.   S.B.F., t. I, p. 392.
H. N.
Gr. 1831. — France.
Par *Antar* et *Tigresse*, par Tigris.
Pau : 1838. — Vendu en juillet 1859.

Y. BÉCHIR, P. S. A.-A.   S.B.F., t. II, p. 493.
M. Senmartin.
1855. — France.
Par *Béchir*, arabe, et *Flore*, par Kouléli, arabe.
Tarbes : 1861. — S. r. depuis 1862.

S.B.F., t. I, p. 9.
Y. BEDLAMITE, P. S. A.
H. N.
B. 1834. — Angleterre.
Par *Bedlamite* et *Jenny*.
Tarbes : 1838. — Réformé en mai 1857.

Y. COLWICK, P. S. A.   S.B.F., t. I, p. 226.
H. N.
B. 1837. — Maine-et-Loire.
Par *Colwick* et *Frantic*, par Bedlamite.
Villeneuve-sur-Lot : 1849. — Réformé en décembre 1853.

Y. CRISPIN, P. S. A.   S.B.F., t. I, p. 23.
H. N.
B. 1841. — Lot-et-Garonne.
Par *Crispin* et *Grenada*, par Muley.
Libourne : 1845. — Castré en septembre 1847.

Y. EASTHAM, P. S. A.   S.B.F., t. I, p. 27.
H. N.
Al. 1829. — Haras du Pin.
Par *Eastham* et *Canvas*.
Tarbes : 1834. -- Mort en mars 1850.

Y. EMILIUS, P. S. A.   S.B.F., t. I, p. 29.
H. N.
B. 1828. — Paris.
Par *Emilius* et *Cobweb*.
Tarbes : 1850. — Mort en novembre 1852.

S.B.F., t. II, p. 64.
Y. GARRY-OWEN, P. S. A.
H. N.
B. 1856. — France.
Par *Garry-Owen* et *Colette*.
Tarbes : 1861. — Réformé en octobre 1863.

S.B.F., t. II, p. 67
Y. GLADIATOR, P. S. A.
H. N.
B. 1851. — France.
Par *Gladiator* et *Régetta*.
Tarbes : 1869. — Réformé en novembre 1873.

S.B.F. t. II, p. 1112.
Y. KARCHANE, P. S. Ar.
H. N.
Gr. 1855. — France.
Par *Karchane* et *Hamdine*.
Tarbes : 1859. — Réformé en septembre 1870.

Y. KOHEL, P. S. A.-A.   S.B.F., t. II, p. 999.
H. N.
B. 1850. — France.
Par *Kohel*, arabe, et *Tanais*.
Tarbes : 1854. — Réformé en septembre 1856.

S.B.F., t. XI, p. 57.
Y. LATTAKIÉ, ex-BOXEUR, P. S. A.-A.
M. Féral ; M. Verdier.
Al. 1878. — France.
Par *Lattakié*, arabe, et *Belle-de-Jour*, par Emir, arabe.
Rodez : 1882-1890. — Tarbes : 1891-1894.
Villeneuve-sur-Lot : 1895. — Réformé en 1896.

Y. LOTO, P. S. A.   S.B.F., t. II, p. 87.
H. N.
B. 1856. — France.
Par *Sting* et *Emilia*.
Tarbes : 1860. — Réformé en août 1861.

Y. LOTTERY, P. S. A.   S.B.F., t. I, p. 50.
H. N.
B. 1836. — Haras du Pin.
Par *Lottery* et *Princess*.
Aurillac : 1841. — Réformé en juillet 1849.

Y. MASSOUD, P. S. Ar.   S.B.F., t. I, p. 54.
H. N.
Al. 1825. — France.
Par *Massoud* et *Galipolis*.
Aurillac : 1830. — Réformé en décembre 1841.

Y. MASSOUD, P. S. A.-A.   S.B.F., t. I, p. 54.
H. N.
B. 1832. — France.
Par *Y. Massoud*, arabe, et *Cloris*, an.-ar.
Tarbes : 1836. — Réformé en octobbre 1853.

Y. NABOB, P. S. A.   S. B. F., t. II, p. 580.
M. Avy.
Al. 1859. — France.
Par *The Nabob* et *Inspection*, par Irish-Birdcatcher.
Villeneuve-sur-Lot : 1864. — Vendu en 1869.

Y. PLUTUS, P. S. A.-A.   S.B.F., t. XII, p. 88.
H. N.
Al. 1886. — Chez M. Lussan.
Par *Fil-en-Quatre* et *Aoudа*, par Rédjeb, arabe, et Furette,
par Emir, arabe.
Villeneuve-sur-Lot : depuis 1890.

Y. TABORAÏ, P. S. A.   S.B.F., t. II, p. 140.
M. Capdevielle.
B. 1853. — France.
Par *Y. Emilius* et *Naïade*.
Tarbes : 1858-1861.

Y. VENISON, P. S. A.   S.B.F., t. II, p. 384.
M. Fabre.
B. 1855. — France.
Par *Garry-Owen* et *Dear-Chase*, par Venison.
Perpignan : 1875. — S. r. 1876.

S.B.F., t. I, p. 105.
Y. WORTHLESS, P. S. A.
H. N.
B. 1848. — Gers.
Par *Worthless* et *Adamantine*.
Villeneuve-sur-Lot : 1852. — Réformé en octobre 1853.

YOUSSOUF, P. S. Ar.   S.B.F., t. I, p. 467.
H. N.
N. 1824. — Arabie.
Tarbes : 1837. — Mort en mars 1846.

YVES, P. S. A.-A.   S.B.F., t. I, p. 190.
H. N.
Al. 1849. — Haras de Pompadour.
Par *Prospero* et *Ducinée*, par Eastham.
Libourne : 1852. — Castré en août 1858.

ZAATCHA, P. S. A.-A.   S.B.F., t. II, p. 161.
H. N.
Gr. 1850. — Haras de Pompadour.
Par *Hussein*, arabe, et *Juventa*, an.-ar.
Tarbes : 1854. — Mort en juin 1857.

ZAB, P. S. Ar.   S.B.F., t. XII, p. 108
H. N.
Gr. 1894. — Chez M. Viguerie.
Par *Harfouch* et *Zénab*.
Rodez : depuis 1898.

ZADIG, P. S. A.   S.B.F., t. I. p. 257.
H. N.
B. 1850. — Haute-Vienne.
Par *Commodor-Napier* et *Jocaste*, par Deucalion.
Libourne : 1855. — Castré en juillet 1863.

ZAGAL, P. S. A.   S.B.F., t. I, p. 311.
H. N.
B. 1845. — France.
Par *Ratcatcher* et *Miss-King*, par Muley-Moloch.
Pau : 1849. — Abattu en novembre 1857.

ZAÏM, P. S. A.-A.   S.B.F., t. XI. p. 58.
H. N.
Al. 1890. — France.
Par *El Yahoudi*, arabe, et *Zama*, an.-ar.
Tarbes : 1894. — Réformé en août 1895.

ZAÏM, P. S. A.-A.   S. B. F., t. II, p. 161.
H. N.
B. 1850. — Haras de Pompadour.
Par *Kohel*, an.-ar., et *Hermine*, an.-ar.
Tarbes : 1854. — Mort en décembre 1859.

ZAMAH, P. S. Ar.   S.B.F., t. XII, p. 108
H. N.
Gr. 1893. — Chez M. Viguerie.
Par *Harfouch* et *Zénab*.
Libourne : depuis 1897.

ZAMPA, P. S. A.-A.   S.B.F., t. III, p. 1127.
M. Féral.
N. 1862. — France.
Par *Fulgur* et *Sobhah*, arabe.
Tarbes : 1866. — Mort en 1883.

ZAMPA, P. S. A.-A.   S.B.F., t. XII, p. 99.
H. N.

B. 1888. — Chez M. E. Vergez.

Par *Vignemale* et *Zulima*, par Nassim, arabe, et Préférée,
par Boxeur.

Aurillac : 1892. — Réformé en juillet 1898.

ZANI, P. S. A.-A.   S.B.F., t. II, p. 161.
H. N.

Gr. 1850. — Haras de Pompadour.

Par *Hussein*, arabe, et *Dinarzarde*, par Napoléon.

Pompadour: 1854. — Réformé en février 1866.

ZARIF, P. S. Ar.   S.B.F., t. II, p. 1127.
H. N.

B. 1858. — Orient.

Perpignan : 1865. — Réformé en août 1875.

S.B.F., t. I, p. 480.

ZEID-MÉHEMET, P. S. Ar.
H. N.

B. 1843. — Aurillac.

Par *Turkman*, turc, et *Favorite*, arabe.

Aurillac : 1848. — Réformé en janvier 1861.

ZÉNITH, P. S. Ar.   S.B.F., t. II, p. 1167.
H. N.

Gr. 1867. — Chez M. le Bon de Nexon.

Par *Moka* et *Hémonie*, par Kerbela.

Pompadour : 1872. — Réformé en août 1873.

ZÉNON, P. S. A.-A.   S.B.F., t. II, p. 162.
M. Lafforest.

Gr. 1850. — Haras de Pompadour.

Par *Hussein*, arabe, et *Liesse*, par Numide.

Libourne : 1856. — Réformé en 1860.

ZÉPHIR, P. S. A.-A.   S.B.F., t. II, p. 162.
H. N.
Al. 1850. — Haras de Pompadour.
Par *Hussein*, arabe, et *Léana*, an.-ar., par Massoud, arabe.
Pompadour ; 1854-1855. — Aurillac : 1856.
Réformé en novembre 1858.

ZÉPHIR, P. S. A.-A.   S.B.F., t. V. p. 151.
M. Septes.
B. 1876. — France.
Par *Somno*, P. S. A., et *Emirsa*, an.-ar.
Tarbes : 1882. — Réformé en 1886.

ZÉPHIR, P. S. A.   S B.F., t. II, p. 162.
H. N.
B. 1848. — France.
Par *Y. Emilius* et *Miss-Tandem*.
Perpignan : 1859. — Réformé en juillet 1859.

ZIZI, P. S. A.-A.   S.B.F., t. XI, p. 58.
H. N.
B. 1889. — Hautes-Pyrénées.
Par *Castillon* et *Zulima*, an.-ar.
Tarbes : 1893. — Mort en mars 1896.

ZOÏLE, P. S. A.-A.   S.B.F., t. II, p. 162.
H. N.
B. 1850. — Pompadour.
Par *Monsieur-d'Ecoville* et *Althéa*, an.-ar.
Tarbes : 1854. — Réformé en juillet 1865.

ZOUAVE, P. S. Ar.   S.B.F., t. II, p. 1128.
H. N.
Gr. 1850. — Haras de Pompadour.
Par *Hussein* et *Gamba*, par Bédouin.
Pompadour : 1854. — Abattu en août 1875.

ZOUAVE, P. S. A.   S.B.F., t. II, p. 163.
H. N.
Al. 1855. — France.
Par *The Baron* et *Dacia*, par Gladiator.
Pompadour : 1862. — Abattu en août 1882.

ZOUBBANI, P. S. Ar.   S.B.F., t. VI, p. 680.
H. N.
Gr. 1866. — Syrie.
Rodez : 1879. — Réformé en août 1890.

S.B.F., t. VI, p. 680

ZOUL-OKKAB, P. S. Ar.
H. N.
B. 1864. — Orient.
Perpignan : 1879. — Mort en juillet 1881.

ZOULOU, P. S. A.   S.B.F., t. X, p. 46.
H. N.
Al. 1876. — France.
Par *Théodoras* et *Chérine*.
Tarbes : 1881. — Réformé en août 1894.

ERRATA ET ADDENDA

Page 34. — **BAMBOCHEUR**, 1/2 s. M.
Approuvé. — M. Gervail (Haute-Garonne).
Tarbes : depuis 1882.

BETHLÉEM, 1/2 s. M.
Approuvé. — M. Mirmande (Haute-Garonne).
Al. 1892. — Midi.
Par *Fanfaron*, P. S. A., et une fille de Mazères, P. S. A.-A.
Tarbes : depuis 1896.

Page 367. — Lire **BLINKHOOLIE**, au lieu de **BLINKOOLIE**.

Page 403. — **DASH**, Gr. 1839. — France.

Page 200. — **CORSAIRE**, 1/2 s. M., doit figurer à la page 57.

Page 208. — **EDMOND**, par *Utel*, est né en 1882.

Page 436. — **FANDANGO**, P. S. A. A., au lieu de P. S. A.

Page 470. — **HEURTELOUP**. — Ajoutez : P. S. A.

MULTUM-IN-PARVO, 1/2 s. A. — H. N.
Bb. 1842 — Angleterre.
Par *Whalebonne*, P. S. A.
Aurillac : 1853-1856. — Tarbes : 1857. — Réformé en août 1862.

NIVEL, 1/2 s. N. — H. N.
Al. 1869. — Calvados.
Par *Idoménée*, 1/2 s. N., et une 1/2 s. N., par The Heir-of-Linne,
P. S. A.
Aurillac : 1873. — Mort en janvier 1889.

Page 141. — **ORIGINAL**, 1/2 s. M.
N'a pas été approuvé en 1898.

PANTIN, 1/2 s. M.
Approuvé. — M. Montané (Haute-Garonne).
Al. 1893. — Midi.
Par *Joujou*, P. S. A.-A., et une fille de Vernet, P. S. A.
Tarbes : depuis 1897.

TAMIS, 1/2 s. N. — H. N.
B. 1875. — Sarthe.
Par *Hannon*, 1/2 s. N., et une fille d'Homère, 1/2 s. N
Aurillac : 1879. — Réformé en août 1884.

TASSE, 1/2 s. N. — H. N.
Gr. 1830. — Normandie.
Par *Vidvid*, 1/2 s. N., et une fille de Tigris, 1/2 s. N.
Aurillac : 1835. — Réformé en août 1841.

Y. IBRAHIM, 1/2 s. — H. N.
N. 1856. — Loire.
Par *Gédéon*, 1/2 s. N.
Villeneuve-sur-Lot : 1861. — Réformé en novembre 1863.

TABLE DES MATIÈRES

TABLE ALPHABÉTIQUE

A

B

D

E

F

H

I

K

L

M

Minster, P. S. A......... 527
Mirabeau, P. S. A. (M. Menier, Tarbes) 527
Miracle, P. S. A........ 527
Mirail (Pau)......... 127
Miralai, ar............ 527
Mirliflor, P. S. A....... 527
Mirliton, P. S. A........ 528
Missy, P. S. A.......... 528
Mistral, 1/2 s. M., 1890 (M. Gaillard, Rodez)... 128
Mistral, 1/2 s. N., 1890 (Rodez)............... 261
Mithridate, 1/2 s. N..... 261
Mizam, 1/2 s. N......... 261
Moab, ar. (Libourne)..... 528
Mockrani............... 128
Moctar, barbe........... 128
Modèle................. 128
Modeste 128
Mœris, 1/2 s. N., 1846... 262
Mœris, an.-ar., 1885... 528
Mogador, 1/2 s. M., 1847 128
Mogador, 1/2 s. N., 1846. 262
Mogador, ar., 1845...... 528
Mohamed, barbe, 1852 ... 128
Mohammed, ar., 1877.... 528
Mohican, 1/2 s. N....... 262
Mohican, P. S. A....... 529
Mois-de-Mai 129
Moïse, ex-*Mohican* (Vᵉ Atoch, Tarbes)........ 129
Moka, 1/2 s. N. (Perpignan) 262
Moka, an.-ar., 1848...... 529
Moka, ar., 1861 529
Mokanna, P. S. A........ 529
Mollah, ar............. 529
Momus, P. S. A.......... 529
Monaco, 1/2 s. N....... 262
Monaghé-Zahé, ar....... 529
Monarque 129
Monein, an.-ar. (Aurillac). 530
Monlaubre, an.-ar....... 530
Monocle................ 129
Mon-Premier, ex-*Arsace*, P. S. A. (Perpignan)... 530
Mons (Pau)............ 129
Monsieur, 1/2 s. N. (Perpignan)............... 262
Monsieur-Betsy, an.-ar. (Tarbes) 530

Monsieur-de-Carpiquet, P. S. A............... 530
Monsieur-d'Ecoville, P. S. A.................. 530
Monsieur-de-Tourny, P. S. A.................. 531
Monsieur-Gabriel, P.S.A. (M. Fould, Tarbes) 531
Monsieur-de-Mondor, P. S. A.................. 531
Monsieur-Philippe, P.S.A. 531
Monsieur-Samuel, an.-ar. (M. Daudon, Pau) 531
Montagnard, Barbe, 1877. 129
Montagnard, 1/2 s. M., 1873 129
Montaigu.............. 129
Montaner, ex-*Bismark*, an.-ar............... 531
Mont-de-Marsan, an.-ar.. 532
Montjoie, ex-*Issor*, an.-ar. (Tarbes) 532
Montmirail 130
Montperdu, an.-ar. (M. Lanussol (Tarbes)........ 532
Montrésor, 1/2 s. N. (Rodez)................ 262
Moor, ar.............. 532
Moore................. 130
Mora 130
Morbal, ar............ 532
Moreau (M. Clergue, Tarbes)................. 130
Moreno............... 130
Morgan, 1/2 s. Am...... 263
Morillo, an.-ar. (Cᵗᵉ de Virieu, Perpignan)..... 532
Morlaix, 1/2 s. N....... 263
Morion (M. Monbaylet, Tarbes).............. 130
Morock, 1/2 s. M., 1860.. 130
Morok, P. S. A., 1844.... 533
Mors-aux-Dents, P. S. A. 533
Mortimer, an.-ar. (Tarbes) 533
Moscovite.............. 131
Mossoul, ar. (Pompadour). 533
Mosul................. 131
Moubarek, ar.......... 533
Moucre 131
Moudir, ar. (Pompadour). 533
Moudjalla, ar.......... 533
Mougtaki, ar. (Pau)...... 534

N

O

S

Z

Soc. an. de l'imp. Kugelmann (G. Balitout, Dir), 12, r. Grange-Batelière.